中文版

CorelDRAW X7 基础培训教程

老虎工作室
孙昊 编著

人民邮电出版社
北京

图书在版编目（C I P）数据

从零开始 : CorelDRAW X7中文版基础培训教程 / 孙昊编著. -- 北京 : 人民邮电出版社, 2016.12（2023.8重印）
ISBN 978-7-115-43746-4

Ⅰ. ①从… Ⅱ. ①孙… Ⅲ. ①图形软件－教材 Ⅳ. ①TP391.41

中国版本图书馆CIP数据核字(2016)第243322号

内 容 提 要

本书通过命令讲解与实例结合的形式系统地介绍CorelDRAW X7的基本使用方法和应用技巧，为了使读者对每一章的学习内容能够融会贯通，在每章后面还精心安排了练习题，通过这些练习，使读者在较短的时间内熟练掌握CorelDRAW X7的使用方法。

为了方便读者学习，本书配有一张光盘，收录了书中操作实例用到的素材和制作结果，以及课后习题的视频文件等，读者可以利用这些素材进行对比学习。

本书内容详实，图文并茂，操作性和针对性都比较强，适合从事平面设计的专业人士和电脑美术爱好者阅读，还可作为高等院校相关专业师生的参考书。

◆ 编　　著　老虎工作室　孙　昊
　责任编辑　李永涛
　责任印制　杨林杰
◆ 人民邮电出版社出版发行　　北京市丰台区成寿寺路11号
　邮编　100164　　电子邮件　315@ptpress.com.cn
　网址　http://www.ptpress.com.cn
　北京七彩京通数码快印有限公司印刷
◆ 开本：787×1092　1/16
　印张：17　　　　　　　　　2016年12月第1版
　字数：420千字　　　　　　　2023年8月北京第9次印刷

定价：36.00元（附光盘）

读者服务热线：(010)81055410　印装质量热线：(010)81055316
反盗版热线：(010)81055315
广告经营许可证：京东市监广登字20170147号

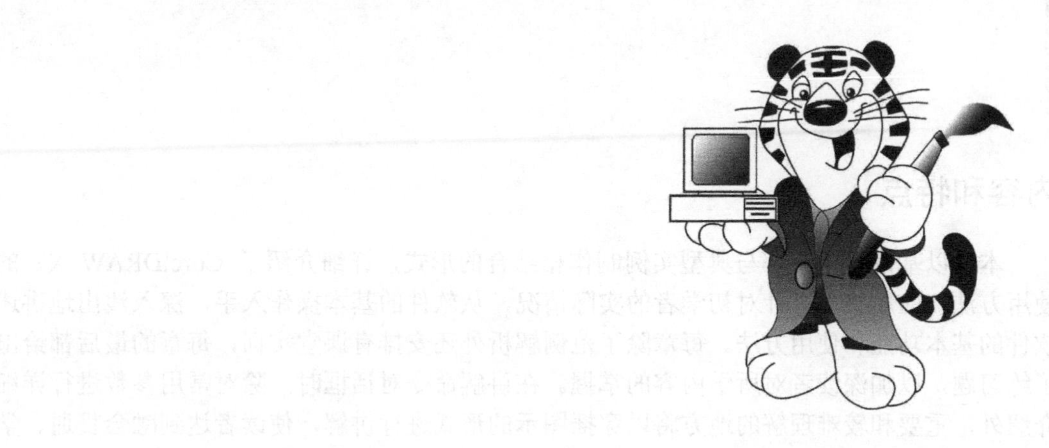

老虎工作室

主　编：沈精虎

编　委：许曰滨　黄业清　姜　勇　宋一兵　高长铎
田博文　谭雪松　向先波　毕丽蕴　郭万军
宋雪岩　詹　翔　周　锦　冯　辉　王海英
蔡汉明　李　仲　赵治国　赵　晶　张　伟
朱　凯　臧乐善　郭英文　计晓明　孙　业
滕　玲　张艳花　董彩霞　管振起　田晓芳

关于本书

内容和特点

本书以基础命令讲解与典型实例制作相结合的形式，详细介绍了 CorelDRAW X7 的使用方法和应用技巧。针对初学者的实际情况，从软件的基本操作入手，深入浅出地讲述软件的基本功能和使用方法。每章除了范例解析外还安排有课堂实训，每章的最后都给出了练习题，以加深读者对所学内容的掌握。在讲解命令对话框时，除对常用参数进行详细介绍外，重要和较难理解的地方将以穿插图示的形式进行讲解，使读者达到融会贯通、学以致用的目的，并在较短的时间内全面掌握 CorelDRAW X7 的基本用法。

全书共分 9 章，各章的具体内容如下。

- 第 1 章：文件基本操作与页面设置。介绍学习 CorelDRAW 要掌握的平面设计基础知识，并对 CorelDRAW X7 的工作界面做简单介绍，然后对文件的基本操作和页面的添加、删除等做详细地讲解。
- 第 2 章：基本绘图工具与选择工具。介绍基本图形绘制工具、选择工具及填充色和轮廓色的设置方法等。
- 第 3 章：线形、形状和艺术笔工具。介绍各种线形的绘制方法和调整图形形状的方法，以及艺术笔工具的灵活运用等。
- 第 4 章：填充、轮廓与编辑工具。介绍图形的特殊填充和轮廓笔工具，并对其他编辑工具和标注工具进行细致地讲解。
- 第 5 章：文本和表格工具。介绍各种文字的输入方法、编辑方法及绘制表格和进行编排等操作。
- 第 6 章：效果工具。介绍为图形添加阴影、轮廓、调和、变形、立体化及透明等特殊效果的方法。
- 第 7 章：常用菜单命令。介绍 CorelDRAW X7 中的常用菜单命令，包括图形变换操作、造形运算、对齐和分布、顺序调整以及图框精确剪裁和添加透视等命令的使用。
- 第 8 章：处理位图。介绍位图颜色调整，位图与矢量图的相互转换，以及位图菜单中效果命令的功能和使用。
- 第 9 章：综合案例——企业 VI 设计。系统地介绍企业 VI 设计的组成部分及各部分作品的设计思路和制作方法。

读者对象

本书以介绍 CorelDRAW X7 的基本工具和菜单命令操作为主，是为将要从事图案设计、地毯设计、服装效果图绘制、平面广告设计、工业设计、室内外装潢设计、CIS 企业形象策划、产品包装造型设计、网页制作、印刷制版等工作的人员及电脑美术爱好者而编写的。本书适合作为 CorelDRAW 课程的培训教材，也可作为高等院校学生的自学教材和参考资料。

附盘内容及用法

为了方便读者的学习，本书配有一张光盘，主要内容如下。

一、“图库”目录

该目录下包含 9 个子目录，分别存放本书对应章节图例及范例制作过程中用到的原始素材。

二、“作品”目录

该目录下包含 9 个子目录，分别存放本书对应章节范例制作的最终效果。读者在制作完范例后，可以与这些效果进行对照，查看自己所做的是否正确。

三、“课后作业”目录

该目录下包含“avi”“图库”和“作品”3 个子目录，分别存放本书对应章节课后作业中案例的视频文件、用到的图库素材及案例效果。

四、PPT 文件

本书提供了 PPT 文件，以供教师上课使用。

感谢您选择了本书，希望本书能对您的工作和学习有所帮助，也希望您把对本书的意见和建议告诉我们。

老虎工作室网站：www.ttketang.com，电子函件：ttketang@163.com。

老虎工作室

2016 年 8 月

目 录

第1章 文件基本操作与页面设置

CorelDRAW 是由 Corel 公司推出的集图形设计、文字编辑及图形高品质输出于一体的矢量图形绘制软件。无论是绘制简单的图形还是进行复杂的设计，该软件都会使用户得心应手。

CorelDRAW X7 功能更加强大，操作更为灵活，本章就先来介绍学习该软件时涉及的一些基本概念及 CorelDRAW X7 的工作界面和基本的文件操作等。

【学习目标】

- 掌握平面设计的基本概念。
- 了解平面设计的常用文件格式。
- 掌握 CorelDRAW X7 的启动与退出。
- 熟悉软件的工作界面及工具按钮。
- 掌握新建文件与打开文件的方法。
- 掌握图形文件的保存和关闭操作。
- 掌握导入、导出图像的方法。
- 掌握设置页面的方法。
- 了解页面控制栏的快速应用。

1.1 基本概念

本节来介绍矢量图形、位图图像及常用的几种文件格式等基本知识。

1.1.1 矢量图和位图

矢量图和位图是根据运用软件及最终存储方式的不同而生成的两种不同的文件类型。在图像处理过程中，分清矢量图和位图的不同性质是非常必要的。

一、 矢量图

矢量图又称向量图，是由线条和图块组成的图像。将矢量图放大后，图形仍能保持原来的清晰度，且色彩不失真，如图 1-1 所示。

图1-1 矢量图小图和放大后的显示对比效果

矢量图的特点如下。

- 文件小：图像中保存的是线条和图块的信息，所以矢量图形的大小与分辨率和图像尺寸无关，只与图像的复杂程度有关，简单图像所占的存储空间小。
- 图像大小可以无级缩放：在对图形进行缩放、旋转或变形操作时，图形仍具有很高的显示和印刷质量，且不会产生锯齿模糊效果。
- 可采取高分辨率印刷：矢量图形文件可以在任何输出设备及打印机上以打印机或印刷机的最高分辨率打印输出。

在平面设计方面，制作矢量图的软件主要有 CorelDRAW、Illustrator、InDesign、FreeHand、PageMaker 等，用户可以用它们对图形和文字等进行处理。

二、位图

位图也叫光栅图，是由很多个像小方块一样的颜色网格（即像素）组成的图像。位图中的像素由其位置值与颜色值表示，也就是将不同位置上的像素设置成不同的颜色，即组成了一幅图像。位图图像放大到一定的倍数后，看到的便是一个一个方形的色块，整体图像也会变得模糊、粗糙，如图 1-2 所示。

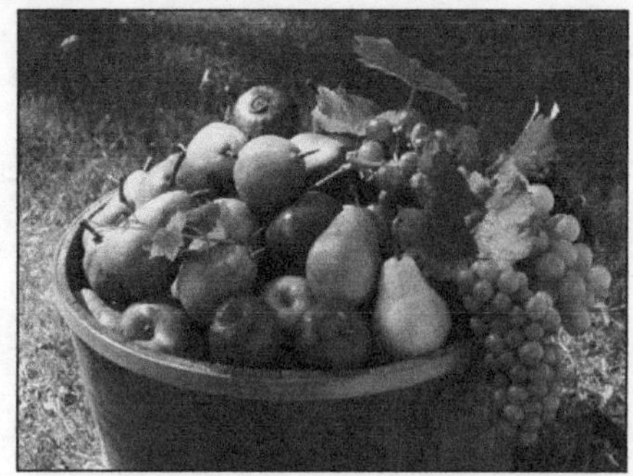
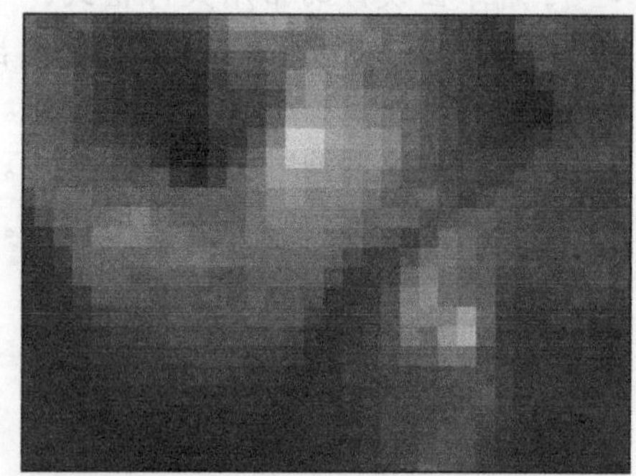

图1-2　位图图像小图与放大后的显示对比效果

位图具有以下特点。

- 文件所占的空间大：用位图存储高分辨率的彩色图像需要较大存储空间，因为像素之间相互独立，所以占的硬盘空间、内存和显存比矢量图都大。
- 会产生锯齿：位图是由最小的色彩单位“像素”组成的，所以位图的清晰度与像素的多少有关。位图放大到一定的倍数后，看到的便是一个一个的像素，即一个一个方形的色块，整体图像便会变得模糊且会产生锯齿。
- 位图图像在表现色彩、色调方面的效果比矢量图更加优越，尤其是在表现图像的阴影和色彩的细微变化方面效果更佳。

在平面设计方面，制作位图的软件主要是 Adobe 公司推出的 Photoshop，该软件可以说是目前平面设计中图形图像处理的首选软件。

1.1.2　常用文件格式

CorelDRAW 是功能非常强大的矢量图形制作软件，它支持的文件格式也非常多。了解各种文件格式对进行图像编辑、保存及文件转换有很大的帮助。下面来介绍平面设计软件中常用的几种图形图像文件格式。

- CDR 格式：此格式是 CorelDRAW 专用的矢量图格式，它将图片按照数学方式来计算，以矩形、线、文本、弧形和椭圆等形式表现出来，并以逐点的形式映射到页面上，因此在缩小或放大矢量图形时，原始数据不会发生变化。

- AI 格式：此格式也是一种矢量图格式，在 Illustrator 中经常用到。在 Photoshop 中可以将保存了路径的图像文件输出为“*.AI”格式文件，然后在 Illustrator 和 CorelDRAW 中直接打开它并进行修改处理。
- BMP 格式：此格式是微软公司软件的专用格式，也是常用的位图格式之一，支持 RGB、索引颜色、灰度和位图颜色模式的图像，但不支持 Alpha 通道。
- EPS 格式：此格式是一种跨平台的通用格式，可以说几乎所有的图形图像软件和页面排版软件都支持该文件格式。它可以保存路径信息，并在各软件之间进行相互转换。另外，这种格式在保存时可选用 JPEG 编码方式压缩，不过这种压缩会破坏图像的外观质量。
- GIF 格式：此格式是由 CompuServe 公司制定的，能存储背景透明化的图像格式，但只能处理 256 种色彩。常用于网络传输，其传输速度要比传输其他格式的文件快很多。并且可以将多张图像存成一个文件而形成动画效果。
- JPEG 格式：此格式是较常用的图像格式，支持真彩色、CMYK、RGB 和灰度颜色模式，但不支持 Alpha 通道。JPEG 格式可用于 Windows 和 MAC 平台，是所有压缩格式中最卓越的。虽然它是一种有损失的压缩格式，但在文件压缩前，可以在弹出的对话框中设置压缩的大小，这样就可以有效地控制压缩时损失的数据量。JPEG 格式也是目前网络可以支持的图像文件格式之一。
- PNG 格式：此格式是 Adobe 公司针对网络图像开发的文件格式。这种格式可以使用无损压缩方式压缩图像文件，并利用 Alpha 通道制作透明背景，是功能非常强大的网络文件格式，但较早版本的 Web 浏览器可能不支持。
- PSD 格式：此格式是 Photoshop 的专用格式。它能保存图像数据的每一个细节，包括图像的层、通道等信息，确保各层之间相互独立，便于以后进行修改。PSD 格式还可以保存为 RGB 或 CMYK 等颜色模式的文件，但唯一的缺点是保存的文件比较大。
- TIFF 格式：此格式是一种灵活的位图图像格式。TIFF 格式可支持 24 个通道，是除了 Photoshop 自身格式外唯一能存储多个通道的文件格式。

1.2 认识 CorelDRAW

CorelDRAW 是基于矢量图进行操作的设计软件，具有专业的设计工具，可以导入由 Office、Photoshop、Illustrator 及 AutoCAD 等软件输入的文字和绘制的图形，并能对其进行其他操作，最大程度地方便了用户对文字和图形进行编辑和使用。此软件的推出，不但让设计师可以快速地制作出设计方案，而且还可以创造出很多手工无法表现，只有计算机才能精彩表现的设计内容，是平面设计师的得力助手。

CorelDRAW X7 的应用范围非常广泛，从简单的几何图形绘制到标志、卡通、漫画、图案、各类效果图及专业平面作品的设计，都可以利用该软件快速高效地绘制出来。可应用于企业 VI 设计，广告设计，包装设计，画册设计，海报、招贴设计，UI 界面设计，网页设计，书籍装帧设计，插画设计，名片设计，LOGO 设计，折页设计，宣传单、DM 单设计，

年历设计，创意字体设计，工业设计，游戏人物设计，室内平面设计，服装设计，吊旗设计，展板设计，排版、拼版、印刷等领域。

1.2.1 CorelDRAW X7 的启动与退出

在利用 CorelDRAW 进行工作之前，首先来看一下 CorelDRAW X7 的启动与退出操作。

一、 启动 CorelDRAW X7

若计算机中已安装了 CorelDRAW X7，单击 Windows 桌面左下角任务栏中的按钮，在弹出的菜单中执行【所有程序】/【CorelDRAW Graphics Suite X7(64-Bit)】/【CorelDRAW X7(64-Bit)】命令，即可启动该软件。

启动 CorelDRAW X7 中文版软件后，界面中将显示图 1-3 所示的【欢迎屏幕】窗口。在此窗口中，读者可以根据需要选择不同的选项。单击【立即开始】/【新建文档】选项，将弹出图 1-4 所示的【创建新文档】对话框。

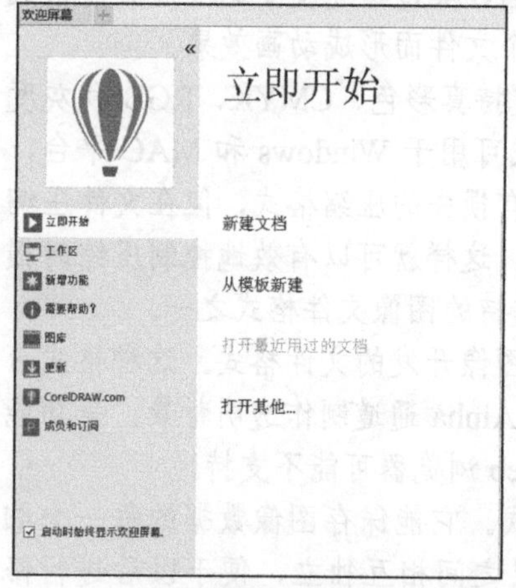

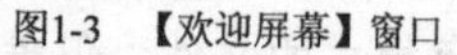
图1-3 【欢迎屏幕】窗口

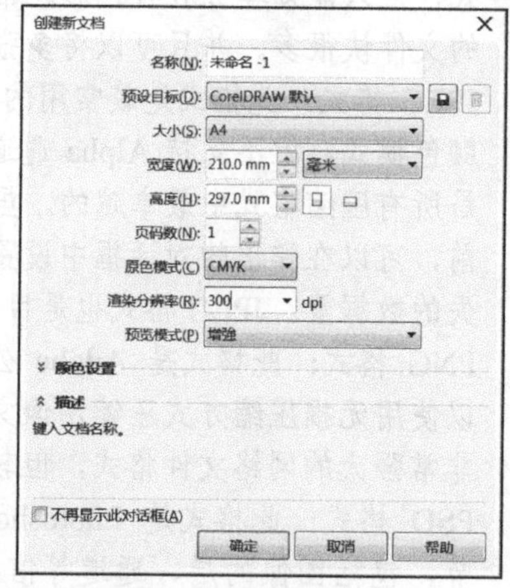

图1-4 【创建新文档】对话框

【欢迎屏幕】窗口可以使用户快速完成日常工作中的常见任务。

- 在【立即开始】选项卡中可以新建文档、从模板新建文档或打开文档。
- 单击【工作区】选项卡，可以在右侧列表中选择适合自己的工作界面。
- 单击【新增功能】选项卡，可在右侧的窗口中了解 CorelDRAW Graphics Suite X7 版本的新增功能。
- 单击【需要帮助?】选项卡，可以在右侧的窗口中找到视频或者图文的帮助信息，学习一些专家见解及【提示】面板的使用与操作技巧等。
- 单击【图库】选项卡，可在右侧的窗口中看到一些系统自带的绘画作品，这些都是利用该软件绘制出来的，用户通过观看作品，可以从中得到一些设计灵感。
- 单击【更新】选项卡，可在右侧的窗口中获得最新的产品更新。
- 单击【CorelDRAW.com】选项卡，可进入 CorelDRAW.com 社区，学习更多的操作技巧，获得更多的设计灵感。CorelDRAW.com 是一个非常不错的社区，所有用户均可以在这里分享他们的见解及设计作品。
- 单击【成员和订阅】选项卡，可以了解订阅成员的优质服务内容。

- 单击【启动时始终显示欢迎屏幕】复选项，取消该项的选择，那么在下一次启动该软件时，将不会弹出【欢迎屏幕】窗口。如果想让欢迎屏幕再次出现，可在已启动软件的前提下，选择菜单栏中的【工具】/【选项】命令（或按Ctrl+J组合键），弹出【选项】对话框，单击【工作区】前面的⊞图标，将其下的选项展开，选择【常规】选项，然后单击右侧窗口中【CorelDRAW X7 启动】选项右侧的 无 按钮，在弹出的下拉列表中选择【欢迎屏幕】选项，再单击 确定 按钮即可。

在【创建新文档】对话框中可以设置文档的尺寸、颜色模式及分辨率等，设置后单击 确定 按钮，即可进入CorelDRAW X7的工作界面，并新建一个图形文件。

除了使用上面的方法启动软件外，还可在桌面建立CorelDRAW X7的快捷方式图标，双击该图标启动软件。

二、退出 CorelDRAW X7

退出CorelDRAW X7的方法主要有以下几种。

- 单击CorelDRAW X7界面窗口右侧的 × 按钮，即可退出CorelDRAW X7。
- 执行【文件】/【退出】命令或按Alt+F4组合键，也可以退出CorelDRAW X7。

要点提示：退出软件时，系统会关闭所有的文件，如果打开的文件进行编辑后或新建的文件没保存，系统会弹出提示框，提示用户是否保存。

1.2.2 CorelDRAW X7 的工作界面

启动CorelDRAW X7并新建空白文档后，即可进入CorelDRAW X7的工作界面，窗口布局如图1-5所示。

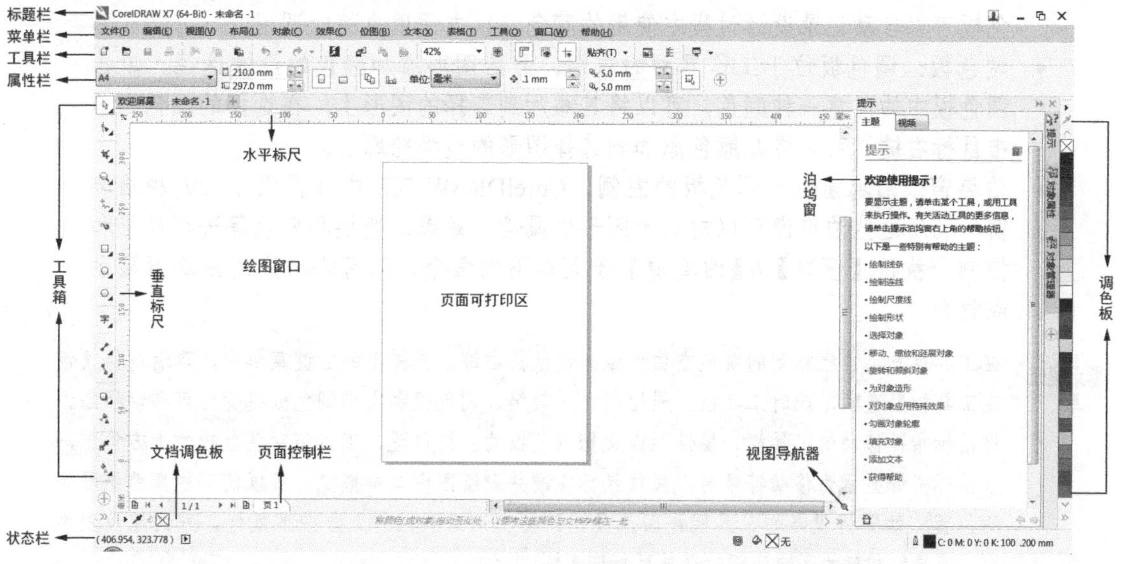

图1-5 界面窗口布局

CorelDRAW X7界面窗口按其功能可分为标题栏、菜单栏、工具栏、属性栏、工具箱、状态栏、页面控制栏、文档调色板、调色板、泊坞窗、标尺、视图导航器、页面可打印区及

绘图窗口等几部分，下面介绍各部分的功能和作用。

- 标题栏：标题栏的默认位置位于界面的最顶端，主要显示当前软件的名称、版本号及编辑或处理图形文件的名称，其右侧有3个按钮，主要用来控制工作界面的大小切换及关闭操作。
- 菜单栏：菜单栏位于标题栏的下方，包括文件、编辑、视图及窗口的设置和帮助等命令，每个菜单下又有若干个子菜单，打开任意子菜单可以执行相应的操作命令。
- 工具栏：工具栏位于菜单栏的下方，是菜单栏中常用菜单命令的快捷工具按钮。单击这些按钮，就可执行相应的菜单命令。
- 属性栏：属性栏位于工具栏的下方，是一个上下相关的命令栏，选择不同的工具按钮或对象，将显示不同的图标按钮和属性设置选项，具体内容详见各工具按钮的属性介绍。
- 工具箱：工具箱位于工作界面的最左侧，它是CorelDRAW常用工具的集合，包括各种绘图工具、编辑工具、文字工具和效果工具等。单击任意一个按钮，可选择相应的工具进行操作。
- 状态栏：状态栏位于工作界面的最底部，提示当前鼠标指针所在的位置及图形操作的简单帮助和对象的有关信息等。在状态栏中单击鼠标右键，然后在弹出的右键菜单中执行【自定义】/【状态栏】/【位置】命令或【自定义】/【状态栏】/【大小】命令，可以设置状态栏的位置及状态栏的信息显示行数。
- 页面控制栏：页面控制栏位于状态栏的上方左侧位置，用来控制当前文件的页面添加、删除、切换方向和跳页等操作。
- 文档调色板：该调色板位于页面控制栏与状态栏之间，默认情况下无颜色块显示，只有在文档中为图形设置了颜色，此调色板中才显示相应的颜色。该调色板可以自动记录设计过程中使用的颜色，以方便用户随时调用。
- 调色板：调色板位于工作界面的右侧，是给图形添加颜色的最快途径。单击调色板中的任意一种颜色，可以将其添加到选择的图形上；在选择的颜色上单击鼠标右键，可以将此颜色添加到选择图形的边缘轮廓上。
- 泊坞窗：泊坞窗位于调色板的左侧。CorelDRAW X7中共提供了29种泊坞窗，利用这些泊坞窗可以对当前图形的属性、效果、变换和颜色等进行设置和控制。执行【窗口】/【泊坞窗】子菜单下的命令，即可将相应的泊坞窗显示或隐藏。

在工具栏或属性栏右侧的灰色空白区域单击鼠标右键，在弹出的右键菜单中，取消选择【锁定工具栏】选项，此时工具栏、属性栏、工具箱、调色板和文档调色板将变为可移动状态。将鼠标指针移动到工具栏、属性栏或文档调色板的左侧位置、工具箱和调色板的上方位置，当鼠标指针显示为移动符号时，按住鼠标左键并向绘图窗口中拖曳，可以使其脱离系统默认的位置；如要将脱离的工具栏拖回原处，只需在该工具栏的上方按下鼠标，并向原位置拖曳，当显示灰色的区域底图时释放鼠标即可。

- 标尺：默认状态下，在绘图窗口的上边和左边分别有一条水平和垂直的标尺，其作用是在绘制图形时帮助用户准确地绘制或对齐对象。

- 视图导航器：视图导航器位于绘图窗口的右下角，利用它可以显示绘图窗口中的不同区域。在【视图导航器】按钮上按住鼠标左键不放，然后在弹出的小窗口中拖曳鼠标指针，即可显示绘图窗口中的不同区域。注意，只有在页面放大显示或以 100%显示时，即页面可打印区域不在绘图窗口的中心位置时才可用。
- 页面可打印区：页面可打印区是位于绘图窗口中的一个矩形区域，可以在上面绘制图形或编辑文本等。当对绘制的作品进行打印输出时，只有页面打印区内的图形可以打印输出，以外的图形将不会被打印。
- 绘图窗口：是指工作界面中的白色区域，在此区域中也可以绘制图形或编辑文本，只是在打印输出时，只有位于页面可打印区中的内容才可以被打印输出。

以上介绍了 CorelDRAW X7 默认的工作界面，通过上面的学习，希望读者对该软件的界面及各部分的功能有一定的认识。

1.2.3 认识工具按钮

工具箱的默认位置位于界面窗口的左侧，包含 CorelDRAW X7 的各种绘图工具、编辑工具、文字工具和效果工具等。在任意一个按钮上单击，即可将其选择或显示隐藏的工具组。

将鼠标指针移动到工具箱中的任一按钮上时，该按钮将突起显示，如果鼠标指针在工具按钮上停留一段时间，鼠标指针的右下角会显示该工具的名称，如图 1-6 所示。单击工具箱中的任一工具按钮可将其选择。另外，绝大多数工具按钮的右下角带有黑色的小三角形，表示该工具是个工具组，还包含其他同类隐藏的工具，将鼠标指针放置在这样的按钮上按住鼠标左键不放，即可将隐藏的工具显示出来，如图 1-7 所示。移动鼠标指针至展开工具组中的任意一个工具上单击，即可将其选择。

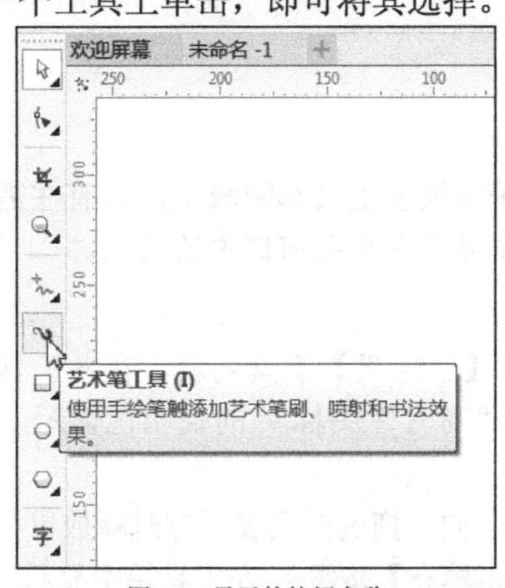

图1-6　显示的按钮名称

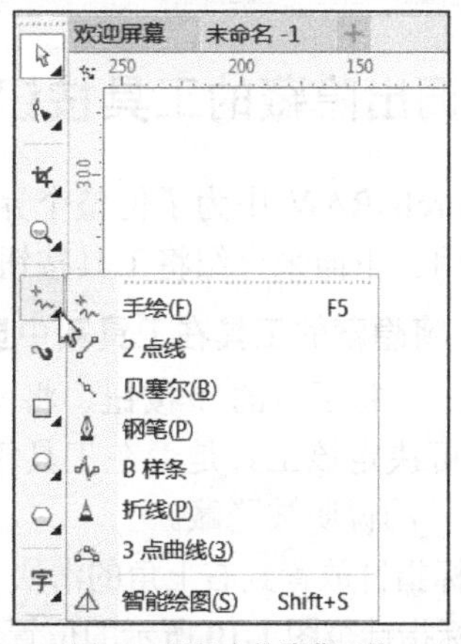

图1-7　显示出的隐藏工具

工具箱及工具箱中隐藏的工具按钮如图 1-8 所示。需要读者注意的，工具箱中显示的工具按钮会根据当前使用显示器的显示区域来进行显示，如工具箱下方显示有 » 按钮，说明有隐藏的工具。另外，还可以单击⊕按钮，将系统隐藏的工具显示出来，具体操作请参见第 1.2.4 小节。

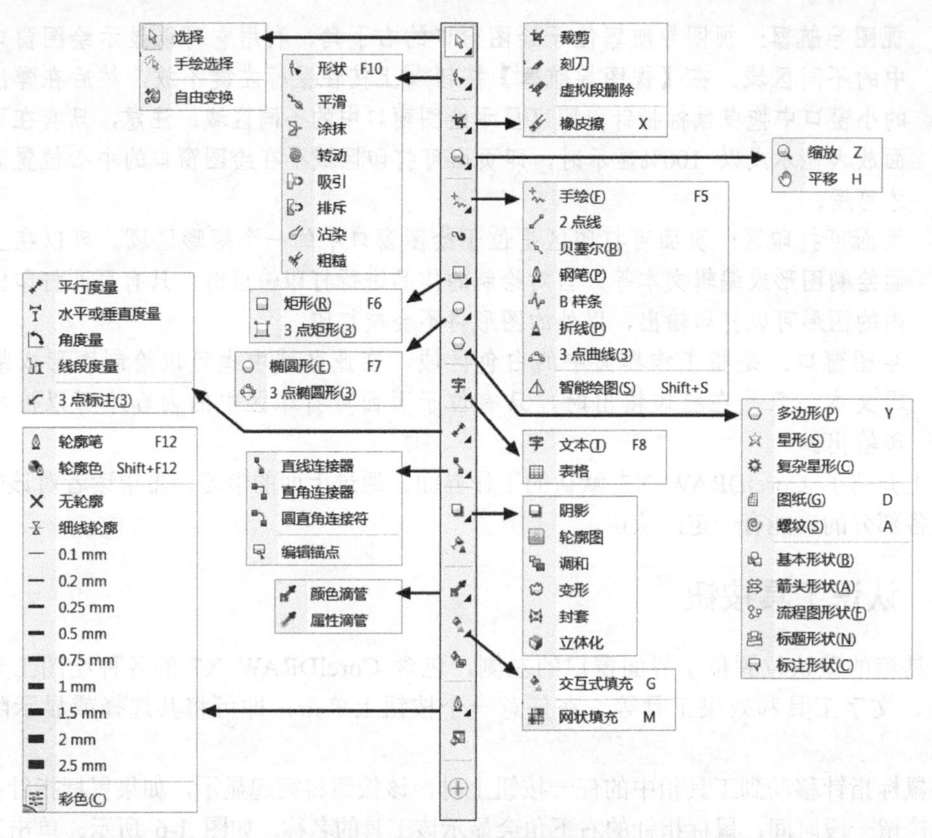

图1-8　工具箱及隐藏的按钮

工具按钮名称后面的字母或数字为选择该工具的快捷键，如选择【缩放】工具，可按键盘中的 Z 键。需要注意的是，利用快捷键选择工具时，输入法必须为英文输入法，否则系统会默认为输入文字。

1.2.4　调出隐藏的工具按钮

在 CorelDRAW 中为了使整个界面排列有序，系统将很多工具都隐藏了，只有在需要时才进行调用。下面来介绍将工具按钮显示在工具箱中及显示在绘图窗口中的方法。

一、　将隐藏的工具在工具箱中显示

单击工具箱下方的⊕按钮，将弹出图 1-9 所示的【自定义】工具列表，在各工具按钮上单击，可决定该工具是否在工具箱中显示。前面有“对号”图标☑的说明已显示，显示空白图标□的说明被隐藏。

将鼠标指针放置到右上角的滑块上，按住鼠标左键并向下拖曳至列表下方时释放鼠标，然后移动鼠标指针至图 1-10 所示的位置单击，即可将【编辑填充】按钮在工具箱中显示。

用与以上相同的显示工具按钮的方法，将【自定义】工具列表中如图 1-11 所示的【轮廓】工具按钮组显示。

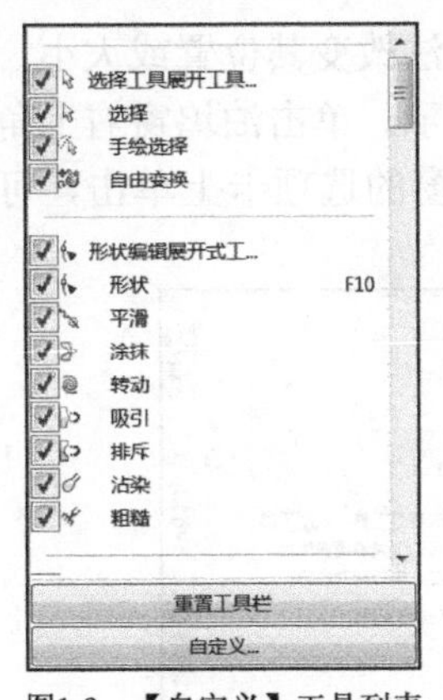

图1-9 【自定义】工具列表

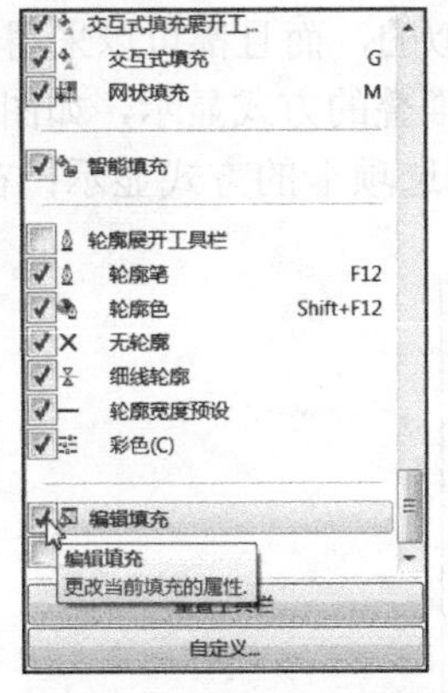

图1-10 鼠标指针单击的位置

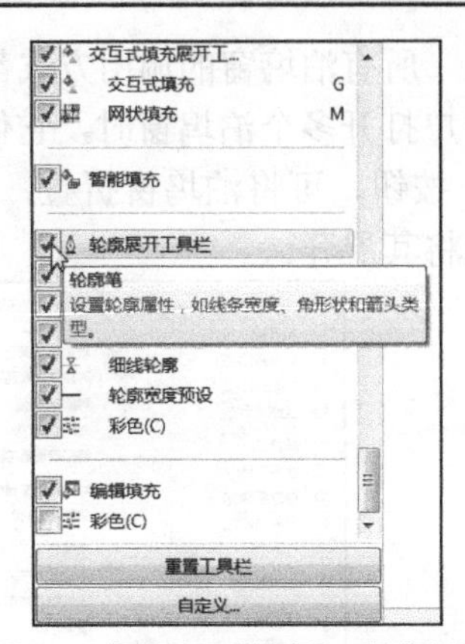

图1-11 指针显示【轮廓】工具按钮组

单击【重置工具栏】按钮，可将更改的操作恢复为默认的显示状态；单击【自定义...】按钮，将弹出【自定义】选项对话框。

二、将隐藏的工具组在绘图窗口中显示

如果工具箱中某组工具经常使用，可以将其拖至绘图窗口中，作为独立显示的工具按钮组。具体操作为：在工具栏的右侧的灰色区域单击鼠标右键，在弹出的右键菜单中取消【锁定工具栏】选项的启用状态，即确认其前面没有“对号”图标显示；然后在要移动的工具组按钮上按住鼠标左键，等弹出隐藏的工具组后释放鼠标，再移动鼠标指针至该组工具上方图 1-12 所示的位置，按住鼠标左键并向绘图窗口中拖曳，拖至合适位置后释放鼠标左键后，该组工具即作为一个单独的工具栏显示在绘图窗口中，如图 1-13 所示。

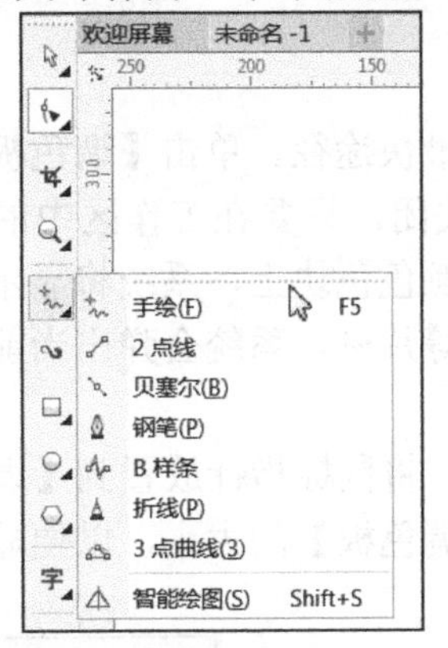

图1-12 鼠标指针放置的位置

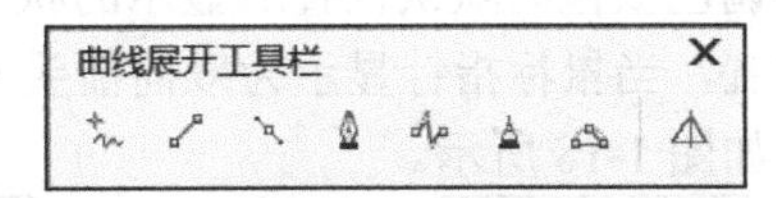

图1-13 绘图窗口中单独显示的工具栏

1.2.5 认识泊坞窗

泊坞窗因其能够停靠在绘图窗口的边缘而得名，像调色板和工具箱一样。默认情况下，泊坞窗会显示在绘图窗口的右边，但也可以把它们移动到绘图窗口的顶端、下边或左边，并能够分离泊坞窗或调整泊坞窗的大小。每个泊坞窗都有独特的属性，便于用户控制文件的某个特定方面。

CorelDRAW X7 中有 29 个泊坞窗，存放在【窗口】/【泊坞窗】子菜单中，如图 1-14 所示。

所有泊坞窗的调用方式都是相似的，而且都可以采用相同的方法改变其位置或大小。当用户打开多个泊坞窗时，它们会以堆叠的方式显示，如图 1-15 所示。单击泊坞窗右上角的 ▸▸ 按钮，可将泊坞窗折叠，以右侧选项卡的方式显示；在各泊坞窗的选项卡上单击，可再次将其展开。

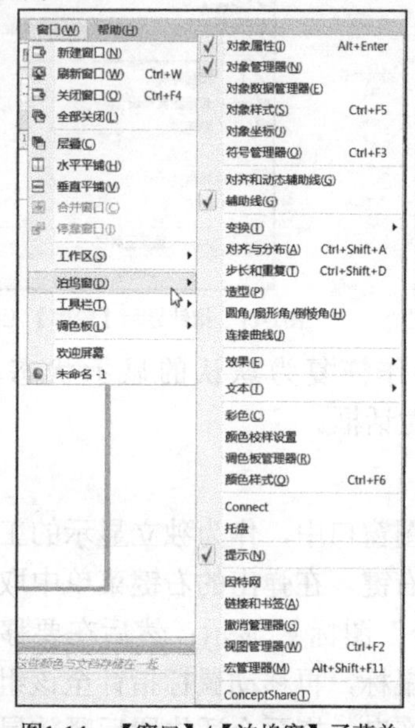

图1-14　【窗口】/【泊坞窗】子菜单

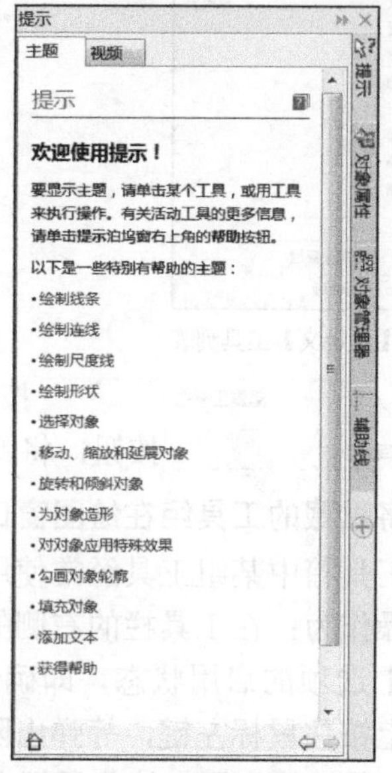

图1-15　堆叠显示的泊坞窗

1.2.6　认识调色板

调色板位于工作界面的右侧，它是给图形添加颜色的最快途径。单击【调色板】底部的 » 按钮，可以将调色板展开。如果要将展开后的调色板关闭，只要在工作区中的任意位置单击即可。另外，将鼠标指针移动到【调色板】中的任一颜色色块上，系统将显示该颜色块的颜色名称及色值；在该颜色块上按住鼠标左键不放，稍等片刻，系统会弹出当前颜色的颜色组，如图 1-16 所示。

将调色板拖离默认位置所显示的状态如图 1-17 所示。将鼠标指针放置到【调色板】右下角位置，当鼠标指针显示为双向箭头时，拖曳可调整【调色板】的大小，以便显示所有的颜色，如图 1-18 所示。

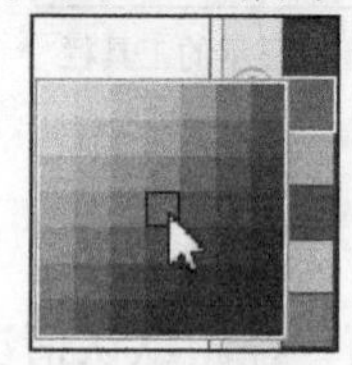

图1-16　显示的颜色组

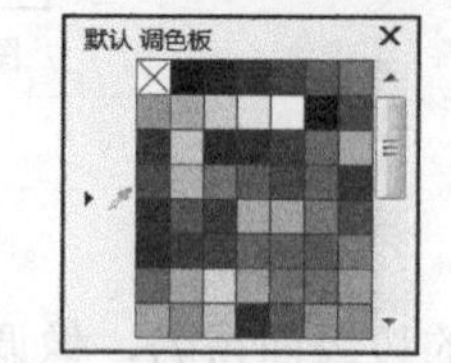

图1-17　单独显示的【调色板】

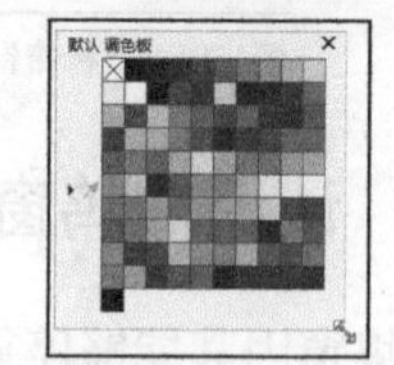

图1-18　调整【调色板】大小时的状态

- 选中某图形，单击【调色板】中的任意一种颜色，可以将其添加到选择的图形上，作为图形的填充色；在任意一种颜色上单击鼠标右键，可以将此颜色添加到选择图形的边缘轮廓上，作为图形的轮廓色。
- 选中某图形，单击【调色板】中顶部的☒按钮，可删除选择图形的填充色；单击鼠标右键，可删除选择图形的轮廓色。

1.3 文件的新建与打开

本节来介绍文件的新建和打开操作，这是用户进行工作的前提。

1.3.1 范例解析——新建文件

下面以新建一个尺寸为“A3”、页面方向为“横向”、颜色模式为“CMYK”，分辨率为“300 dpi”的图形文件为例，来详细介绍新建文件操作。

【步骤解析】

1. 启动 CorelDRAW X7，在弹出的【欢迎屏幕】窗口中单击【新建文档】图标，或单击【欢迎屏幕】文字右侧的+按钮，将弹出图 1-19 所示的【创建新文档】对话框。

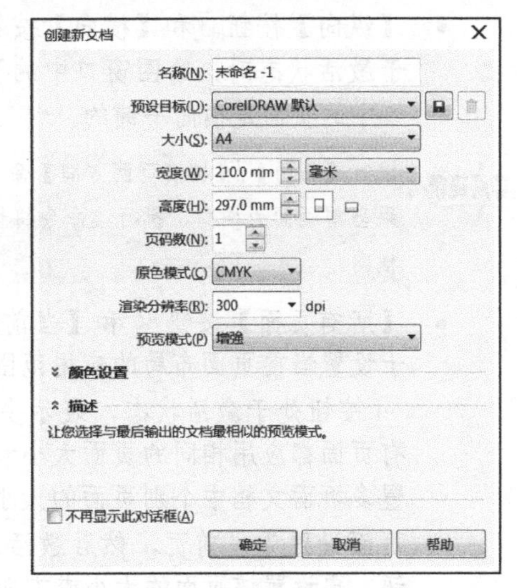

图1-19 【创建新文档】对话框

   - 【名称】选项：在右侧窗口中可以输入新建文件的名称。
   - 【预设目标】选项：在右侧窗口中可以选择系统默认的新建文件设置。当自行设置文件的尺寸时，该选项窗口中显示【自定义】选项。
   - 【大小】选项：在右侧的窗口中可以选择默认的新建文件大小，包括 A4、A3、B5、信封和明信片等。
   - 【宽度】和【高度】选项：用于自行设置新建文件的宽度和高度尺寸。
   - 【纵向】按钮和【横向】按钮：用于设置新建文件的页面方向。
   - 【页码数】选项：用于设置新建文件的页数。
   - 【原色模式】选项：此处用于设置新建文件的颜色模式。
   - 【渲染分辨率】选项：用于设置新建文件的分辨率。
   - 【预览模式】选项：在右侧的选项窗口中可选择与最后输出的文档最相似的预览模式。
   - 【颜色设置】选项：其下的选项用于选择新建文件的色彩配置。
   - 【描述】选项：将鼠标指针移动到任意选项处，该选项下方将显示出鼠标所在位置选项的功能。
   - 【不再显示此对话框】选项：选择此选项，在下次新建文件时，将不弹出【创建新文档】对话框，而是以默认的设置新建文件。
2. 在【创建新文档】对话框中，单击【大小】选项右侧的 A4 按钮，在弹出的下拉列表中向上拖曳右侧的滑块，然后选择“A3”选项，即可将页面大小设置为 A3 大小。
3. 单击【宽度】选项右侧的按钮，即可将页面设置为横向。
4. 单击 确定 按钮，即可按照要求新建一个图形文件。

新建文件，除了以上在【创建新文档】对话框中直接设置外，还可以对以默认大小新建的图像文件进行修改。具体操作如下。

5. 单击属性栏中的 A4 ▼ 按钮，在弹出的下拉列表中选择“A3”选项，然后单击属性栏中的□按钮，即可将图形文件设置为横向。

CorelDRAW 默认的打印区大小为 210.0mm×297.0mm，也就是常说的 A4 纸张大小。在广告设计中常用的文件尺寸有 A3（297.0mm×420.0mm）、A4（210.0mm×297.0mm）、A5（148.0mm×210.0mm）、B5（182.0mm×257.0mm）和 16 开（184.0mm×260.0mm）等。

新建文件后，在没有执行任何操作之前，属性栏如图 1-20 所示。

图1-20　设置的属性栏

- 【纵向】按钮□和【横向】按钮□：用于设置当前页面的方向，当□按钮处于激活状态时，绘图窗口中的页面是纵向平铺的。当单击□按钮后，绘图窗口中的页面是横向平铺的。

执行【布局】/【切换页面方向】命令，可以将当前的页面方向切换为另一种页面方向。即如果当前页面为横向，执行该命令将切换为纵向；如果当前页面为纵向，执行该命令将切换为横向。

- 【所有页面】按钮□和【当前页】按钮□：用于设置当前页面布局的应用范围。默认情况下，□按钮处于激活状态，表示多页面文档中的所有页面都应用相同的页面大小和方向。如果要设置多页面文档中个别页面的大小和方向，可将该页面设置为当前页，然后激活属性栏中的□按钮，再设置该页面的大小或方向即可。
- 单位: 毫米 ▼ 下拉列表中的选项如图 1-21 所示。在此列表中可以选择尺寸的单位。其中显示为蓝色的选项，表示此单位是当前选择的单位。

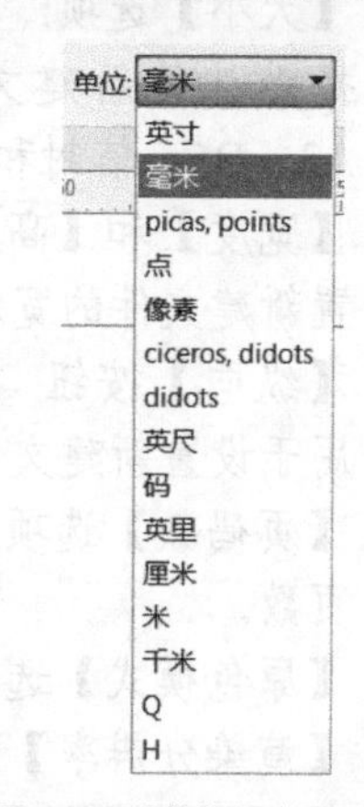

图1-21　【单位】选项列表

1.3.2 范例解析——打开文件

在【欢迎屏幕】窗口中单击【打开其他】选项，在弹出的【打开绘图】对话框中选择需要打开的图形文件，再单击 打开 按钮，即可将文件打开。另外，进入工作界面后，执行【文件】/【打开】命令（快捷键为 Ctrl+O 组合键），或在工具栏中单击【打开】按钮□，也可进行打开文件操作。

下面以打开附盘中的一个文件为例，来详细介绍打开文件操作。

要点提示

如果想打开保存的图形文件，首先要知道文件的名称及文件保存的路径，即在计算机硬盘的哪一个分区中、哪一个文件夹内，这样才能够顺利地打开保存的图形文件。

【步骤解析】

1. 将附盘放入光驱中，然后启动 CorelDRAW X7。

2. 在弹出的【欢迎屏幕】窗口中单击【打开其他】选项；如已进入 CorelDRAW X7 的工作界面，可以单击工具栏中的按钮，都会弹出【打开绘图】对话框。
3. 在【打开绘图】对话框左侧的路径列表中选择当前计算机光驱所在的盘符，然后依次单击其下的“图库\第 01 章”文件夹，在右侧的窗口中即可显示文件夹中的所有文件，在窗口中选择名为“插画.cdr”的文件，如图 1-22 所示。

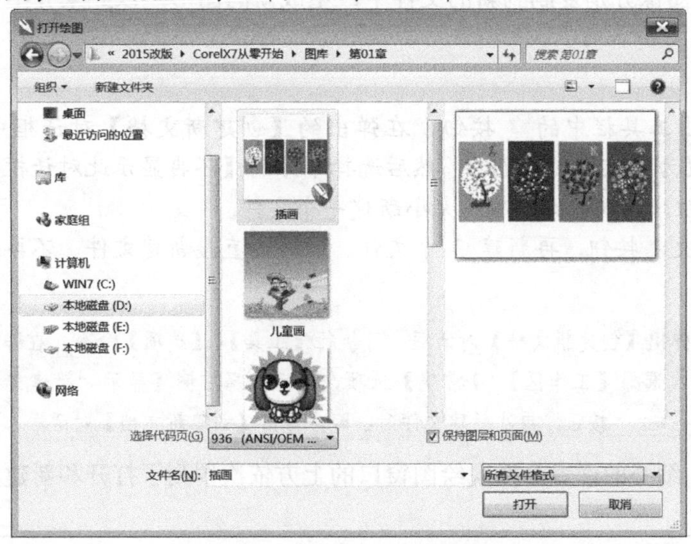

图1-22　文件夹中的图形文件

4. 单击 打开 按钮，此时绘图窗口中即显示打开的图形文件，如图 1-23 所示，同时标题栏中会显示该文件所在的路径。

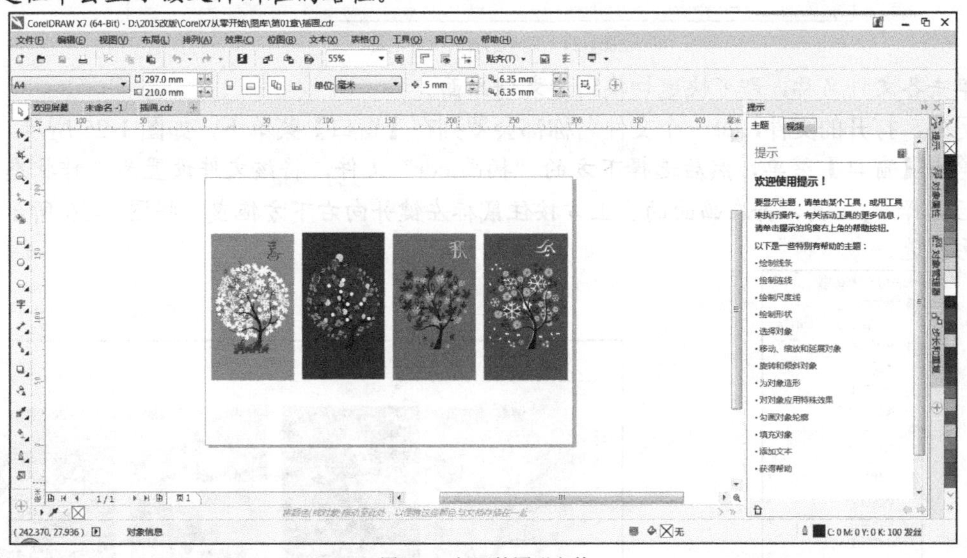

图1-23　打开的图形文件

在以后的练习和实例制作过程中将调用光盘中的图片，届时将直接叙述为：打开或导入附盘中“图库\第*章”目录下名为“*.*”的文件，希望读者注意。另外，读者也可以将附盘中的内容复制到自己计算机中的相应盘符下，以方便以后调用。

1.3.3 范例解析——切换文件窗口

在实际工作过程中如果创建或打开了多个文件，并且在多个文件之间需要观看效果或调用图形时，就会遇到文件窗口的切换问题。下面分别新建 4 个文件，然后将上面打开的“插画.cdr”文件中的图像分别复制到新的文件中，生成新的图形，以此来介绍文件窗口的切换操作。

【步骤解析】

1. 接上例。单击工具栏中的按钮，在弹出的【创建新文档】对话框中，将【预设目标】选项设置为“默认 CMYK”，然后选择下方的【不再显示此对话框】复选项，单击 确定 按钮，以默认的选项及大小新建一个文件。
2. 依次单击 3 次按钮，再新建 3 个文件。此时会直接新建文件，不再弹出【创建新文档】对话框。

如要继续弹出【创建新文档】对话框，可执行【工具】/【选项】命令，在弹出的【选项】对话框中依次选择【工作区】/【常规】选项，然后选择右侧【显示“新建文档”对话框】选项，单击 确定 按钮，再次新建文件时，即会弹出【创建新文档】对话框。

新建文件后，细心的读者会发现绘图窗口的上方依次罗列了打开和新建文件的名称，如图 1-24 所示。

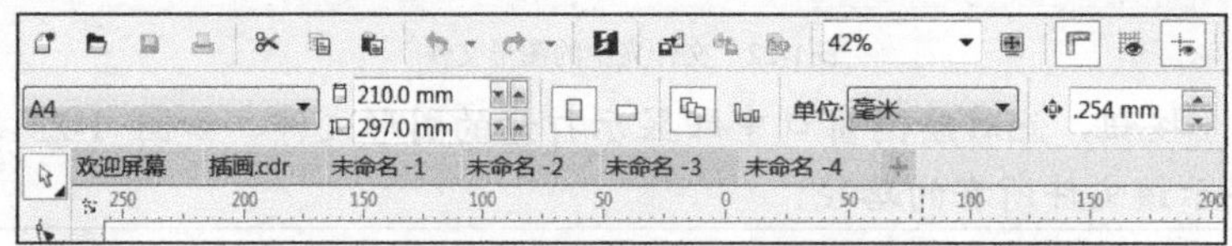

图1-24　显示的打开文件名称

3. 单击各文件名称，即可快速切换到该文件画面。

   另外，打开的文件，每一个文件名称都会罗列在【窗口】菜单下，如图 1-25 所示。
4. 单击【窗口】菜单，然后选择下方的“插画.cdr”文件，将该文件设置为工作状态，然后选择工具，并在画面的左上方按住鼠标左键并向右下方拖曳，将图 1-26 所示的图形框选。

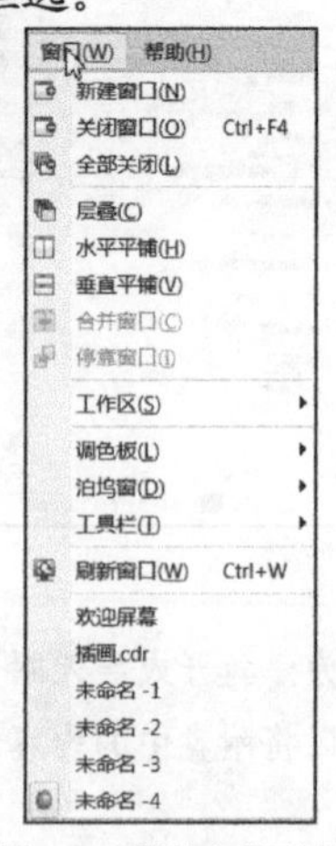

图1-25　新的文件列表

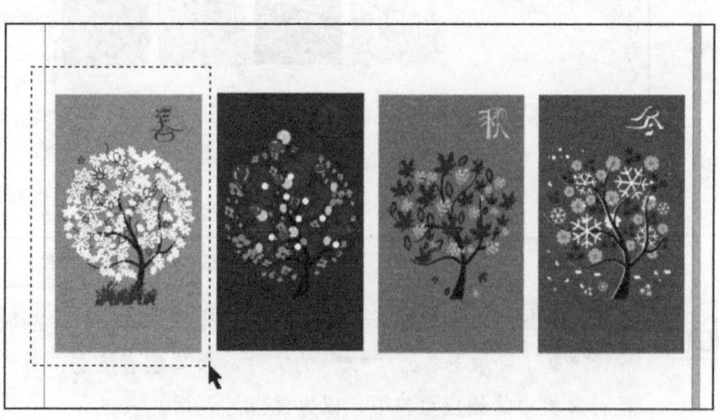

图1-26　框选的图形

5. 释放鼠标左键后，图形的周围即显示黑色的实心小正方形（以下会称之为控制点），表示该图形已经被选择，然后单击工具栏中的【复制】按钮，将选择的图形复制到剪贴板中。
6. 在绘图窗口上方单击“未命名-1”文件，将该文件设置为工作状态，此时会是一个空白的文档。
7. 单击工具栏中的【粘贴】按钮，即可将刚才复制的图形粘贴至新文件中，将鼠标指针移动到图形的中心位置，当鼠标指针显示为✥形状时按住鼠标左键并拖曳，可调整图形在工作界面中的位置，如图 1-27 所示。
8. 按住 Shift 键，并将鼠标指针放置到右下角的控制点位置，当鼠标指针显示为双向箭头时，按住鼠标左键并向右下方拖曳，可将图形以中心等比例放大。拖曳至合适位置后，释放鼠标左键，然后在可打印区域以外的区域单击，即可取消图形的选择状态，调整大小后的图形效果如图 1-28 所示。

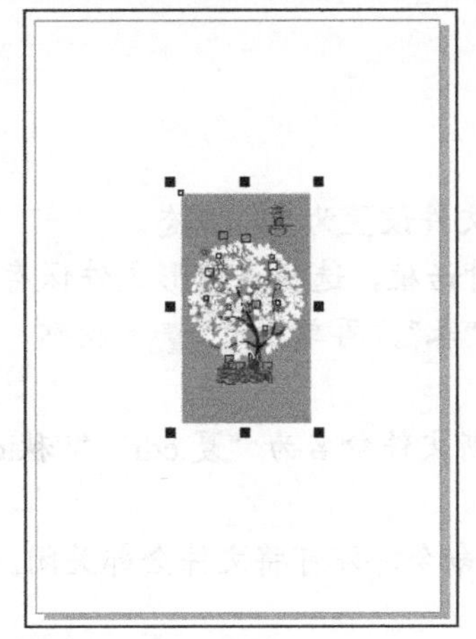
图1-27　图形调整后的位置

图1-28　调整大小后的图形效果

9. 用与步骤 4～步骤 8 相同的方法，分别将“插画.cdr”文件中的其他图形复制并粘贴至新的图形文件中。

1.4 文件的保存与关闭

当对文件进行绘制或编辑处理后，不想再对此文件进行任何操作，就可以将其保存后关闭。

1.4.1 功能讲解

保存文件时主要分两种情况，在保存文件之前，一定要分清用哪个命令进行操作，以免造成不必要的麻烦。

- 对于在新建文件中绘制的图形，如果要对其保存，可执行【文件】/【保存】命令（快捷键为 Ctrl+S 组合键）或单击工具栏中的【保存】按钮，也可执行【文件】/【另存为】命令（快捷键为 Ctrl+Shift+S 组合键）。
- 对于打开的文件进行编辑修改后，执行【文件】/【保存】命令，可将文件直接保存，且新的文件将覆盖原有的文件；如果保存时不想覆盖原文件，可执行【文件】/【另存为】命令，将修改后的文件另存，同时还保留原文件。

当对文件进行绘制、编辑和保存后，不想再对此文件进行任何操作，就可以将其关闭，关闭文件的方法有以下两种。

- 单击图形文件名右侧的☒按钮；当文件窗口浮动显示时，单击标题栏右侧的✕按钮。
- 执行【文件】/【关闭】命令或【窗口】/【关闭窗口】命令。

要点提示　如打开很多文件想全部关闭，此时可执行【文件】/【全部关闭】命令或【窗口】/【全部关闭】命令，即可将当前的所有图形文件全部关闭。

1.4.2　范例解析——保存文件

本节将上面新建的文件进行命名保存。

【步骤解析】

1. 接第 1.3.3 小节实例。
2. 执行【窗口】/【未命名-1】命令，将“未命名-1”文件设置为工作状态。
3. 执行【文件】/【保存】命令，弹出【保存绘图】对话框，选择该图形文件保存的路径（即保存的盘符位置），然后将【文件名】修改为“春”，再单击 保存 按钮，即可将当前文件，以“春.cdr”保存到指定的位置。
4. 用与步骤 2～步骤 3 相同的方法，分别将其他 3 个新文件命名为“夏.cdr”“秋.cdr”和“冬.cdr”保存。
5. 图形文件保存完毕后，执行【窗口】/【全部关闭】命令，即可将文件全部关闭。

1.5　文件的导入与导出

本节来介绍文件的导入与导出操作。灵活运用图形的导入与导出操作，可在实际操作过程中带来很大的方便。

1.5.1　范例解析——导入文件

利用【文件】/【导入】命令，可以导入利用【打开】命令所不能打开的图像文件，如“PSD”“TIF”“JPG”和“BMP”等格式的图像文件。导入文件的方法主要有以下两种。

(1) 执行【文件】/【导入】命令（快捷键为Ctrl+I组合键）导入文件。

(2) 在工具栏中单击【导入】按钮导入文件。

在导入文件的同时可以调整文件大小或使文件居中。导入位图时，还可以对位图重新取样以缩小文件的大小，或者裁剪位图，以选择要导入图像的准确区域和大小。下面来具体介绍导入图像的每一种方法。

一、 导入重新取样文件

在导入图像时，由于导入的文件与当前文件所需的尺寸和解析度不同，所以在导入后要对其进行缩放等操作，这样会导致位图图像产生锯齿。利用【重新取样】选项可以将导入的图像重新取样，以适应设计的需要。

【步骤解析】

1. 新建一个图形文件，然后在属性栏中将图形文件大小设置为 300.0 mm 300.0 mm。
2. 单击工具栏中的按钮，弹出【导入】对话框。
3. 在弹出的【导入】对话框中，选择附盘中“图库\第 01 章”目录下名为“儿童画.jpg”的文件，然后单击下方 导入 按钮右侧的按钮，在弹出的下拉列表中选择图 1-29 所示的“重新取样并装入”选项。
4. 弹出【重新取样图像】对话框，单击【单位】选项右侧的 像素 按钮，在弹出的下拉列表中选择“毫米”选项，然后修改【宽度】值为“300”，如图 1-30 所示。

如果取消选择【保持纵横比】选项，可分别设置图形的宽度和高度值。另外，需要注意的是，在设置图像的【宽度】、【高度】和【分辨率】参数时，只能将尺寸改小不能改大，以确保图像的品质。

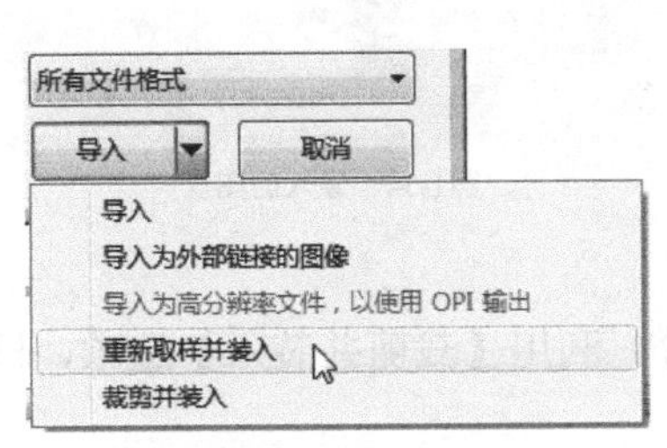

图1-29 选择的选项

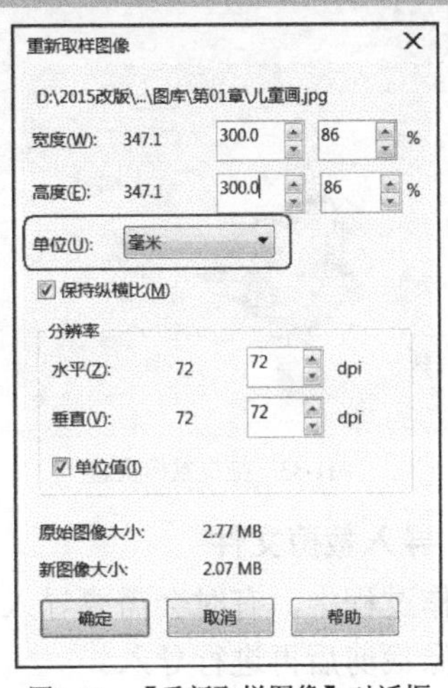

图1-30 【重新取样图像】对话框

5. 设置好重新取样的参数后，单击 确定 按钮，当鼠标指针显示为图 1-31 所示的带文件名称和说明文字的图标时，按 Enter 键，即可将选择的文件导入，如图 1-32 所示。

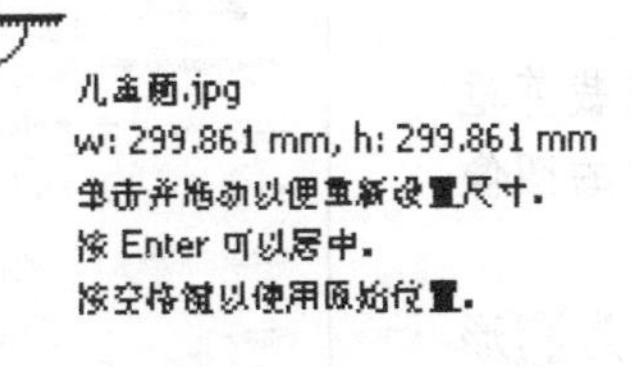

图1-31 导入文件时的状态

图1-32 导入的图像

要点提示　当鼠标指针显示为带文件名称和说明的图标时，在工作界面中单击，可将图像导入到鼠标单击的位置；按住鼠标左键并拖曳，可以将图像以拖曳框的大小导入。如果直接按 Enter 键，可将图像导入到绘图窗口中的居中位置。

二、 导入全图像文件

默认情况下，在 CorelDRAW 软件中直接导入的图像，都为全图像文件。

【步骤解析】

1. 接上例。按 Ctrl+I 组合键，在弹出的【导入】对话框中，选择附盘中“图库\第 01 章”目录下名为“小树.psd”的文件，然后单击 导入 按钮右侧的按钮，在弹出的下拉列表中选择“导入”选项。
2. 当鼠标指针显示带文件名称和说明文字的图标时，在图 1-33 所示的位置按住鼠标左键并拖曳，将图像以拖曳区域的大小导入，如图 1-34 所示。

图1-33　拖曳鼠标状态

图1-34　导入的图像

三、 导入裁剪文件

在工作过程中，有时会需要导入位图图像的一部分，利用【裁剪并装入】选项，即可将需要的图像裁剪后再进行导入。

【步骤解析】

1. 接上例。按 Ctrl+I 组合键，在弹出的【导入】对话框中再次选择附盘中“图库\第 01 章”目录下名为“儿童画.jpg”的图像文件。
2. 单击 导入 按钮右侧的按钮，在弹出的下拉列表中选择“裁剪并装入”选项。
3. 单击 确定 按钮，将弹出图 1-35 所示的【裁剪图像】对话框。
   - 在【裁剪图像】对话框的预览窗口中，通过拖曳裁剪框的控制点，可以调整裁剪框的大小。裁剪框以内的图像区域将被保留，以外的图像区域将被删除。
   - 将鼠标指针放置在裁剪框中，鼠标指针会显示为形状，此时按住鼠标左键并拖曳可以移动裁剪框的位置。
   - 在【选择要裁剪的区域】参数区中设置好距【上】部和

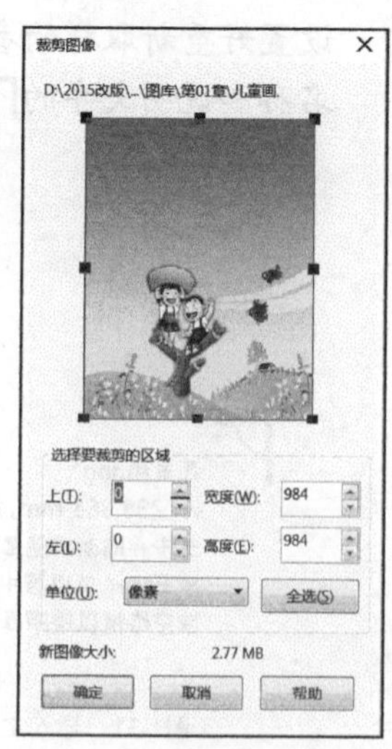

图1-35　【裁剪图像】对话框

【左】侧的距离及最终图像的【宽度】和【高度】参数，可以精确地将图像进行裁剪。注意默认单位为“像素”，单击【单位】选项右侧的倒三角按钮可以设置其他的参数单位。

- 当对裁剪后的图像区域不满意时，单击全选(S)按钮，可以将位图图像全部选择，以便重新设置裁剪。
- 【新图像大小】选项的右侧显示了位图图像裁剪后的文件尺寸大小。

4. 通过调整裁剪框的控制点，将裁剪框调整至图 1-36 所示的形态，单击确定按钮。
5. 当鼠标指针显示为带文件名称和说明文字的图标时，单击即可将文件的指定区域导入。
6. 单击属性栏中的【水平镜像】按钮，将选择的小鸟在水平方向上镜像，然后移动到图 1-37 所示的位置。

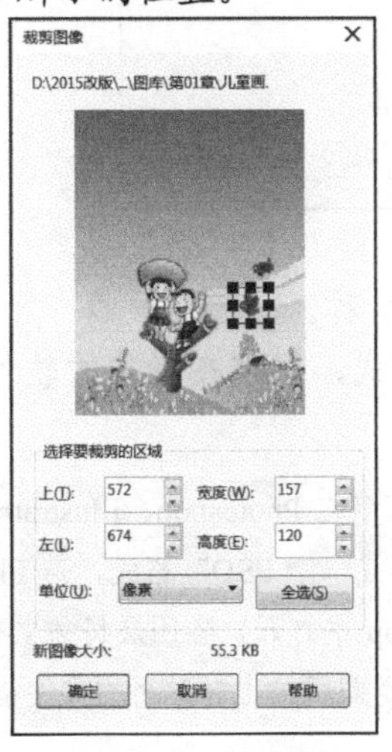

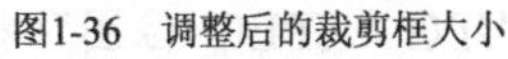
图1-36 调整后的裁剪框大小

图1-37 放置的位置

7. 执行【文件】/【保存】命令，在弹出的【保存绘图】对话框中，将此文件命名为“组合儿童画.cdr”保存。

1.5.2 范例解析——导出文件

执行【文件】/【导出】命令，可以将在 CorelDRAW 中绘制的图形导出为其他软件所支持的文件格式，以便在其他软件中顺利地进行编辑。

导出文件的方法也有两种。分别为执行【文件】/【导出】命令（快捷键为 Ctrl+E 组合键），或单击工具栏中的按钮。

下面以导出“*.jpg”格式的图像文件为例来介绍导出文件的具体方法。

【步骤解析】

1. 接上例。执行【文件】/【导出】命令或单击工具栏中的【导出】按钮，将弹出图 1-38 所示的【导出】对话框。

在导出图形时，如果没有任何图形处于选择状态，系统会将当前文件中的所有图形导出。如先选择了要导出的图形，并在弹出的【导出】对话框中选择【只是选定的】复选项，系统只会将当前选择的图形导出。

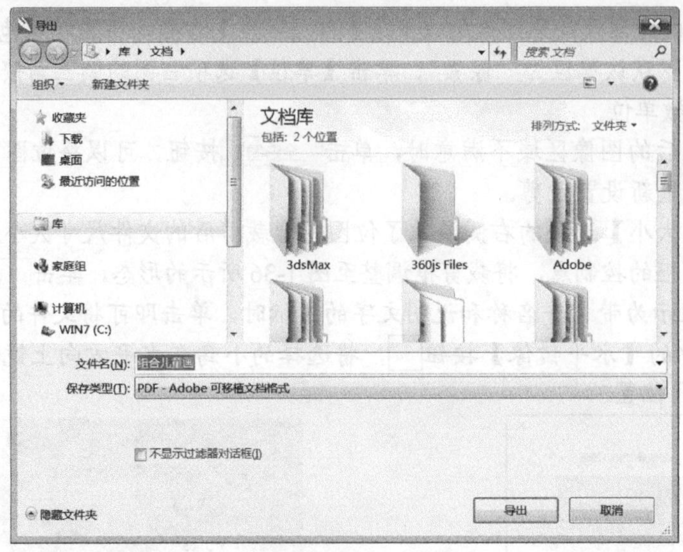

图1-38　【导出】对话框

- 【文件名】：在该文本框中可以输入文件导出后的名称。
- 【保存类型】：在该下拉列表中选择文件的导出格式，以便在指定的软件中能够打开导出的文件。

> **要点提示** 在 CorelDRAW 中最常用的导出格式有："*.AI" 格式，可以在 Photoshop、Illustrator 等软件中直接打开并编辑；"*.JPG" 格式，是最常用的压缩文件格式；"*.PSD" 格式，是 Photoshop 的专用文件格式，将图形文件导出为此格式后，在 Photoshop 中打开，各图层将独立存在，前提是在 CorelDRAW 中必须分层创建各图形；"*.TIF" 格式是制版输出时常用的文件格式。

2. 在【保存类型】下拉列表中将导出的文件格式设置为 "JPG - JPEG 位图" 格式，然后单击 导出 按钮，弹出【导出到 JPEG】对话框，如图 1-39 所示。

图1-39　【导出到JPEG】对话框

3. 在对话框中设置好各选项后，单击 确定 按钮，即可完成文件的导出操作。

此时启动 Photoshop 或 ACDSee 看图软件，按照导出文件的路径，即可将导出的图形文件打开并进行编辑或特效处理等操作。

1.6 排列文件窗口

打开多个文件后，如果想整体浏览一下这些文件，可利用【窗口】菜单下的命令对这些文件进行排列显示。

- 执行【窗口】/【层叠】命令，可将窗口中所有的文件以层叠的形式排列，此时每个文件都将作为一个浮动的窗口。
- 执行【窗口】/【停靠窗口】命令，可将浮动的文件停靠到绘图窗口中，不再浮动显示。

要点提示：文件窗口浮动显示后，在其标题栏位置按住鼠标左键并拖曳，可调整该文件窗口的显示位置。单击右侧的按钮，可将其最小化显示，此时文件窗口将以图标的形式显示在工作窗口的下方；单击按钮，可将其还原；单击按钮，可将其最大化显示；单击按钮，可将其关闭。

- 执行【窗口】/【水平平铺】命令，可将窗口中所有的文件横向平铺显示。
- 执行【窗口】/【垂直平铺】命令，可将窗口中所有的文件纵向平铺显示。
- 执行【窗口】/【合并窗口】命令，可将分散的文件再次以选项卡的形式显示。

1.7 页面设置

对于设计者来说，设计一幅作品的首要前提是要正确设置文件的页面。下面主要介绍页面背景的设置及多页面的添加、删除和重命名操作。

1.7.1 范例解析——设置页面背景

执行【布局】/【页面背景】命令，可以为当前文件的背景添加单色或图像，执行此命令将弹出图 1-40 所示的【选项】对话框。

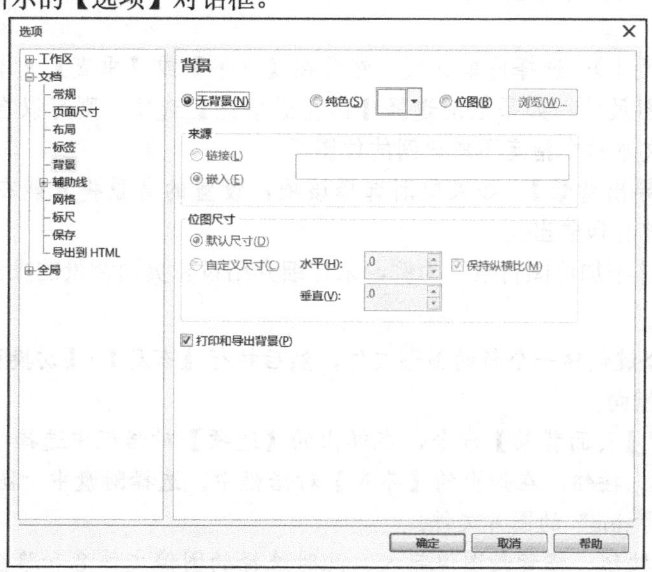

图1-40 【选项】对话框

- 【无背景】：选择此单选项，绘图窗口的页面将显示为白色。
- 【纯色】：选择此单选项，后面的按钮即变为可用。单击按钮，将弹出图 1-41 所示的【颜色】选项面板。在【颜色】选项面板中选择任意一种颜色，可以将其作为背景色。当单击 更多(O)... 按钮时，将弹出图 1-42 所示的【选择颜色】对话框，在此对话框中可以设置需要的其他背景颜色。

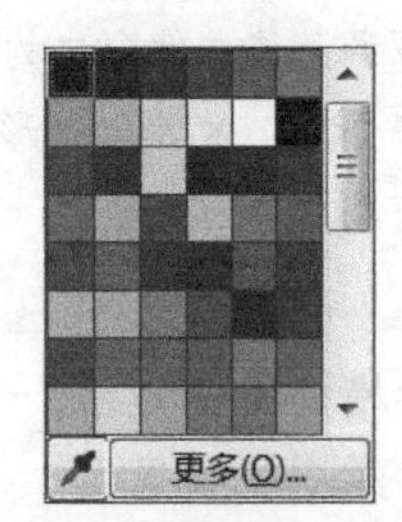

图1-41　【颜色】选项面板

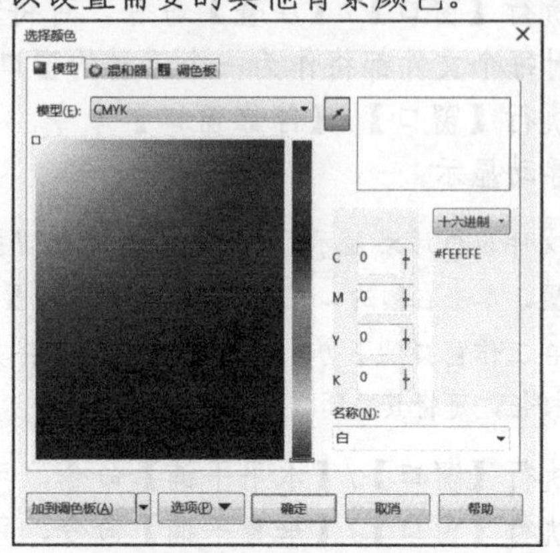

图1-42　【选择颜色】对话框

- 【位图】：选择此单选项，后面的 浏览(W)... 按钮即变为可用。单击 浏览(W)... 按钮，可在弹出的【导入】对话框中选择一幅位图图像，单击 导入 按钮后即可将选择的图像导入到工作区域中，作为当前页面的背景。
- 【链接】：选择此单选项，系统会将导入的位图背景与当前图形文件链接。当对源位图文件进行更改后，图形文件中的背景也将随之改变。
- 【嵌入】：选择此单选项，系统会将导入的位图背景嵌入到当前的图形文件中。当对源位图文件进行更改后，图形文件中的背景不会发生变化。
- 【默认尺寸】：默认状态下，CorelDRAW 会采用位图的原尺寸，如果作为背景的位图图像的尺寸比页面背景的尺寸小时，该背景图像就会平铺显示以填满整个背景。
- 【自定义尺寸】：选择此单选项，然后在【水平】或【垂直】文本框中可以输入新的位图尺寸。如果取消选择【保持纵横比】选项，则可以在【水平】或【垂直】文本框中指定不成比例的位图尺寸。
- 【打印和导出背景】：如果取消选择该项，设置的背景将只能在显示器上看到，不能被打印输出。

下面以“为文件添加位图背景”为例，来详细介绍设置页面背景的操作。

【步骤解析】

1. 按 Ctrl+N 组合键创建一个新的图形文件，然后执行【布局】/【切换页面方向】命令，将页面设置为横向。
2. 执行【布局】/【页面背景】命令，在弹出的【选项】对话框中选择【位图】单选项，然后单击 浏览(W)... 按钮，在弹出的【导入】对话框中，选择附盘中“图库\第 01 章”目录下名为“背景.jpg”的图片文件。
3. 单击 导入 按钮，将背景图像导入，此时选择的图像文件名和路径就会显示在【选项】对话框的【来源】文本框中。

4. 选择【自定义尺寸】单选项，并取消选择右侧的【保持纵横比】选项，再将【水平】值设置为“297”，【垂直】值设置为“210”，如图 1-43 所示。

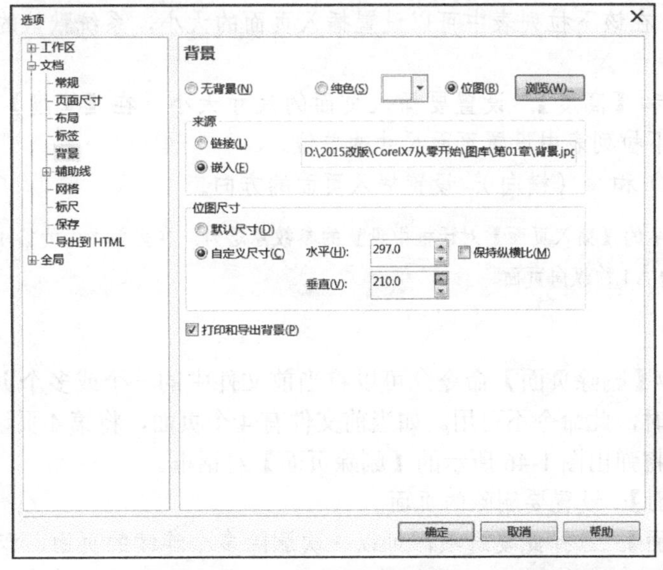

图1-43 设置的选项及参数

5. 单击 确定 按钮，此时绘图窗口中的页面将变为图 1-44 所示的背景效果。

6. 按 Ctrl+S 组合键，将此文件命名为“添加背景练习.cdr”保存。

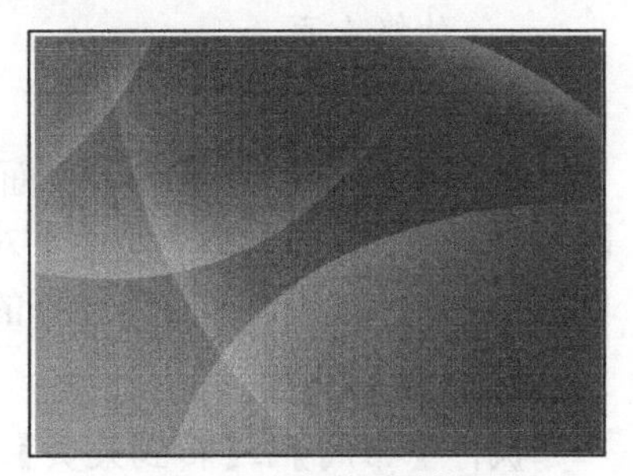

图1-44 添加的页面背景

要点提示 作为背景的图像不能被移动、删除或编辑。如果想取消背景图像，则需再次调出【选项】对话框，并选择【无背景】单选项，然后单击 确定 按钮即可。

1.7.2 多页面设置

在编排设计画册等多页面的文件时，就会用到添加和删除页面操作，下面来具体介绍。

一、 添加页面

执行【布局】/【插入页面】命令，可以在当前的文件中插入一个或多个页面。执行此命令，将弹出图 1-45 所示的【插入页面】对话框。

- 【页码数】：用于设置要插入页面的数量。
- 【之前】：选择此单选项，在插入页面时，会在当前页面的前面插入。
- 【之后】：选择此单选项，在插入页面时，会在当前页面的后面插入。

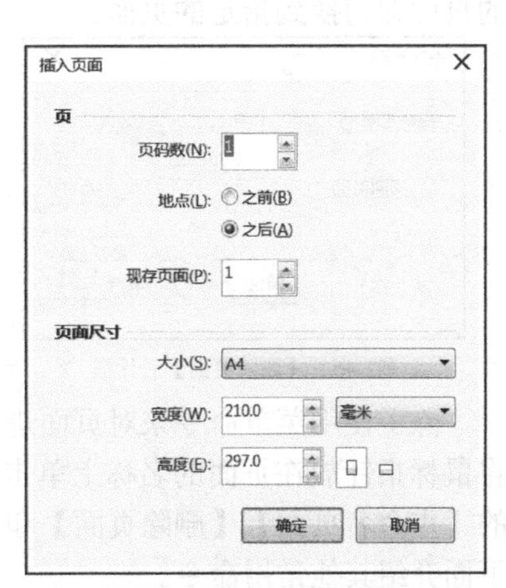

图1-45 【插入页面】对话框

- 【现存页面】：可以设置页面插入的位置。比如，将参数设置为“2”时，是指在第 2 页的前面或后面插入页面。
- 【大小】：在该下拉列表中可以设置插入页面的大小，系统默认的纸张大小为 A4。
- 【宽度】和【高度】：设置要插入页面的尺寸大小。在【宽度】选项右侧的【毫米】下拉列表中设置页面尺寸的单位。
- （纵向）和（横向）：设置插入页面的方向。

要点提示　图 1-45 所示的【插入页面】对话框中设置的参数意思为：在当前文件的第 1 页后面插入 1 页纸张类型为 A4 的纵向页面。

二、删除页面

执行【布局】/【删除页面】命令，可以将当前文件中的一个或多个页面删除，当图形文件只有一个页面时，此命令不可用。如当前文件有 4 个页面，将第 4 页设置为当前页面，然后执行此命令，将弹出图 1-46 所示的【删除页面】对话框。

- 【删除页面】：设置要删除的页面。
- 【通到页面】：选择此复选项，可以一次删除多个连续的页面，即在【删除页面】选项中设置要删除页面的起始页，在【通到页面】选项中设置要删除页面的终止页。

三、 重命名页面

执行【布局】/【重命名页面】命令，可以对当前页面重新命名。执行此命令，将弹出图 1-47 所示的【重命名页面】对话框。在【页名】文本框中输入要设置的页面名称，然后单击确定按钮，即可将选择的页面重新命名为设置的名称。

四、 跳转页面

执行【布局】/【转到某页】命令，可以直接转到指定的页面。当图形文件只有一个页面时，此命令不可用。如当前文件有 4 个页面，执行此命令，将弹出图 1-48 所示的【转到某页】对话框。在【转到某页】文本框中输入要转到的页面，然后单击确定按钮，当前的页面即切换到指定的页面。

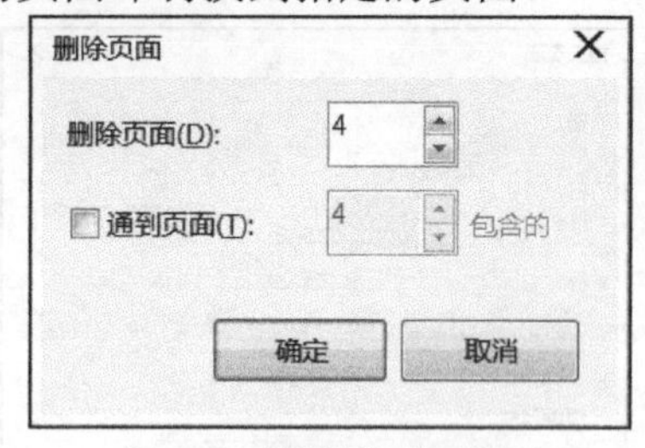

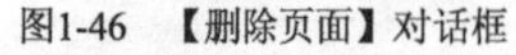
图1-46　【删除页面】对话框

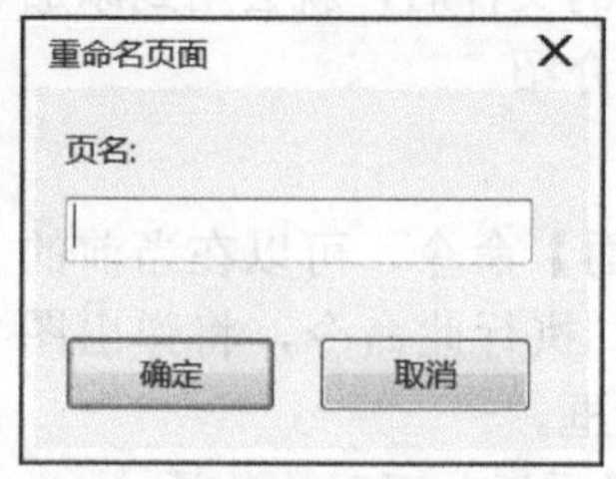

图1-47　【重命名页面】对话框

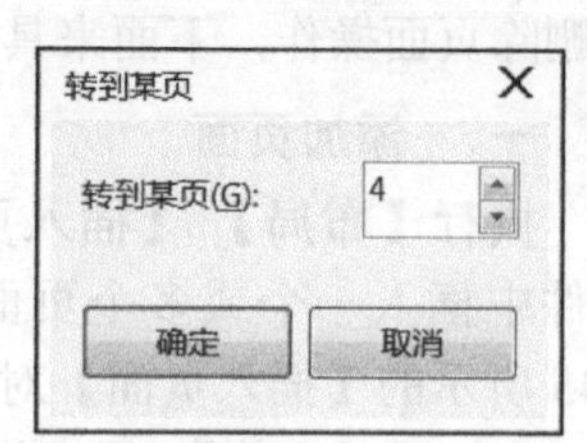

图1-48　【转到某页】对话框

除了使用菜单命令来对页面进行添加和删除外，还可以使用右键菜单来完成这些操作。将鼠标指针放在页面的名称上单击鼠标右键，将会弹出图 1-49 所示的右键菜单。此菜单中的【重命名页面】、【删除页面】和【切换页面方向】命令与菜单中的命令及使用方法相同，下面介绍其他常用命令。

- 【在后面插入页面】命令：选择此命令，系统会在单击页面的后面自动插入一个新的页面。

- 【在前面插入页面】命令：选择此命令，系统会在单击页面的前面自动插入一个新的页面。
- 【再制页面】命令：选择此命令，将弹出图 1-50 所示的【再制页面】对话框，用于复制当前页。在复制之前可选择在当前页之前还是之后复制，也可选择是复制当前页面中的图层还是复制图层及内容。

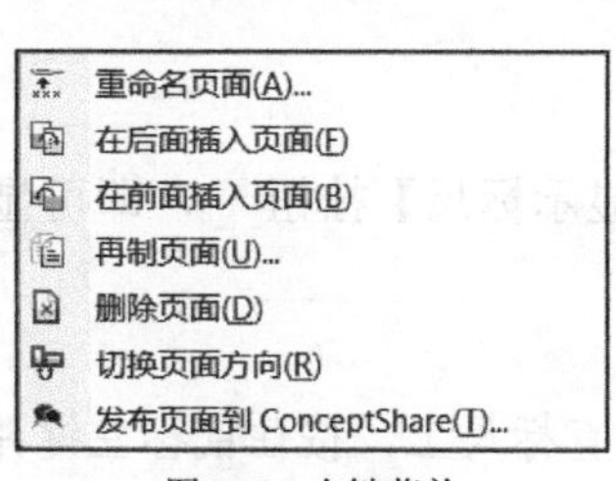

图1-49 右键菜单

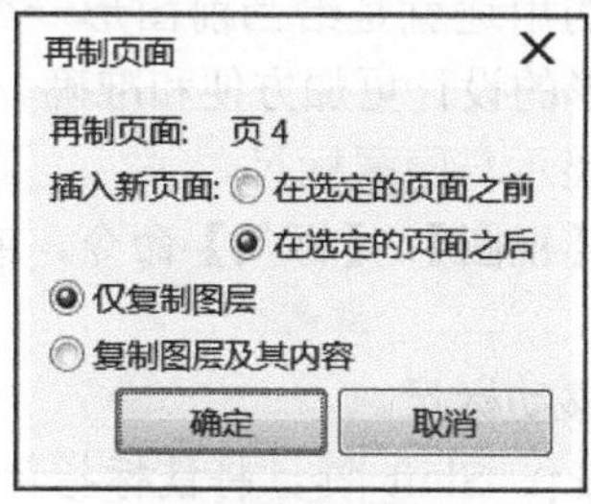

图1-50 【再制页面】对话框

1.7.3 快速应用页面控制栏

页面控制栏位于界面窗口下方的左侧位置，主要显示当前页码、页面总数等信息，如图 1-51 所示。

图1-51 页面控制栏

- 单击按钮，可以由当前页面直接返回到第一页。相反，单击按钮，可以由当前页面直接转到最后一页。
- 单击按钮一次，可以由当前页面向前跳动一页。例如，当前窗口所显示页面为“页 2”，单击一次按钮，此时窗口显示页面为“页 1”。
- 单击按钮一次，可以由当前页面向后跳动一页。例如，当前窗口所显示页面为“页 2”，单击一次按钮，此时窗口显示页面为“页 3”。
- 【定位页面】按钮 2/4：用于显示当前页码和图形文件中页面的数量。前面的数字为当前页的序号，后面的数字为文件中页面的总数量。单击 2/4 按钮，可在弹出的【定位页面】对话框中指定要跳转的页面序号。
- 当图形文件中只有一个页面时，单击按钮，可以在当前页面的前面或后面添加一个页面；当图形文件中有多个页面，且第一页或最后一页为当前页面时，单击按钮，可在第一页之前或最后一页之后添加一个新的页面。注意，每单击按钮一次，文件将增加一页。

1.8 准备工作

掌握了上面介绍的文件操作和页面设置后，本节再来介绍一下工作前和工作中的一些常用操作，包括标尺、网格及辅助线的设置，缩放工具和手形工具的应用等。

1.8.1 设置标尺、网格及辅助线

标尺、网格和辅助线是在 CorelDRAW 中绘制图形的辅助工具，在绘制和移动图形过程中，利用这 3 种工具可以帮助用户精确地对图形进行定位和对齐等操作。

一、 标尺

标尺的用途就是给当前图形一个参照，用于度量图形的尺寸，同时对图形进行辅助定位，使图形的设计更加方便和准确。

(1) 显示与隐藏标尺。

执行【视图】/【标尺】命令，或单击工具栏中的【显示标尺】按钮，即可显示/隐藏标尺。

(2) 移动标尺。

- 按住 Shift 键，将鼠标指针移动到水平标尺或垂直标尺上，按住鼠标左键并拖曳，即可移动标尺的位置。
- 按住 Shift 键，将鼠标指针移动到水平标尺和垂直标尺相交的图标上，按住鼠标左键并拖曳，可以同时移动水平和垂直标尺的位置。

要点提示 当标尺在绘图窗口中移动位置后，按住 Shift 键，双击标尺或水平标尺和垂直标尺相交的图标，可以恢复标尺在绘图窗口中的默认位置。

(3) 更改标尺的原点。

将鼠标指针移动到水平标尺和垂直标尺相交的图标上，按住鼠标左键沿对角线向下拖曳。此时，跟随鼠标指针会出现一组十字线，释放鼠标左键后，标尺上的新原点就出现在刚才释放鼠标左键的位置。移动标尺的原点后，双击水平标尺和垂直标尺相交的图标，可将标尺原点还原到默认位置。

二、网格

网格是由显示在屏幕上的一系列相互交叉的线或虚线构成的，利用它可以精确地在图形之间、图形与当前页面之间进行定位。

(1) 网格的种类。

CorelDRAW X7 的网格有 3 种，分别为文档网格、像素网格和基线网格。

- 文档网格：选择后会在整个文档中显示网格辅助线。
- 像素网格：默认情况下显示为灰色，只有先执行【视图】/【像素】命令，转换到像素模式下才可用。选择后，物体本身会显示导出后的效果。注意，要查看显示的像素网格，还要将图像放大显示才可以。
- 基线网格：选择后会在页面可打印区中显示基线网格，主要用于对段落文字进行对齐。

(2) 显示与隐藏网格。

执行【视图】/【网格】子菜单下的命令，即可将相应的网格在绘图窗口中显示。当再次执行此命令，即可将网格隐藏。单击工具栏中的【显示网格】按钮，可显示或隐藏文档网格。

(3) 网格的设置。

执行【工具】/【选项】命令，在弹出的【选项】对话框中单击【文档】选项前面的⊞图标，将其下的选项展开，然后选择【网格】选项，即可在右侧的参数设置区中设置网格的颜色及间距等参数。

三、辅助线

利用辅助线也可以帮助用户准确地对图形进行定位和对齐。在系统默认状态下，辅助线是浮在整个图形上不可打印的线。

(1) 显示与隐藏辅助线。

执行【视图】/【辅助线】命令，或单击工具栏中的【显示辅助线】按钮，即可将添加的辅助线显示或隐藏。

(2) 添加辅助线。

执行【工具】/【选项】命令，然后在弹出的【选项】对话框中，依次单击【文档】和【辅助线】选项前面的⊞图标，将其下的选项展开，然后分别选择【水平】或【垂直】选项。在【选项】对话框右侧上方的文本框中输入相应的参数后，单击 添加(A) 按钮，然后再单击 确定 按钮，即可添加一条辅助线。

利用以上的方法可以在绘图窗口中精确地添加辅助线。如果不需太精确，可将鼠标指针移动到水平或垂直标尺上，按住鼠标左键并向绘图窗口中拖曳，这样可以快速地在绘图窗口中添加一条水平或垂直的辅助线。

(3) 移动辅助线。

利用【挑选】工具在要移动的辅助线上单击，将其选择（此时辅助线显示为红色），当鼠标指针显示为双向箭头时，按住鼠标左键并拖曳，即可移动辅助线的位置。

(4) 旋转辅助线。

选择添加的辅助线，并在选择的辅助线上再次单击，将出现旋转控制柄，将鼠标指针移动到旋转控制柄上，按住鼠标左键并旋转，可以将添加的辅助线进行旋转。

(5) 删除辅助线。

选择需要删除的辅助线，然后按 Delete 键；或在需要删除的辅助线上单击鼠标右键，并在弹出的右键菜单中选择【删除】命令，也可将选择的辅助线删除。

1.8.2 缩放与平移视图

在 CorelDRAW 中绘制或修改图形时，常常需要将图形放大或缩小，以查看图形的每一个细节，这些操作就需要通过工具箱中的【缩放】工具和【平移】工具来完成。

一、【缩放】工具

利用【缩放】工具可以对图形整体或局部成比例放大或缩小显示。使用此工具只是放大或缩小了图形的显示比例，并没有真正改变图形的尺寸。

使用方法：选择工具（或按 Z 键），然后将鼠标指针移动到绘图窗口中，此时鼠标指针将显示为形状，单击鼠标左键可以将图形按比例放大显示；单击鼠标右键，可以将图形按比例缩小显示。

当需要将绘图窗口中的某一个图形或图形中的某一部分放大显示时，可以利用工具在图形上需要放大显示的位置按住鼠标左键并拖曳，绘制出一个虚线框，释放鼠标左键后，即

可将虚线框内的图形按最大的放大级别显示，如图 1-52 所示。

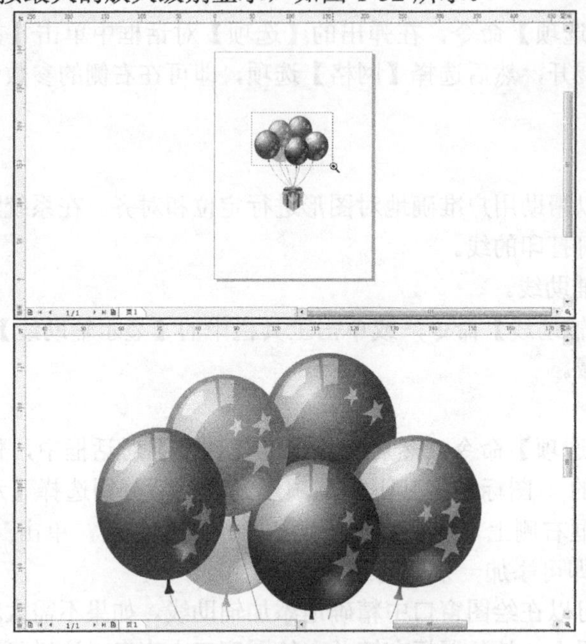

图1-52　拖曳放大显示图形时的状态及放大显示后的窗口

二、【平移】工具

利用【平移】工具可以改变绘图窗口中图形的显示位置，还可以对其进行放大或缩小操作。

使用方法：选择工具（或按 H 键），将鼠标指针移动到绘图窗口中，当鼠标指针显示为形状时，按住鼠标左键并拖曳，即可平移绘图窗口的显示位置，以便查看没有完全显示的图形。另外，在绘图窗口中双击鼠标左键，可放大显示图形；单击鼠标右键，可缩小显示图形。

要点提示　按 F2 键，可以将当前使用的工具切换为【缩放】工具。当利用【缩放】工具对图形局部放大时，如果对拖曳出虚线框的大小或位置不满意，可以按 Esc 键取消。

【缩放】工具和【平移】工具的属性栏完全相同，如图 1-53 所示。

图1-53　【缩放】工具和【平移】工具的属性栏

- 【缩放级别】100%：在该下拉列表中选择要使用的窗口显示比例。
- 【放大】按钮：单击此按钮，可以将图形放大显示。
- 【缩小】按钮：单击此按钮，可以将图形缩小显示，快捷键为 F3。
- 【缩放选定对象】按钮：单击此按钮，可以将选择的图形以最大化的形式显示，快捷键为 Shift+F2 组合键。
- 【缩放全部对象】按钮：单击此按钮，可以将绘图窗口中的所有图形以最大化的形式显示，快捷键为 F4。
- 【显示页面】按钮：单击此按钮，可以将绘图窗口中的图形以绘图窗口中页面打印区域的 100%大小进行显示，快捷键为 Shift+F4 组合键。

- 【按页宽显示】按钮：单击此按钮，可以将绘图窗口中的图形以绘图窗口中页面打印区域的宽度进行显示。
- 【按页高显示】按钮：单击此按钮，可以将绘图窗口中的图形以绘图窗口中页面打印区域的高度进行显示。

1.8.3 范例解析——设置多页面文件

要求新建一个大小为 42cm×28.5cm 的宣传单文件，且该文件包括两个页面，分别为封面和内页。

【步骤解析】

1. 新建文件，利用【布局】/【页面设置】命令来设置页面大小，因为要求的最终成品尺寸为 42cm×28.5cm，且要设置 3mm 的出血，所以在设置版面的尺寸时，应该将页面设置为 42.6cm×29.1cm 的大小。
2. 单击页面控制栏中 页 1 前面的按钮，在当前页的后面添加一个页面，然后单击 页 1 按钮，将其设置为工作状态。
3. 执行【布局】/【重命名页面】命令，在弹出的【重命名页面】对话框中将页名设置为"封面"，然后单击 确定 按钮。
4. 单击 页 2 ，将其设置为工作状态，然后用与步骤 3 相同的方法将其命名为"内页"，重命名后的页面控制栏如图 1-54 所示。

2/2 1: 封面 2: 内页

图1-54 重命名后的页面控制栏

1.9 课后作业

1. 灵活运用【导入】命令及页面控制栏来设计组装电脑的宣传画册，制作完成后各页面效果如图 1-55 所示。

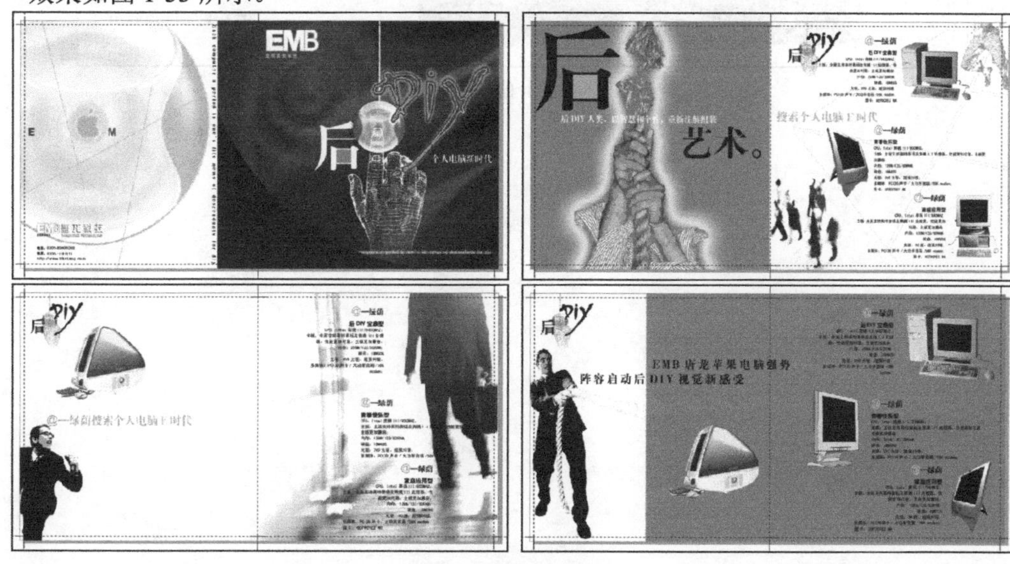

图1-55 设计的宣传画册

2. 主要利用【页面设置】、辅助线设置、【页面背景】命令及【导入】命令和字工具，来设置宣传折页，以此来综合练习本章所学的内容。各页面效果如图 1-56 所示。

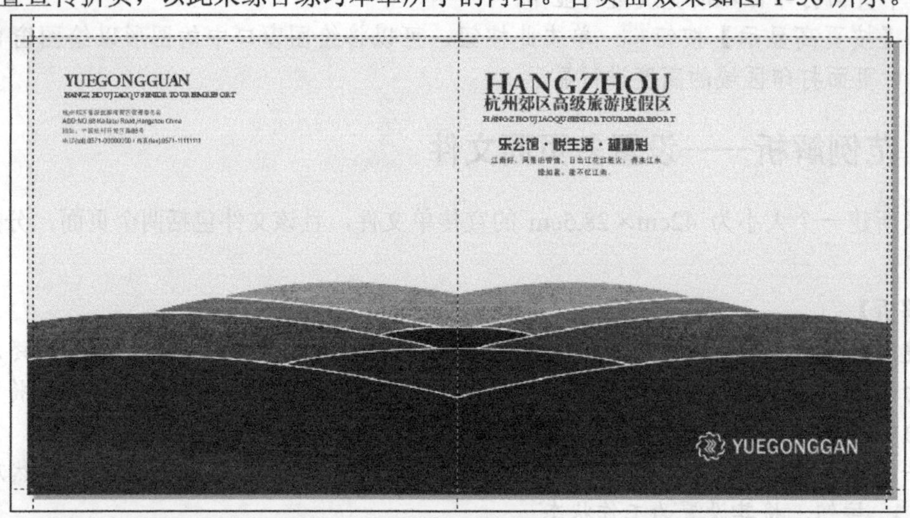

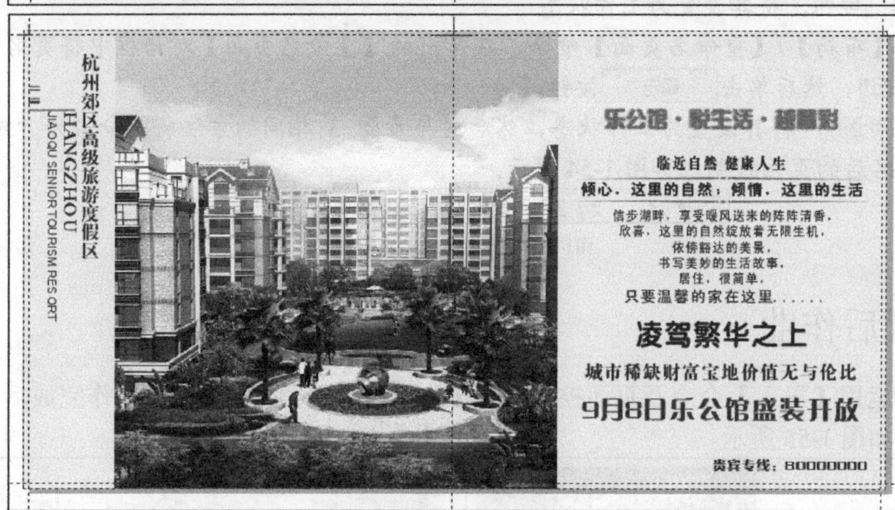

图1-56　设计的宣传折页

第2章 基本绘图工具与选择工具

本章主要介绍 CorelDRAW X7 中的基本绘图工具、选择工具及填充色和轮廓色的设置方法，并通过设计标志和绘制螃蟹图形案例，来学习各工具的使用方法及属性设置。本章的内容是学习该软件的基础，希望读者能认真学习，将本章的知识熟练掌握，为今后的学习打下坚实的基础。

【学习目标】

- 掌握各种基本绘图工具的应用。
- 掌握选择工具的功能及使用方法。
- 掌握图形的复制和变换操作。
- 熟悉各种设置颜色方法。

2.1 功能讲解——基本绘图工具

本节主要介绍 CorelDRAW X7 中的基本绘图工具，希望读者能熟练掌握各工具的使用方法和属性设置。

2.1.1 【矩形】工具和【3 点矩形】工具

下面来详细介绍【矩形】工具和【3 点矩形】工具的功能、使用方法及属性设置。

一、 使用方法

利用【矩形】工具可以绘制矩形、正方形和圆角矩形。选择工具（或按F6键），然后在绘图窗口中按住鼠标左键并拖曳，释放鼠标左键后，即可绘制出矩形。如按住Ctrl键拖曳则可以绘制正方形。双击工具，可创建一个与页面打印区域相同大小的矩形。

利用【3 点矩形】工具可以直接绘制倾斜的矩形、正方形和圆角矩形。选择工具后，在绘图窗口中按住鼠标左键不放，然后向任意方向拖曳，确定矩形的宽度，确定后释放鼠标左键，再移动鼠标指针到合适的位置，确定矩形的高度，确定后单击即可完成倾斜矩形的绘制。在绘制倾斜矩形之前，如按住Ctrl键并按住鼠标左键拖曳，可以绘制倾斜角为 15°角倍数的正方形。设置相应的【矩形的边角圆滑度】选项，可直接绘制倾斜的圆角图形。

二、 属性栏

选择工具，在绘图窗口中随意绘制一个矩形，【矩形】工具的属性栏如图 2-1 所示。

图2-1 【矩形】工具的属性栏

- 【对象位置】：表示当前绘制图形的中心与打印区域坐标（0,0）在水平方向

与垂直方向上的距离。调整此选项的数值，可改变矩形的位置。

- 【对象大小】：表示当前绘制图形的宽度与高度值。通过调整其数值可以改变当前图形的尺寸。
- 【缩放因子】100.0 % 100.0 %：按照百分数来决定调整图形的宽度与高度值。将数值设置为“200%”时，表示将当前图形放大为原来的两倍。
- 【缩定比率】按钮：单击此按钮，使其显示为状态，此时调整【缩放因子】选项中的任意一个数值，另一个数值也将随之改变。相反，当不单击此按钮时，调整任意一个数值，另一个数值不会随之改变。
- 【旋转角度】0 °：输入数值并按 Enter 键确认后，可以调整当前图形的旋转角度。
- 【水平镜像】按钮和【垂直镜像】按钮：单击相应的按钮，可以使当前选择的图形进行水平或垂直镜像。图 2-2 所示为原图与水平、垂直镜像后的图形效果。

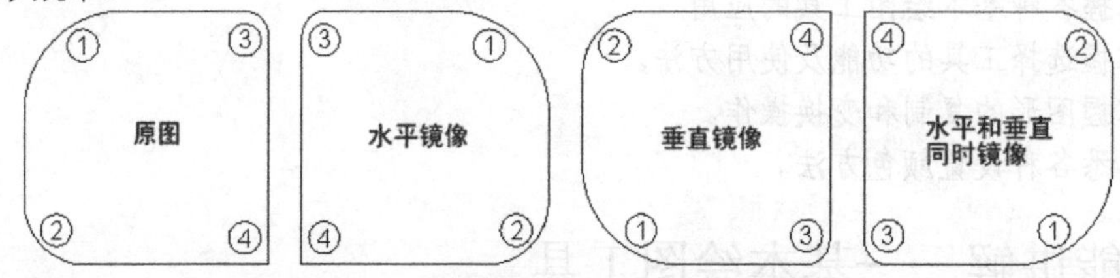

图2-2　原图与水平、垂直镜像后的图形效果

- 【圆角】按钮：激活此按钮，并设置右侧的【转角半径】选项参数，可以将绘制的矩形图形调整为圆角矩形。
- 【扇形角】按钮：激活此按钮，并设置右侧的【转角半径】选项参数，可以将绘制的矩形图形调整为扇形角图形。
- 【倒棱角】按钮：激活此按钮，并设置右侧的【转角半径】选项参数，可以将绘制的矩形图形调整为倒棱角图形。

在属性栏中依次激活按钮、按钮和按钮，并设置相同的【转角半径】选项参数，生成图形的对比效果如图 2-3 所示。

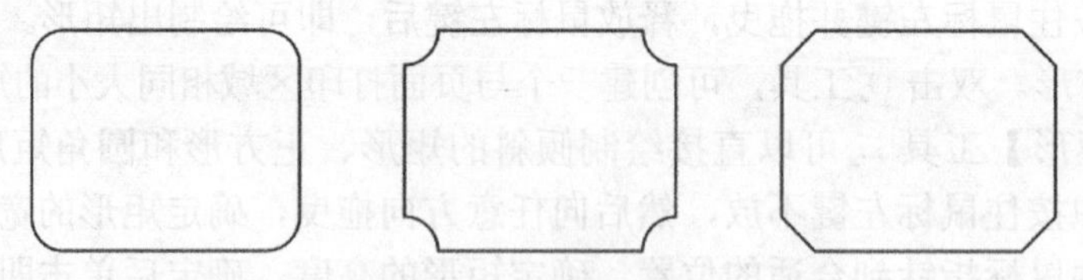

图2-3　选择不同选项时绘制图形的对比效果

要点提示：当有一个圆角矩形处于选择状态时，单击按钮可使其边角变为扇形角；单击按钮可使边角变为倒棱角，即这 3 种边角样式可以随时转换使用。

- 【转角半径】.0 mm .0 mm .0 mm .0 mm：控制图形的转角半径。当单击中间的【同时编辑所有角】按钮使其显示为时，改变其中一个数值，其他 3 个数值将会一起改变，此时绘制矩形的转角程度相同；反之，则可以设置不同的转角度。
- 【相对角缩放】按钮：激活此按钮，在缩放矩形图形时，其转角也会按一定的比例进行缩放；如不激活此按钮，转角不跟随图形一起缩放。原图形缩放时，不激活与激活按钮时的效果对比如图 2-4 所示。

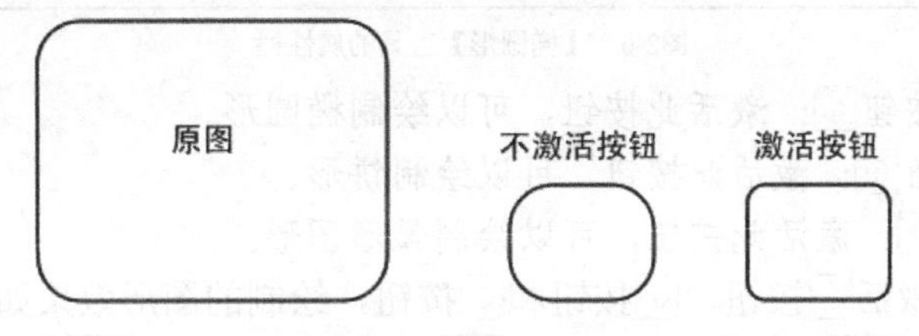

图2-4 缩放效果对比

- 【轮廓宽度】：在该下拉列表中选择图形需要的轮廓线宽度。当需要的轮廓宽度在下拉列表中没有时，可以直接在键盘中输入需要的线宽数值。图 2-5 所示为无轮廓与设置不同粗细的线宽时图形的对比效果。

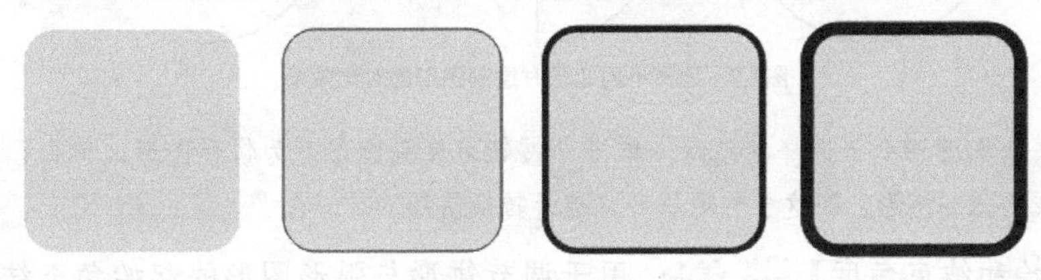

图2-5 轮廓对比

- 【文本换行】按钮：当图形位于段落文本的上方时，为了使段落文本不被图形覆盖，可以使用此按钮中包含的其他功能将段落文本与图形进行组合，使段落文本绕图排列。
- 【到图层前面】按钮和【到图层后面】按钮：当在绘图窗口中绘制了很多个图形时，要将其中一个图形调整至所有图形的前面或后面时，可先选择该图形，然后分别单击或按钮。
- 【转换为曲线】按钮：单击此按钮，可以将不具有曲线性质的图形转换成具有曲线性质的图形，以便于对其形态进行调整。

2.1.2 【椭圆形】工具和【3 点椭圆形】工具

下面来详细介绍【椭圆形】工具和【3 点椭圆形】工具的功能、使用方法及属性设置。

一、 使用方法

利用【椭圆形】工具可以绘制圆形、椭圆形、饼形或弧线等。选择工具（或按 F7 键），然后在绘图窗口中按住鼠标左键并拖曳，即可绘制椭圆形；如按住 Shift 键拖曳，可以绘制以鼠标按下点为中心向两边等比例扩展的椭圆形；如按住 Ctrl 键拖曳，可以绘制圆形；如按住 Shift+Ctrl 组合键拖曳，可以绘制以鼠标按下点为中心，向四周等比例扩展的圆形。

利用【3 点椭圆形】工具可以直接绘制倾斜的椭圆形。选择工具后，在绘图窗口中按住鼠标左键不放，然后向任意方向拖曳，确定椭圆一轴的长度，确定后释放鼠标左键，再移动鼠标确定椭圆另一轴的长度，确定后单击即可完成倾斜椭圆形的绘制。

二、 属性栏

利用工具，在绘图窗口中随意绘制一个椭圆形，其属性栏如图 2-6 所示。

图2-6　【椭圆形】工具的属性栏

- 【椭圆形】按钮：激活此按钮，可以绘制椭圆形。
- 【饼形】按钮：激活此按钮，可以绘制饼形。
- 【弧】按钮：激活此按钮，可以绘制弧形图形。

在属性栏中依次激活按钮、按钮和按钮，绘制的图形效果如图 2-7 所示。

图2-7　选择不同选项时绘制图形的对比效果

要点提示　当有一个椭圆形处于选择状态时，单击按钮可使椭圆形变为饼形图形；单击按钮可使椭圆形变成为弧形图形，即这 3 种图形可以随时转换使用。

- 【起始和结束角度】：用于调节饼形与弧形图形的起始角至结束角的角度大小。图 2-8 所示为调整不同数值时的图形对比效果。
- 【方向】按钮，可以使饼形图形或弧形图形的显示部分与缺口部分进行调换。图 2-9 所示为使用此按钮前后的图形对比效果。

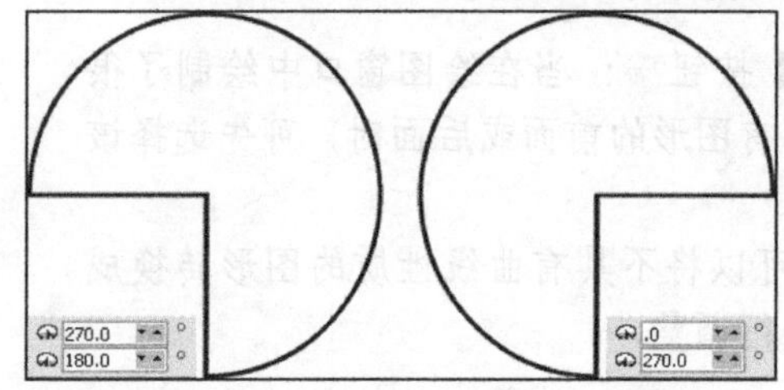

图2-8　调整不同数值时的图形对比效果

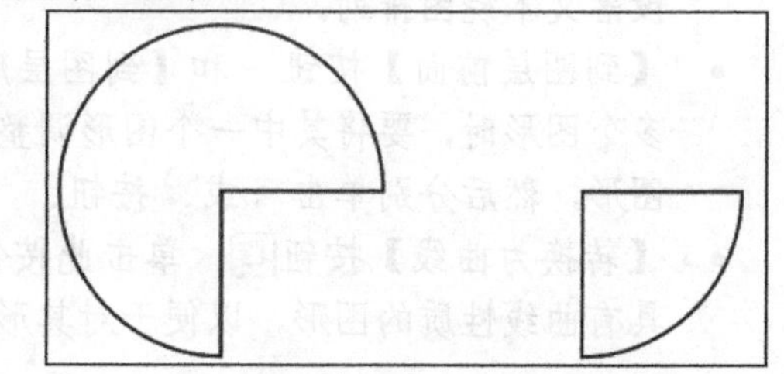

图2-9　使用按钮前后的图形对比效果

2.1.3　【多边形】工具

利用【多边形】工具可以绘制多边形图形，在绘制之前可在属性栏中设置绘制图形的边数。选择工具（或按 Y 键），并在属性栏中设置多边形的边数，然后在绘图窗口中按住鼠标左键并拖曳，即可绘制出多边形图形。

【多边形】工具属性栏中的【多边形上的点数】选项用于设置多边形的边数，在文本框中输入数值即可。另外，单击数值后面上方的小黑三角符号，可以增加多边形的边数，每单击一次增加一条。相反，单击下方的小黑三角符号，可以减少多边形的边数，每单击一次就会减少一条。

2.1.4　【星形】工具

利用【星形】工具可以绘制星形图形。选择工具，并在属性栏中设置星形的边数，然后在绘图窗口中按住鼠标左键并拖曳即可绘制出星形图形。

【星形】工具的属性栏如图 2-10 所示。

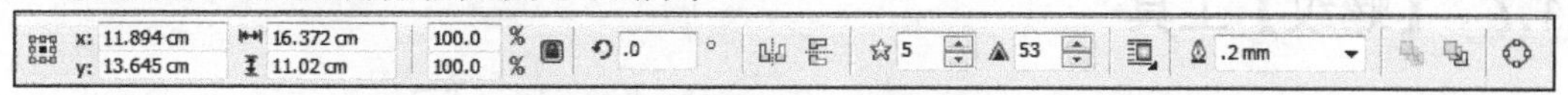

图2-10 【星形】工具的属性栏

- 【星形的点数】选项：用于设置星形的角数，取值范围为“3～500”。
- 【星形的锐度】选项：用于设置星形图形边角的锐化程度，取值范围为“1～99”。图 2-11 所示为分别将此数值设置为“20”和“50”时，星形图形的对比效果。

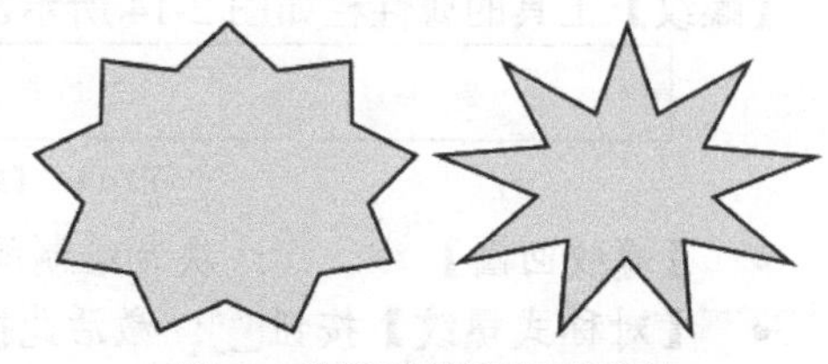

图2-11 设置不同锐度的星形效果

要点提示 绘制基本星形之后，利用【形状】工具选择图形中的任一控制点拖曳，可调整星形图形的锐化程度。

2.1.5 【复杂星形】工具

利用【复杂星形】工具可以绘制复杂的星形图形。选择工具，并在属性栏中设置星形的边数，然后在绘图窗口中按住鼠标左键并拖曳即可绘制出复杂的星形图形。

【复杂星形】工具的属性栏与【星形】工具属性栏中的选项参数相同，只是选项的取值范围及使用条件不同。

- 【复杂星形的点数】选项：用于设置复杂星形的角数，取值范围为“5～500”。
- 【复杂星形的锐度】选项：用于控制复杂星形边角的尖锐程度，此选项只有在点数至少为“7”时才可用。此选项的最大数值与绘制复杂星形的边数有关，边数越多，取值范围越大。设置不同的参数时，复杂星形的对比效果如图 2-12 所示。

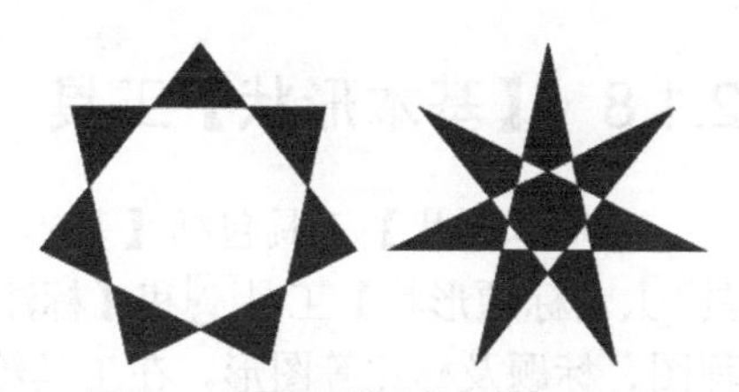

图2-12 设置不同锐度的复杂星形效果

2.1.6 【图纸】工具

利用【图纸】工具可以绘制网格图形。选择工具（或按 D 键），并在属性栏中设置【图纸行和列数】选项的参数，然后在绘图窗口中按住鼠标左键并拖曳，即可绘制出网格图形。

【图纸】工具的属性栏如图 2-13 所示。

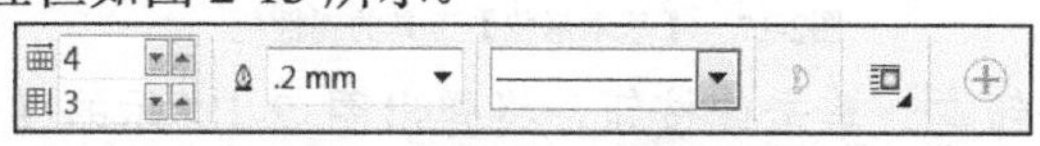

图2-13 【图纸】工具的属性栏

- 【图纸列数】选项：决定绘制网格的列数。
- 【图纸行数】选项：决定绘制网格的行数。

2.1.7 【螺纹】工具

利用【螺纹】工具可以绘制螺旋线。选择工具（或按 A 键），并在属性栏中设置螺旋线的圈数，然后在绘图窗口中按住鼠标左键并拖曳，即可绘制出螺旋线。

【螺纹】工具的属性栏如图 2-14 所示。

图2-14　【螺纹】工具的属性栏

- 【螺纹回圈】4：决定绘制螺旋线的圈数。
- 【对称式螺纹】按钮：激活此按钮，绘制的螺旋线每一圈之间的距离都会相等。
- 【对数螺纹】按钮：激活此按钮，绘制的螺旋线每一圈之间的距离不相等，是渐开的。

图 2-15 所示为激活按钮和按钮时绘制出的螺旋线效果。

- 当激活【对数螺纹】按钮时，【螺纹扩展参数】100才可用，它主要用于调节螺旋线的渐开程度。数值越大，渐开的程度越大。图 2-16 所示为设置不同的【螺纹扩展参数】选项时螺旋线的对比效果。

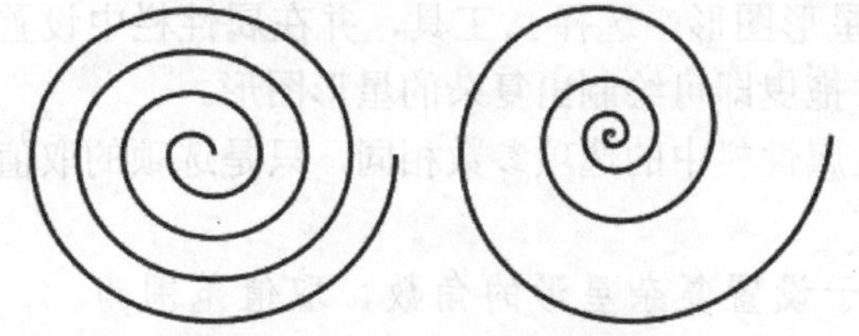

图2-15　绘制出的不同螺旋线效果

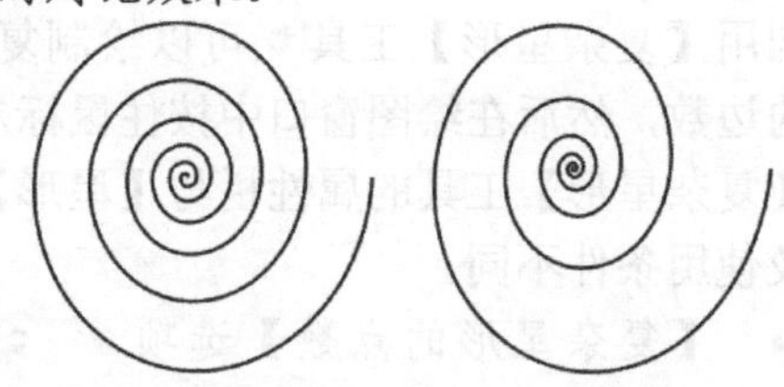

图2-16　设置不同的【螺纹扩展参数】时螺旋线的对比效果

2.1.8 【基本形状】工具

【基本形状】工具包括【基本形状】工具、【箭头形状】工具、【流程图形状】工具、【标题形状】工具和【标注形状】工具，利用这些工具可以绘制心形、箭头、流程图、标题及标注等图形。在工具箱中选择相应的工具后，单击属性栏中的【完美形状】按钮（选择不同的工具，该按钮上的图形形状也各不相同），在弹出的【形状】面板中选择需要的形状，然后在绘图窗口中按住鼠标左键并拖曳，即可绘制出形状图形。

这 5 种工具的属性栏基本相同，只是在选取这 5 种不同的按钮时，属性栏中的自选图形按钮将显示不同的图形。下面以【基本形状】工具为例来介绍它们的属性栏，如图 2-17 所示。

图2-17　【基本形状】工具的属性栏

- 【完美形状】按钮：单击此按钮，将弹出图 2-18 示的【形状】面板，在此面板中可以选择要绘制图形的形状。

当选择工具、工具、工具或工具时，属性栏中的完美形状按钮将以不同的形态存在，分别如图 2-19 所示。

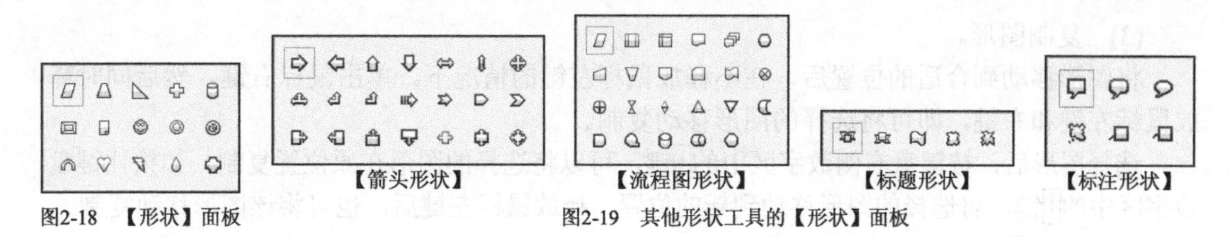

图2-18 【形状】面板

图2-19 其他形状工具的【形状】面板

2.2 功能讲解——选择工具

选择工具组中包括【选择】工具、【手绘选择】工具和【自由变换】工具。这些工具的功能主要是选择对象，并对其进行移动、复制、缩放、旋转或扭曲等操作。

要点提示 使用工具箱中除【文字】工具外的任何一个工具时，按一下空格键，可以将当前使用的工具切换为选择工具；再次按空格键，可恢复为先前使用的工具。

利用上一节学过的几种绘图工具随意绘制一些图形，然后根据下面的介绍来学习选择工具的使用方法。在学习过程中，读者最好动手试一试，以便更好地理解和掌握书中的内容。如果绘图窗口乱七八糟时，可双击工具，将所有图形全部选择，然后按Delete键清除。

2.2.1 【选择】工具

下面来具体介绍【选择】工具的使用方法。

一、 使用方法

(1) 选择图形。

利用工具选择图形有两种方法：一是在要选择的图形上单击，二是框选要选择的图形。如果要选择的图形呈不规则形状排列，且周围有不需要选择图形，此时可以利用【手绘选择】工具。选择工具后，将鼠标指针移动到绘图窗口中沿要选择图形的周围拖曳，绘制出不规则的图形，即可将绘制框中的图形全部选择。需要注意的是，用框选的方法或手绘选择的方法选择图形，拖曳出的虚线框必须将要选择的图形全部包围，否则此图形不会被选择。图形被选择后，将显示由8个小黑色方形组成的选择框。

【选择】工具结合键盘上的辅助键，还具有以下选择方式。

- 按住Shift组合键，单击其他图形即添加选择，如单击已选择的图形则为取消选择。
- 按住Alt键并按住鼠标左键拖曳，拖曳出的选框所接触到的图形都会被选择。
- 按Ctrl+A组合键或双击工具，可以将绘图窗口中所有的图形同时选择。
- 当许多图形重叠在一起时，按住Alt键，可以选择最上层图形后面的图形。

按Tab键，可以选择绘图窗口中最后绘制的图形。如果继续按Tab键，则可以按照绘制图形的顺序，从后向前选择绘制的图形。

(2) 移动图形。

将鼠标指针放置在被选择图形中心的×位置上，当鼠标指针显示为四向箭头图标✥时，按住鼠标左键并拖曳，即可移动选择的图形。按住Ctrl键并按住鼠标左键拖曳，可将图形在垂直或水平方向上移动。

(3)　复制图形。

将图形移动到合适的位置后，在不释放鼠标左键的情况下，单击鼠标右键，然后同时释放鼠标左键和右键，即可将选择的图形移动复制。

选择图形后，按键盘右侧数字区中的+键，可以将选择的图形在原位置复制。如按住键盘数字区中的+键，将选择的图形移动到新的位置，释放鼠标左键后，也可将该图形移动复制。

(4)　变换图形。

变换图形操作包括缩放、旋转、扭曲和镜像图形。

- 缩放：选择要缩放的图形，然后将鼠标指针放置在图形四边中间的控制点上，当鼠标指针显示为↔或↕形状时，按住鼠标左键并拖曳，可将图形在水平或垂直方向上缩放。将鼠标指针放置在图形四角位置的控制点上，当鼠标指针显示为↘或↗形状时，按住鼠标左键并拖曳，可将图形等比例放大或缩小。

要点提示　在缩放图形时如按住 Alt 键并按住鼠标左键拖曳，可将图形进行自由缩放；如按住 Shift 键并按住鼠标左键拖曳，可将图形分别在 *x*、*y* 或 *xy* 方向上对称缩放。

- 旋转：在选择的图形上再次单击，图形周围的 8 个小黑点将变为旋转和扭曲符号。将鼠标指针放置在任一角的旋转符号上，当鼠标指针显示为↻形状时按住鼠标左键并拖曳，即可对图形进行旋转。在旋转图形时，按住 Ctrl 键可以将图形以 15°角的倍数进行旋转。
- 扭曲：在选择的图形上再次单击，然后将鼠标指针放置在图形任意一边中间的扭曲符号上，当鼠标指针显示为⇌或⇅形状时按住鼠标左键并拖曳，即可对图形进行扭曲变形。
- 镜像：镜像图形就是将图形在垂直、水平或对角线的方向上进行翻转。选择要镜像的图形，然后按住 Ctrl 键，将鼠标指针移动到图形周围任意一个控制点上，按住鼠标左键并向对角方向拖曳，当出现蓝色的线框时释放鼠标左键，即可将选择的图形镜像。

要点提示　利用【选择】工具对图形进行移动、缩放、旋转、扭曲和镜像操作时，至合适的位置或形态后，在不释放鼠标左键的情况下单击鼠标右键，可以将该图形以相应的操作复制。

二、　【选择】工具属性栏

【选择】工具的属性栏根据选择对象的不同，显示的选项也各不相同。具体分为以下几种情况。

(1)　选择单个对象的情况下。

利用工具选择单个对象时，【选择】工具的属性栏将显示该对象的属性选项。如选择矩形，属性栏中将显示矩形的属性选项。此部分内容在介绍相应的工具按钮时会进行详细介绍，在此不进行总结。

(2)　选择多个图形的情况下。

利用工具同时选择两个或两个以上的图形时，属性栏的状态如图 2-20 所示。

X: 88.068 mm　Y: 136.898 mm　94.694 mm　120.405 mm　100.0 %　100.0 %　.0 °　.2 mm

图2-20　【选择】工具的属性栏

- 【合并】按钮：单击此按钮，或执行【对象】/【合并】命令（快捷键为

Ctrl+L），可将选择的图形结合为一个整体。

> 要点提示 当选择的图形结合后，属性栏中将出现一个【拆分】按钮，单击此按钮或执行【对象】/【拆分】命令（快捷键为Ctrl+K组合键），可以将合并后的图形拆分。

- 【组合对象】按钮：单击此按钮，或执行【对象】/【组合】/【组合对象】命令（快捷键为Ctrl+G组合键），也可将选择的图形组合为一个整体。

> 要点提示 当给组合后的图形添加【变换】及其他命令操作时，被组合的每个图形都将会发生改变，但是组合内每一个图形之间的空间关系不会发生改变。

【合并】和【组合对象】命令都是将多个图形合并为一个整体的命令，但两者组合后的图形有所不同。【组合对象】命令只是将图形简单地组合到一起，其图形本身的形状和样式并不会发生变化；而【合并】命令是将图形链接为一个整体，其所有的属性都会发生改变，并且图形和图形的重叠部分将会成为透空状态。图形组合与合并后的形态如图2-21所示。

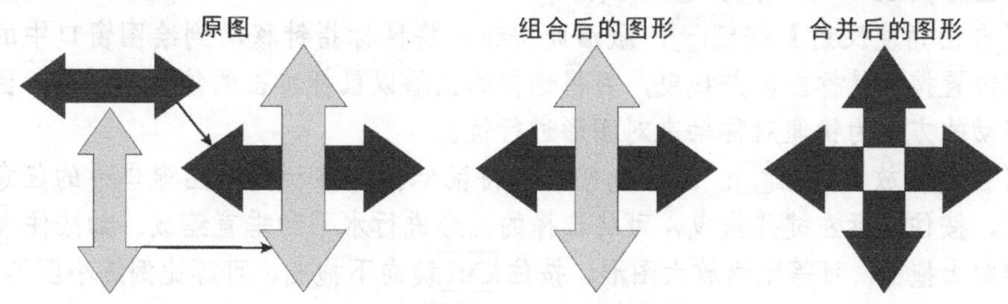

图2-21 原图与组合及合并后的图形形态

- 【取消组合对象】按钮：当选择组合后的图形时，单击此按钮，或执行【对象】/【组合】/【取消组合对象】命令（快捷键为Ctrl+U组合键），可将组合后的图形解组。如该组合经过多次群组，每执行一次命令，将解组一次。
- 【取消组合所有对象】按钮：当选择组合后的图形时，单击此按钮，或执行【对象】/【组合】/【取消组合所有对象】命令，可将多次群组后的图形一次分解。
- 图形的修整按钮：单击相应的按钮，可以对选择的图形执行相应的修整命令，分别为焊接、修剪、相交、简化、移除后面对象、移除前面对象和创建围绕选定对象的新对象按钮，具体操作详见第9.3节。
- 【对齐和分布】按钮：设置图形与图形之间的对齐和分布方式。此按钮与【对象】/【对齐和分布】命令的功能相同。

> 利用【对齐和分布】命令对齐图形时必须选择两个或两个以上的图形；利用该命令分布图形时必须选择3个或3个以上的图形。

2.2.2 【手绘选择】工具

【手绘选择】工具的功能与【选择】工具的功能相同，只是在选择图形时，可以用手绘的方式来选择，常用于选择一些呈不规则形状排列，且周围有不需要选择对象的图形选择上。具体操作为：选择工具后，将鼠标指针移动到绘图窗口中沿要选择图形的周围拖曳，绘制出不规则的图形，将图形全部框选后释放鼠标，即可将绘制框中的图形选择。

2.2.3 【自由变换】工具

【自由变换】工具的具体操作为：首先选择想要进行变换的对象，然后选择工具，并在属性栏中设置好对象的变换方式，即激活相应的按钮。再将鼠标指针移动到绘图窗口中的适当位置，按住鼠标左键并拖曳（此时该点将作为对象变换的锚点），即可对选择的对象进行指定的变换操作。

【自由变换】工具的属性栏如图 2-22 所示。

X: 62.67 mm Y: 109.933 mm 160.54 mm 170.574 mm 100.0 % 100.0 % 0 62.67 mm 109.933 mm .0 .0

图2-22 【自由变换】工具的属性栏

- 【自由旋转】按钮：激活此按钮，在绘图窗口中的任意位置按住鼠标左键并拖曳，可将选择的图形以按下点为中心进行旋转。如按住 Ctrl 键拖曳，可将图形按 15° 角的倍数进行旋转。
- 【自由角度反射】按钮：激活此按钮，将鼠标指针移动到绘图窗口中的任意位置按住鼠标左键并拖曳，可将选择的图形以鼠标单击的位置为锚点，鼠标移动的方向为镜像对称轴来对图形进行镜像。
- 【自由缩放】按钮：激活此按钮，将鼠标指针移动到绘图窗口中的任意位置，按住鼠标左键并拖曳，可将选择的图形进行水平和垂直缩放。如按住 Ctrl 键向上拖曳，可等比例放大图形；按住 Ctrl 键向下拖曳，可等比例缩小图形。
- 【自由倾斜】按钮：激活此按钮，将鼠标指针移动到绘图窗口中的任意位置按住鼠标左键并拖曳，可将选择的图形进行扭曲变形。
- 【旋转中心】113.651 mm 166.279 mm：用于设置当前选择对象的旋转中心位置。
- 【倾斜角度】.0 .0：用于设置当前选择对象在水平和垂直方向上的倾斜角度。
- 【应用到再制】按钮：激活此按钮，使用【自由变换】工具对选择的图形进行变形操作时，系统将首先复制该图形，然后再进行变换操作。
- 【相对于对象】按钮：激活此按钮，属性栏中的【X】和【Y】的数值将都变为“0”。在【X】和【Y】的文本框中输入数值，如都输入“15”，然后按 Enter 键，此时当前选择的对象将相对于当前的位置分别在 x 轴和 y 轴上移动 15 个单位。

2.3 功能讲解——颜色的设置方法

本节来学习颜色的设置方法，包括填充色和轮廓色。

除上面介绍的利用【调色板】外，最常用的设置颜色方法即是利用【编辑填充】按钮、【轮廓色】按钮、【颜色】泊坞窗工具、【颜色滴管】工具及【智能填充】工具。利用这几种工具可以为图形添加【调色板】中没有的颜色。下面来分别介绍。

2.3.1 【编辑填充】按钮

【编辑填充】按钮主要用于设置填充颜色及图案。在介绍其使用方法之前，首先来绘制一个矩形图形，即在工具箱中选取【矩形】工具，然后将鼠标指针移动到工作区中拖曳，随意绘制一个矩形图形，以便为其填充颜色。

选取工具，将弹出【编辑填充】对话框，单击左上方的【均匀填充】按钮，即可显示调整颜色的选项，如图 2-23 所示。右侧的几个按钮，分别是调整渐变色和图案的，在后面第 4 章中我们再详细介绍。

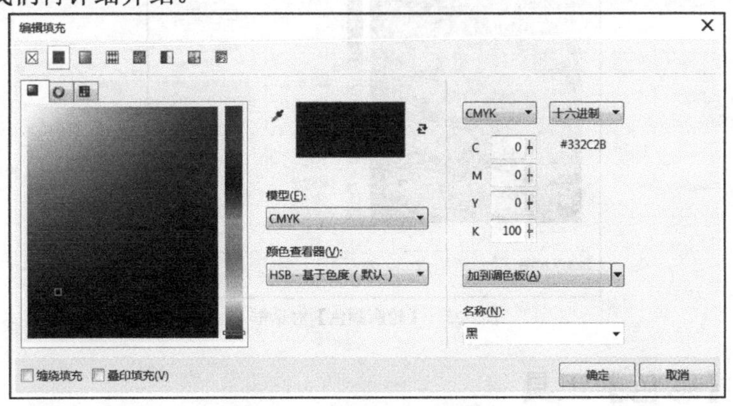

图2-23 【编辑填充】对话框

- 单击【模型】选项下方的CMYK按钮或单击色块右侧的CMYK按钮，可在弹出的下拉列表中选择要使用的色彩模式。
- 在颜色显示区域，拖曳右侧颜色条上的滑块可以选择一种色调。
- 在颜色显示区域中拖曳小白矩形框，可以选择相应的颜色。设置颜色后，右侧黑色块的下方将显示新调整的颜色。
- 在右侧的【C、M、Y、K】颜色文本框中，直接输入所需颜色的值也可以调制出需要的颜色。另外，当选择的颜色有特定的名称时，【名称】选项下方的文本框中将显示该颜色的名称。
- 单击【名称】选项下方文本框右侧的倒三角按钮，可以在弹出的下拉列表中选择软件预设的一些颜色。
- 设置颜色后，单击加到调色板(A)按钮，可将设置的颜色添加到【调色板】或【文档调色板】中。

分别修改【C、M、Y、K】选项的颜色值，设置的参数及生成的新颜色如图 2-24 所示。单击确定按钮，即可为绘制的矩形填充设置的颜色。

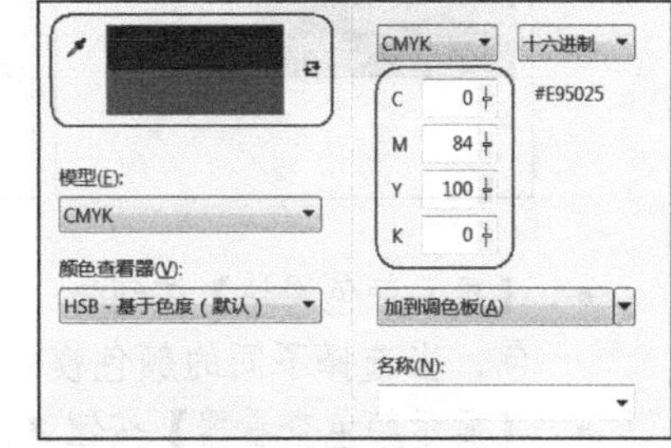

图2-24 设置的颜色

2.3.2 【轮廓色】按钮

在工具箱中的按钮上单击，弹出隐藏的按钮列表，移动鼠标至【轮廓色】按钮处再次单击，将弹出图 2-25 所示的【轮廓颜色】对话框。该对话框中的颜色设置方法与在【编辑填充】对话框中的设置方法一样，只是单击确定按钮后，设置的颜色会作为图形的轮廓颜色。

要点提示 如读者当前计算机中没有显示工具组，可利用第 1.2.4 小节的方法，将其在隐藏的工具列表中调出。

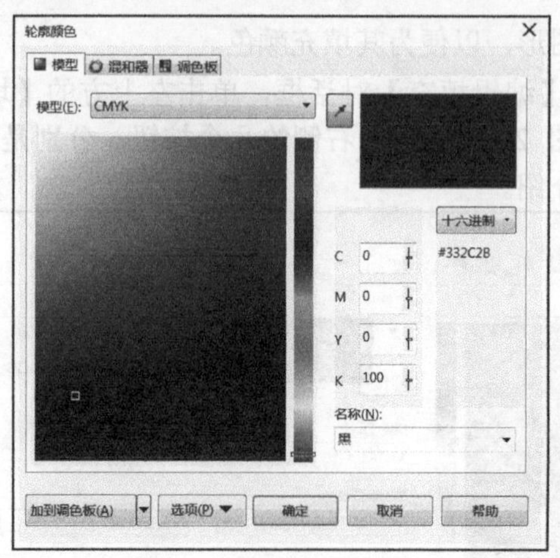

图2-25　【轮廓颜色】对话框

2.3.3　利用【彩色】工具

在工具箱中的按钮上单击，弹出隐藏的按钮列表，移动鼠标至【彩色】按钮处再次单击，将弹出【颜色】泊坞窗。

在【颜色】泊坞窗右上角处有【显示颜色滑块】按钮、【显示颜色查看器】按钮和【显示调色板】按钮。激活不同的按钮，可以显示出不同的【颜色】泊坞窗，如图 2-26 所示。

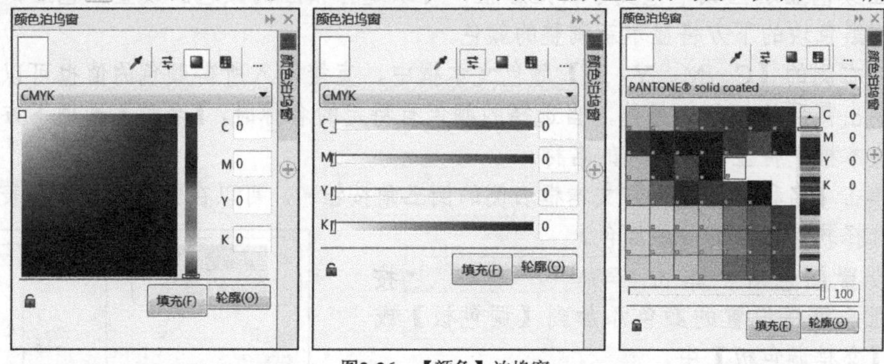

图2-26　【颜色】泊坞窗

- 【显示颜色滑块】按钮：可以通过输入数值或拖动滑块位置来调整需要的颜色。当选择不同的颜色模式时，下方显示的颜色滑块个数也不同。
- 【显示颜色查看器】按钮：可以通过输入数值来设置颜色；或拖曳色条上的滑块，然后在颜色窗口中单击；也可直接拖动颜色窗口中的白色矩形小方块，来直接设置需要的颜色。
- 【显示调色板】按钮：可以通过拖曳色条上的滑块，然后在调色板的颜色名称上单击来选择颜色。拖曳下方的饱和度滑块，可调整选择颜色的饱和度。
- 填充(F)按钮：调整颜色后，单击此按钮，将会给选择的图形填充调整的颜色。
- 轮廓(O)按钮：调整颜色后，单击此按钮，将会给选择图形的外轮廓线添加调整的颜色。
- 【自动应用颜色】按钮：激活此按钮，可以将设置的颜色自动应用于选择的图形上。

2.3.4 利用【颜色滴管】工具

利用【颜色滴管】工具为图形填充颜色或设置轮廓色是比较快捷的方法，但前提是绘图窗口中必须有需要的填充色和轮廓色存在。其使用方法为：利用【颜色滴管】工具在指定的图形上吸取需要的颜色，吸取后，该工具将自动变为【填充】工具，此时在指定的图形内单击，即可为图形填充吸取的颜色；在图形的轮廓上单击，即可为轮廓填充颜色。

【颜色滴管】工具的属性栏如图 2-27 所示。

图2-27 【颜色滴管】工具的属性栏

- 【选择颜色】按钮：激活此按钮，可在文档窗口中进行颜色取样。
- 【应用颜色】按钮：利用工具吸取颜色后，此按钮即被激活，此时可将取样的颜色应用到对象上。
- 从桌面选择按钮：按钮处于激活状态时，此按钮才可用，单击此按钮，【颜色滴管】工具可以移动到文档窗口以外的区域吸取颜色。
- 【1×1】按钮、【2×2】按钮和【5×5】按钮：决定是在单像素中取样，还是对 2×2 或 5×5 像素区域中的平均颜色值进行取样。
- 【所选颜色】：右侧显示吸管吸取的颜色。
- 添加到调色板按钮：单击此按钮，可将所选的颜色添加到调色板中。单击右侧的倒三角按钮，然后选择"文档调色板"，可将所选的颜色添加到当前文档的调色板中。

2.3.5 利用【智能填充】工具

【智能填充】工具除了可以实现普通的颜色填充之外，还可以自动识别多个图形重叠的交叉区域，对其进行复制然后进行颜色填充。

【智能填充】工具的属性栏如图 2-28 所示。

图2-28 【智能填充】工具的属性栏

- 【填充选项】选项：包括【使用默认值】、【指定】和【无填充】3 个选项。当选择【指定】选项时，单击右侧的颜色色块，可在弹出的颜色选择面板中选择需要填充的颜色。
- 【轮廓】选项：包括【使用默认值】、【指定】和【无轮廓】3 个选项。当选择【指定】选项时，可在右侧的【轮廓线宽度】选项窗口中指定外轮廓线的粗细。单击最右侧的颜色色块，可在弹出的颜色选择面板中选择外轮廓的颜色。

> 要点提示：选中某图形，单击【调色板】中顶部的☒按钮，可删除选择图形的填充色；单击鼠标右键，可删除选择图形的轮廓色。

2.4　范例解析——绘制卡通图形

本节通过绘制一个卡通图形来介绍各工具的运用，绘制的卡通图形如图 2-29 所示。

在绘制卡通图形时，首先利用【椭圆形】工具绘制出卡通的外形，然后结合旋转、复制、缩放和修剪操作绘制出卡通图形的眼睛和嘴巴即可。具体操作方法如下。

图2-29　绘制的卡通图形

【步骤解析】

1. 按 Ctrl+N 组合键新建一个图形文件。
2. 选择 工具，按住 Ctrl 键，在页面可打印区中拖曳，绘制出图 2-30 所示的圆形。
3. 将鼠标指针移动到调色板图 2-31 所示的色块上单击，为圆形填充深黄色，然后将鼠标指针移动到调色板中的“☒”图块上单击鼠标右键，将图形的外轮廓线去除，此时的圆形如图 2-32 所示。

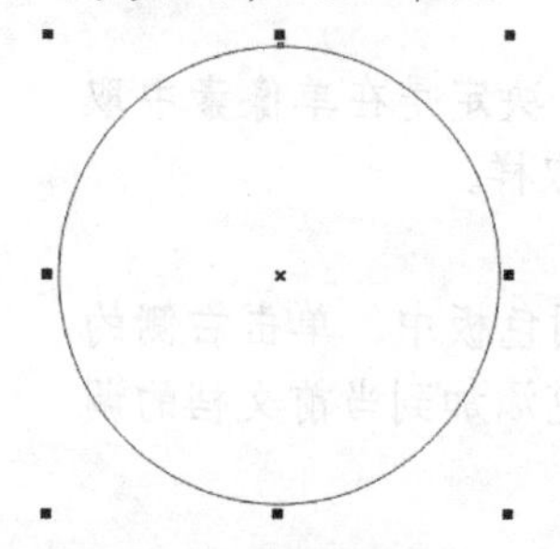

图2-30　绘制的圆形

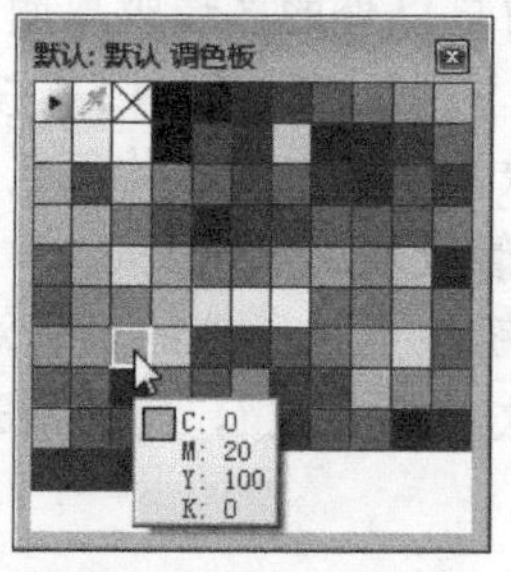

图2-31　单击的色块

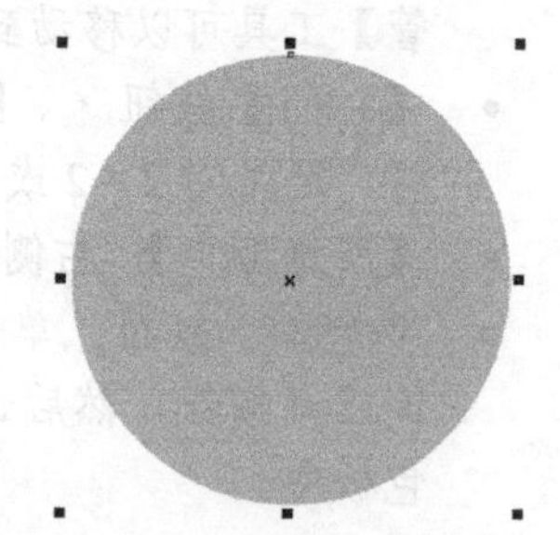

图2-32　填充颜色后的图形

4. 继续利用 工具绘制出图 2-33 所示的椭圆形。
5. 选择 工具，将鼠标指针移动到圆形的左上方位置，按住鼠标左键并向右下方拖曳，状态如图 2-34 所示，将两个图形同时选择。

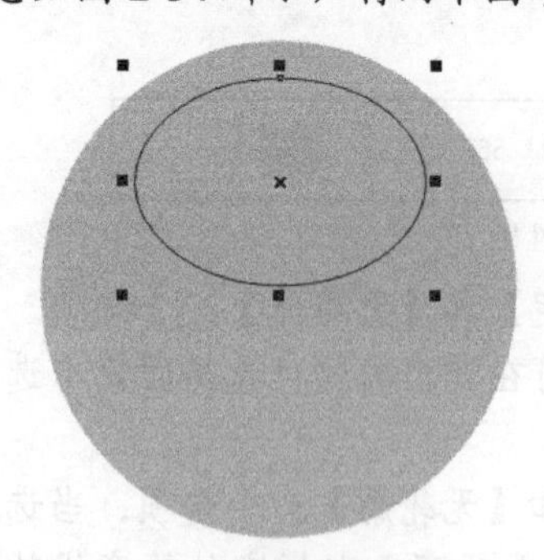

图2-33　绘制的椭圆形

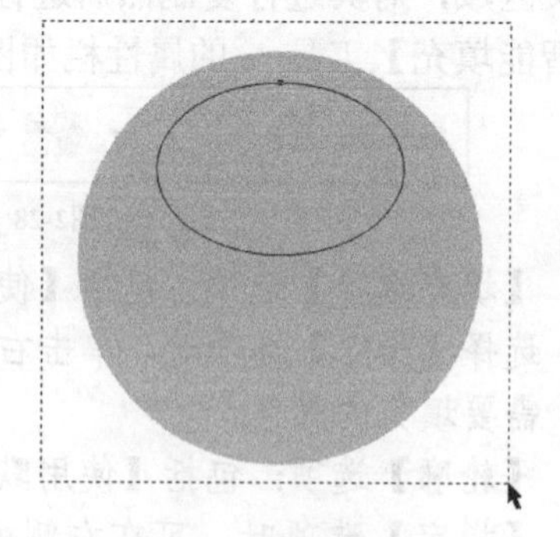

图2-34　框选图形形态

6. 单击属性栏中的 按钮，在弹出的【对齐与分布】泊坞窗中，单击 按钮，将选择的两个图形以在水平方向上以垂直轴对齐，如图 2-35 所示。
7. 利用 工具单击上方的椭圆形，将其选择，然后将鼠标指针移动到【调色板】中的“白”色块上单击，为其填充白色，再将鼠标指针移动到调色板中的“☒”图块上单击鼠标右键，将图形的外轮廓线去除，如图 2-36 所示。

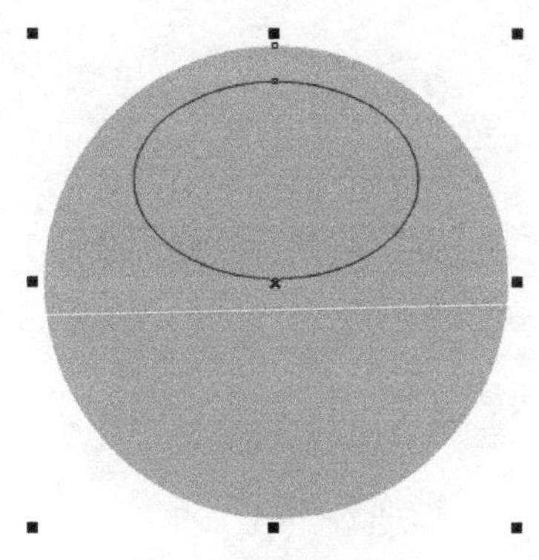
图2-35　对齐后的形态

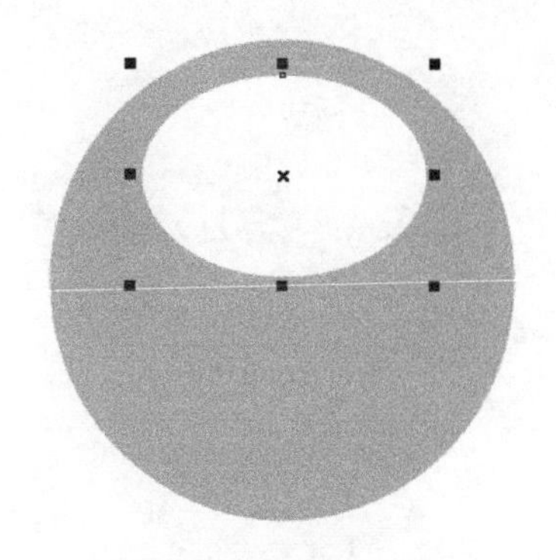
图2-36　椭圆形填充后的效果

8. 选取【透明度】工具，然后将鼠标指针移动到椭圆形的上方，按住鼠标左键并向下拖曳，为其添加交互式透明效果，如图 2-37 所示。
9. 选择工具，在添加交互式透明后的椭圆形上再绘制出图 2-38 所示倾斜的椭圆形。

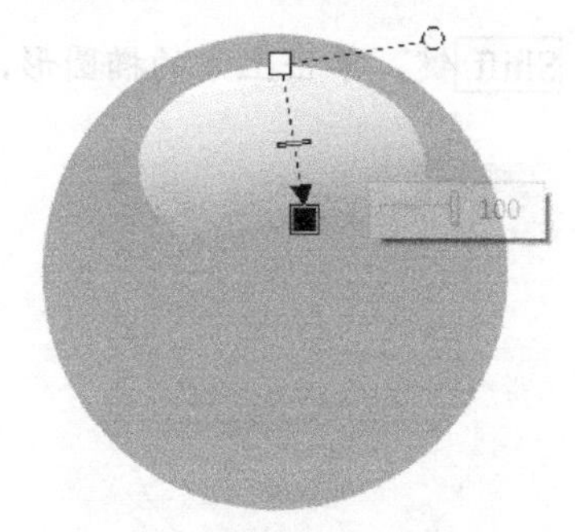

图2-37　添加的交互式透明效果

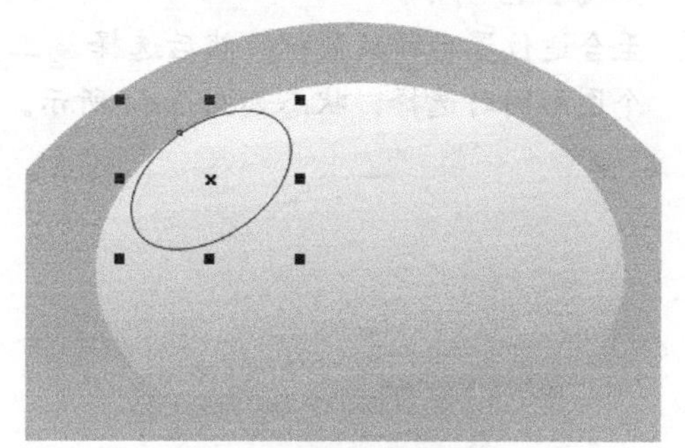
图2-38　绘制的椭圆形

10. 为绘制的倾斜椭圆形填充白色，并去除外轮廓，然后单击按钮，并为其添加图 2-39 所示的交互式透明效果。
11. 继续利用工具，绘制出图 2-40 所示的椭圆形。

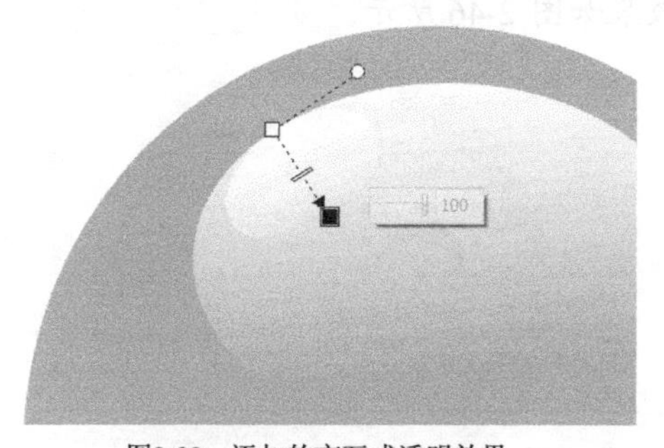

图2-39　添加的交互式透明效果

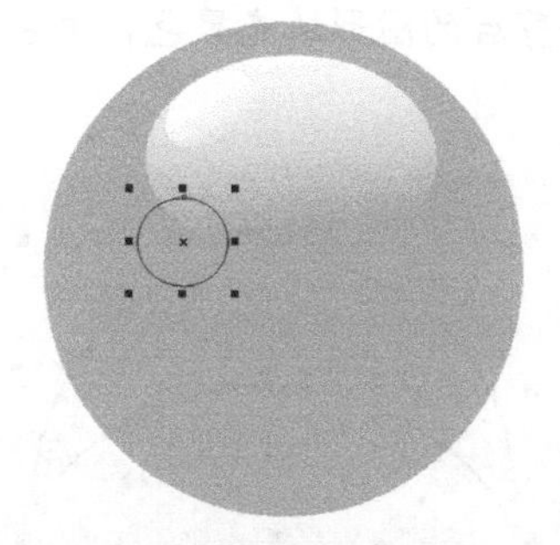
图2-40　绘制的椭圆形

12. 将鼠标指针移动到椭圆形的中心位置，当鼠标指针显示为移动符号✣时，按住 Shift 键，同时按住鼠标左键并向下拖曳，将图形垂直向下移动，状态如图 2-41 所示。
13. 至合适位置后，在不释放鼠标左键的情况下单击鼠标右键，移动复制出一个椭圆形，如图 2-42 所示。

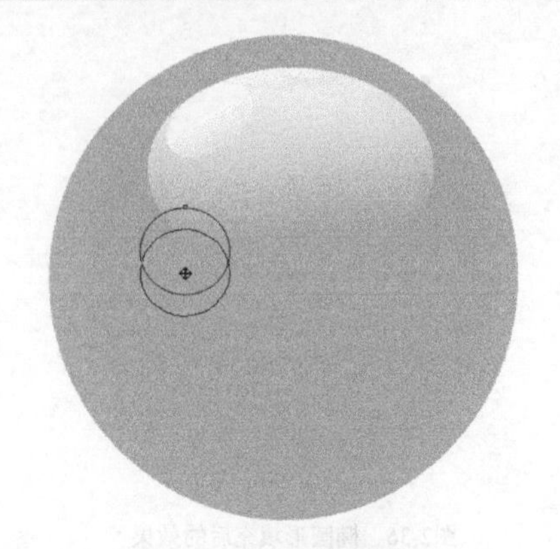

图2-41　移动图形时的状态

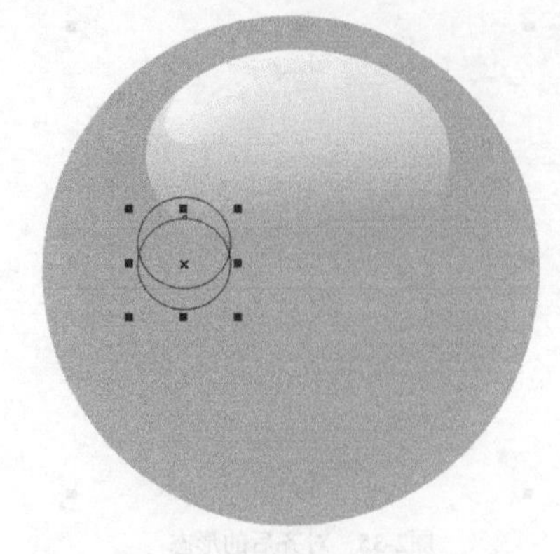

图2-42　移动复制出的椭圆形

14. 将鼠标指针放置到选择图形右侧中间的控制点上，当鼠标指针显示为↔形状时按住鼠标左键，然后按住 Shift 键，并向右拖曳，将图形以中心在水平方向上对称缩放，状态如图 2-43 所示。
15. 至合适位置后释放鼠标，然后选择工具，并按住 Shift 键，单击上方的椭圆形，将两个图形同时选择，状态如图 2-44 所示。

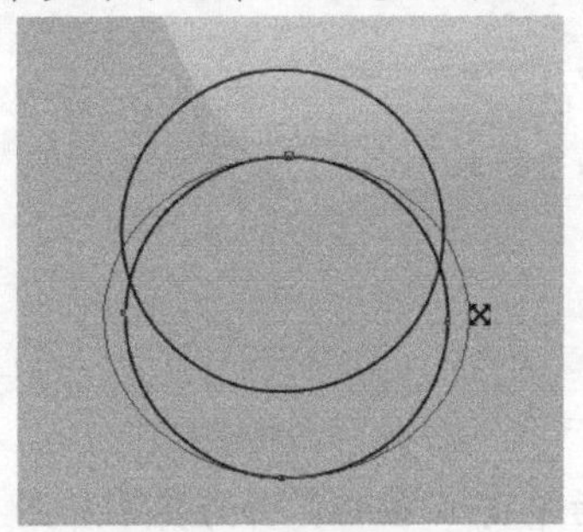

图2-43　缩放图形状态

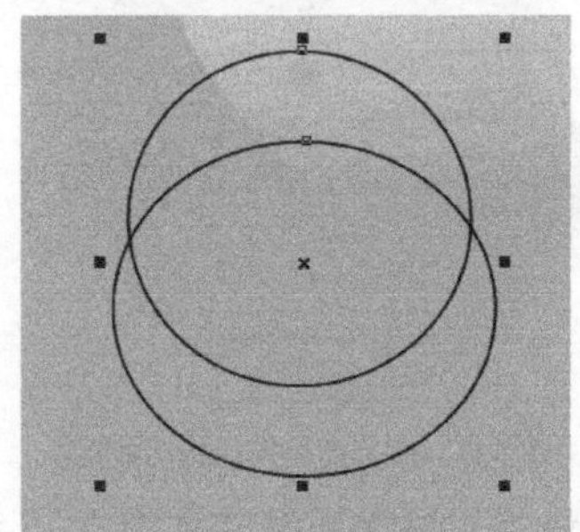

图2-44　选择的图形

16. 单击属性栏中的按钮，用复制出的图形对原图形进行修剪，效果如图 2-45 所示。
17. 为修剪后的图形填充黑色，并去除外轮廓，效果如图 2-46 所示。

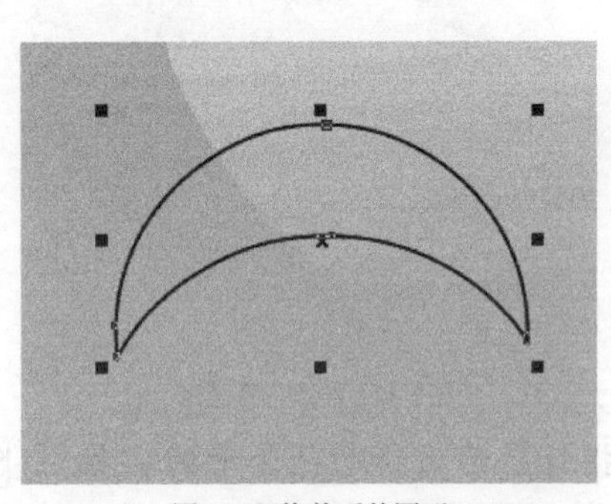

图2-45　修剪后的图形

图2-46　填充颜色后的图形

18. 用与步骤 12～步骤 13 相同的复制方法，将修剪后的图形水平向右移动复制，复制出的图形如图 2-47 所示。
19. 选择工具，再绘制出图 2-48 所示的椭圆形。

图2-47　移动复制出的图形

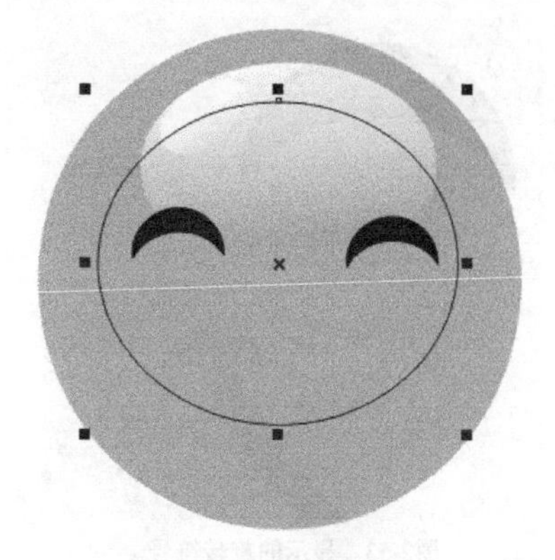

图2-48　绘制的椭圆形

20. 单击属性栏中的按钮，将椭圆形转换为弧线，然后设置【起始和结束角度】选项为，【轮廓宽度】选项为，设置后的弧线形态如图 2-49 所示。
21. 按住 Ctrl 键，继续利用工具绘制圆形，然后选择工具，绘制出图 2-50 所示的矩形。

图2-49　设置弧线形态

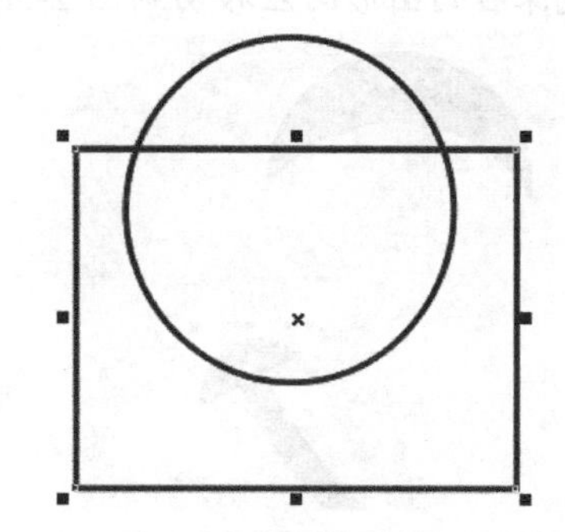

图2-50　绘制的圆形和矩形

22. 利用工具将圆形和矩形同时选择，然后单击属性栏中的按钮，用矩形对圆形进行修剪，效果如图 2-51 所示。
23. 为修剪后的图形填充黑色，并去除外轮廓，然后将其移动到弧线的右上角位置，并调整至图 2-52 所示的大小。

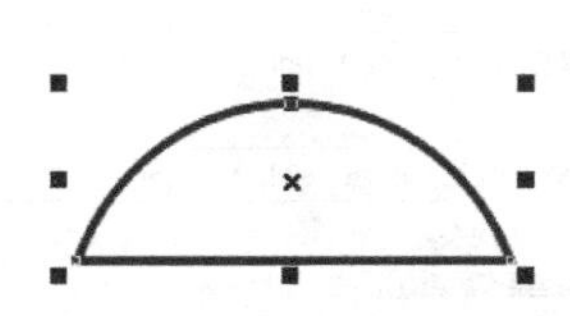

图2-51　修剪后的图形

图2-52　图形调整后的大小及位置

24. 在修剪后的图形上再次单击，使其周围显示出图 2-53 所示的旋转和扭曲符号，将鼠标指针放置到右上角的旋转符号处，当鼠标指针显示符号时，按住鼠标左键并向下拖曳，将图形旋转角度，状态如图 2-54 所示。

图2-53　显示的旋转符号

图2-54　旋转图形状态

25. 至合适位置后释放鼠标，然后在图形上再次单击，使其周围显示移动符号，并再次将图形调整至图 2-55 所示的位置。
26. 用移动复制图形的方法，将旋转角度后的图形再移动复制，然后单击属性栏中的按钮，将复制出的图形在水平方向上镜像。
27. 将镜像后的图形向左移动到图 2-56 所示的位置。

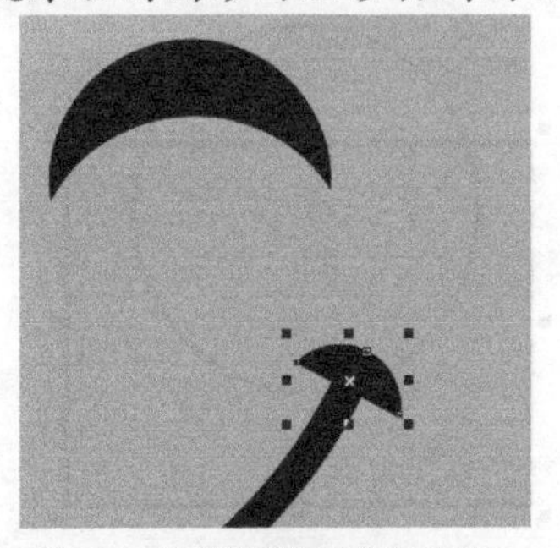

图2-55　图形调整后的位置及形态

图2-56　复制图形调整后的位置

至此，卡通图形就绘制完了，下面我们为卡通图形制作阴影效果。

28. 利用工具，在卡通图形的下方绘制椭圆形，然后为其填充“50%黑”的灰色，并去除外轮廓，如图 2-57 所示。
29. 执行【位图】/【转换为位图】命令，在弹出的【转换为位图】对话框中设置选项及参数，如图 2-58 所示。

图2-57　绘制的椭圆形

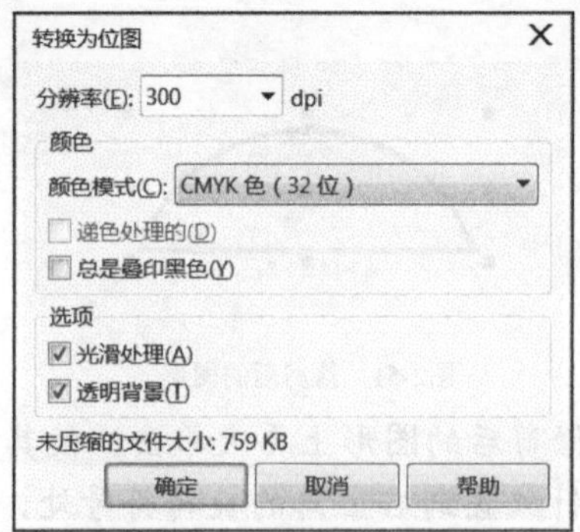

图2-58　【转换为位图】对话框

30. 单击 确定 按钮，将椭圆形转换为位图，然后执行【位图】/【模糊】/【高斯式模糊】命令，在弹出的【高斯式模糊】对话框中设置选项及参数，如图 2-59 所示。

31. 单击确定按钮，即可将图形模糊处理，制作出图 2-60 所示的阴影效果。

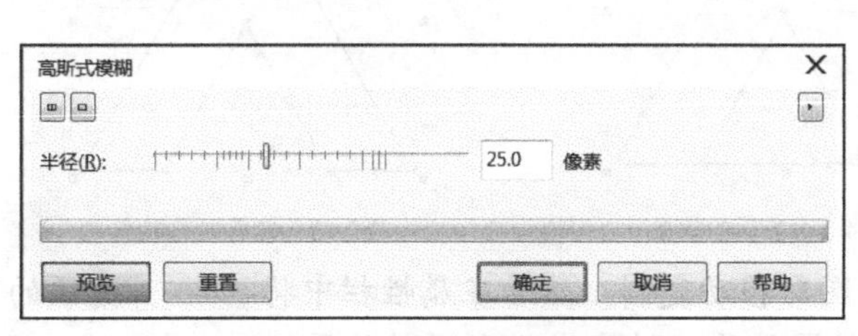

图2-59 【高斯式模糊】对话框

图2-60 制作的阴影效果

32. 按 Ctrl+S 组合键，将此文件命名为"卡通.cdr"保存。

2.5 课堂实训——标志设计

下面灵活运用【多边形】工具及【智能填充】工具来设计图 2-61 所示的标志图形。

【步骤解析】

1. 新建一个图形文件，然后将其设置为横向。
2. 选择工具，在属性栏中将 3 的参数设置为"3"，然后按住 Ctrl 键，绘制出图 2-62 所示的正三角形。

图2-61 设计的标志

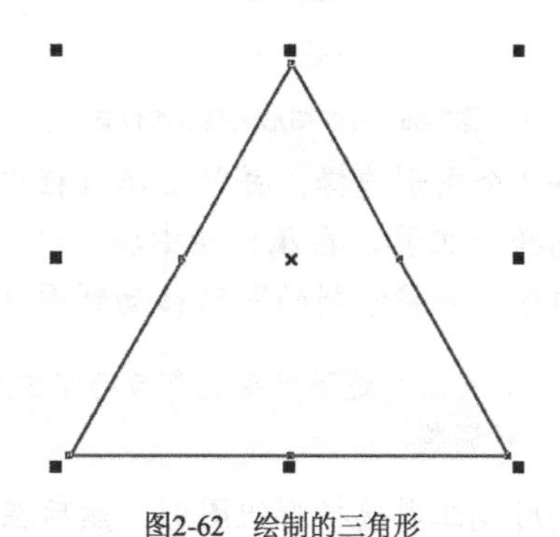

图2-62 绘制的三角形

3. 将鼠标指针移动到选择框右上角的控制点位置，当鼠标指针显示为双向箭头时按下并向左下方拖曳，状态如图 2-63 所示。
4. 至三角形的边中点位置，在不释放鼠标左键的情况下单击鼠标右键，将三角形缩小复制。
5. 选择工具，将两个三角形框选，然后单击按钮，在弹出的【对齐与分布】泊坞窗中单击按钮，将两个图形以中心对齐，如图 2-64 所示。
6. 单击属性栏中的按钮，用小三角形对大三角形进行修剪，修剪后的形态如图 2-65 所示。

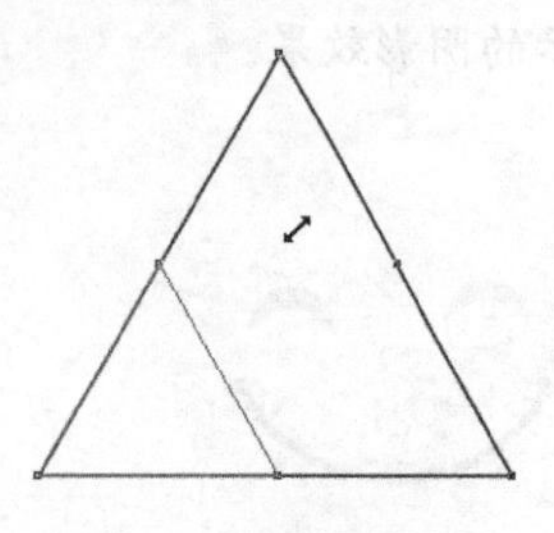

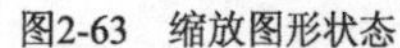

图2-63　缩放图形状态

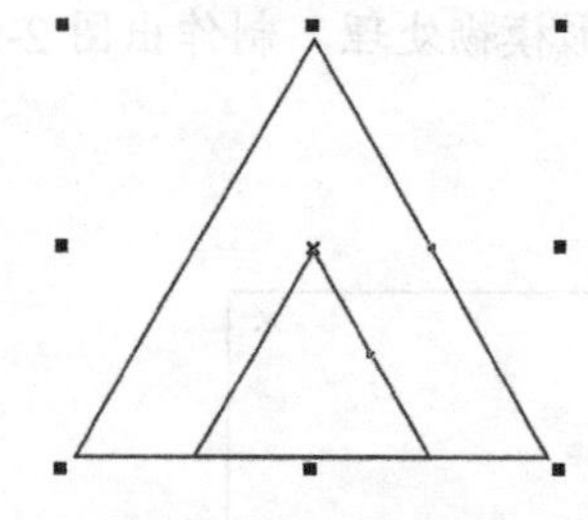

图2-64　对齐后的效果

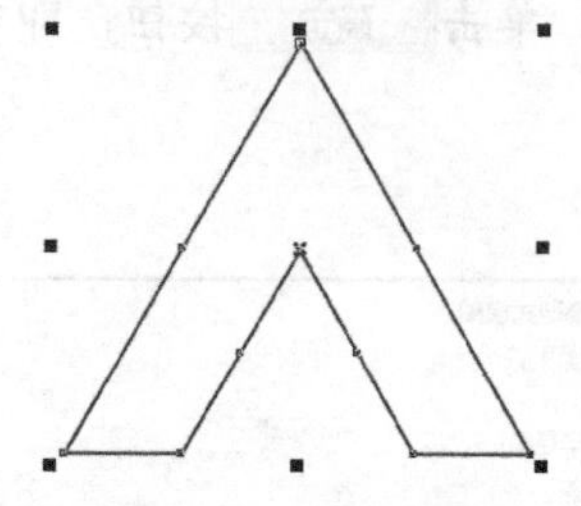

图2-65　修剪后的形态

7. 用移动复制图形的方法，将修剪后的图形移动复制，然后在属性栏中将 120.0 °选项的参数设置为“120”，再将旋转角度后的图形移动到图 2-66 所示的位置。

要点提示 在调整复制图形的位置时，一定要使其与原图形有交点。因为在下面的操作过程中，我们将使用【智能填充】工具来为其填色，如果没有交点，填色后将得不到想要的效果。

8. 将旋转后的图形再次移动复制，然后在属性栏中将 240.0 °的参数设置为“240”，再将旋转角度后的图形移动到图 2-67 所示的位置。

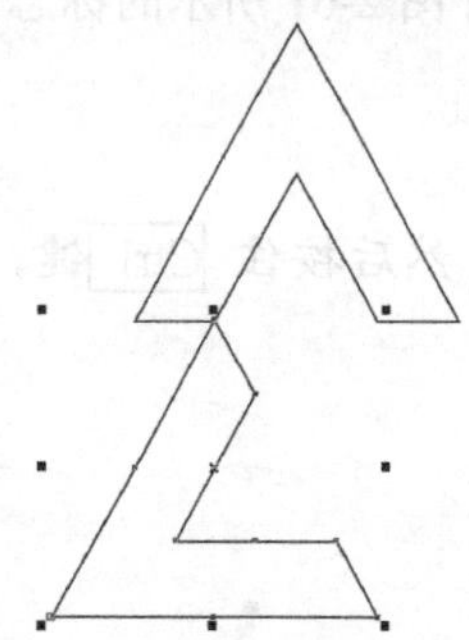

图2-66　复制图形调整后的位置

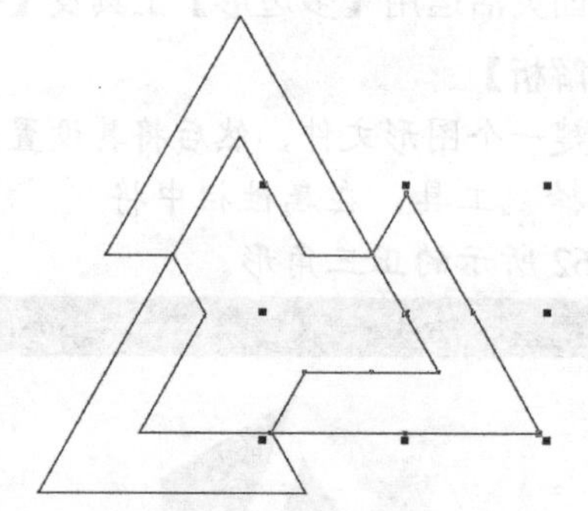

图2-67　复制图形调整后的位置

9. 将 3 个图形选择，并单击属性栏中的按钮进行群组。
10. 选择工具，在属性栏中将 6 选项的参数设置为“6”，然后按住 Ctrl 键，绘制六边形，并将绘制的图形移动到图 2-68 所示的位置。

要点提示 在移动六边形时要注意与群组图形的相交，必要情况下利用工具将顶点位置放大，再进行调整。

11. 利用工具选择群组图形，然后在其上再次单击，并将出现的旋转中心移动到图 2-69 所示的位置。

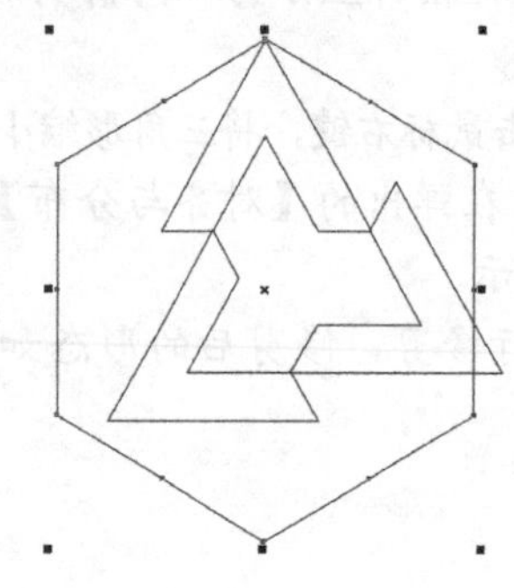

图2-68　绘制的六边形

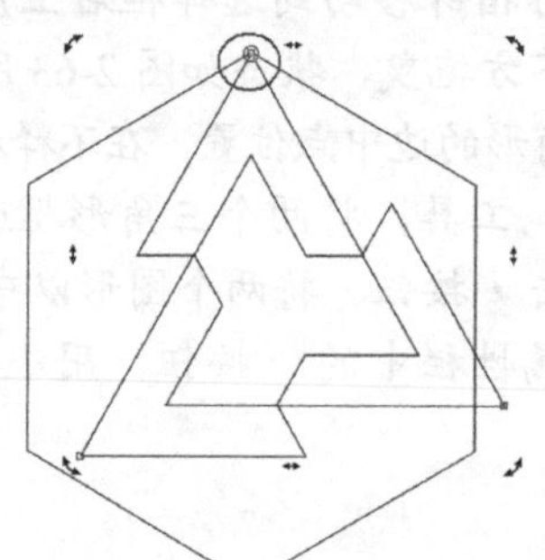

图2-69　旋转中心调整的位置

12. 将鼠标指针移动到旋转符号上按下并旋转图形，至合适的位置后释放鼠标，如果图形的角点没有与六边形相交，此时可调大或调小群组图形，直到出现图 2-70 所示的状态。
13. 选择工具，并单击属性栏中【填充选项】右侧的按钮，在弹出的颜色列表中选择图 2-71 所示的颜色。

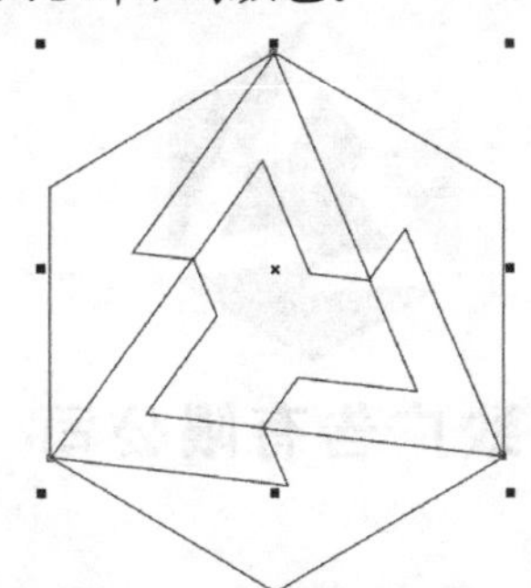
图2-70　图形调整后的形态

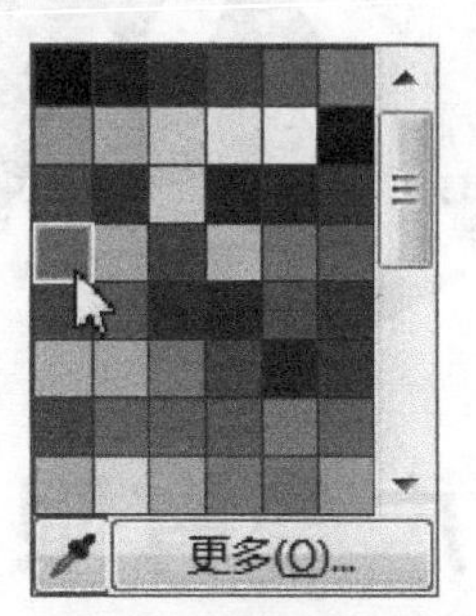

图2-71　选择的颜色

14. 将鼠标指针移动到图 2-72 所示的位置单击，即可将线形所包括的区域填充单击的颜色，如图 2-73 所示。

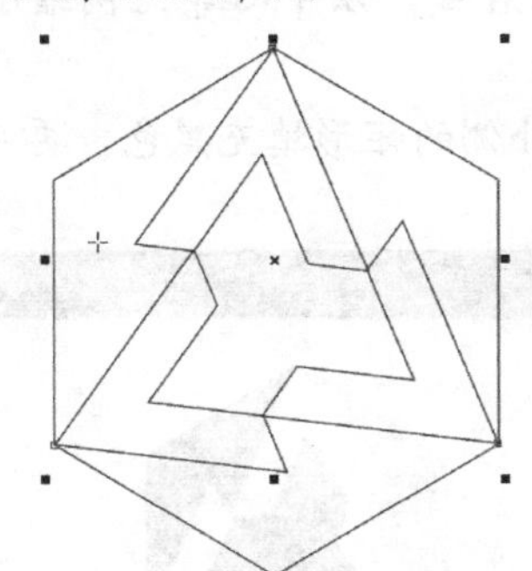
图2-72　单击的位置

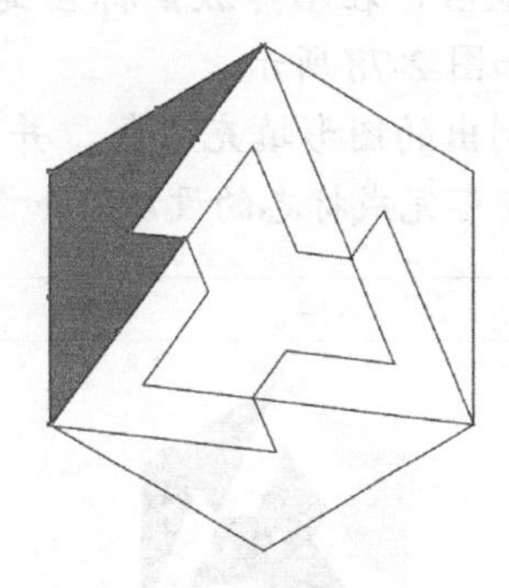
图2-73　填充颜色后的效果

如果单击后，出现了大面积的填充色，说明群组图形与六边形没有交点，需要读者利用工具将各个角点放大后，再进行调整。

15. 用与步骤 13～步骤 14 相同的方法，依次在颜色列表中选择“红色”和“黑色”，并为图形填色，效果如图 2-74 所示。
16. 利用工具将群组图形选择，为其填充白色，然后双击工具，将图形全部选择，并右键单击【调色板】中的图标，去除图形的外轮廓，效果如图 2-75 所示。

图2-74　填充的颜色

图2-75　去除外轮廓后的效果

17. 选择字工具，在标志图形的下方输入图 2-76 所示的文字，然后利用□工具，绘制出图 2-77 所示的矩形。

图2-76　输入的文字

图2-77　绘制的矩形

18. 按住 Shift 键，将鼠标指针放置到选择框右上角的控制点上按下并向左下方拖曳，至合适位置后，在不释放鼠标左键的情况下，单击鼠标右键，以中心等比例缩小复制图形，如图 2-78 所示。
19. 为复制出的图形填充白色，并去除外轮廓，然后为外侧的矩形填充黑色，再去除外轮廓，即可完成标志的设计，如图 2-79 所示。

图2-78　缩小复制出的图形

图2-79　设计的标志

2.6 综合案例——绘制螃蟹图形

下面主要运用【椭圆形】工具和【3 点椭圆形】工具，以及移动复制、缩放复制和镜像复制等操作，来绘制图 2-80 所示的螃蟹卡通图形。

【步骤解析】

1. 按 Ctrl+N 组合键新建一个图形文件。
2. 利用○工具绘制椭圆形，然后利用◎工具在其右侧绘制出图 2-81 所示的倾斜椭圆形。

图2-80　绘制的图形

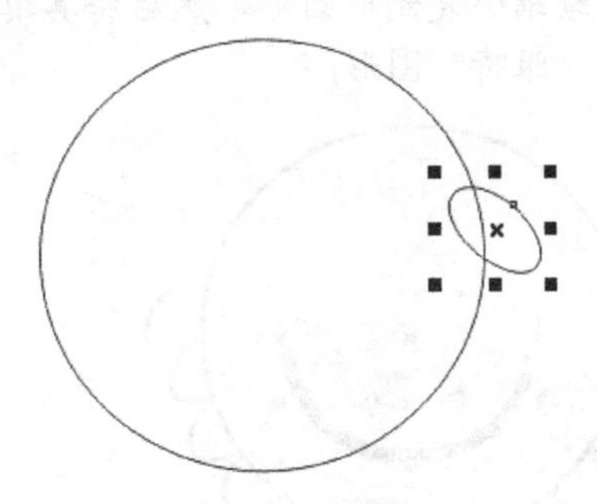

图2-81　绘制的椭圆形

3. 用移动复制图形的方法，将小椭圆形依次向左下方移动复制，效果如图 2-82 所示。
4. 利用 工具将 4 个小椭圆形选择，然后在水平方向上镜像复制，再将复制出的图形向左移动到图 2-83 所示的位置。

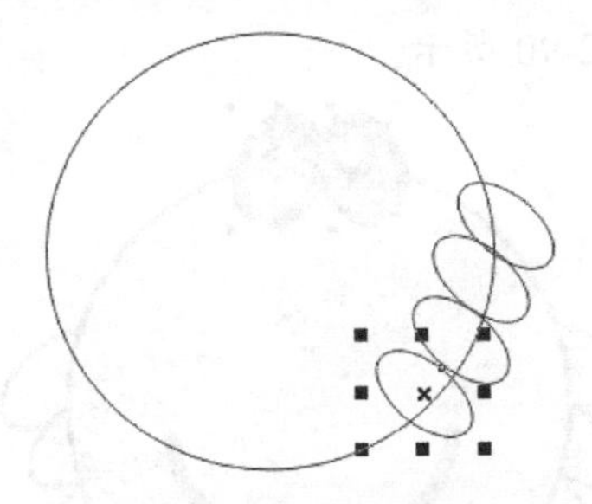

图2-82　移动复制出的图形

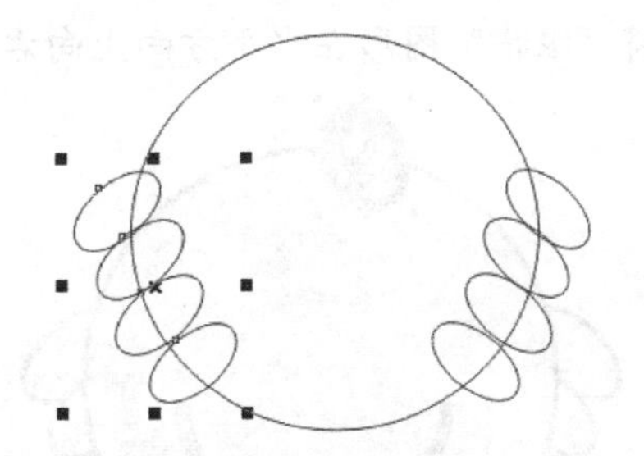

图2-83　镜像复制出的图形

5. 双击 工具将所有椭圆形选择，然后为其填充黄色，再单击工具箱中的 按钮，在弹出的隐藏工具组中选择“2.5mm”按钮 ，图形填色及设置轮廓宽度后的效果如图 2-84 所示。

要点提示　选择的轮廓宽度与绘制图形的大小有关，如果此时感觉轮廓线太粗，是因为读者绘制的图形比本例的小，此时只需要重新选择合适的轮廓宽度即可。

6. 选择最下方的大椭圆形，然后执行【排列】/【顺序】/【到图层前面】命令，将其调整至小椭圆形的上方，效果如图 2-85 所示。

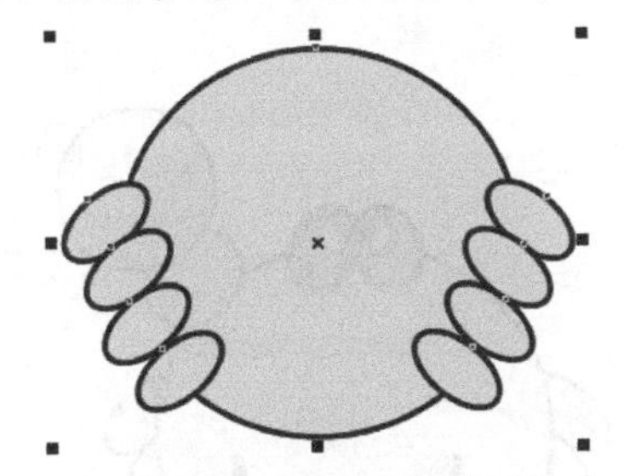

图2-84　填色及设置轮廓后的效果

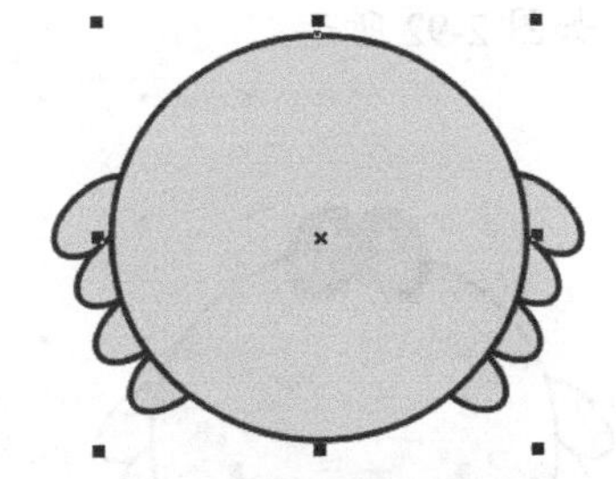

图2-85　调整堆叠顺序后的效果

7. 用与第 2.4 节绘制卡通图形嘴巴相同的方法，绘制出图 2-86 所示的“嘴巴”图形。
8. 继续利用 工具绘制椭圆形，然后为其填充青色，并设置 4.0 mm 选项为“4.0mm”的外轮廓。
9. 用缩小复制图形的方法，将椭圆形缩小复制，然后将其填充色修改为白色，并移动到图 2-87 所示的位置。

10. 继续缩小复制椭圆形，然后将其填充色修改为黑色，调整位置后，制作出图 2-88 所示的“眼睛”图形。

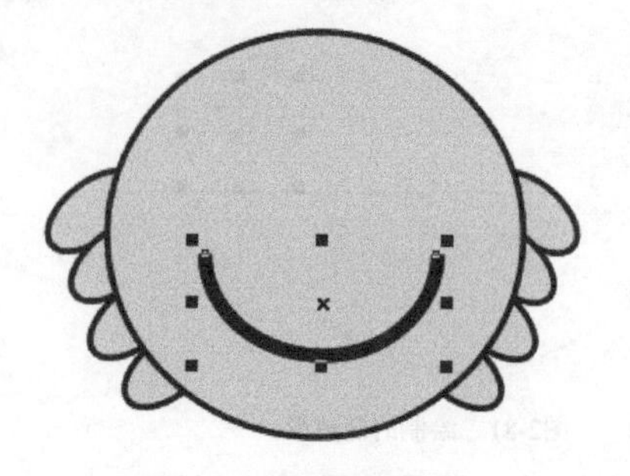
图2-86　绘制的“嘴巴”图形

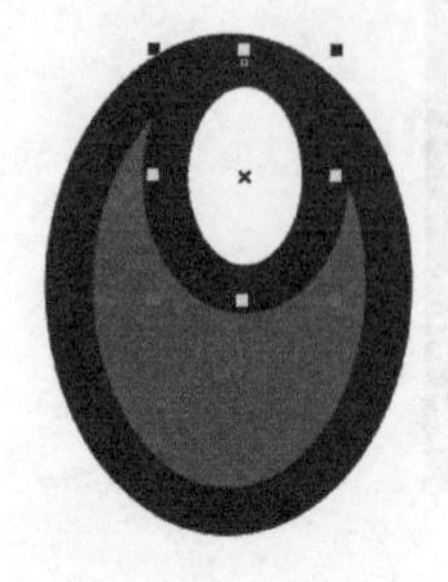
图2-87　复制图形调整后的位置

图2-88　绘制的“眼睛”图形

11. 将“眼睛”图形选择并群组，然后移动到黄色的椭圆形上方，并调整至图 2-89 所示的大小及角度。
12. 将“眼睛”图形在水平方向上向右镜像复制，如图 2-90 所示。

图2-89　图形调整后的形态及位置

图2-90　镜像复制出的图形

13. 继续利用工具，依次绘制出图 2-91 所示的椭圆形。
14. 在按钮上按住鼠标左键不放，然后在弹出的隐藏工具组中选择工具，并将鼠标指针移动到下方的大椭圆形上单击，吸取该图形的填充色及轮廓。
15. 将鼠标指针依次移动到新绘制的椭圆形上单击，将吸取的图形属性填充至单击的图形上，如图 2-92 所示。

图2-91　绘制的椭圆形

图2-92　填色并设置轮廓后的效果

16. 利用工具选择右上方的椭圆形，然后单击属性栏中按钮，将椭圆形转换为饼形，再设置【起始和结束角度】选项的参数，将图形调整至图 2-93 所示的形态。

17. 将步骤 13 绘制的两个图形同时选择，然后在水平方向上向左镜像复制，再将复制出的图形移动到图 2-94 所示的位置。

图2-93　调整后的图形形态

图2-94　复制出的图形

18. 选择左上方的饼形，然后将鼠标指针放置到选择框右侧中间的控制点上，按住鼠标左键并向右拖曳，对饼形进行变形，调整至图 2-95 所示的形态。

至此，螃蟹图形绘制完成，下面我们利用【星形】工具来绘制装饰图形。

19. 选择工具，然后在图形的上方绘制出图 2-96 所示的星形图形。

图2-95　图形调整后的形态

图2-96　绘制的星形图形

20. 选择工具，将鼠标指针移动到绘制星形的红色控制点位置，按住鼠标左键并向上拖曳，状态如图 2-97 所示。

21. 至合适位置后释放鼠标，然后单击按钮，在弹出的【编辑填充】对话框中，单击按钮并设置填充色参数如图 2-98 所示。

图2-97　调整图形时的状态

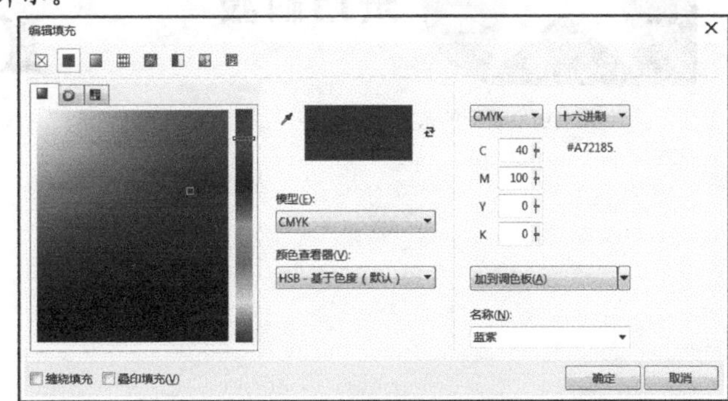

图2-98　设置的颜色参数

22. 单击确定按钮，为图形填充设置的颜色，然后将图形的轮廓宽度修改为 3.0 mm，效果如图 2-99 所示。

23. 用移动复制图形的方法，将星形图形向右上方移动复制，然后将复制出的图形调整至图 2-100 所示的大小。

图2-99　星形设置后的形态

图2-100　复制出的图形

24. 按 Ctrl+I 组合键，将附盘中“图库\第 02 章”目录下名为“背景.jpg”的文件导入，然后执行【对象】/【顺序】/【到图层后面】命令，将其调整至所有图形的后面，并调整至图 2-80 所示的位置。
25. 至此，螃蟹图形绘制完成，按 Ctrl+S 组合键，将此文件命名为“螃蟹.cdr”保存。

2.7 课后作业

1. 灵活运用【矩形】工具、【星形】工具、结合及修剪运算操作，设计出图 2-101 所示的东方科技标志。
2. 灵活运用【矩形】工具、【轮廓】工具和【形状】工具，设计出图 2-102 所示的天天课堂标志。

图2-101　设计的东方科技标志

图2-102　设计的天天课堂标志

第3章 线形、形状和艺术笔工具

本章主要介绍各种线形工具、用于编辑图形的【形状】工具及能绘制出各种特殊图形的【艺术笔】工具。在实际操作过程中，灵活运用线形工具和【形状】工具，无论多么复杂的图形都可以轻松地绘制出来。另外，灵活运用【艺术笔】工具，可以在画面中添加各种特殊样式的线条和图案，以满足作品设计的需要。

【学习目标】

- 掌握各种线形工具的功能及使用方法。
- 掌握【形状】工具的应用。
- 熟悉手绘图形及调整图形的方法。
- 熟悉【艺术笔】工具的运用。

3.1 功能讲解——线形工具

本节主要介绍各种线形工具的使用方法和属性设置。

绘制线形的工具主要包括【手绘】工具、【2点线】工具、【贝塞尔】工具、【钢笔】工具、【B样条】工具、【折线】工具、【3点曲线】工具和【智能绘图】工具。

3.1.1 【手绘】工具

选择【手绘】工具，在绘图窗口中单击鼠标左键确定第一点，然后移动鼠标指针到适当的位置再次单击确定第二点，即可在这两点之间生成一条直线；如在第二点位置双击，然后继续移动鼠标指针到适当的位置双击确定第三点，依此类推，可绘制连续的线段，当要结束绘制时，可在最后一点处单击；在绘图窗口中按住鼠标左键并拖曳，可以沿鼠标指针移动的轨迹绘制曲线；绘制线形时，当将鼠标指针移动到第一点位置鼠标指针显示为形状时单击，可将绘制的线形闭合，生成不规则的图形。

【手绘】工具的属性栏如图3-1所示。

图3-1 【手绘】工具的属性栏

属性栏中的很多选项在前面第2章中已经介绍，因此，下面将只对本工具中独有的选项进行介绍。

- 【起始箭头】按钮：设置绘制线段起始处的箭头样式。单击此按钮，将弹出图3-2所示的【箭头选项】面板。在此面板中可以选择任意起始箭头样式。使用不同的箭头样式绘制出的直线效果如图3-3所示。

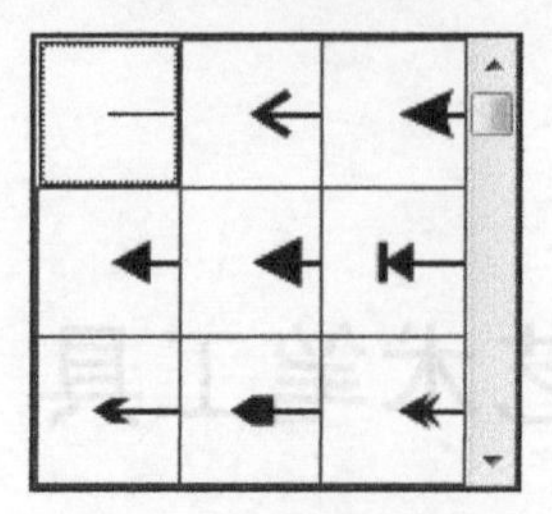

图3-2 【箭头选项】面板

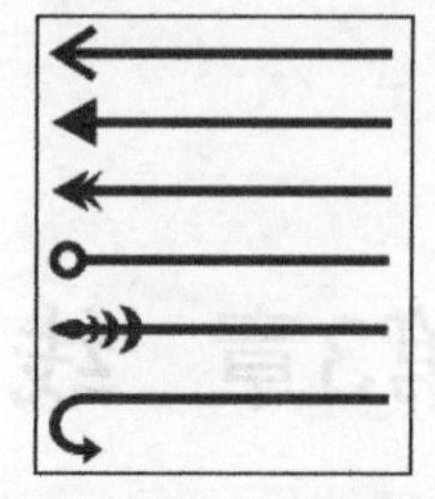

图3-3 添加的不同箭头样式绘制出的直线效果

- 【线条样式】按钮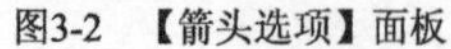：设置绘制线条的样式。
- 【终止箭头】按钮：设置绘制线段终点处箭头的样式。
- 【闭合曲线】按钮：选择未闭合的线形，单击此按钮，可以通过一条直线将当前未闭合的线形第一点与最后一点进行连接，使其闭合。
- 【手绘平滑】≈50：在文本框中输入数值，或单击右侧的按钮并拖曳弹出的滑块，可以设置绘制线形的平滑程度。数值越小图形边缘越不光滑。
- 【边框】按钮：使用曲线工具绘制线条时，可隐藏显示于绘制线条周围的边框。默认情况下线形绘制后，将显示边框。

3.1.2 【2点线】工具

选择【2点线】工具，在绘图窗口中按住鼠标左键并拖曳，可以绘制一条直线，拖曳鼠标时，线段的长度和角度会显示在状态栏中。另外，此工具还可创建与对象垂直或相切的直线。

【2点线】工具的属性栏如图3-4所示。

图3-4 【2点线】工具的属性栏

- 【2点线】工具：激活此按钮，在绘图窗口中拖曳，可绘制任意直线。
- 【垂直2点线】工具：激活此按钮，可绘制与对象垂直的直线。具体操作为：先将鼠标指针移动到要垂直的对象上单击，然后按住鼠标左键并拖曳，至合适的位置释放鼠标即可。
- 【相切的2点线】工具：激活此按钮，可绘制与对象相切的直线。具体操作为：先将鼠标指针移动到要相切的对象上单击，然后按住鼠标左键并拖曳，至合适的位置释放鼠标即可。

3.1.3 【贝塞尔】工具

选择【贝塞尔】工具，在绘图窗口中依次单击，即可绘制直线或连续的线段；在绘图窗口中单击鼠标左键确定线的起始点，然后移动鼠标指针到适当的位置再次单击并拖曳，即可在节点的两边各出现一条控制柄，同时形成曲线；移动鼠标指针后依次单击并拖曳，即可绘制出连续的曲线；当将鼠标指针放置在创建的起始点上，鼠标指针显示为形状时，单击即可将线闭合形成图形。在没有闭合图形之前，按 Enter 键、空格键或选择其他工具，即可结束操作，生成曲线。

【贝塞尔】工具的属性栏与【形状】工具的相同，将在第3.2.1小节中介绍。

3.1.4 【钢笔】工具

【钢笔】工具与【贝塞尔】工具的功能及使用方法完全相同，只是【钢笔】工具比【贝塞尔】工具好控制，且在绘制图形过程中可预览鼠标指针的拖曳方向，还可以随时增加或删除节点。

【钢笔】工具的属性栏如图 3-5 所示。

图3-5 【钢笔】工具的属性栏

- 【预览模式】按钮：激活此按钮，在利用【钢笔】工具绘制图形时可以预览绘制的图形形状。
- 【自动添加或删除节点】按钮：激活此按钮，利用【钢笔】工具绘制图形时，可以对图形上的节点进行添加或删除。将鼠标指针移动到绘制图形的轮廓线上，当鼠标指针的右下角出现“+”符号时，单击将会在鼠标单击位置添加一个节点；将鼠标指针放置在绘制图形轮廓线的节点上，当鼠标指针的右下角出现“-”符号时，单击可以将此节点删除。

要点提示 在利用【钢笔】工具或【贝塞尔】工具绘制图形时，在没有闭合图形之前，按 Ctrl+Z 组合键或 Alt+Backspace 组合键，可自后向前擦除刚才绘制的线段，每按一次，将擦除一段。按 Delete 键，可删除绘制的所有线。另外，在利用【钢笔】工具绘制图形时，按住 Ctrl 键，将鼠标指针移动到绘制的节点上，按住鼠标左键并拖曳，可以移动该节点的位置。

3.1.5 【B 样条】工具

【B 样条】工具可以通过使用节点，轻松塑造曲线形状和绘制贝塞尔曲线。激活此按钮后，将鼠标指针移动到绘图窗口中依次单击即可绘制贝塞尔曲线，如图 3-6 所示。在要结束的位置双击，即可完成线形的绘制；将鼠标指针移动到第一点位置单击，可绘制出曲线形状，如图 3-7 所示。

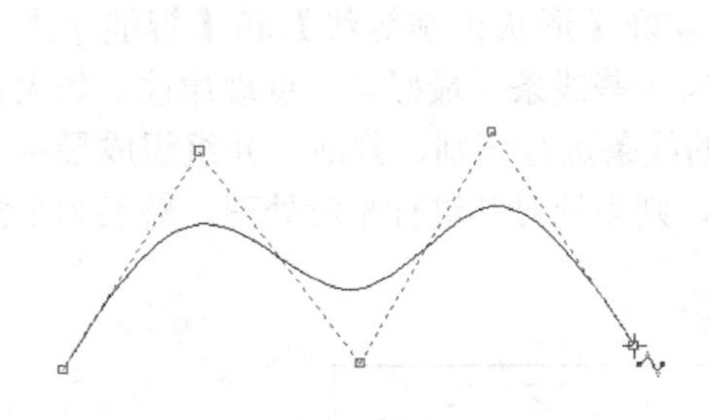

图3-6 绘制的贝塞尔曲线

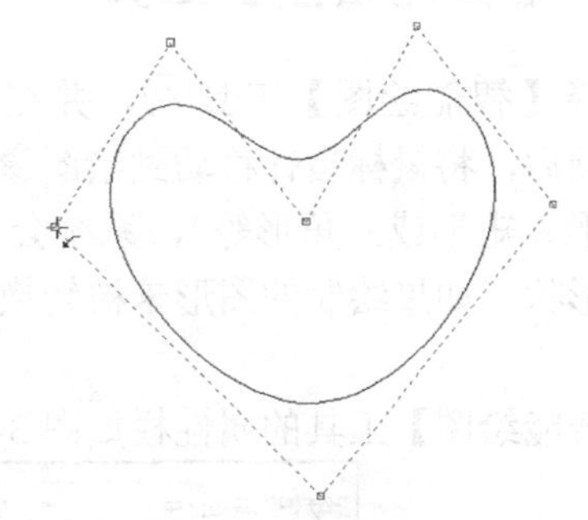

图3-7 绘制曲线图形

绘制贝塞尔曲线和形状后，如要对其进行修改，可激活按钮，此时的属性栏如图 3-8 所示。

图3-8 【B 样条】工具的属性栏

- 【添加控制点】按钮：将鼠标指针移动到蓝色的控制线上单击后，此按钮才可用，单击此按钮，可在鼠标单击处添加一个浮动控制点。
- 【删除控制点】按钮：选择要删除的节点，单击此按钮，可将选择的控制点删除。
- 【夹住控制点】按钮：单击此按钮，可将当前选择的浮动控制点转换为夹住控制点。
- 【浮动节点】按钮：单击此按钮，可将当前选择的夹住控制点转换为浮动控制点。

夹住控制点的作用与线形中锚点的作用相同，调整夹住控制点的位置，线形也将随之调整。而调整浮动控制点时，虽然线形也随之调整，但线形与节点不接触。夹住控制点与浮动控制点的示意图如图 3-9 所示。

3.1.6 【折线】工具

选择【折线】工具，在绘图窗口中依次单击可创建连续的线段；在绘图窗口中按住鼠标左键并拖曳，可以沿鼠标指针移动的轨迹绘制曲线。要结束操作，可在终点处双击。若将鼠标指针移动到创建的第一点位置，当鼠标指针显示为形状时单击，也可将绘制的线形闭合，生成不规则的图形。

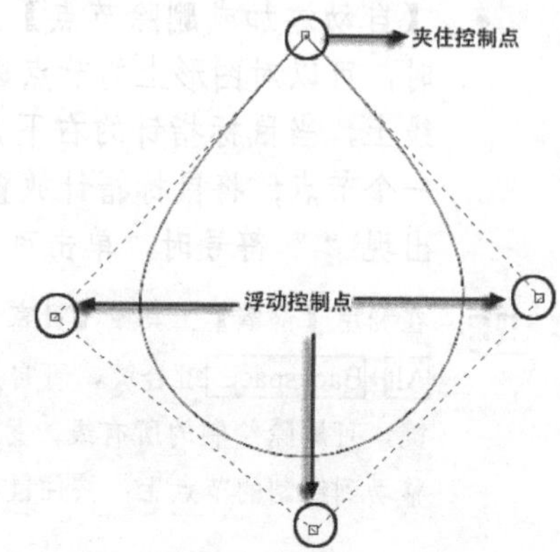

图3-9 夹住控制点与浮动控制点的示意图

3.1.7 【3 点曲线】工具

选择【3 点曲线】工具，在绘图窗口中按住鼠标左键不放，然后向任意方向拖曳，确定曲线的两个端点，至合适位置后释放鼠标左键，再移动鼠标指针确定曲线的弧度，至合适位置后再次单击即可完成曲线的绘制。

3.1.8 【智能绘图】工具

选择【智能绘图】工具，并在属性栏中设置好【形状识别等级】和【智能平滑等级】选项后，将鼠标指针移动到绘图窗口中自由草绘一些线条（最好有一点规律性，如大体像椭圆形、矩形或三角形等），系统会自动对绘制的线条进行识别、判断，并组织成最接近的几何形状。如果绘制的图形未被转换为某种形状，则系统对其进行平滑处理，转换为平滑曲线。

【智能绘图】工具的属性栏如图 3-10 所示。

图3-10 【智能绘图】工具的属性栏

- 【形状识别等级】选项：单击右侧的 中 按钮，可在弹出的下拉列表中设置识别等级，等级越低，最终图形越接近手绘形状。
- 【智能平滑等级】选项：单击右侧的 中 按钮，可在弹出的下拉列表中设置平滑等级，等级越高，最终图形越平滑。

3.2 范例解析——绘制手提袋

下面灵活运用第 3.1 节介绍的工具来绘制图 3-11 所示的手提袋。

【步骤解析】

1. 按 Ctrl+N 组合键新建一个图形文件。
2. 选择工具，将鼠标指针移动到可打印区域中依次单击，绘制出图 3-12 所示的不规则图形，作为手提袋的正面。

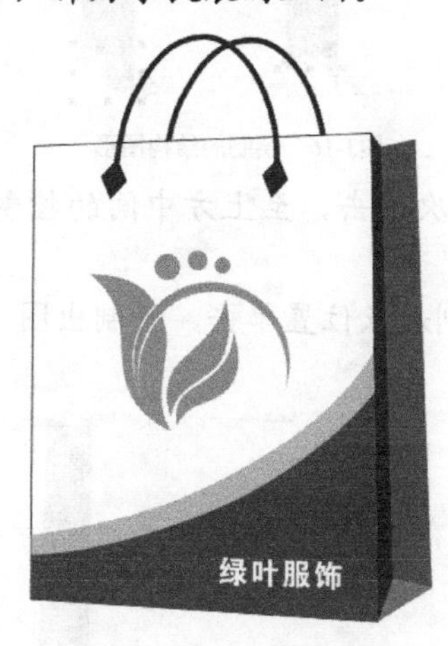

图3-11 绘制的手提袋

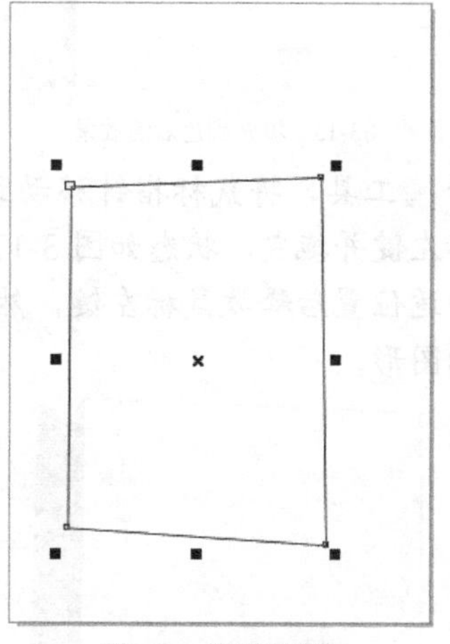
图3-12 绘制的图形

3. 继续利用工具，在图形的右侧再绘制出图 3-13 所示的图形，作为手提袋的侧面。
4. 单击按钮，在弹出的【编辑填充】对话框中单击按钮，并设置颜色参数，如图 3-14 所示。

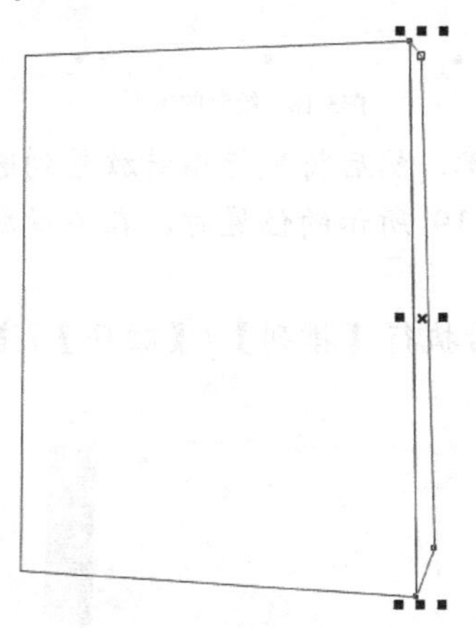
图3-13 绘制的图形

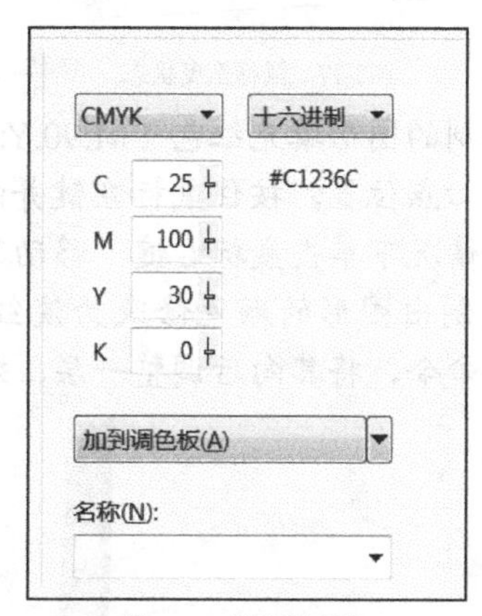

图3-14 设置的颜色

5. 单击 确定 按钮，为图形填充设置的颜色，去除外轮廓后的效果如图 3-15 所示。
6. 用与步骤 3～步骤 5 相同的方法，依次绘制出图 3-16 所示的结构图形，填充的颜色分别为（C:5,M:85,Y:5）和（M:70）的红色。

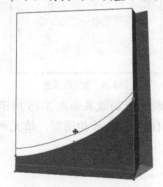

图3-15　填充颜色后的效果

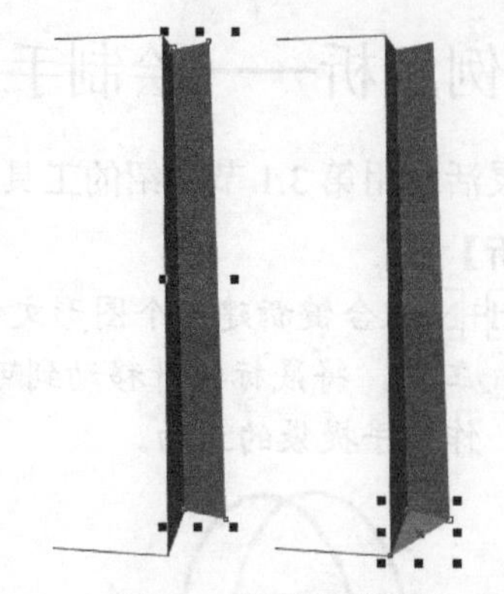

图3-16　绘制的结构图形

7. 选择工具，将鼠标指针移动到正面图形的下方依次单击，至上方中间的控制处按住鼠标左键并拖曳，状态如图 3-17 所示。
8. 至合适位置后释放鼠标左键，然后将鼠标指针移动到起点位置单击，绘制出图 3-18 所示的图形。

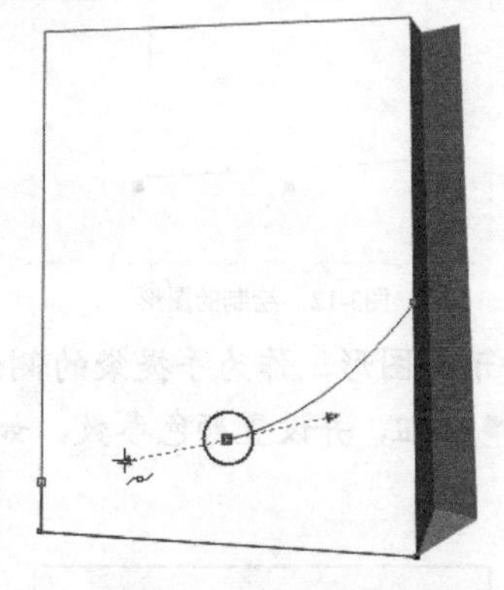

图3-17　鼠标拖曳状态

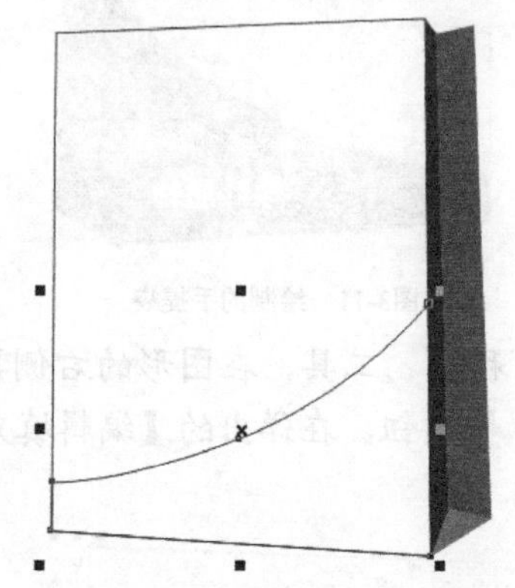

图3-18　绘制的图形

9. 为绘制的图形填充红色（M:90,Y:10），并去除外轮廓，然后将鼠标指针放置到选择图形的中心点位置，按住鼠标左键并向上拖曳，至图 3-19 所示的位置时，在不释放鼠标左键的情况下单击鼠标右键，移动复制图形。
10. 将复制出图形的颜色修改为淡红色（M:40），然后执行【排列】/【顺序】/【向后一层】命令，将其向后调整一层，效果如图 3-20 所示。

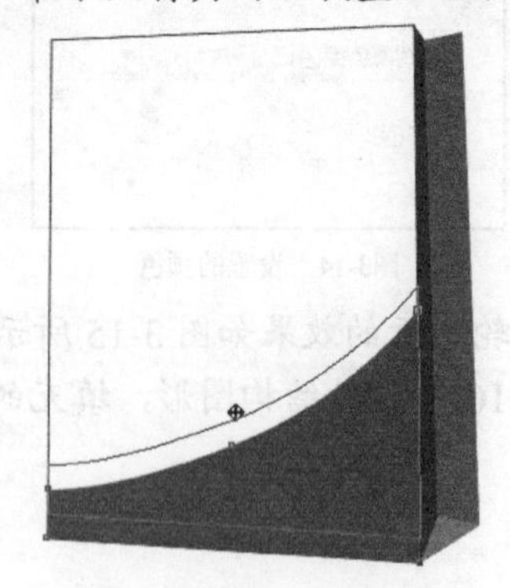

图3-19　移动图形状态

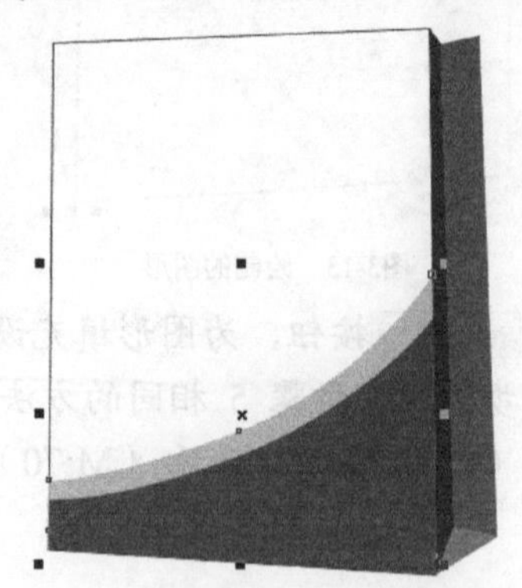

图3-20　复制图形调整顺序后的效果

11. 继续利用工具及步骤 7 相同的绘制图形方法，绘制出图 3-21 所示的线形，作为手提袋的提绳效果。
12. 依次单击属性栏中的【起始箭头】按钮和【终止箭头】按钮，在弹出的【箭头列表】中分别选择图 3-22 所示的箭头样式。

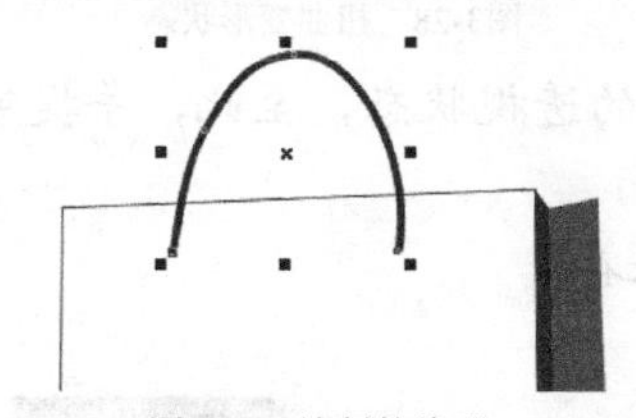
图3-21 绘制的线形

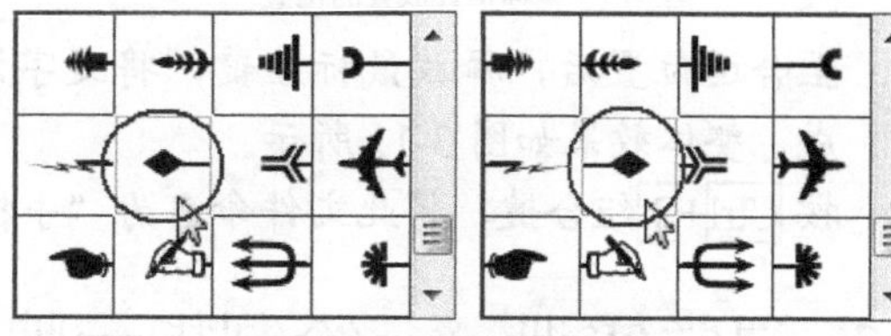
图3-22 选择的箭头样式

线形两端添加箭头样式后的效果如图 3-23 所示。

13. 用移动复制图形的方法，将线形水平向右移动复制，然后执行【排列】/【顺序】/【到图层后面】命令，将其调整至所有图形的下方，效果如图 3-24 所示。

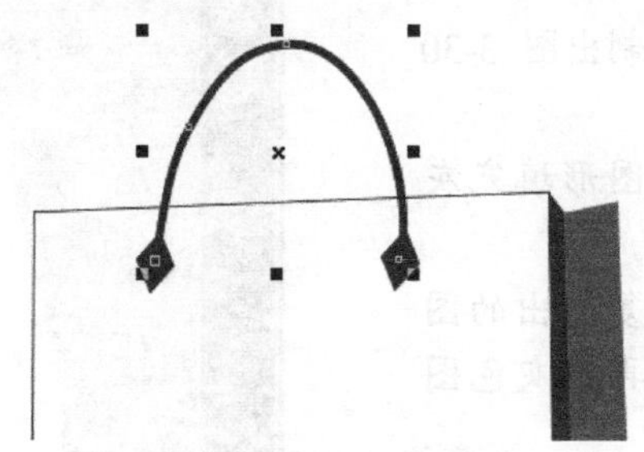
图3-23 添加箭头样式后的效果

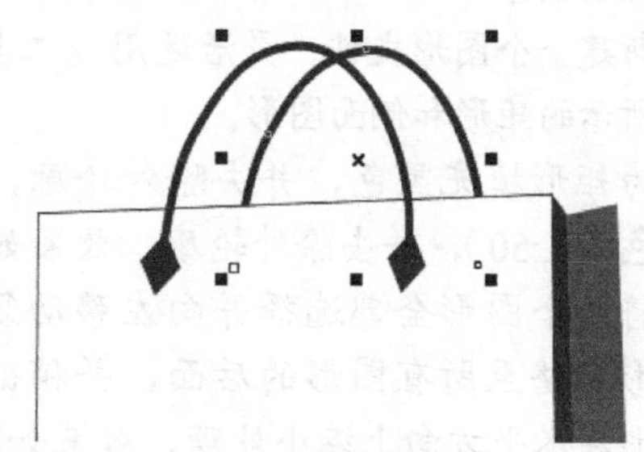
图3-24 复制出的线形

14. 单击工具栏中的按钮，在弹出的【导入】对话框中选择附盘中“图库\第 03 章”目录下名为“标志.cdr”的文件，将其导入，然后将标志图形调整至合适的大小后移动到如图 3-25 所示的位置。
15. 选择字工具，在手提袋的右下方输入文字，并将其颜色修改为白色，如图 3-26 所示。

图3-25 标志图形调整大小后放置的位置

图3-26 输入的文字

16. 将鼠标指针移动到文字上再次单击，使其周围显示旋转和扭曲符号，然后将鼠标指针放置到图 3-27 所示的位置，按住鼠标左键并向下拖曳，对文字进行扭曲变形，状态如图 3-28 所示。

绿叶服饰

图3-27　鼠标指针放置的位置

绿叶服饰

图3-28　扭曲变形状态

17. 至合适位置后，释放鼠标左键，将文字调整到合适的透视状态，至此，手提袋制作完成，整体效果如图 3-11 所示。
18. 按 Ctrl+S 组合键，将此文件命名为“手提袋.cdr”保存。

3.3 课堂实训——绘制指示牌

灵活运用第 3.1 节学习的工具按钮，绘制出图 3-29 所示的指示牌。

图3-29　绘制的指示牌

【步骤解析】

1. 新建一个图形文件。灵活运用□工具和▲工具绘制出图 3-30 所示的矩形和侧面图形。
2. 为矩形填充黑色，并去除外轮廓，然后为侧面图形填充灰色（K:50），并去除外轮廓，效果如图 3-31 所示。
3. 将两个图形全部选择并向左移动复制，然后将复制出的图形调整至所有图形的后面，并稍微缩小调整，再将灰色图形在水平方向上缩小处理，效果如图 3-32 所示。

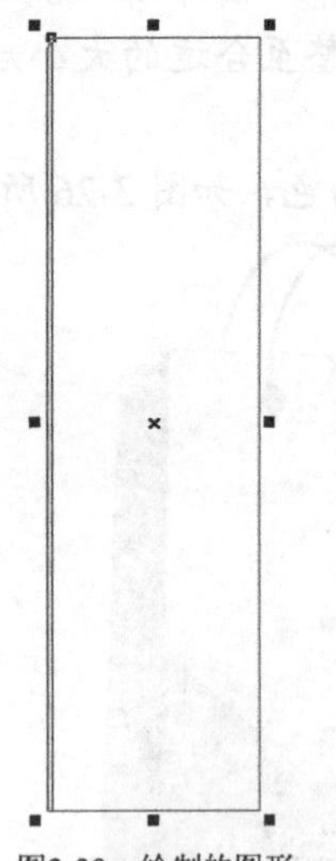

图3-30　绘制的图形

图3-31　填充颜色后的效果

图3-32　复制出的图形

4. 利用□工具和○工具及移动复制操作，绘制出图 3-33 所示的白色矩形和红色（C:5,M:80,Y:70）圆形。
5. 继续利用▲工具依次绘制出图 3-34 所示的图形，正面图形填充的颜色为橘黄色（M:60,Y:100），侧面图形填充的颜色为淡黄色（C:20,M:50,Y:80）。

6. 利用导入图形的方法及字工具，依次将标志图形导入并输入图 3-35 所示的文字。

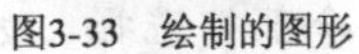

图3-33 绘制的图形

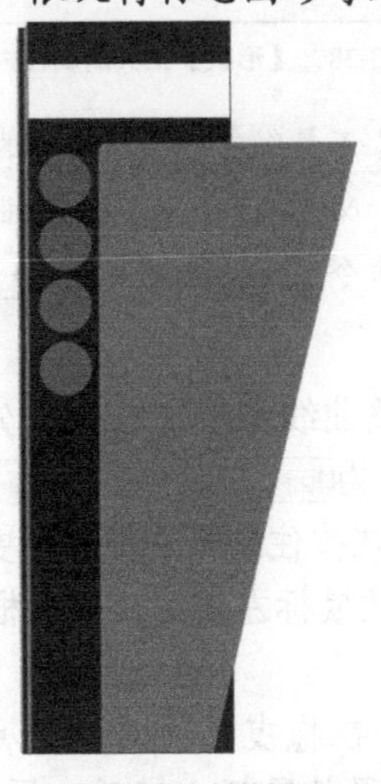

图3-34 绘制的图形

图3-35 导入的标志及输入的文字

7. 选择【阴影】工具，然后将鼠标指针移动到标志图形的左侧按住鼠标左键并向右拖曳，为图形添加投影效果。
8. 设置属性栏中的选项参数如图 3-36 所示，标志图形添加的阴影效果如图 3-37 所示。

-6 50 0 50 15 乘

图3-36 设置的选项参数

图3-37 添加的阴影效果

9. 用与步骤 7～步骤 8 相同的方法，为白色文字添加投影效果，即可完成指示牌的绘制。

3.4 功能讲解——【形状】工具

利用【形状】工具可以对绘制的线或图形按照设计需要进行任意形状的调整，也可以用来改变文字的间距、行距及指定文字的位置、旋转角度和属性设置等。

本节来介绍对线或图形进行调整的方法。

一、 调整几何图形

利用【形状】工具调整几何图形的方法非常简单，具体操作为：选择几何图形，然后选择工具（快捷键为 F10 键），再将鼠标指针移动到任意控制节点上按住鼠标左键并拖曳，至合适位置后释放鼠标左键，即可对几何图形进行调整。

要点提示 所谓几何图形是指不具有曲线性质的图形，如矩形、椭圆形和多边形等。利用【形状】工具调整这些图形时，其属性栏与调整图形的属性栏相同。

二、 调整曲线图形

选择曲线图形，然后选择工具，此时的属性栏如图 3-38 所示。

图3-38　【形状】工具的属性栏

所谓曲线图形是指利用【手绘】工具组中的工具绘制的线形或闭合图形。当需要将几何图形调整成具有曲线的任意图形时，必须将此图形转换为曲线。其方法为：选择几何图形，然后执行【对象】/【转换为曲线】命令（快捷键为 Ctrl+Q 组合键）或单击属性栏中的按钮，即可将其转换为曲线。

(1) 选择节点：利用工具调整曲线图形之前，首先要选择相应的节点，【形状】工具属性栏中有两种节点选择方式，分别为矩形和手绘。

- 选择矩形选择方式，在按住鼠标左键并拖曳选择节点时，根据拖曳的区域会自动生成一个矩形框，释放鼠标左键后，矩形框内的节点会全部被选择，如图 3-39 所示。
- 选择手绘选择方式，在拖曳鼠标选择节点时，将用自由手绘的方式拖出一个不规则的形状区域，释放鼠标左键后，区域内的节点会全部被选择，如图 3-40 所示。

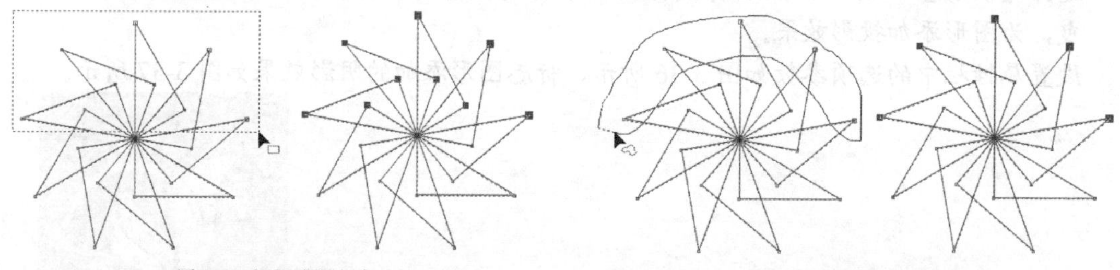

图3-39　矩形选择方式　　　　图3-40　手绘选择方式

选择节点后，可同时对所选择的多个节点进行调节，以对曲线进行调整。如果要取消对节点的选择，在工作区的空白处单击或者按 Esc 键即可。

(2) 添加节点：利用【添加节点】按钮，可以在线或图形上的指定位置添加节点。操作方法为：先将鼠标指针移动到线上，当鼠标指针显示为形状时单击，此时鼠标单击处显示一个小黑点，单击属性栏中的按钮，即可在此处添加一个节点。

要点提示

除了可以利用按钮在曲线上添加节点外，还有以下几种方法。(1) 利用【形状】工具在曲线上需要添加节点的位置双击。(2) 利用【形状】工具在需要添加节点的位置单击，然后按键盘中数字区的+键。(3) 利用【形状】工具选择两个或两个以上的节点，然后单击按钮或按键盘中数字区的+键，即可在选择的每两个节点中间添加一个节点。

(3) 删除节点：利用【删除节点】按钮，可以将选择的节点删除。操作方法为：将鼠标指针移动到要删除的节点上单击鼠标左键将其选择，然后单击属性栏中的按钮，即可将该节点删除。

要点提示

除了可以利用按钮删除曲线上的节点外，还有以下两种方法。(1) 利用【形状】工具在曲线上需要删除的节点上双击。(2) 利用【形状】工具将要删除的节点选择，按 Delete 键或键盘中数字区的-键。

(4) 连接节点：利用【连接两个节点】按钮，可以把未闭合的线连接起来。操作方法为：先选择未闭合曲线的起点和终点，然后单击按钮，即可将选择的两个节点连接为一个节点。

(5) 分割节点：利用【断开曲线】按钮，可以把闭合的线分割开。操作方法为：选择需要分割开的节点，单击按钮可以将其分成两个节点。注意，将曲线分割后，需要将节点移动位置才可以看出效果。

(6) 转换曲线为直线：单击【转换为线条】按钮，可以把当前选择的曲线转换为直线。图3-41所示为原图与转换为直线后的效果。

图3-41 原图与转换为直线后的效果

(7) 转换直线为曲线：单击【转换为曲线】按钮，可以把当前选择的直线转换为曲线，从而进行任意形状的调整。其转换方法具体分为以下两种。

- 当选择直线图形中的一个节点时，单击按钮，在被选择的节点逆时针方向的线段上将出现两条控制柄，通过调整控制柄的长度和斜率，可以调整曲线的形状，如图3-42所示。

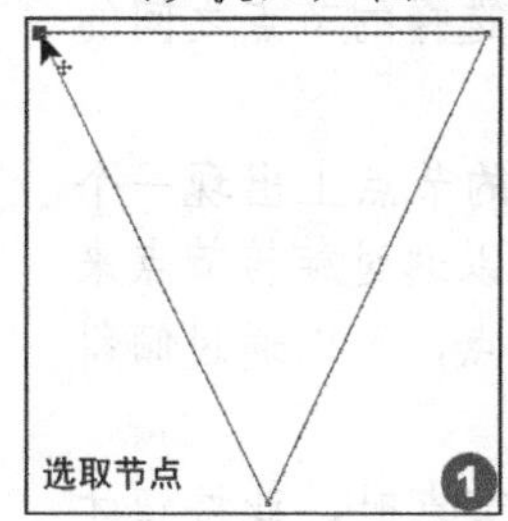

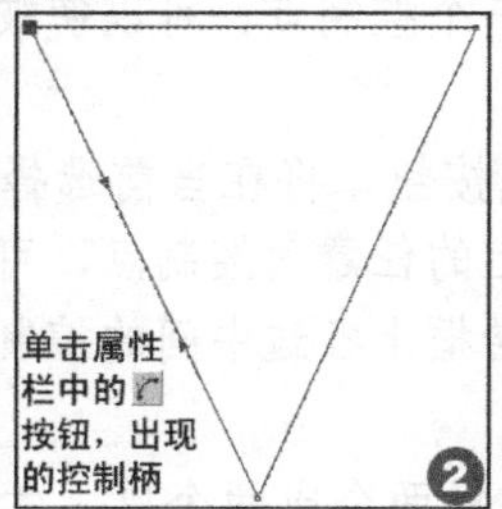

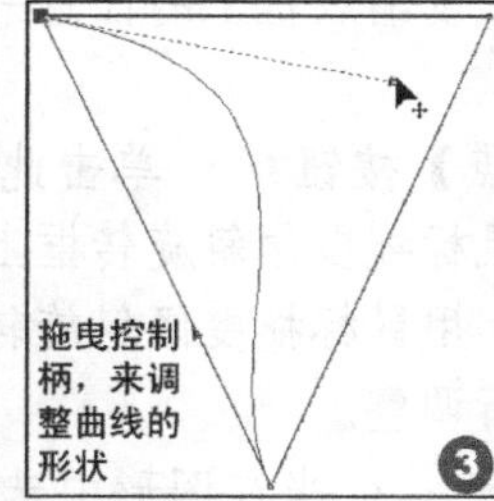

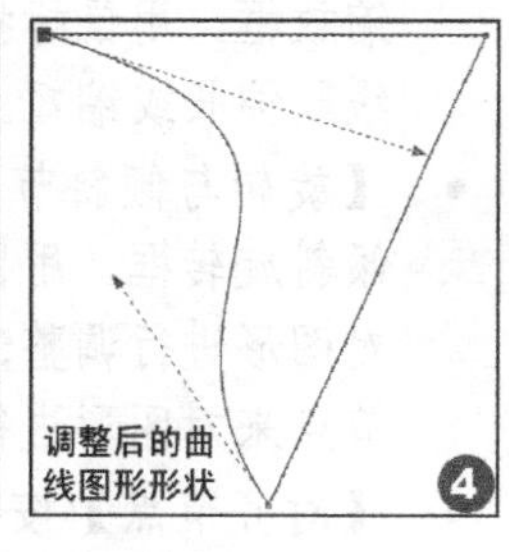

图3-42 转换曲线并调整形状

- 将图形中所有的节点选择后，单击属性栏中的按钮，则使整个图形的所有节点转换为曲线，将鼠标指针放置在任意边的轮廓上拖曳，即可对图形进行调整。

(8) 转换节点类型：节点转换为曲线性质后，节点还具有尖突、平滑和对称 3 种类型，如图3-43所示。

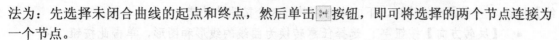

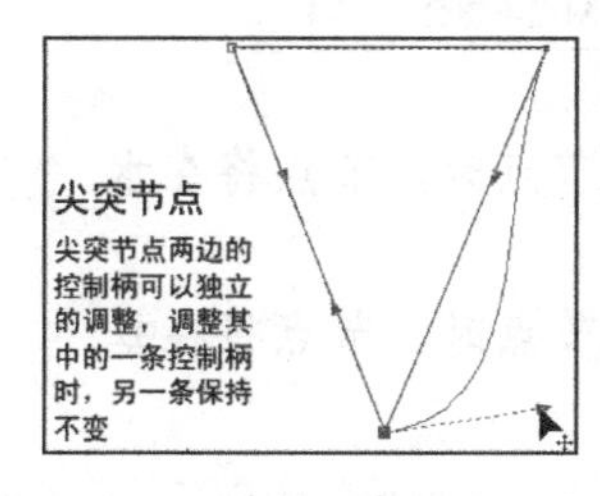

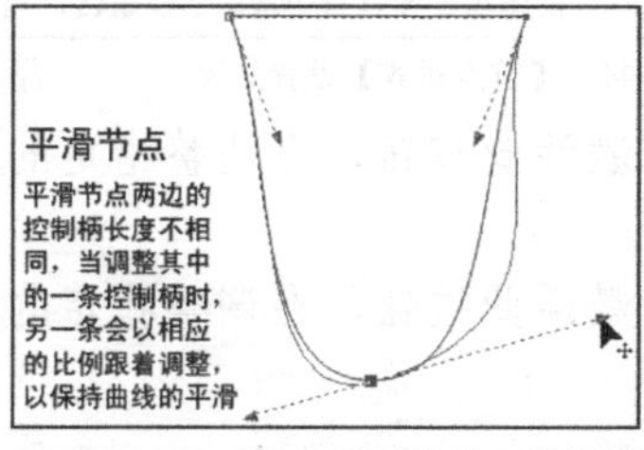

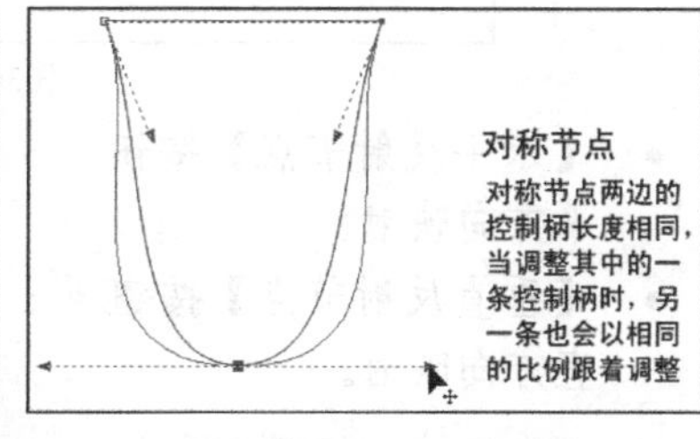

图3-43 节点的 3 种类型

- 当选择的节点为平滑节点或对称节点时，单击属性栏中的【尖突节点】按钮，可将节点转换为尖突节点。
- 当选择的节点为尖突节点或对称节点时，单击属性栏中的【平滑节点】按钮，可将节点转换为平滑节点。此节点常用作直线和曲线之间的过渡节点。
- 当选择的节点为尖突节点或平滑节点时，单击【对称节点】按钮，可以将节点转换为对称节点。对称节点不能用于连接直线和曲线。

(9) 曲线的设置：在【形状】工具的属性栏中有 4 个按钮是用来设置曲线的，【闭合曲

线】按钮在前面已经讲过，下面来介绍其他 3 个按钮的功能。

- 【反转方向】按钮：选择任意转换为曲线的线形和图形，单击此按钮，将改变曲线的方向，即将起始点与终点反转。
- 【延长曲线使之闭合】按钮：当绘制了未闭合的曲线图形时，将起始点和终点选择，然后单击此按钮，可以将两个被选择的节点通过直线进行连接，从而达到闭合的效果。

要点提示　按钮和按钮都是用于闭合图形的，但两者有本质上的不同，前者的闭合条件是选择未闭合图形的起点和终点，而后者的闭合条件是选择任意未闭合的曲线即可。

- 【提取子路径】按钮：使用【形状】工具选择结合对象上的某一线段、节点或一组节点，然后单击此按钮，可以在结合的对象中提取子路径。

(10) 调整节点：在【形状】工具的属性栏中有 5 个按钮是用来调整、对齐和映射节点的，其功能如下。

- 【延展与缩放节点】按钮：单击此按钮，将在当前选择的节点上出现一个缩放框，用鼠标拖曳缩放框上的任意一个控制点，可以使被选择的节点之间的线段伸长或缩短。
- 【旋转与倾斜节点】按钮：单击此按钮，将在当前选择的节点上出现一个倾斜旋转框。用鼠标拖曳倾斜旋转框上的任意角控制点，可以通过旋转节点来对图形进行调整；用鼠标拖曳倾斜旋转框上各边中间的控制点，可以通过倾斜节点来对图形进行调整。
- 【对齐节点】按钮：当在图形中选择两个或两个以上的节点时，此按钮才可用。单击此按钮，将弹出图 3-44 所示的【节点对齐】设置面板。

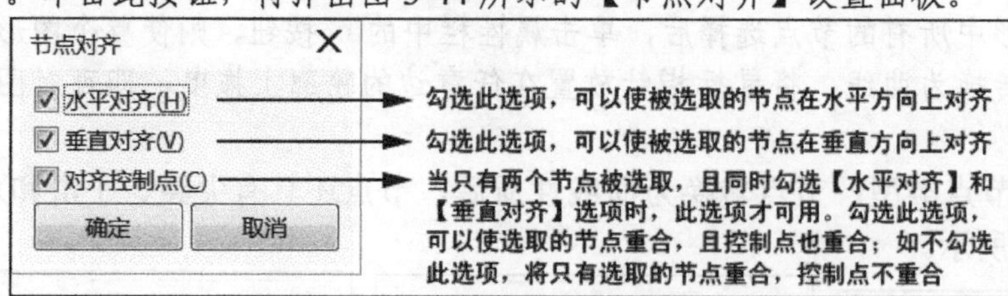

图3-44　【节点对齐】设置面板

- 【水平反射节点】按钮：激活此按钮，在调整指定的节点时，节点将在水平方向映射。
- 【垂直反射节点】按钮：激活此按钮，在调整指定的节点时，节点将在垂直方向映射。

要点提示　映射节点模式是指在调整某一节点时，其对应的节点将按相反的方向发生同样的编辑。例如，将某一节点向右移动，它对应的节点将向左移动相同的距离。此模式一般应用于两个相同的曲线对象，其中第二个对象是通过镜像第一个对象而创建的。

(11) 其他选项：在【形状】工具的属性栏中还有 4 个按钮和一个【曲线平滑度】参数设置，其功能如下。

- 【弹性模式】按钮：激活此按钮，在移动节点时，节点将具有弹性性质，即移动节点时周围的节点也将会随鼠标指针的拖曳而产生相应的调整。

- 【选择所有节点】按钮 ：单击此按钮，可以将当前选择图形中的所有节点全部选择。
- 减少节点 按钮：当图形中有很多个节点时，单击此按钮将根据图形的形状来减少图形中多余的节点。
- 【曲线平滑度】 ：可以改变被选择节点的曲线平滑度，起到再次减少节点的功能，数值越大，曲线变形越大。
- 【边框】按钮 ：控制使用线形工具时，显示或隐藏选择边框。即在利用线形工具绘制线形之前，激活此按钮，绘制线形后，将不显示选择边框；默认情况下，绘制完线形之后，线形的周围将显示选择边框。

3.5 范例解析——绘制装饰图案

本节主要利用【贝塞尔】工具和【形状】工具来绘制花形装饰图案，绘制完成的装饰花卉如图 3-45 所示。

在绘制图案时，要先观察图案有没有规律性，找到规律后才能有序地进行绘制，以免无从下手。此处不要求读者能绘制出相同的图案效果，旨在掌握工具的灵活运用。读者在平常要多绘制一些图形，正所谓熟能生巧，只有多练习才能不断地进步。

【步骤解析】

1. 按 Ctrl+N 组合键新建一个图形文件。
2. 选取 工具，绘制出图 3-46 所示的图形。利用 工具将图形框选，状态如图 3-47 所示。

图3-45 绘制的装饰图案

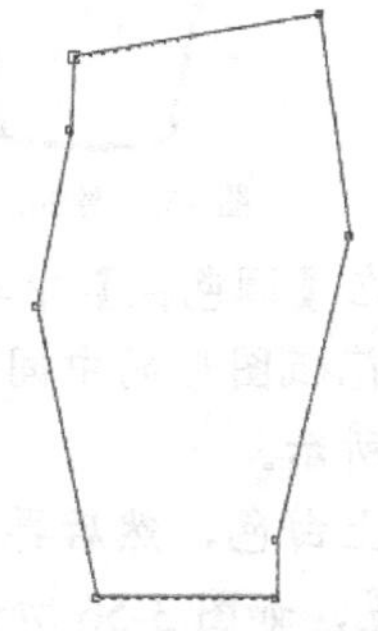

图3-46 绘制的图形

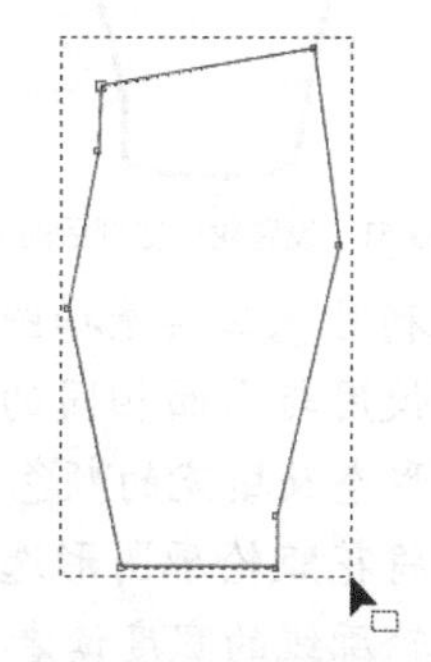

图3-47 框选节点状态

3. 单击属性栏中的 按钮，将具有直线性质的图形转换为曲线性质以便将图形调整成曲线图形。
4. 利用 工具单击图 3-48 所示的节点，在节点的两边会出现控制柄，然后调整控制柄形态如图 3-49 所示。利用 工具可以将图形调整成任意想要的形状。
5. 利用 工具分别调整节点两边的控制柄，将图形调整成图 3-50 所示的花瓶形态。

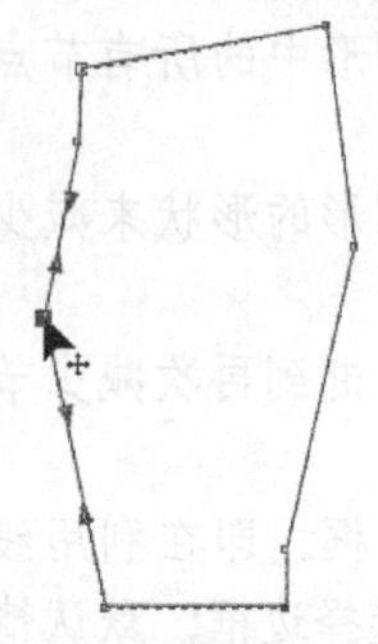

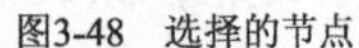

图3-48　选择的节点

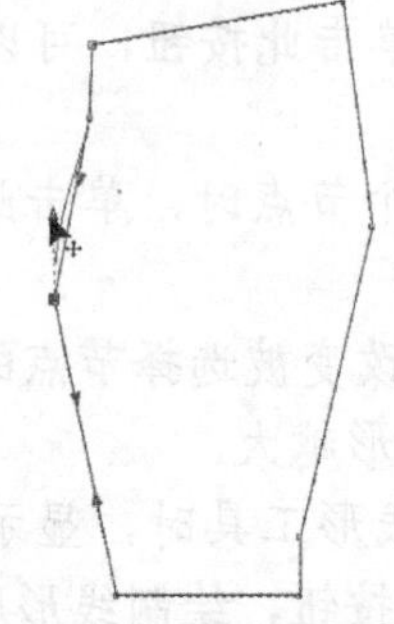

图3-49　调整节点状态

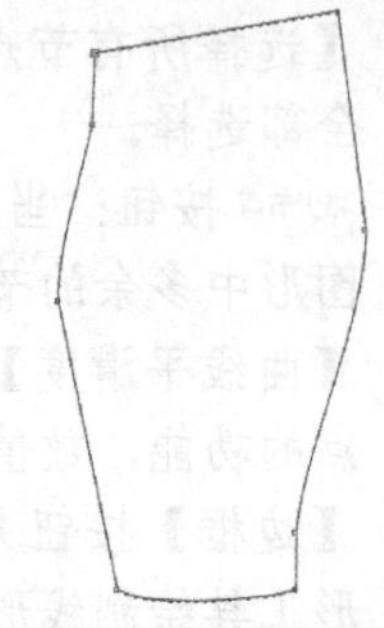

图3-50　调整后的图形

6. 选取工具，确认图形的调整，然后单击属性栏中【轮廓宽度】右侧的按钮，在弹出的【轮廓宽度】下拉列表中选择较大一些的轮廓宽度参数值，设置轮廓宽度后的图形如图 3-51 所示。

在绘图过程中，图形的轮廓宽度要根据绘图的大小来决定。如绘制的图形较大，轮廓宽度的数值也要设置大一些；如绘制的图形较小，图形的轮廓宽度数值就要设置小一些，否则会产生线形较拥挤的情况。因此，具体参数设置还需要读者自己掌握。

7. 选取工具，在花瓶图形中绘制出图 3-52 所示的图形，然后设置合适的轮廓宽度。
8. 将线形转换为曲线后，利用工具将图形调整成图 3-53 所示的形态，图形的两端注意与下方图形要对齐。

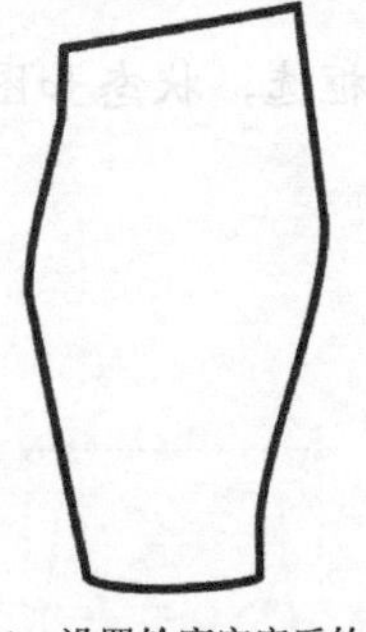

图3-51　设置轮廓宽度后的效果

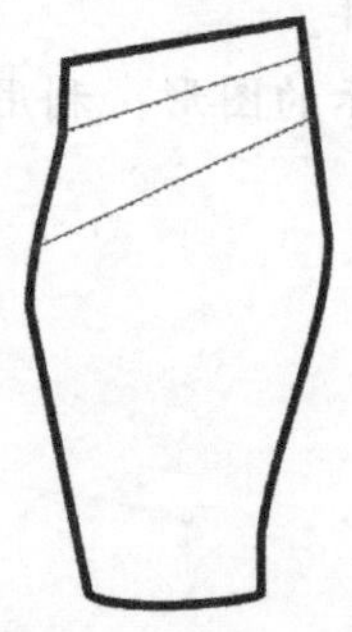

图3-52　绘制的线形

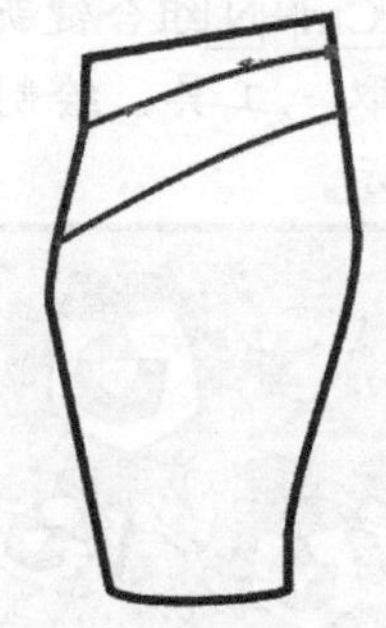

图3-53　调整后的线形

9. 利用工具选择图形，然后在【调色板】中单击图 3-54 所示的颜色填充图形。
10. 使用与上面相同的方法，在花瓶图形的中间和下边位置再分别绘制上装饰色带图形，形态及填充的颜色如图 3-55 所示。
11. 将花瓶轮廓图形选择后填充上白色，然后再在上面绘制上装饰线条及花卉的枝杆，其轮廓线的宽度读者可自行设置，如图 3-56 所示。

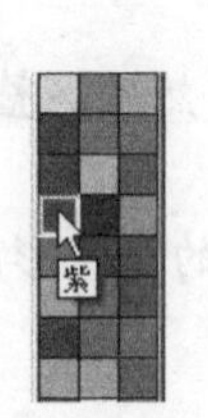

图3-54　选择的颜色

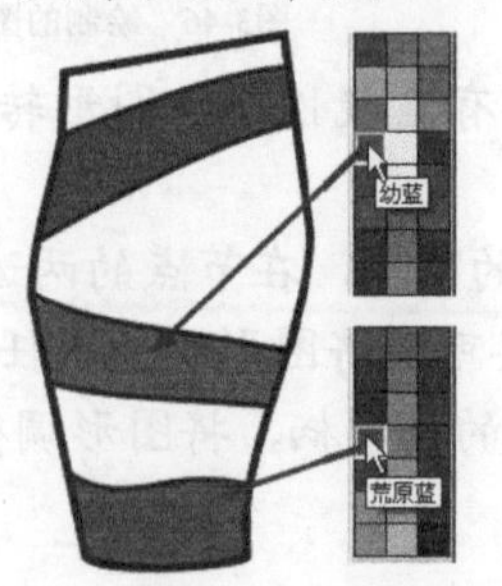

图3-55　绘制的图形及填充的颜色

图3-56　绘制的线形

12. 利用工具绘制出图 3-57 所示的图形。
13. 将图形转换成曲线。利用工具调整一下图形的形状，然后填充上洋红色（M:100），如图 3-58 所示。
14. 利用工具将图形选择，然后在图形上按下鼠标并向右下方拖曳，至合适位置后，在不释放鼠标左键的情况下，单击鼠标右键，状态如图 3-59 所示。

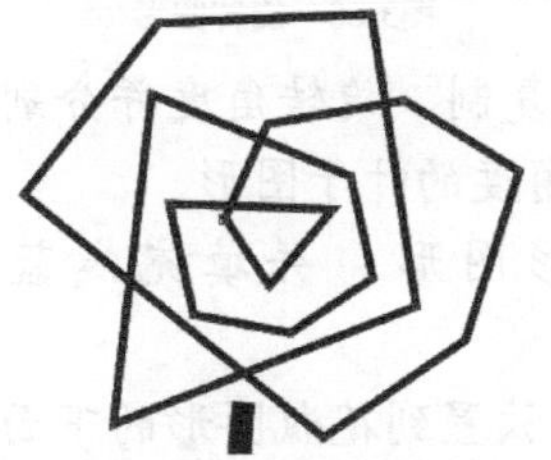
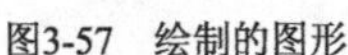

图3-57 绘制的图形

图3-58 填充颜色后的效果

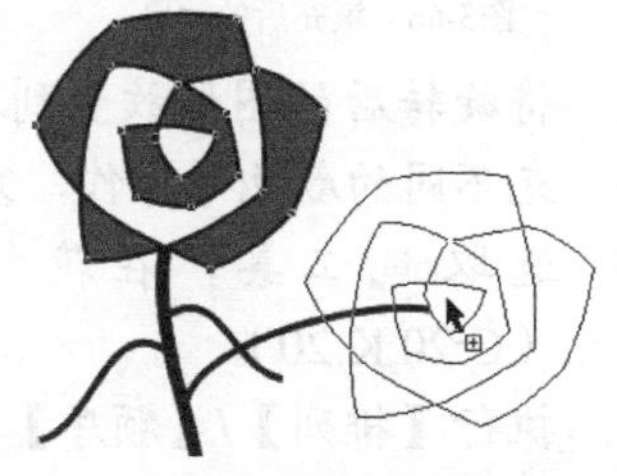

图3-59 复制图形状态

15. 释放鼠标后，即可移动复制出一个图形，效果如图 3-60 所示。
16. 将复制出的图形缩小调整，缩小后的图形如图 3-61 所示。
17. 使用与上面相同的复制方法，再复制出两个花朵图形并分别调整一下大小，如图 3-62 所示。

图3-60 复制出的图形

图3-61 缩小调整后的形态

图3-62 复制出的两个图形

18. 选取【基本形状】工具，单击属性栏中的按钮，在弹出的【完美形状】面板中选择图 3-63 所示的“心形”图形。
19. 在绘图窗口中，按住鼠标左键并拖曳绘制出图 3-64 所示的“心形”图形。
20. 执行【排列】/【转换为曲线】命令，将图形转换为曲线，然后利用工具将图形调整成图 3-65 所示的形状。

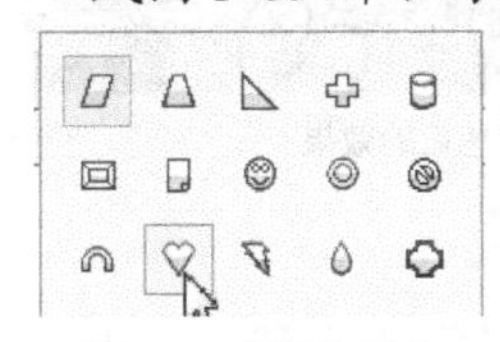

图3-63 选择的图形

图3-64 绘制的图形

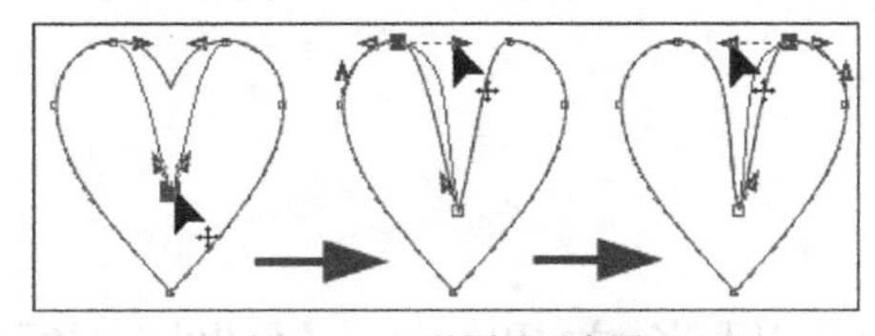

图3-65 调整图形示意图

21. 选取工具为图形填充朦胧绿色（C:20,Y:20），然后设置合适的轮廓宽度，如图 3-66 所示。
22. 在图形的选择状态下，在图形上再次单击，出现旋转和扭曲变形控制符号，将鼠标指针放置到图 3-67 所示右上角的旋转符号上按下，并向下拖曳，至图 3-68 所示的右下方位置释放鼠标，将图形旋转。

图3-66　填充后的效果

图3-67　鼠标指针放置的位置

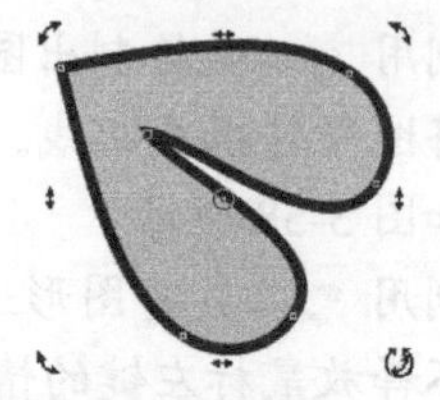

图3-68　旋转图形

23. 将旋转后的图形放置到花瓶图形合适的位置，然后通过移动复制、旋转角度并分别填充不同的颜色等操作，复制出图 3-69 所示的多个不同颜色和角度的叶子图形。
24. 选取 工具，在花瓶位置绘制一个外轮廓较粗的矩形图形，并填充浅蓝色（C:20,K:20）。
25. 执行【排列】/【顺序】/【到图层后面】命令，将绘制的矩形放置到花瓶图形的下面作为背景，效果如图 3-70 所示。

图3-69　复制出的心形图形

图3-70　制作的背景

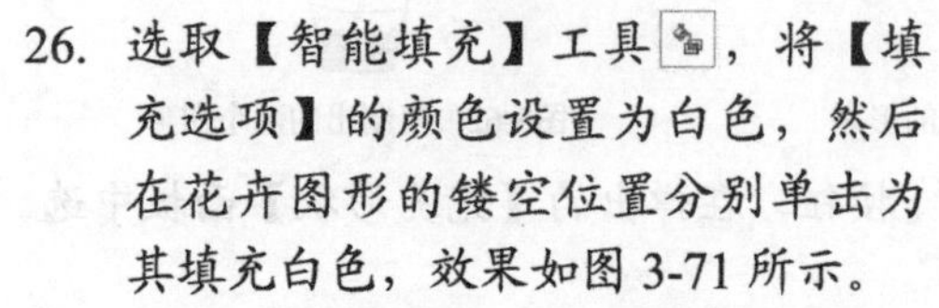

26. 选取【智能填充】工具 ，将【填充选项】的颜色设置为白色，然后在花卉图形的镂空位置分别单击为其填充白色，效果如图 3-71 所示。

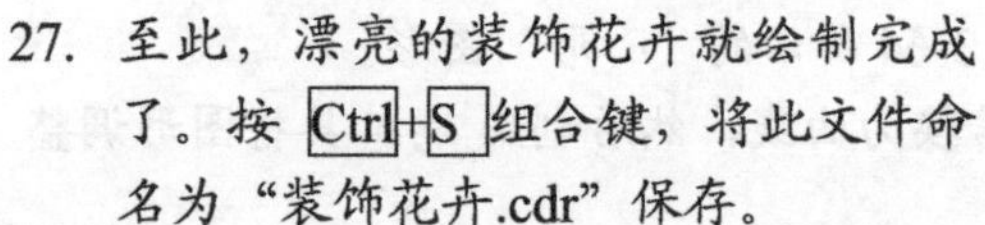

27. 至此，漂亮的装饰花卉就绘制完成了。按 Ctrl+S 组合键，将此文件命名为“装饰花卉.cdr”保存。

图3-71　填充白色后的效果

3.6 课堂实训——绘制花图案

用与第 3.2.2 小节相同的方法，利用【贝塞尔】和【形状】工具及【智能填充】工具绘制出图 3-72 所示的花卉图案。

【步骤解析】

1. 按 Ctrl+N 组合键，创建一个新文件，然后单击工具栏中的 按钮，将附盘中“图库\第 03 章”目录下名为“花卉线描稿.jpg”图片导入，如图 3-73 所示。

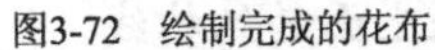
图3-72　绘制完成的花布

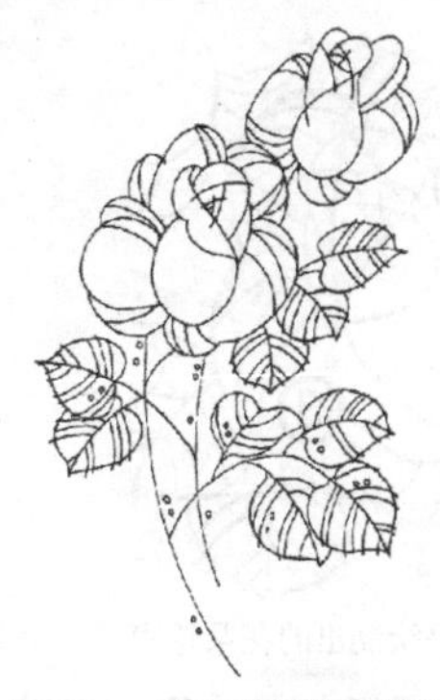

图3-73　导入的手绘线描稿

2.　按 Esc 键，取消对所有图形的选择，然后单击工具箱中的【轮廓笔】工具，在弹出的隐藏工具组中选择工具，此时会弹出图 3-74 所示的【更改文档默认值】面板，直接单击 确定 按钮。

3.　在弹出的【轮廓笔】对话框中，单击【颜色】选项右侧的色块，在弹出的【颜色列表】中选择“红”色，然后设置其他选项及参数如图 3-75 所示。

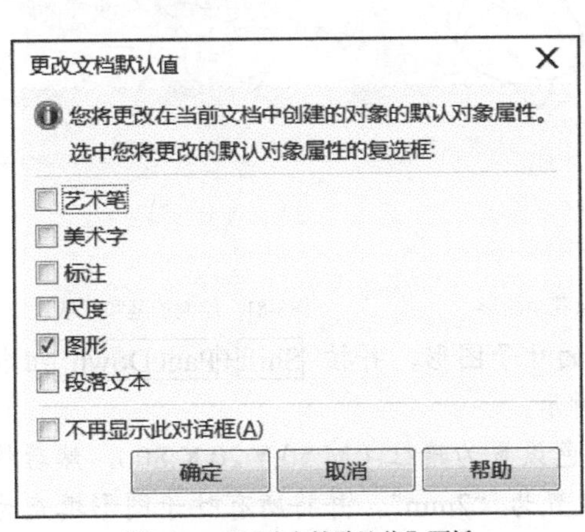

图3-74　【更改文档默认值】面板

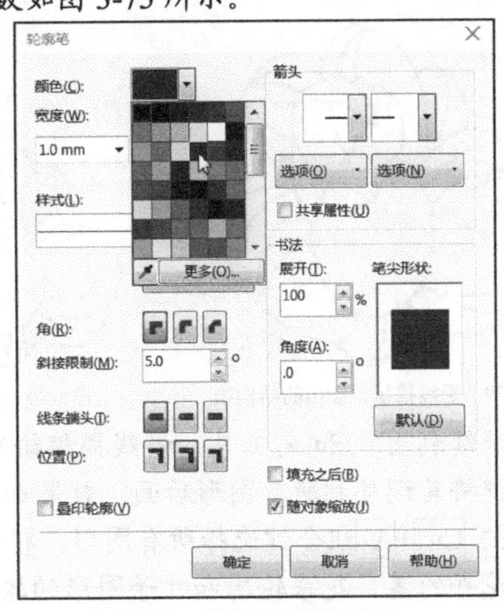

图3-75　设置的默认轮廓属性

> **要点提示**　在绘制图形之前，先来设置轮廓线的默认宽度和颜色，是为了绘制图形时将绘制的图形轮廓与导入的线描稿区分开，以便在颜色上区分开，精确地调整图形形状。

4.　利用工具箱中的和工具，沿花卉线描稿绘制并调整出花朵图形的整体轮廓，如图 3-76 所示。

> **要点提示**　沿线描稿的轮廓绘制图形时，当绘制多个图形后，已经绘制的图形会将线描稿的轮廓覆盖，从而妨碍后面图形的绘制。因此，读者可以先将已经绘制完成的图形移动到页面中的空白位置，然后再沿线描稿绘制其他图形，而导入的线描稿仅是绘图时的参考。

5.　利用工具，将步骤 4 绘制的图形选择并填充白色，然后将其移动到页面中的空白位置，如图 3-77 所示。

6.　用与步骤 4～步骤 5 相同的方法，沿线描稿绘制出花朵结构图形，为其填充白色后移动到花朵图形中，如图 3-78 所示。

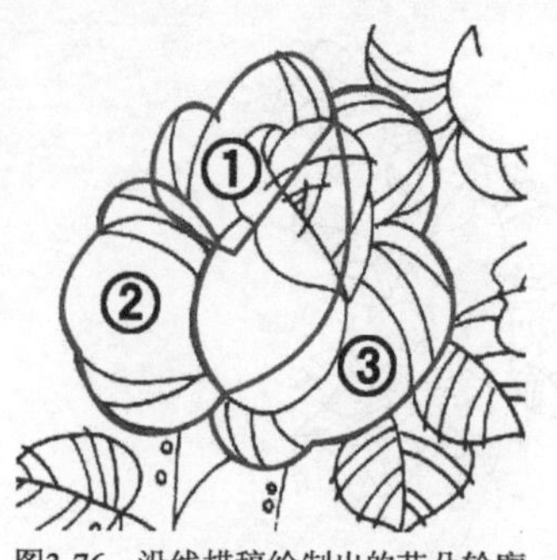

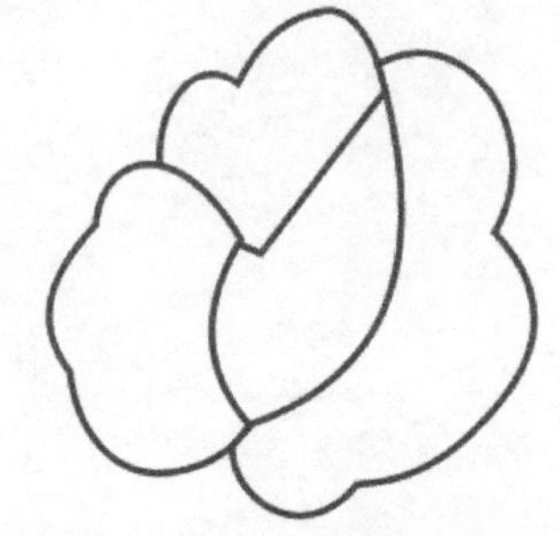

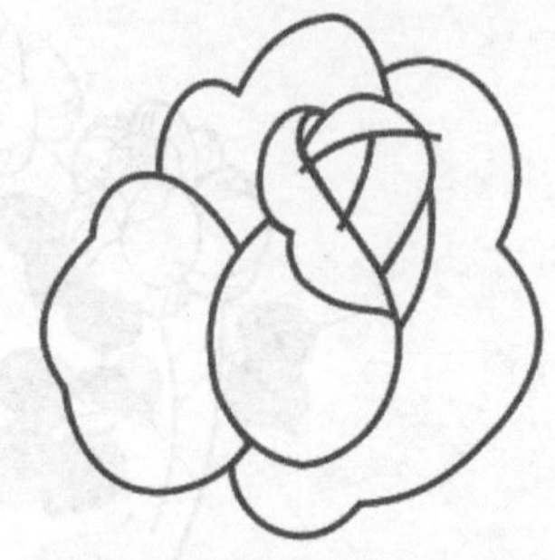

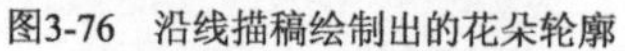
图3-76 沿线描稿绘制出的花朵轮廓　　图3-77 将花朵轮廓移动到空白位置　　图3-78 沿线描稿绘制出的花朵图形

7. 继续利用和工具，沿线描稿绘制出图3-79所示花朵上面的结构线。
8. 用与步骤4～步骤7相同的方法，沿花卉线描稿绘制出另一朵花朵图形，其效果如图3-80所示。
9. 利用和工具沿线描稿绘制出图3-81所示的曲线作为花朵的茎和叶柄，然后选取菜单栏中的【排列】/【顺序】/【到图层后面】命令，将绘制的茎和叶柄放置到花朵图形后面。

图3-79 沿线描稿绘制出的结构线

图3-80 绘制的另一朵花朵图形

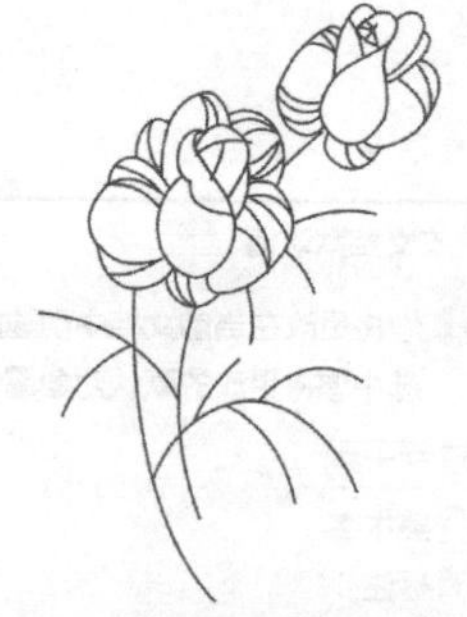
图3-81 绘制的茎和叶柄

10. 继续利用和工具，沿线描稿绘制出花卉的叶子图形，并按Shift+PageDown组合键将其调整到所有图形后面，效果如图3-82所示。
11. 按Ctrl+A组合键选择所有图形，将其轮廓颜色设置为暗红（M:50,Y:20,K:80），然后将花卉的茎、花朵轮廓和叶子图形的轮廓宽度设置为“2mm”，并将所有叶子图形填充为绿色（C:100,Y:100），效果如图3-83所示。
12. 利用工具选择花芯图形，将其填充颜色设置为黄色（Y:100），效果如图3-84所示。

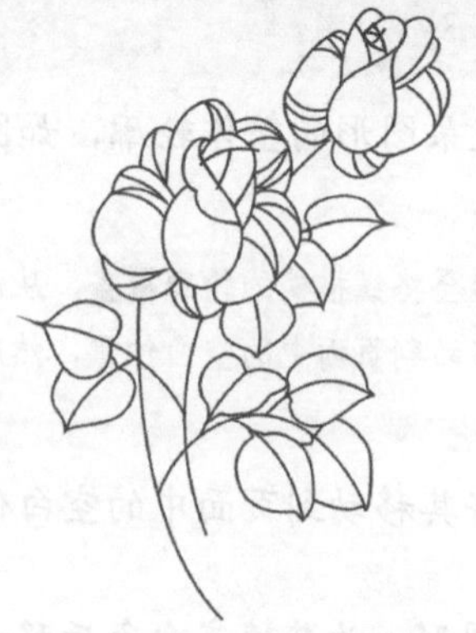
图3-82 绘制出的叶子图形

图3-83 设置轮廓后效果

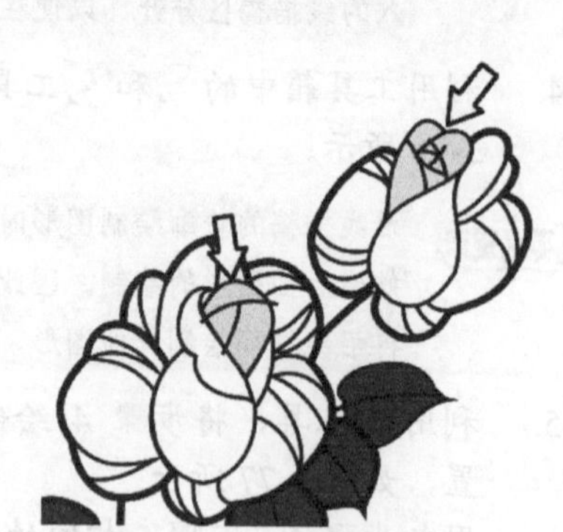
图3-84 填充颜色后的效果

13. 选取工具，在属性栏中设置【填充选项】右侧的填充颜色为橘红色（M:60,Y:100），然后在花朵图形如图 3-85 所示的位置单击鼠标，即可将该闭合区域填充为橘红色，效果如图 3-86 所示。

14. 利用和工具在另一朵花朵图形的花芯位置绘制一个三角形图形并填充上橘红色，效果如图 3-87 所示，注意要将绘制的三角形图形放置到花蕊轮廓线的下面。

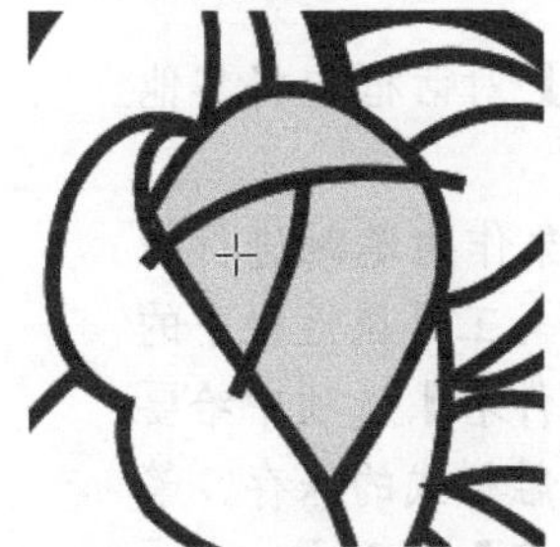
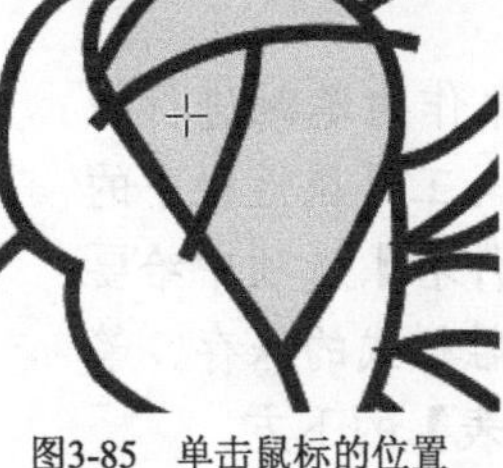

图3-85 单击鼠标的位置

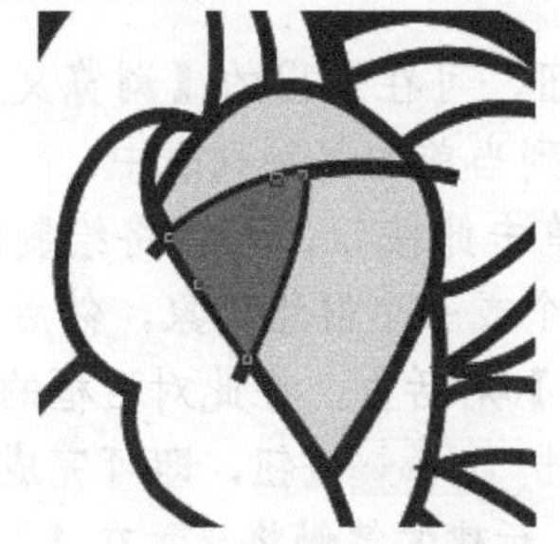

图3-86 智能填充效果

图3-87 为花芯填充颜色后效果

至此，花卉图形绘制完成。

3.7 功能讲解——【艺术笔】工具

【艺术笔】工具在 CorelDRAW 中是一个比较特殊而又非常重要的工具，它可以绘制许多特殊样式的线条和图案。

【艺术笔】工具的使用方法非常简单：选择工具（快捷键为 I 键），并在属性栏中设置好相应的选项，然后在绘图窗口中按住鼠标左键并拖曳，释放鼠标左键后即可绘制出设置的线条或图案。

【艺术笔】工具的属性栏中有【预设】、【笔刷】、【喷罐】、【书法】和【压力】5 个按钮。当激活不同的按钮时，其属性栏中的选项也各不相同，下面来分别介绍。

一、【预设】

激活【艺术笔】工具属性栏中的按钮，其属性栏如图 3-88 所示。

图3-88 激活按钮时的属性栏

- 【预设笔触】：在此下拉列表中选择需要的笔触样式。
- 【手绘平滑】：设置绘制线形的平滑程度。
- 【笔触宽度】：设置艺术笔的宽度。数值越小，笔头越细。
- 【随对象一起缩放笔触】按钮：决定在缩放笔触图形时，笔触的宽度是否发生变化。激活此按钮，绘制笔触图形后，在缩放笔触图形时，笔触的宽度随缩放比例变化，否则，笔触的宽度不发生变化。

二、【笔刷】

激活【艺术笔】工具属性栏中的按钮，其属性栏如图 3-89 所示。

图3-89　激活 按钮时的属性栏

- 艺术 按钮：单击此按钮，可在弹出的下拉列表中选择笔刷的类别。
- 【笔触列表】选项 ：单击选项右侧的倒三角按钮，可在弹出的下拉列表中选择艺术笔的样式。
- 【浏览】按钮 ：单击此按钮，可在弹出的【浏览文件夹】对话框中将其他位置保存的画笔笔触样式加载到当前的笔触列表中。
- 【保存艺术笔触】按钮 ：单击此按钮，可以将绘制的对象作为笔触进行保存。其使用方法为：先选择一个或一个群组对象，然后单击 工具属性栏中的 按钮，系统将弹出【另存为】对话框，在此对话框的【文件名】选项中给要保存的笔触样式命名，然后单击 保存(S) 按钮，即可完成对笔触样式的保存。笔触样式文件以*.cmx 格式存储，新建的笔触将显示在【笔触列表】的下方。
- 【删除】按钮 ：只有新建了笔触样式后，此按钮才可用。单击此按钮，可以将当前选择的新建笔触样式在【笔触列表】中删除。

三、　【喷罐】

激活【艺术笔】工具属性栏中的 按钮，其属性栏如图 3-90 所示。

图3-90　激活 按钮时的属性栏

- 笔刷笔触 按钮：单击此按钮，可在弹出的下拉列表中选择艺术笔的类别。
- 【喷射图样】 ：可在下拉列表中选择要喷射的图形样式。
- 【喷涂列表选项】按钮 ：单击此按钮，将弹出【创建播放列表】对话框，如图 3-91 所示。在此对话框中，可以对当前选择样式的图形进行添加、删除或更改排列顺序。

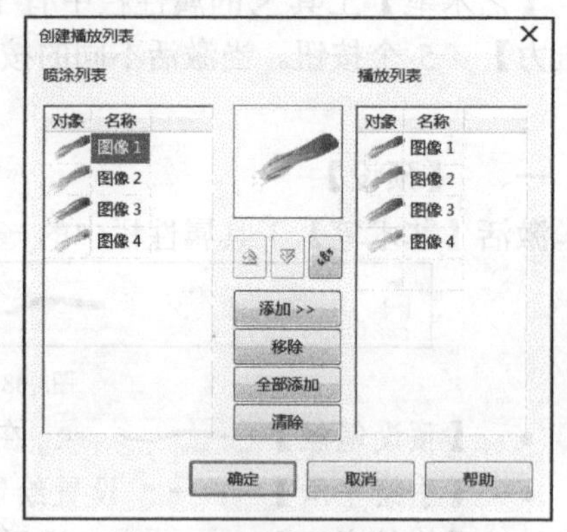

图3-91　【创建播放列表】对话框

- 在【播放列表】选项下方的窗口中选择任意图像，单击 按钮，可将该图像向上移动一个顺序；单击 按钮，可将该图像向下移动一个顺序。单击 按钮，可将当前的播放列表顺序颠倒。
- 在【喷涂列表】选项下方的窗口中选择任意图像，单击 添加 >> 按钮，可将其添加到右侧的【播放列表】中。
- 在【播放列表】中选择任意图像，单击 移除 按钮，可将该图像在【播放形表】中移除；单击 全部添加 按钮，可将【喷涂列表】中的图像全部添加至【播放列表】中；单击 Clear 按钮，可将【播放列表】中的图像全部清除。
- 【喷涂对象大小】 ：可以设置喷绘图形的大小。激活右侧的【递增按比例放缩】按钮 ，可以分别设置图形的长度和宽度大小。

- 顺序 按钮：包括随机、顺序和按方向 3 个选项，单击此按钮，可选择不同的选项，喷绘出的图形也不相同。图 3-92 所示为分别选择这 3 个选项时喷绘出的图形效果对比。

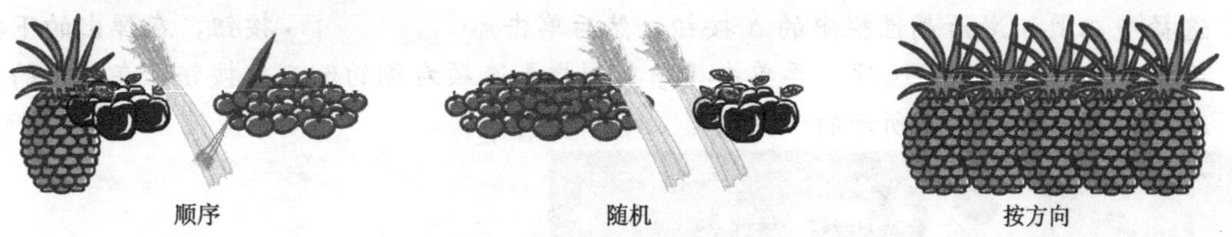

图3-92 选择不同选项时喷绘出的图形效果对比

- 【添加到喷涂列表】按钮：单击此按钮，可以将当前选择的图形添加到【喷涂列表文件列表】中，以便在需要时直接调用。添加方法与保存艺术笔触的方法相同。
- 【每个色块中的图像数和图像间距】：此选项上方文本框中的数值决定喷出图形的密度大小，数值越大，喷出图形的密度越大。下方文本框中的数值决定喷出图形中图像之间的距离大小，数值越大，喷出图形间的距离越大。
- 【旋转】按钮：单击此按钮将弹出图 3-93 所示的【旋转】参数设置面板，在此面板中可以设置喷涂图形的旋转角度和旋转方式等。
- 【偏移】按钮：单击此按钮将弹出图 3-94 所示的【偏移】参数设置面板，在此面板中可以设置喷绘图形的偏移参数及偏移方向等。

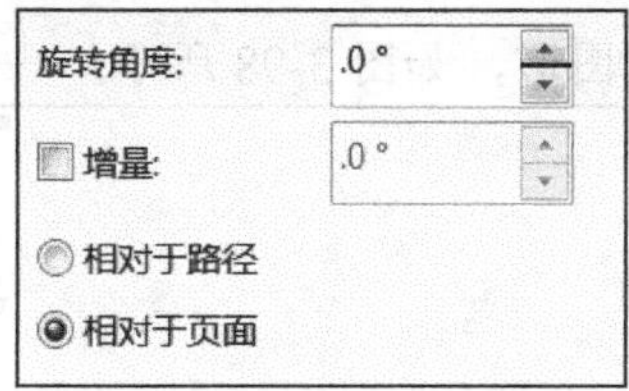

图3-93 【旋转】参数设置面板

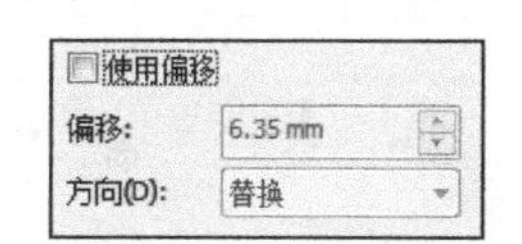

图3-94 【偏移】参数设置面板

四、【书法】

激活按钮，其属性栏如图 3-95 所示。

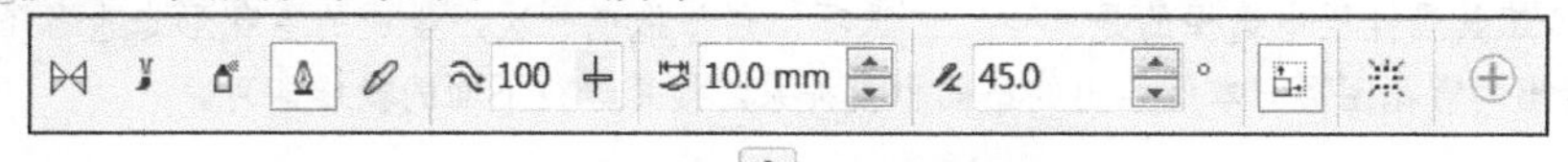

图3-95 激活按钮时的属性栏

其中【书法角度】选项 45.0 °用于设置笔触书写时的角度。当为“0”时，绘制水平直线时宽度最窄，而绘制垂直直线时宽度最宽；当为“90”时，绘制水平直线时宽度最宽，而绘制垂直直线时宽度最窄。

五、【压力】

激活按钮时属性栏中的选项与【预设】属性栏中的相同，在此不再赘述。

3.8 范例解析——绘制插画

本节主要利用【艺术笔】工具，并结合【排列】菜单中的【拆分】命令和【取消群组】命令，给画面添加雪花和小草，制作出图 3-96 所示的插画效果。

【步骤解析】

1. 新建一个图形文件，然后按Ctrl+I组合键，将附盘中“图库\第03章”目录下名为“背景.jpg”的文件导入。
2. 选择工具，激活属性栏中的按钮，然后单击植物按钮，在弹出的下拉列表中选择【其他】选项，再单击【喷射图样】选项右侧的倒三角按钮，在弹出的下拉列表中选择图3-97所示的“雪花”。

图3-96 为画面添加的雪花及小草

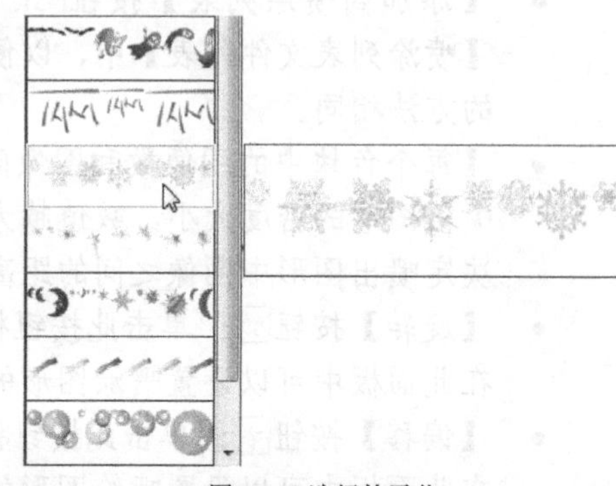

图3-97 选择的雪花

3. 在绘图窗口中自左向右按住鼠标左键并拖曳喷绘雪花图形，如图3-98所示。

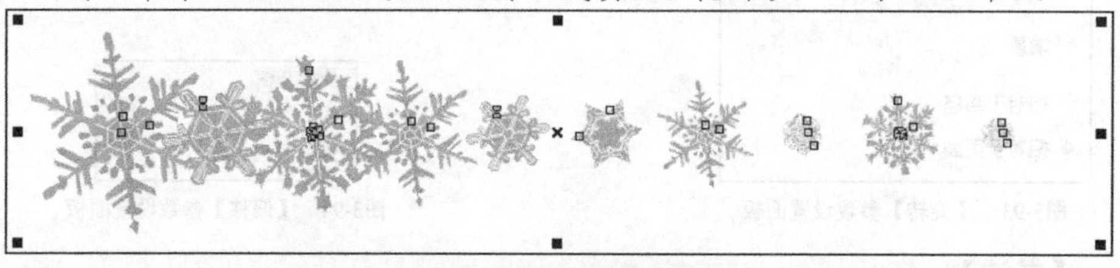

图3-98 喷绘出的雪花图形

如果工具属性栏中选择的是随机选项，则每拖曳一次，生成的雪花形态也各不相同，如读者喷绘出的雪花图形与本例给出的不同也没关系，接着进行下面的操作即可。

4. 执行【排列】/【拆分艺术笔 群组】命令，将雪花图形拆分，拆分后会出现一条控制雪花图形组合规律的直线路径，然后执行【排列】/【取消群组】命令，将雪花图形的群组取消。
5. 选择工具，在画面的空白区域单击，取消任何图形的选择状态，然后将直线路径选择并按Delete键删除。
6. 利用工具选择第一个雪花图形，将其填充色修改为白色，然后将其移动到背景画面中调整至图3-99所示的大小及位置。
7. 用与步骤6相同的方法，将其他雪花图形依次选择，调整填充色和大小，然后移动到背景画面中。
8. 用移动复制图形及调整图形大小操作，选择需要复制的雪花图形进行复制并调整大小，制作出图3-100所示的雪花分布在画面中的效果。

图3-99　雪花调整后的大小及位置

图3-100　复制出的雪花图形

9. 选择工具，然后在属性栏中单击其它按钮，在弹出的下拉列表中选择“植物”，然后在【喷射图样】选项列表中选择图 3-101 所示的“小草”样式。
10. 在绘图窗口中自左向右按住鼠标左键并拖曳喷绘小草图形，效果如图 3-102 所示。

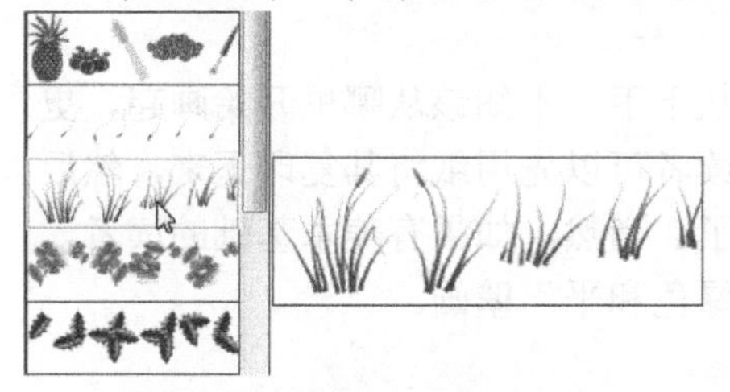

图3-101　选择的“小草”样式

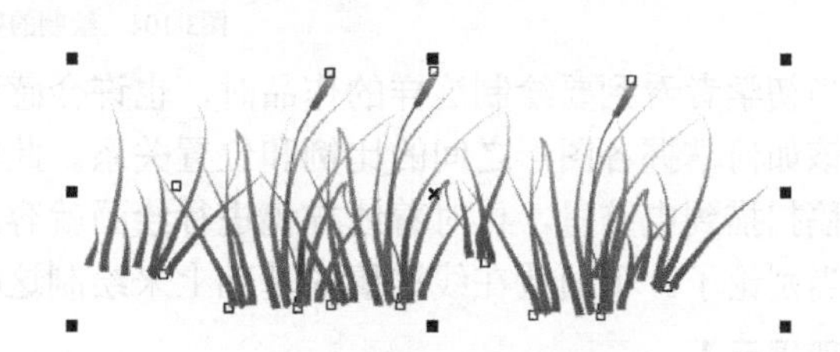

图3-102　小草修改颜色后的效果

11. 用与步骤 4～步骤 8 相同的方法，将小草图形移动到图 3-103 所示的画面中，完成雪花和小草图形的添加。

图3-103　添加的小草图形

12. 按 Ctrl+S 组合键，将此文件命名为“插画.cdr”保存。

3.9 综合案例——绘制“绿色和平”壁画

所谓壁画，是建筑空间的一种装饰，它可以是传统概念的墙壁绘画，也可以是一种立体的空间环境装饰。下面就综合运用本章学习的工具绘制出图 3-104 所示的“绿色和平”壁画。

图3-104　绘制的壁画

当初学者看到要绘制这样的作品时，也许会感到无从下手，不知该从哪里开始画起，更不知该如何掌握各图形之间的比例和位置关系。此时，读者可以先用纸将其复印下来，然后将纸稿扫描到电脑里，再对着线描稿进行绘画就容易多了。当然，如果有美术基础的读者，就另当别论了。下面就在线描稿的基础上来绘制这幅“绿色和平”壁画。

【步骤提示】

1. 新建一个图形文件，然后单击属性栏中的□按钮，将页面方向设置为“横向”。
2. 单击工具栏中的按钮，将附盘中“图库\第 03 章”目录下名为“线描稿.psd”的文件导入，如图 3-105 所示。
3. 按 Esc 键，取消对所有图形的选择，然后单击工具箱中的【轮廓笔】工具，在弹出的隐藏工具组中选择工具。
4. 在弹出的【更改文档默认值】面板中，直接单击 确定 按钮。
5. 在弹出的【轮廓笔】对话框中，单击【颜色】选项右侧的色块，在弹出的【颜色列表】中选择“砖红”色，然后设置其他选项及参数如图 3-106 所示。

图3-105　导入的图像文件

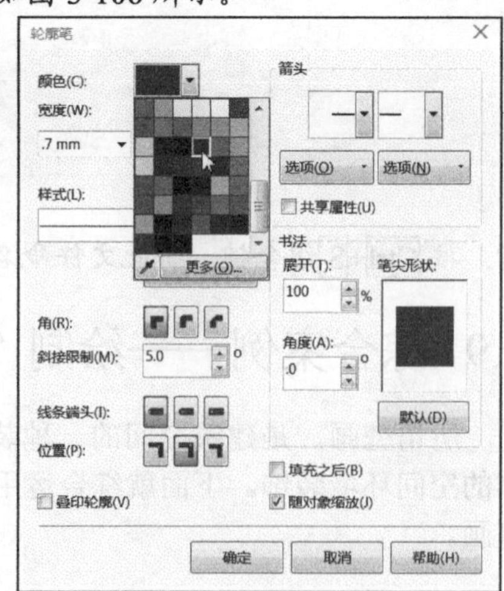

图3-106　设置的选项及参数

6. 单击 确定 按钮，将轮廓笔的默认属性修改。

要点提示 当需要为大多数的图形应用相同的轮廓属性时，更改轮廓的默认属性，可大大提高工作效率。另外，读者可以根据所绘制图形的大小来设置相应的轮廓宽度参数。

7. 利用工具和工具，按照线描稿的轮廓形状，绘制并调整出图 3-107 所示的人物面部图形。
8. 为绘制出的面部图形填充粉红色（M:10,Y:13），然后按 Shift+PageDown 组合键，将其放置到所有图形的下面，填充颜色后的图形效果如图 3-108 所示。
9. 利用工具和工具，按照线描稿的轮廓形状，绘制并调整出图 3-109 所示的黑色头发图形，然后将其调整到线描稿的下面。

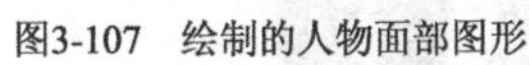
图3-107　绘制的人物面部图形

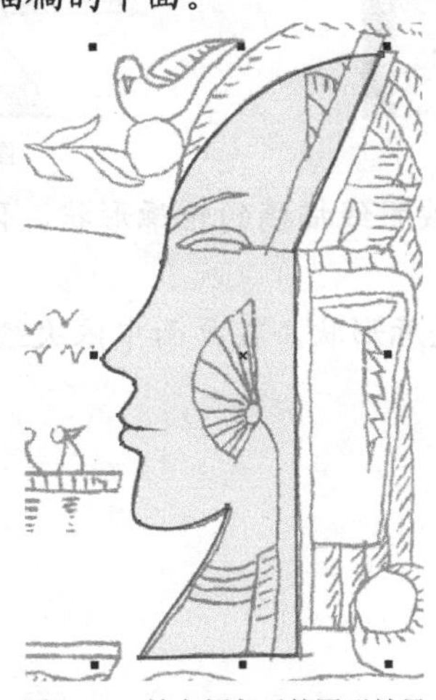
图3-108　填充颜色后的图形效果

图3-109　绘制出的头发图形

10. 继续利用工具和工具，按照线描稿的轮廓形状，绘制并调整出图 3-110 所示的眼睛、眼皮及眉毛图形，注意为眼睛图形填充黑色。
11. 选择工具，将绘制的眉毛及眼皮图形选择，然后单击按钮，在弹出的【编辑填充】对话框中选择工具，并设置颜色参数如图 3-111 所示。

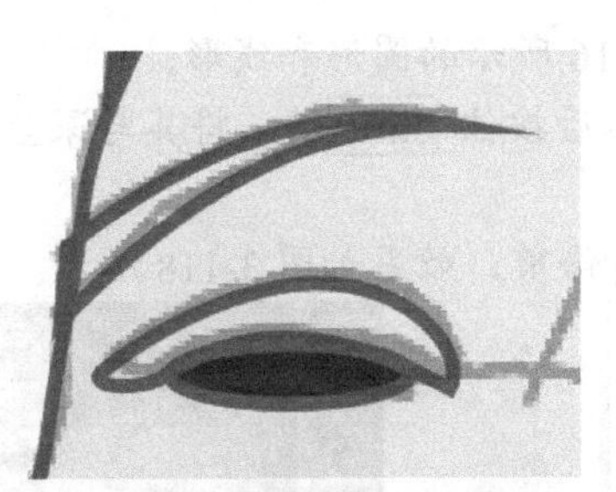
图3-110　绘制的眼睛及眉毛图形

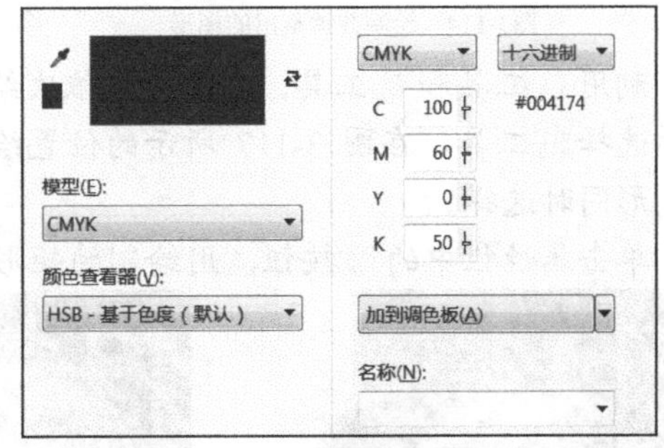

图3-111　【均匀填充】对话框参数设置

12. 单击 加到调色板(A) 按钮，将设置的颜色添加到界面下方的【文档调色板】中，然后单击 确定 按钮，填充颜色后的图形效果如图 3-112 所示。

要点提示 当需要为大多数图形填充相同的颜色时，可以在【编辑填充】对话框中设置好需要的颜色后单击 加到调色板(A) 按钮，将所设置的颜色添加到【文档调色板】中。这样，在需要填充此颜色时，只需到【文档调色板】中选择即可，而不需再重新设置。

13. 利用工具、工具和工具，按照线描稿的轮廓形状，依次绘制并调整出图 3-113 所示的图形，其中圆形的填充色为朦胧绿色（C:20,Y:20）。

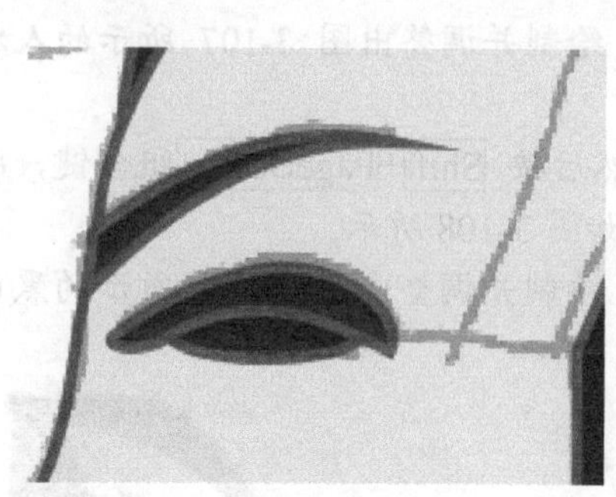
图3-112　填充颜色后的图形效果

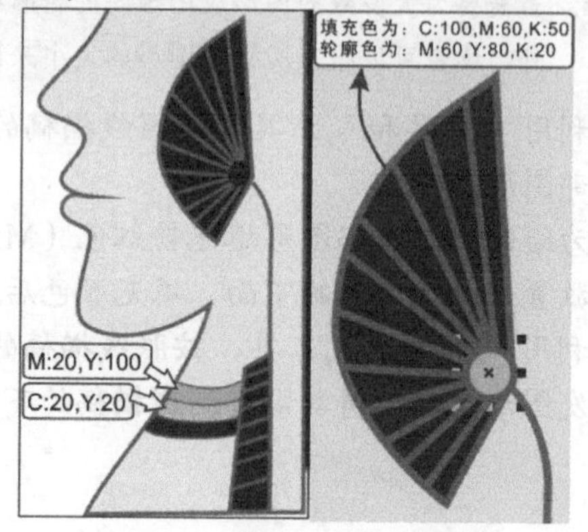

图3-113　绘制并调整出的图形

14. 继续利用工具和工具，按照线描稿的轮廓形状，依次绘制并调整出图 3-114 所示的图形。
15. 选择工具，按照线描稿的轮廓形状，在画面中依次绘制出图 3-115 所示的线形。

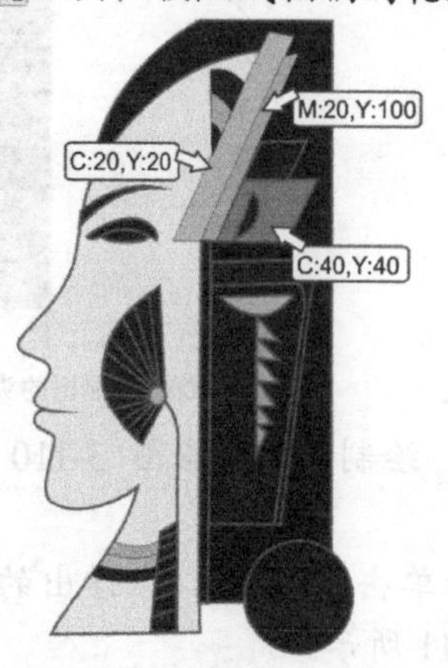

图3-114　绘制并调整出的图形

图3-115　绘制出的线形

16. 利用工具和工具，在画面中依次绘制出图 3-116 所示的圆形和线形。
17. 选择工具，在图 3-117 所示的位置绘制矩形，然后按住 Shift 键，将其与深蓝色的圆形同时选择。
18. 单击属性栏中的按钮，用绘制的矩形对圆形进行修剪，效果如图 3-118 所示。

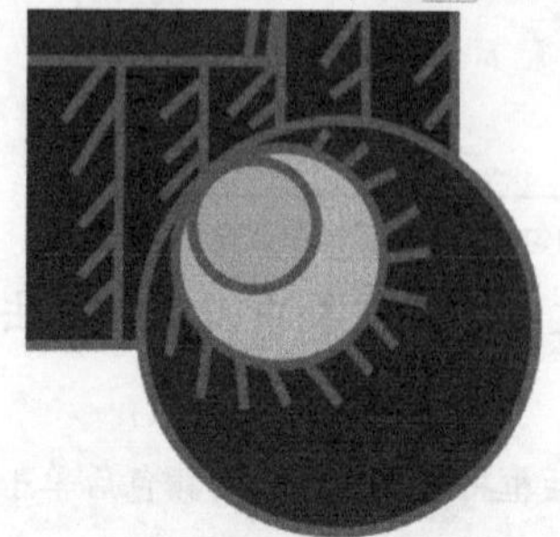
图3-116　绘制的圆形和线形

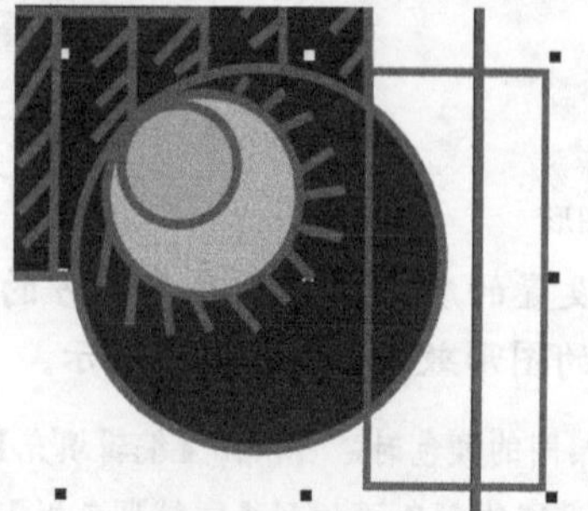
图3-117　绘制的矩形

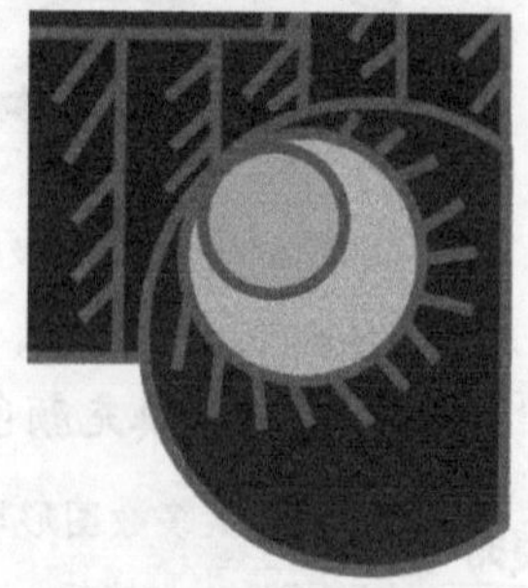
图3-118　修剪后的图形效果

19. 利用工具和工具，按照线描稿的轮廓形状，依次绘制并调整出图 3-119 所示的图形，并为其填充颜色，填充颜色后的图形效果如图 3-120 所示。

图3-119 绘制并调整出的图形

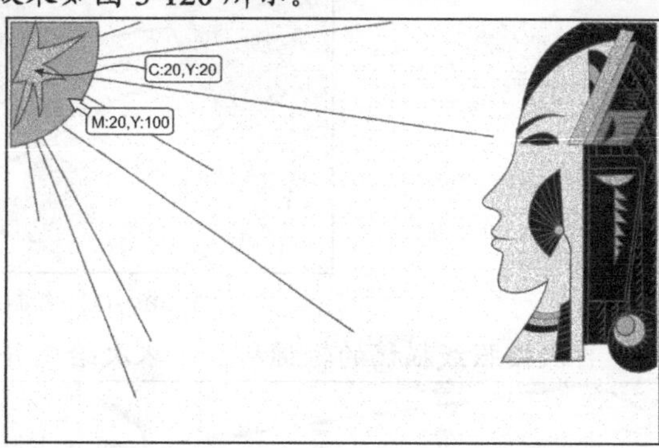

图3-120 填充颜色后的图形效果

20. 继续利用工具、工具和工具，按照线描稿的轮廓形状进行轮廓描绘，描绘出的图形轮廓及填充颜色后的图形效果如图 3-121 所示。

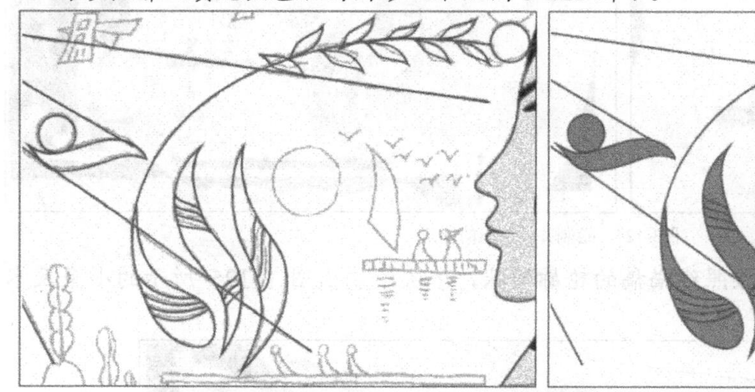

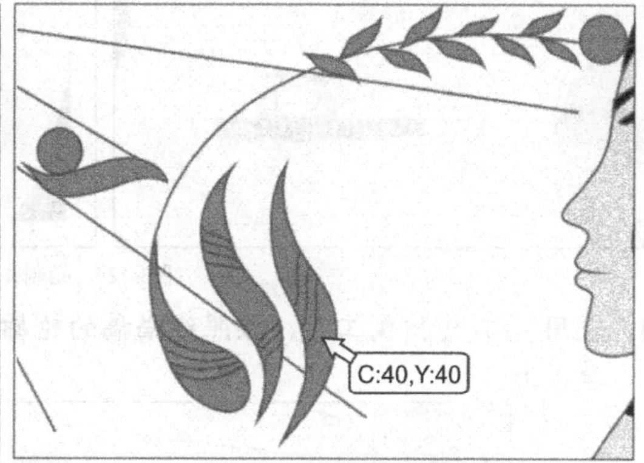

图3-121 描绘出的图形轮廓及填充颜色后的图形效果

21. 选择工具，绘制出图 3-122 所示的深黄色（M:20,Y:100）圆形。

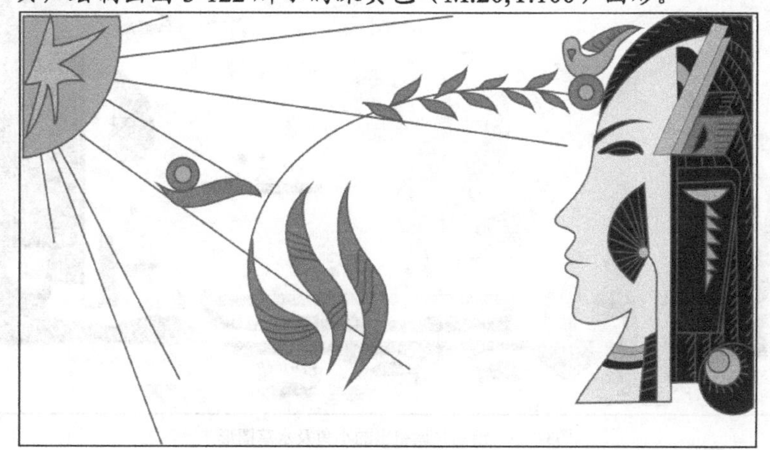

图3-122 绘制出的圆形

22. 继续利用工具和工具，按照线描稿的轮廓形状，依次绘制并调整出图 3-123 所示的图形。

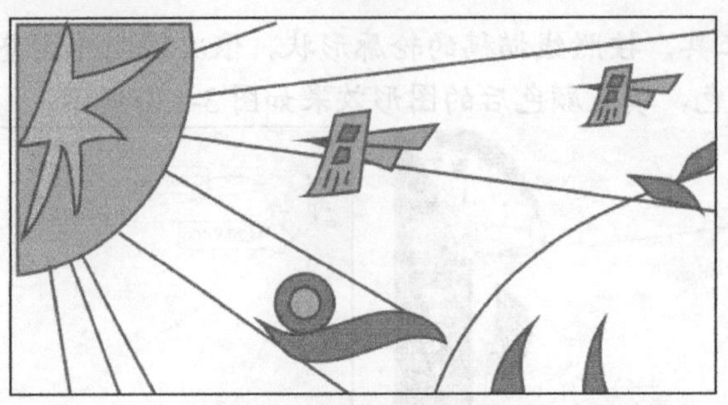

图3-123　绘制并调整出的图形

23. 再次按照线描稿的轮廓形状，依次绘制并调整出图 3-124 所示的图形。

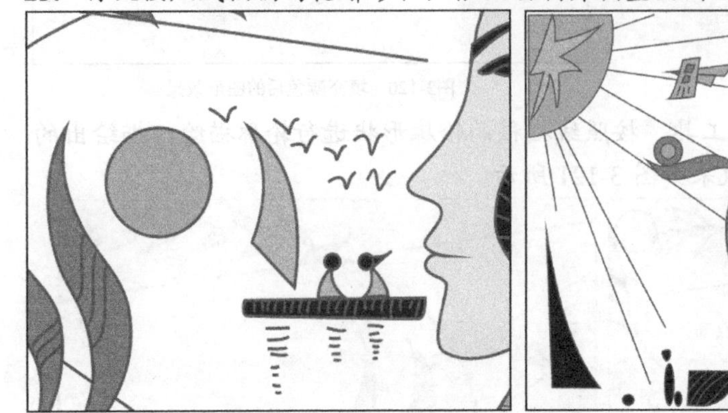

图3-124　绘制并调整出的图形

24. 利用 工具和 工具，按照线描稿的轮廓形状，依次绘制出图 3-125 所示的小鱼及水草图形。

图3-125　绘制并调整出的小鱼及水草图形

25. 选择 工具，按照线描稿的外框大小，绘制一个矩形，然后按 Shift+PageDown 组合键，将其调整到所有图形的下面，再为其填充浅黄色（Y:10），并将轮廓色修改为黑色。

26. 至此，“绿色和平”壁画绘制完成。按 Ctrl+S 组合键，将此文件命名为“壁画.cdr”保存。

3.10 课后作业

1. 综合运用【贝塞尔】工具、【形状】工具及各种复制操作来绘制图 3-126 所示的卡通吉祥物图形。
2. 综合利用【矩形】工具、【贝塞尔】工具、【形状】工具和【艺术笔】工具及结合旋转复制图形的方法，来绘制图 3-127 所示的装饰画。

图3-126 绘制的卡通吉祥物

图3-127 绘制的装饰画

此例主要练习绘制图形及调整图形的熟练程度，如对整体的图形结构不能很好地把握，可将附盘中相应的作品导入，然后对照作品进行绘制。当将工具完全掌握后，即可按照自己的意愿随意绘制图形了。

第4章 填充、轮廓与编辑工具

本章介绍 CorelDRAW X7 中的各种填充工具、轮廓工具和一些功能比较特殊的编辑工具。填充工具和轮廓工具主要用于对图形的填充色和轮廓进行设置；编辑工具主要用于对图形进行裁剪、分割、擦除和标注等。

【学习目标】

- 掌握渐变填充工具的应用。
- 熟悉为图形填充各种图案和纹理的方法。
- 掌握轮廓工具的设置方法。
- 熟悉裁剪工具组中各工具的应用。
- 了解形状工具组中各工具对图形进行扭曲的工作原理。
- 熟悉各种标注样式及添加标注的方法。

4.1 功能讲解——填充工具

利用【编辑填充】工具，除了可以为图形填充单色外，还可以填充渐变色、图案或纹理。

4.1.1 渐变填充

利用【编辑填充】工具中的【渐变填充】选项可以为图形添加渐变效果，使图形产生立体感或材质感。

选中图形后，单击 按钮，弹出【编辑填充】对话框，单击上方的【渐变填充】按钮 ，对话框形态如图 4-1 所示。

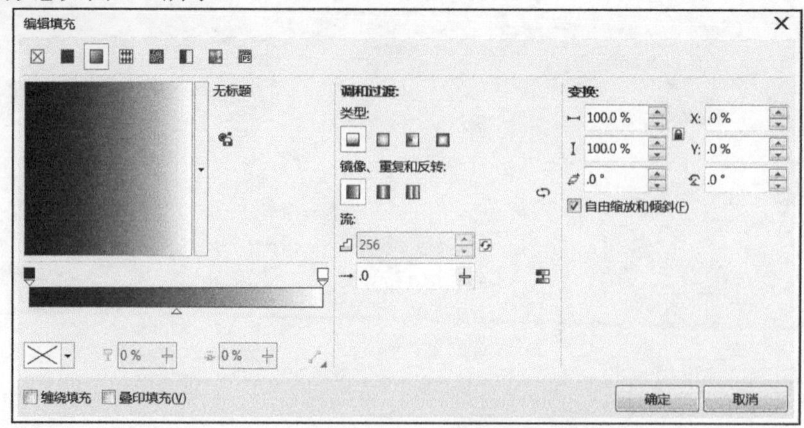

图4-1 【编辑填充】对话框

- 【类型】：包括【线性】、【射线】、【圆锥】和【方角】4 种渐变样式，图 4-2 所示为分别使用这 4 种渐变样式时所产生的渐变效果。

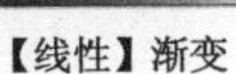

【线性】渐变　【射线】渐变　【圆锥】渐变　【方角】渐变

图4-2　不同渐变样式所产生的渐变效果

- 【镜像、重复和反转】选项：包括【默认渐变填充】、【重复和镜像】和【重复】渐变方式，图 4-3 所示为分别使用这 3 种渐变方式，为图形填充黑色到白色渐变色，所产生的渐变效果。

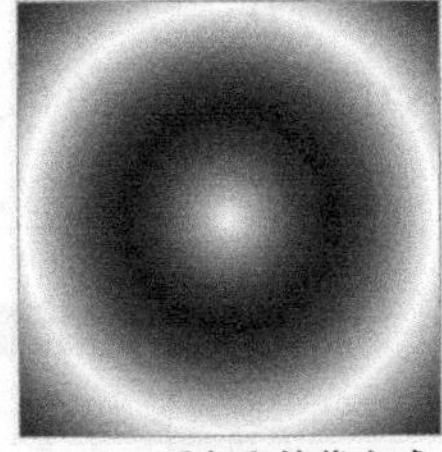
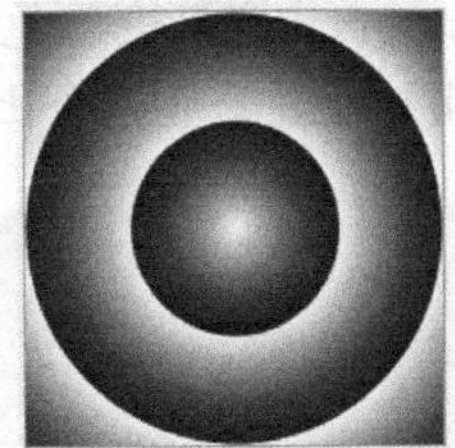

默认方式　重复和镜像方式　重复方式

图4-3　不同渐变方式所产生的渐变效果

- 【反转填充】按钮：单击此按钮，可将设置的渐变颜色反转。
- 【渐变步长】选项 256：单击右侧的【锁定】按钮后，此选项才可用。主要用于对当前渐变的发散强度进行调节，数值越大，发散越大，渐变越平滑，如图 4-4 所示。
- 【加速】选项 .0：决定渐变光源发散的远近度，数值越小发散得越远（最小值为“0”），如图 4-5 所示。

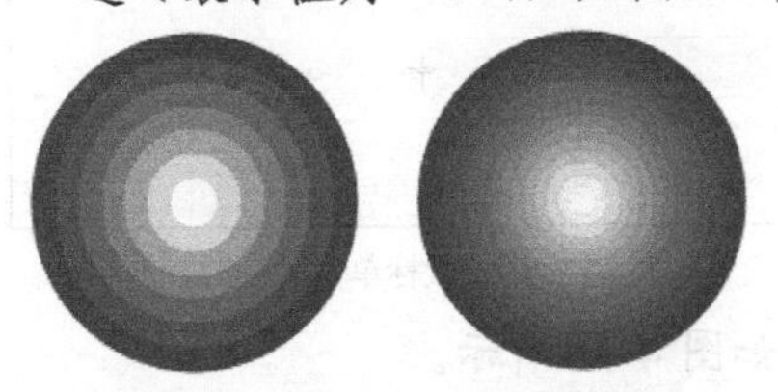

图4-4　设置不同【渐变步长】时图形的填充效果

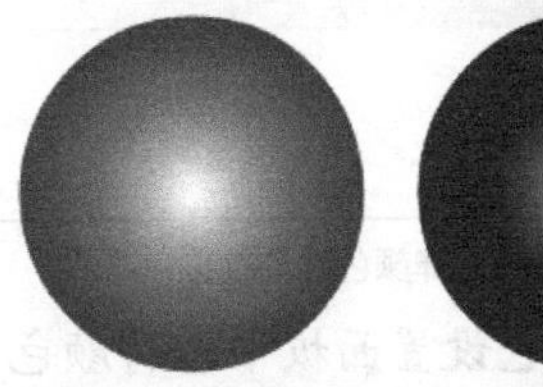

图4-5　设置不同【加速】时图形的填充效果

- 【平滑】按钮：激活此按钮，可增加渐变颜色的平滑度。
- 【变换】选项：用于设置渐变的范围和样式。设置【填充宽度】选项和【填充高度】选项的参数，可以调整渐变的缩放，单击按钮，使其显示为状态，可分别修改这两个选项的参数；调节【X】或【Y】选项的参数，可以改变渐变中心的位置。设置【倾斜】.0° 参数，可改变渐变颜色的倾斜角度；设置【旋转】.0° 参数，可对渐变颜色进行旋转。取消【自由缩放和倾斜】选项的选择，将不允许填充不按比例缩放或进行倾斜操作。此时当按钮显示为状态也不起作用。

渐变颜色及倾斜和旋转后的对比效果如图 4-6 所示。

原渐变颜色

倾斜 45° 后的效果

旋转 45° 后的效果

图4-6　渐变颜色变换后的效果对比

将鼠标指针移动到预览窗口中的任意位置单击，可调整渐变中心点的位置。图 4-7 所示为更改渐变中心点位置与原渐变的填充效果对比。

单击渐变预览窗口右侧的长条倒三角按钮，将弹出【填充挑选器】面板，在该面板中可以快速地浏览、搜索和选择需要的填充样式。

下面来介绍如何自定义渐变颜色的设置方法。

1. 首先将鼠标指针放置到颜色条上方如图 4-8 所示的位置。

图4-7　更改渐变中心点与原渐变的填充效果对比

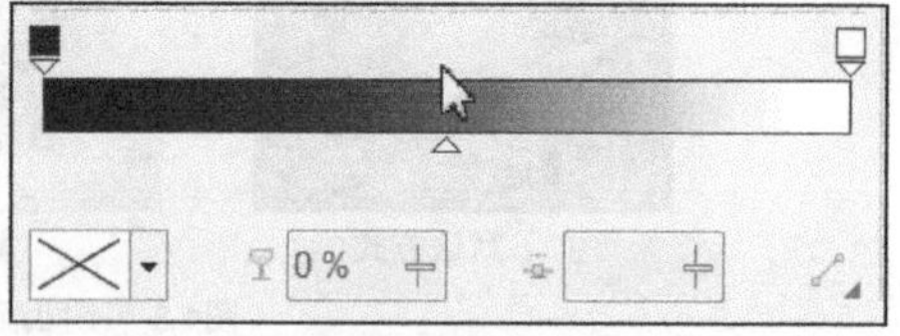

图4-8　添加的小三角形形态

2. 在紧贴颜色条的上方双击，可添加一个小三角形，即添加了一个颜色标记，如图 4-9 所示。
3. 单击下方颜色色块右侧的倒三角按钮，如图 4-10 所示。

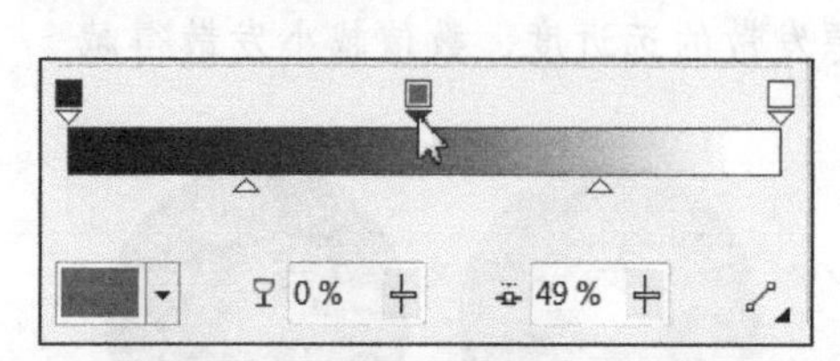

图4-9　选择颜色时的状态

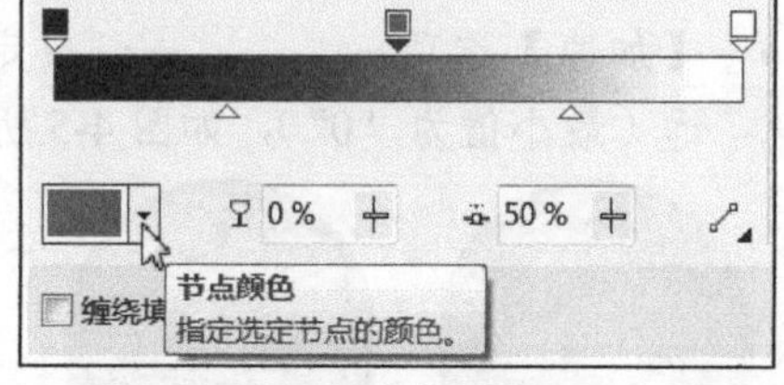

图4-10　鼠标单击的位置

4. 在弹出的颜色设置面板中，将颜色设置为红色，如图 4-11 所示。
5. 在工作区的任意位置单击，可隐藏颜色设置面板，设置渐变颜色后的颜色条如图 4-12 所示。

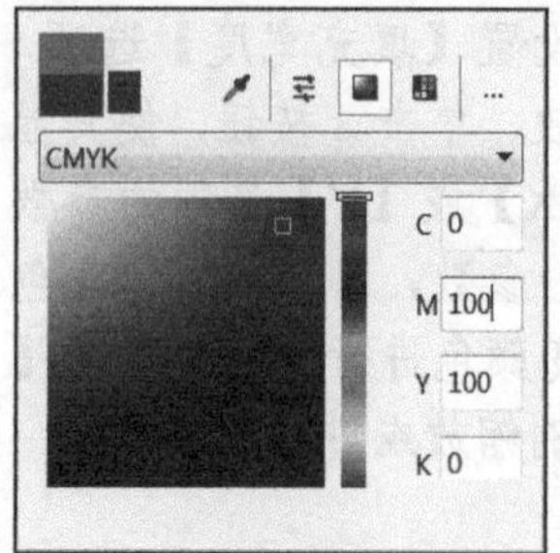

图4-11　设置的“红”颜色

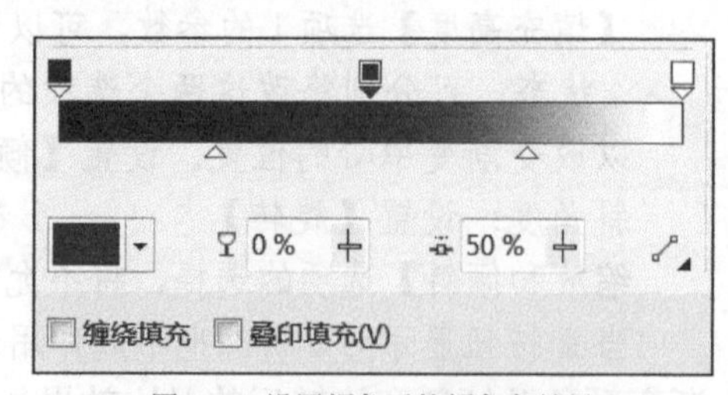

图4-12　设置颜色后的颜色条效果

6. 将鼠标指针放置在小三角形上，按住鼠标左键进行拖曳，可以改变小三角形的位置，从而改变渐变颜色的设置，如图 4-13 所示。
7. 在下方的【节点透明度】选项 窗口中设置参数，或单击右侧的 按钮，并拖曳出现的滑块，可改变选择渐变颜色的透明度，如图 4-14 所示。

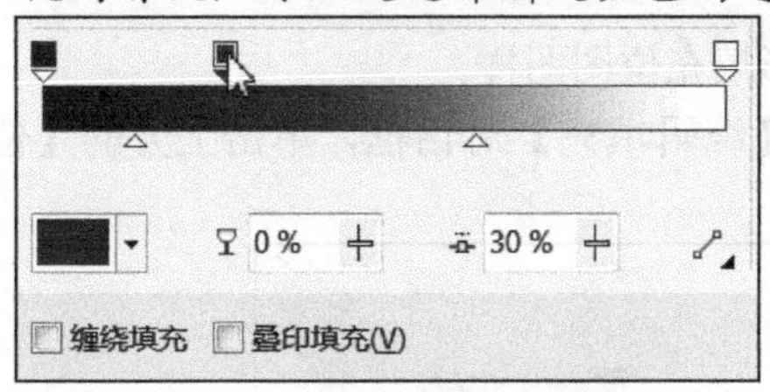

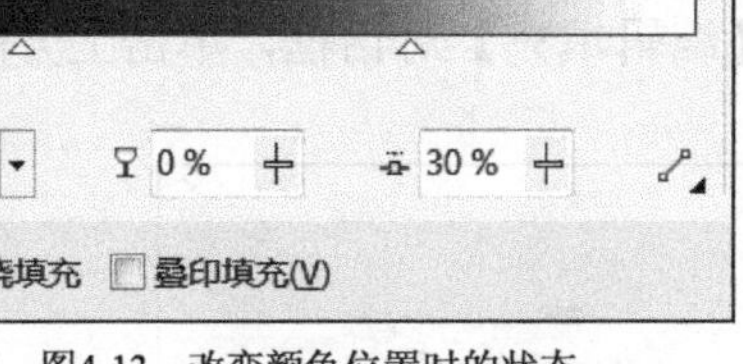

图4-13　改变颜色位置时的状态　　图4-14　设置颜色透明度后的效果

用上述方法，在颜色条上增加多个颜色标记，并设置不同的颜色，即可完成自定义渐变颜色的设置。

- 设置渐变颜色后，单击预览窗口右侧的【另存为新】按钮，可在弹出的【保存图样】面板中将设置的渐变颜色保存，以备后用。
- 【调和方向】选项：用于指定节点的调和方向，包括【线性颜色调和】、【顺时针颜色调和】和【逆时针颜色调和】。选择不同的选项，渐变的颜色也不相同。

4.1.2 图案和底纹填充

在【编辑填充】对话框中还可为图形填充各种各样的图案和底纹效果。

一、 向量图样填充

利用【向量图样填充】工具 可以为选择的图形填充矢量图样。

选择要进行填充的图形后，单击 按钮，弹出【编辑填充】对话框，单击上方的【向量图样填充】按钮 ，对话框形态如图 4-15 所示。

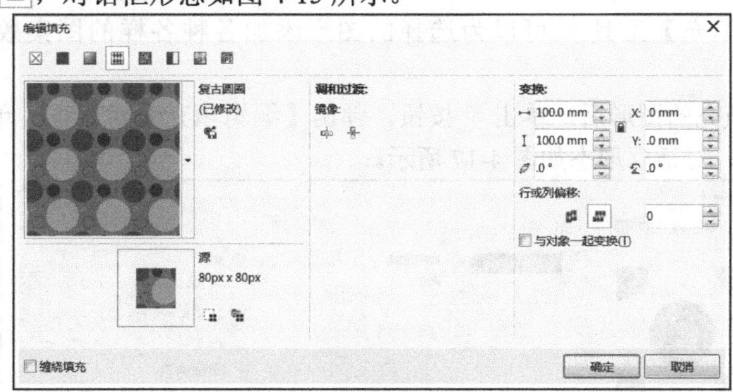

图4-15　【编辑填充】对话框

- 【来自文件的新源】按钮 ：单击此按钮，可将计算机中保存的矢量文件作为图案导入，如*.cdr 格式的文件即可。
- 【镜像】：单击其下的 或 按钮，可将选择的图样在水平或垂直方向上镜像。
- 【行或列位移】栏：决定填充图案在水平方向或垂直方向的位移量，可在其右侧的文本框中输入数值。

- 【与对象一起变换】：选择此复选项，可以在旋转、倾斜或拉伸图形时，使填充图案与图形一起变换。如果不选择该项，在变换图形时，填充图案不随图形的变换而变换。

二、　位图图样填充

利用【位图图样填充】工具可以为选择的图形填充位图图样。

选择要进行填充的图形后，单击按钮，弹出【编辑填充】对话框，单击上方的【位图图样填充】按钮，对话框形态如图 4-16 所示。

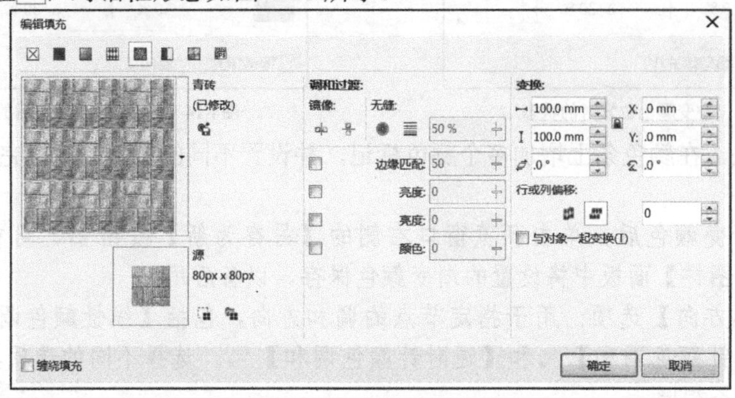

图4-16　【编辑填充】对话框

- 【来自文件的新源】按钮：单击此按钮，可将计算机中保存的图像文件作为图案导入，如*.jpg 格式的文件即可。
- 【径向调和】按钮：单击此按钮，图案将以径向填充的方式进行填充。
- 【线性调和】按钮：单击此按钮，图案将以线性排列的方式进行填充，设置右侧文本框的数值，可调整填充图案的大小。
- 【参数设置区】：设置各选项的参数，可以改变所选图样的外观。

三、　图样填充

利用【图样填充】工具可以为选择的图形添加各种各样的图案效果，包括自定义的图案。

选择要进行填充的图形后，单击按钮，弹出【编辑填充】对话框，单击上方的【图样填充】按钮，对话框形态如图 4-17 所示。

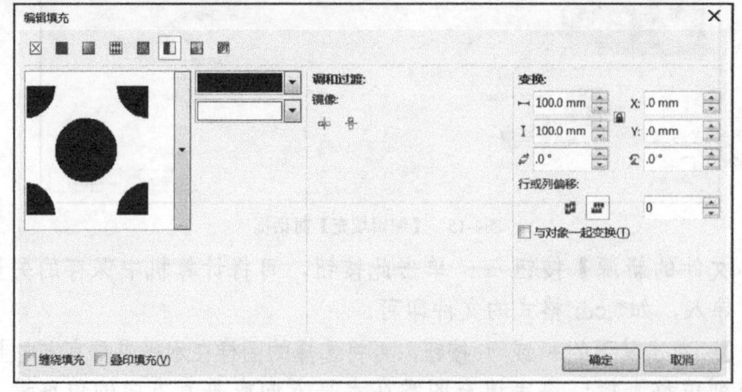

图4-17　【编辑填充】对话框

预览窗口，单击右侧的长条倒三角按钮，可在弹出的下拉列表中选择要填充的图案效果，通过设置右侧两个色块的颜色，可以为图案修改背景色和前景色。

四、 底纹填充

利用【底纹填充】工具可以将小块的位图作为纹理对图形进行填充，它能够逼真地再现天然材料的外观。

选中要进行填充的图形后，单击按钮，弹出【编辑填充】对话框，单击上方的【底纹填充】按钮，对话框形态如图 4-18 所示。

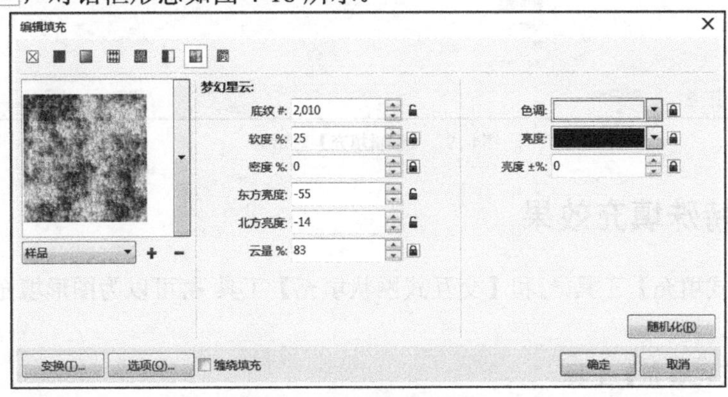

图4-18 【编辑填充】对话框

- 底纹预览窗口，单击右侧的长条倒三角按钮，可在弹出的下拉列表中选择一种底纹，选择后，缩略图即显示在预览窗口中。
- 【底纹库】样品：单击此按钮，可在弹出的下拉列表中选择需要的底纹库。
- 【参数设置区】：设置各选项的参数，可以改变所选底纹样式的外观。注意，不同的底纹样式，其参数设置区中的选项也各不相同。
- 变换(T)...按钮：单击此按钮，将弹出【变换】对话框，此对话框中可设置纹理的大小、倾斜和旋转角度等。
- 选项(O)...按钮：单击此按钮，将弹出【底纹选项】对话框，在此对话框中可以设置纹理的分辨率。该数值越大，纹理越精细，但文件尺寸也相应越大。
- 随机化(R)按钮：调整完底纹选项的参数后，每单击一次该按钮，即可变换一次底纹效果。

五、 PostScript 填充

【PostScript 底纹填充】工具是用 PostScript 语言设计的一种特殊的底纹对图形进行填充。

选中要进行填充的图形后，单击按钮，弹出【编辑填充】对话框，单击上方的【PostScript 底纹填充】按钮，对话框形态如图 4-19 所示。

- 【底纹样式列表】：拖曳右侧的滑块，可以选择需要填充的底纹样式。
- 【预览窗口】：显示当前选择底纹样式的预览效果。
- 【参数设置区】：设置各选项的参数，可以改变所选底纹的样式。注意，不同的底纹样式，其参数设置区中的选项也各不相同。
- 刷新(R)按钮：单击此按钮，可以查看参数调整后的填充效果。

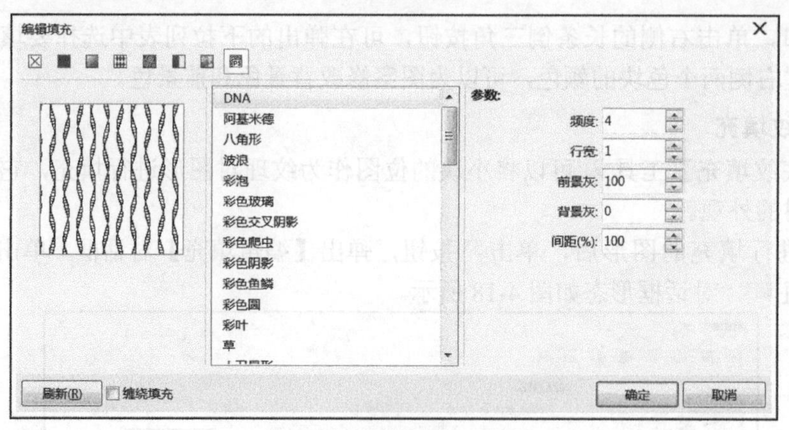

图4-19　【编辑填充】对话框

4.1.3　设置特殊填充效果

利用【交互式填充】工具和【交互式网状填充】工具可以为图形填充特殊的颜色或图案。

一、　【交互式填充】工具

【交互式填充】工具包含所有填充工具的功能，利用该工具可以为图形设置各种填充效果，其属性栏根据设置填充样式的不同而不同。

默认状态下，【交互式填充】工具的属性栏如图 4-20 所示。

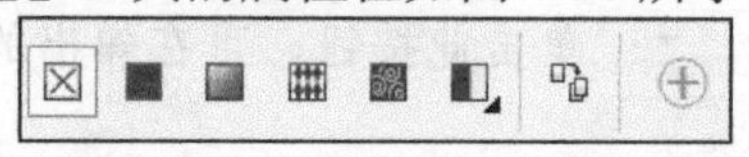

图4-20　【交互式填充】工具的属性栏

- 填充类型：包括【无填充】、【均匀填充】、【渐变填充】、【向量图样填充】、【位图图样填充】和【双色图样填充】，激活除按钮以外的其他按钮时，属性栏将显示相应的选项参数，但与【编辑填充】对话框中的相同，在此不再介绍。

激活除按钮以外的其他按钮时，显示的每个属性栏中都有【复制填充属性】按钮和【编辑填充】按钮。

- 【复制填充属性】按钮：单击此按钮，可以给一个图形复制另一个图形的填充属性。
- 【编辑填充】按钮：单击此按钮，将弹出相应的填充对话框，通过设置对话框中的各选项可以进一步编辑交互式填充的效果。

二、　【交互式网状填充】工具

选择【交互式网状填充】工具，通过设置不同的网格数量可以给图形填充不同颜色的混合效果。

【交互式网状填充】工具的属性栏如图 4-21 所示。

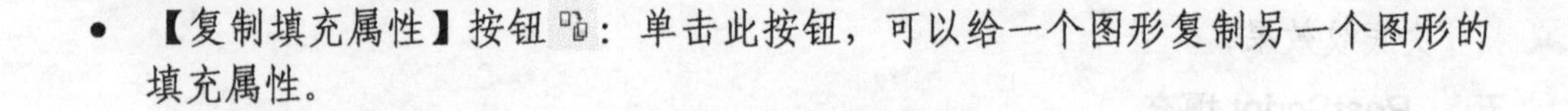

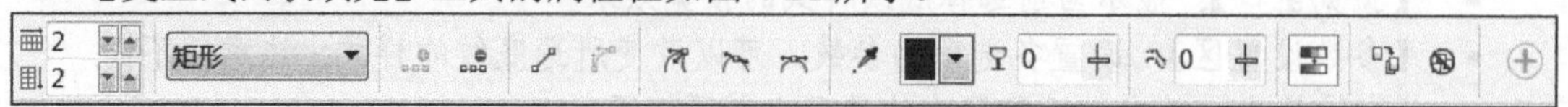

图4-21　【交互式网状填充】工具的属性栏

- 【网格大小】：可分别设置水平和垂直网格的数目，从而决定图形中网格的多少。
- 【清除网状】按钮：单击此按钮，可以将图形中的网状填充颜色删除。
- 其他选项按钮与第 3.4 节介绍【形状】工具属性栏的相同，在此不再赘述。

4.2 范例解析——绘制圣诞贺卡

下面灵活运用各种绘图工具和填充工具来绘制圣诞贺卡，效果如图 4-22 所示。

图4-22 绘制的圣诞贺卡

4.2.1 绘制雪人

下面灵活运用【编辑填充】对话框中的【渐变填充】工具来绘制雪人图形。

【步骤解析】

1. 按 Ctrl+N 组合键新建一个图形文件。
2. 选择工具，按住 Ctrl 键绘制一个圆形作为雪人的身体图形。
3. 单击按钮，弹出【编辑填充】对话框，单击上方的按钮，然后用以上设置渐变颜色相同的方法修改来设置渐变颜色及选项参数如图 4-23 所示。渐变颜色条上自左向右的颜色分别为紫灰色（C:60,M:70,K:20）、蓝灰色（C:20,K:20）、灰色（C:5,K:5）、白色和白色。
4. 单击 确定 按钮，为圆形填充渐变色，然后去除图形的外轮廓，效果如图 4-24 所示。

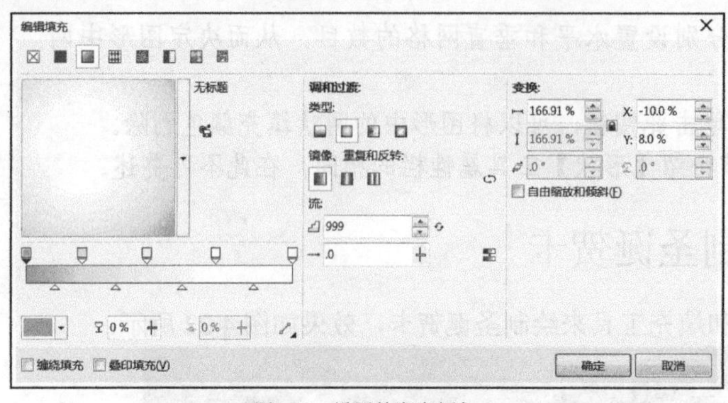

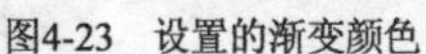
图4-23　设置的渐变颜色

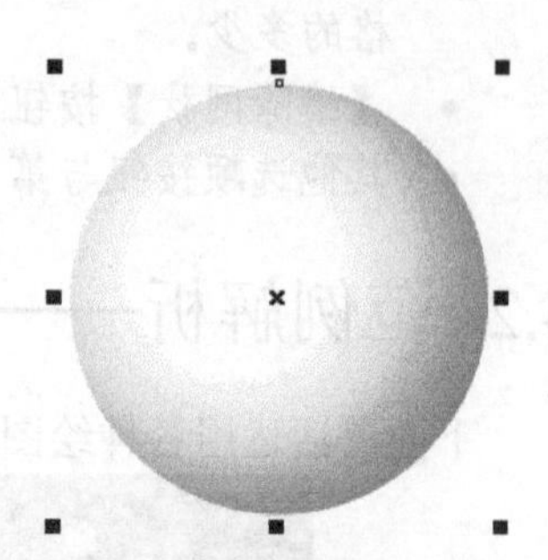
图4-24　填充渐变色后的效果

5. 将圆形垂直向上移动复制，并将复制出的图形调整至图 4-25 所示的大小及位置，作为雪人的头部。
6. 按键盘数字区中的+键，将头部图形在原位置复制，并为复制出的图形填充粉蓝色（C:20,M:20,K:10），效果如图 4-26 所示。
7. 选择【透明度】工具，单击属性栏中的【自由缩放和倾斜】按钮，将该功能关闭，然后将鼠标指针移动到圆形的上方按住鼠标左键并向下拖曳，为圆形添加图 4-27 所示的透明效果。

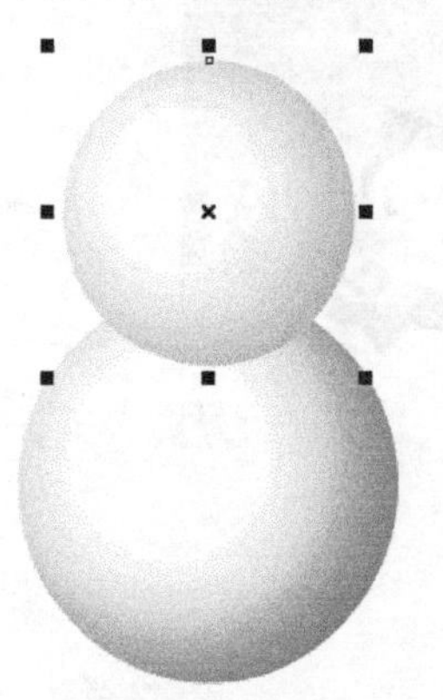
图4-25　复制的图形

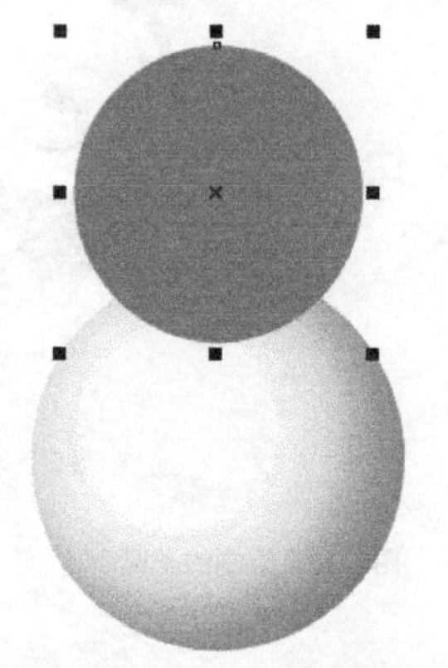
图4-26　填充颜色后的图形效果

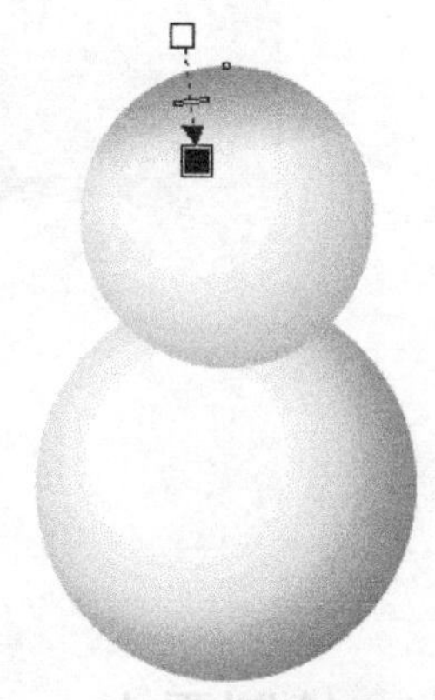
图4-27　添加的透明效果

要点提示　单击属性栏中的【自由缩放和倾斜】按钮，将该功能关闭后，系统将允许透明度不按比例倾斜和延展显示，此时可根据需要随意拖曳鼠标制作透明效果。

8. 利用工具和工具，在雪人的头部上方绘制并调整出图 4-28 所示的不规则图形，作为雪人的帽子。
9. 单击按钮，在弹出的【编辑填充】对话框中设置渐变颜色如图 4-29 所示。渐变颜色条上自左向右的颜色分别为褐色（M:100,Y:100,K:50）、橘红色（M:100,Y:100, K:10）、橙色（M:80,Y:100）。

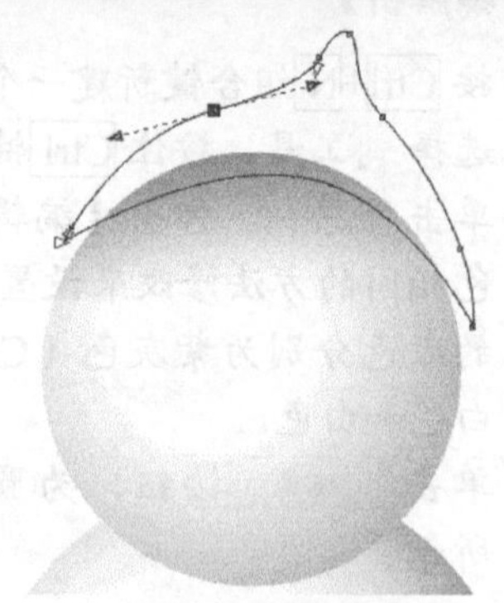
图4-28　绘制的图形

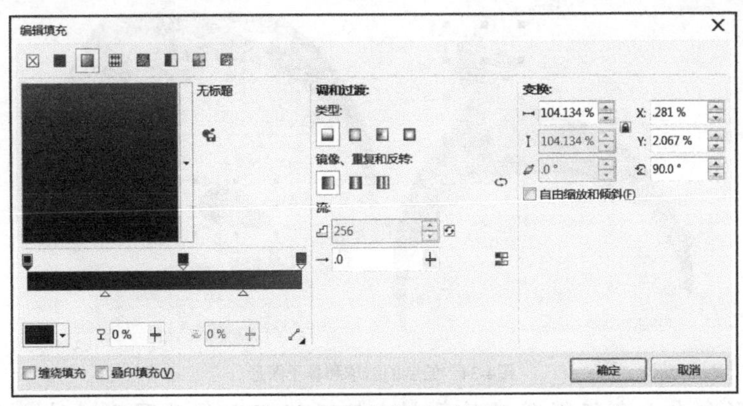
图4-29 【渐变填充】对话框

10. 单击 确定 按钮，填充渐变色，然后去除图形的外轮廓，效果如图 4-30 所示。
11. 继续利用工具和工具，在雪人的帽子下方绘制并调整出图 4-31 所示的不规则图形，作为帽沿。

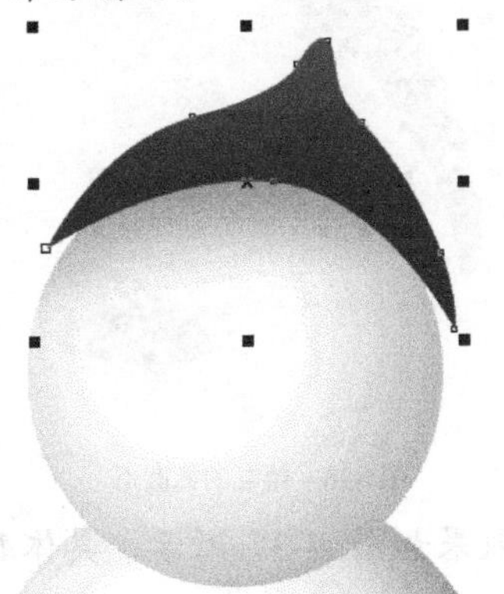
图4-30 填充渐变色后的图形效果

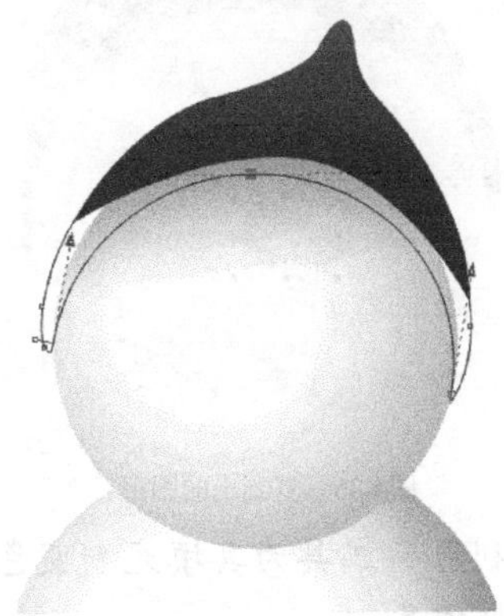
图4-31 绘制的图形

12. 再次单击按钮，在弹出的【编辑填充】对话框中设置渐变颜色如图 4-32 所示。渐变颜色条上自左向右的颜色分别为红色、红色、橘红色（M:100,Y:100,K:10）和黄色（Y:100）。
13. 单击 确定 按钮，填充渐变色并去除外轮廓，效果如图 4-33 所示。

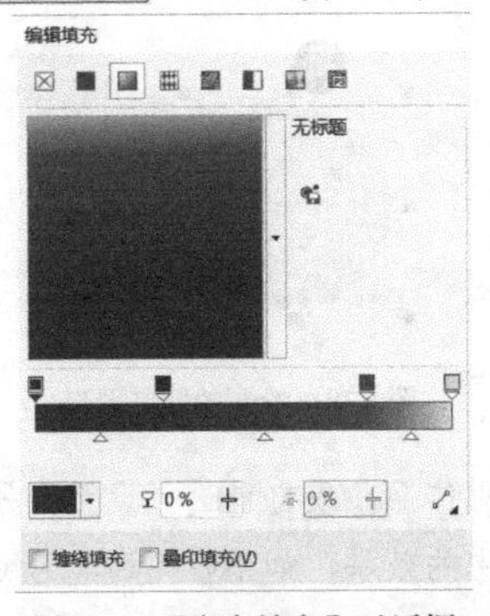
图4-32 【渐变填充】对话框

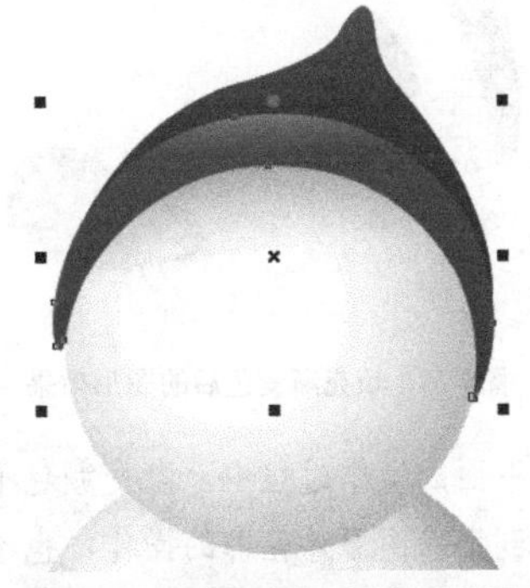
图4-33 填充渐变色后的图形效果

14. 用与步骤 8～步骤 10 相同的方法，利用工具和工具依次绘制图形并填充渐变色，绘制出的绒球和鼻子图形如图 4-34 所示。

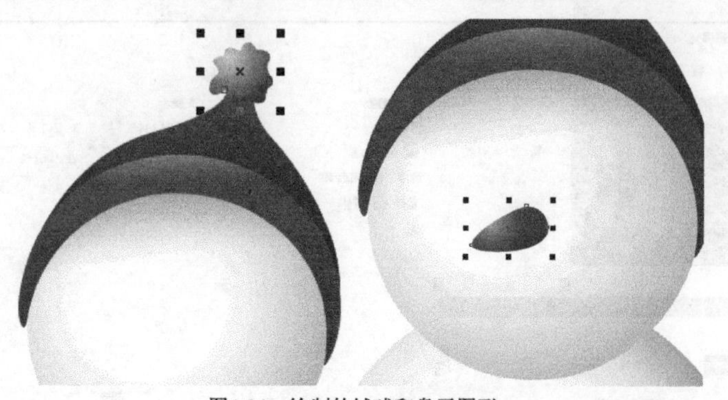

图4-34　绘制的绒球和鼻子图形

15. 将鼻子图形向左上角轻微移动并复制，然后将下方鼻子图形的填充色修改为灰色（K:20），效果如图 4-35 所示。
16. 利用工具在雪人的头部位置绘制出图 4-36 所示的倾斜椭圆形。

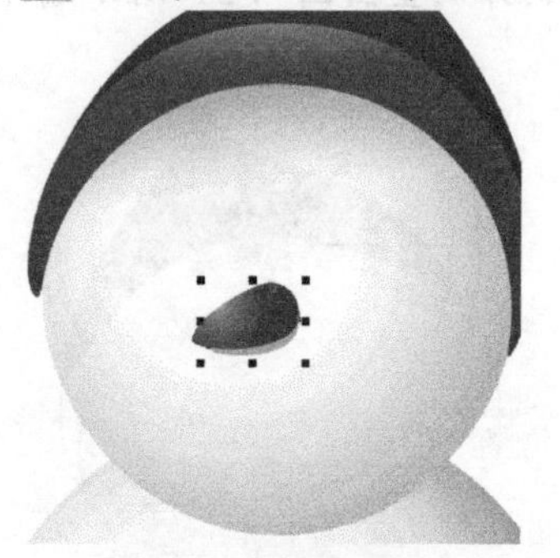

图4-35　复制出的图形

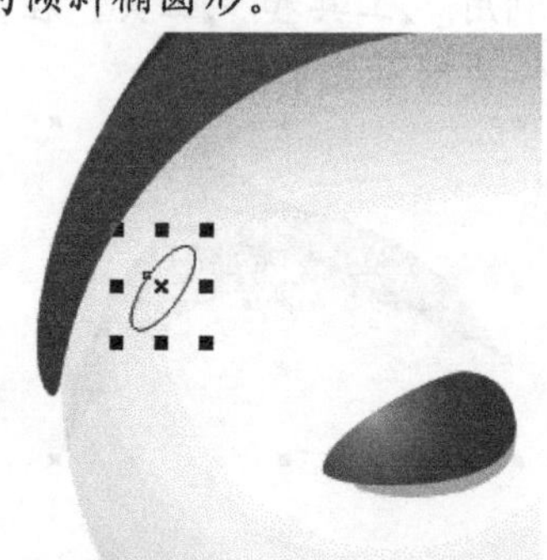

图4-36　绘制的椭圆形

17. 继续利用工具为其填充渐变色，并去除外轮廓，效果如图 4-37 所示，具体颜色参数可参见作品。
18. 利用工具在椭圆形的下方再绘制一个圆形，然后为其填充渐变色作为雪人的眼睛图形，再绘制出图 4-38 所示的洋红色圆形，作为卡通的腮红图形。

图4-37　填充渐变色后的图形效果

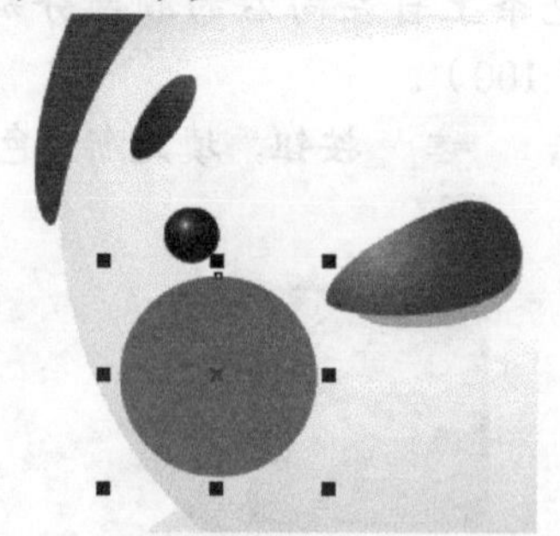

图4-38　绘制的腮红图形

在下面的操作过程中，渐变颜色不再提示，读者可直接参见作品，或自已进行设置。另外，如再遇到去除图形外轮廓的操作，也不再叙述，读者可看图示中的效果，如不带轮廓，为图形填色后自行将轮廓去除即可。

19. 选择工具，并单击属性栏中的【渐变透明度】按钮，再单击右侧的【椭圆形渐变透明度】按钮，生成的效果如图 4-39 所示。

20. 将眼睛和腮红图形同时选择，然后按住Ctrl键将其在水平方向上向右镜像复制。
21. 将复制出的眼睛和腮红图形向右移动位置，然后利用工具和工具，绘制并调整出图 4-40 所示的黑色嘴图形。

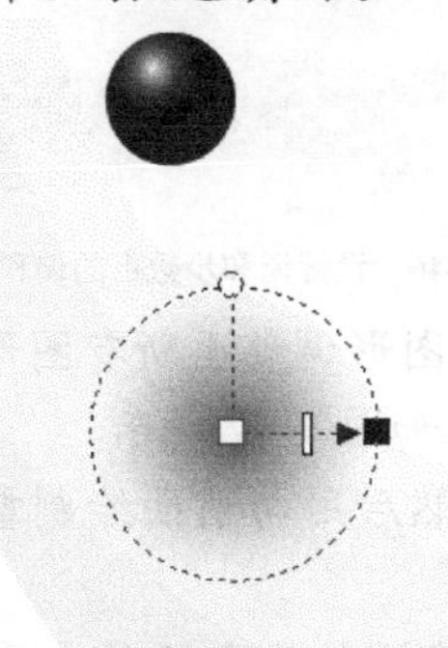

图4-39　鼠标指针放置的位置

图4-40　绘制的嘴图形

22. 继续利用工具和工具，绘制并调整出图 4-41 所示的围巾图形。
23. 将桔红色图形选择后按键盘数字区中的+键，将其在原位置复制，然后将复制出图形的填充色修改为深黄色，效果如图 4-42 所示。

图4-41　绘制的围巾图形

图4-42　复制的图形

24. 利用工具，为复制出的图形添加图 4-43 所示的透明效果。
25. 用与步骤 22～步骤 24 相同的方法，依次绘制出图 4-44 所示的图形，完成围巾的绘制。

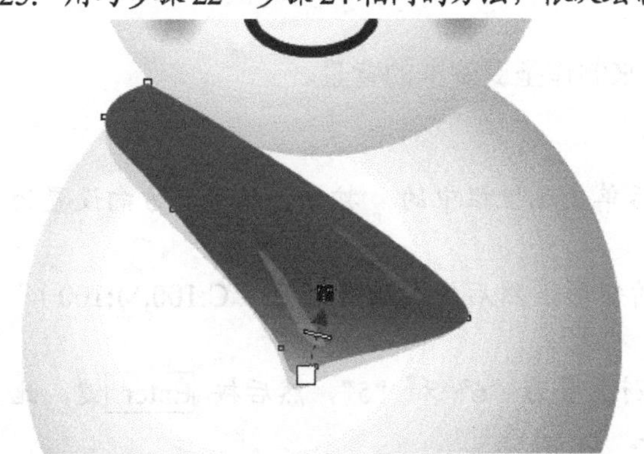
图4-43　添加的透明效果

图4-44　绘制完成的围巾图形

26. 利用工具依次绘制出图 4-45 所示的蓝灰色（C:8,K:8）和海洋绿色（C:20,K:40）的椭圆形。

27. 选择工具，将鼠标指针移动到海洋绿色的椭圆形上，按住鼠标左键向蓝灰色图形上拖曳，为其添加交互式调和效果，然后将属性栏中的参数设置为“5”，设置调和步数后的调和效果如图 4-46 所示。

图4-45　绘制的椭圆形

图4-46　设置调和步数后的调和效果

28. 执行【对象】/【顺序】/【到图层后面】命令，将调和图形调整至所有图形的后面，然后将其移动到雪人图形的下方，作为雪人的阴影，效果如图 4-47 所示，
29. 将雪人图形全部选择后单击属性栏中的按钮群组，然后用与前面绘制雪人图形相同的方法，绘制出另一个雪人图形，如图 4-48 所示。
30. 将绘制的第 2 个雪人图形全部选择并群组，然后将其调整至合适的大小后移动到图 4-49 所示的位置。

图4-47　图形放置的位置

图4-48　绘制出的雪人图形

图4-49　雪人图形调整后的位置

31. 按 Ctrl+S 组合键，将此文件命名为“雪人绘制.cdr”保存。

4.2.2 制作贺卡背景

下面灵活运用【交互式网状填充】工具来制作圣诞贺卡的背景。

【步骤解析】

1. 按 Ctrl+N 组合键新建一个图形文件，然后单击属性栏中的按钮，将页面方向设置为横向。
2. 双击工具，添加一个与页面相同大小的矩形，然后为其填充蓝色（C:100,M:100），并将其外轮廓线去除。
3. 选择工具，将属性栏中的参数分别设置为“6”和“5”，然后按 Enter 键，此时在矩形中将出现图 4-50 所示的虚线网格。
4. 在网格中选择图 4-51 所示的节点。

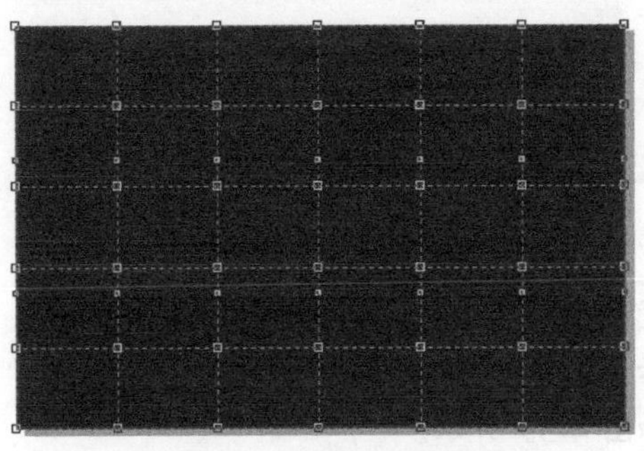
图4-50　显示的虚线网格

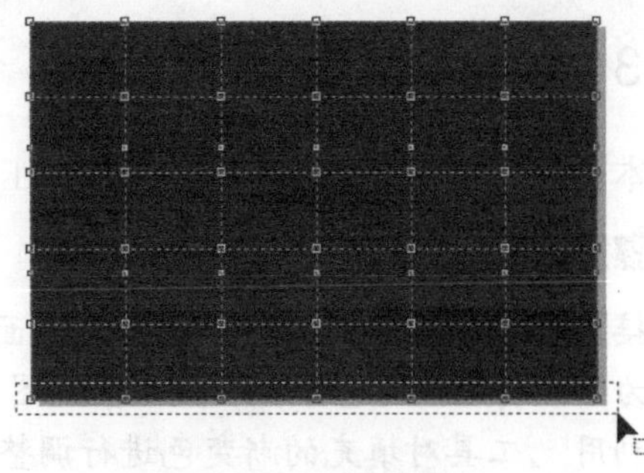
图4-51　选择的节点

5. 在【调色板】中的“白”色块上单击，为选择的节点填充颜色，效果如图 4-52 所示。
6. 在网格中选择图 4-53 所示的节点。

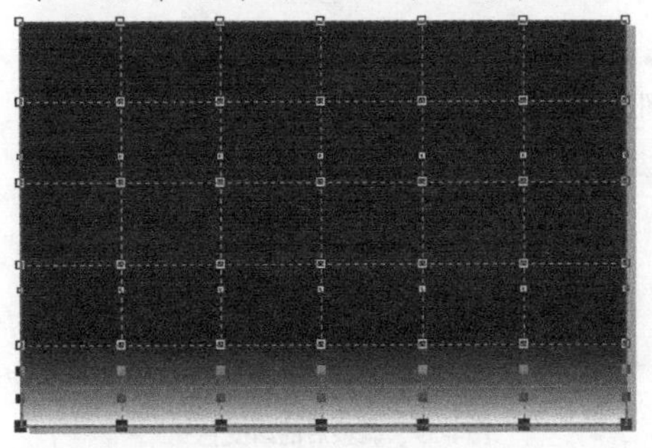
图4-52　填充白色后的效果

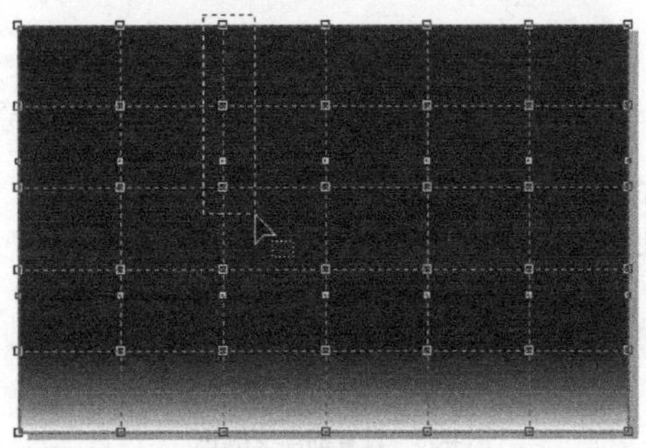
图4-53　选择的节点

7. 在【调色板】中的“青”色块上单击，为选择的节点填充颜色，效果如图 4-54 所示。
8. 将鼠标指针移动到节点上拖曳，通过调整节点的位置来改变图形的填充效果，调整后的填充效果如图 4-55 所示。

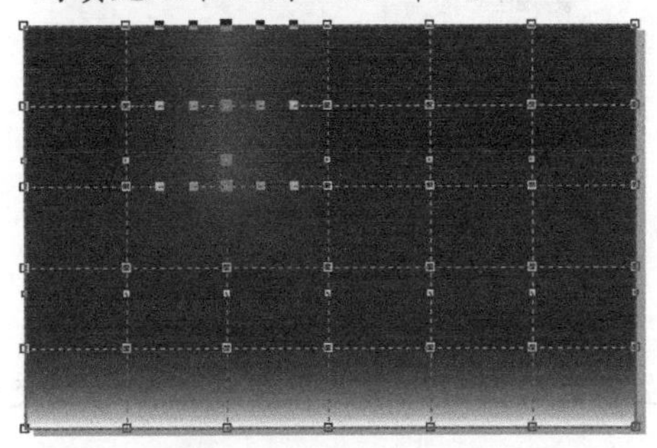
图4-54　填充青色后的效果

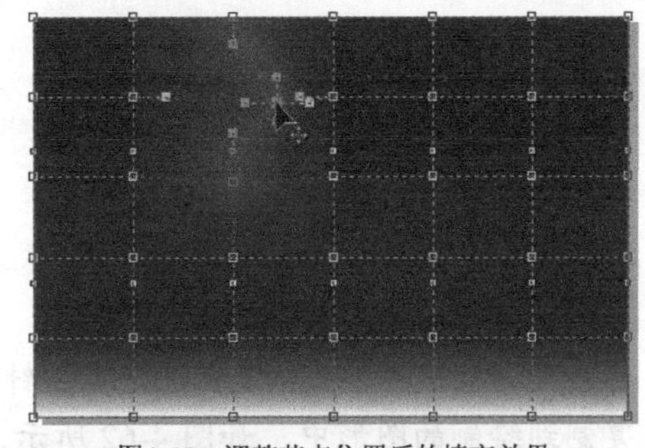
图4-55　调整节点位置后的填充效果

9. 用与步骤 6～步骤 8 相同的方法，依次选择节点填充颜色后调整其位置，改变图形的填充效果，调整后的填充效果如图 4-56 所示。
10. 至此，贺卡背景制作完成，按 Ctrl+S 组合键，将此文件命名为“圣诞贺卡.cdr”保存。

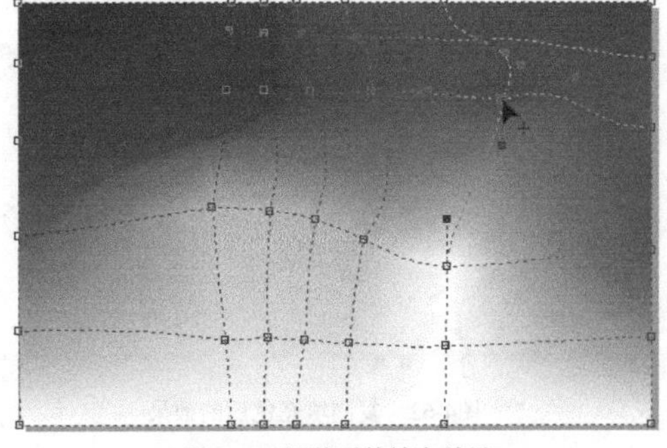
图4-56　调整后的填充效果

4.2.3 合成圣诞贺卡

本节来合成圣诞贺卡，首先利用工具、工具和工具来绘制雪地效果。

【步骤解析】

1. 接上例。利用工具和工具在画面的左下角位置绘制出图 4-57 所示的图形。
2. 为图形填充渐变色，其参数设置如图 4-58 所示。
3. 利用工具对填充的渐变色进行调整，效果如图 4-59 所示。

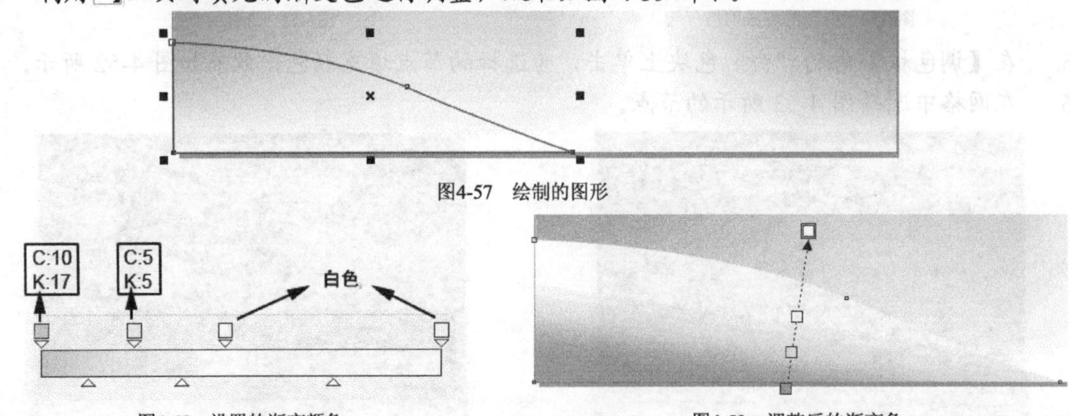

图4-57　绘制的图形

图4-58　设置的渐变颜色

图4-59　调整后的渐变色

4. 继续利用工具和工具在画面的右下角位置绘制出图 4-60 所示的图形，然后执行【编辑】/【复制属性自】命令，在弹出的【复制属性】对话框中选择图 4-61 所示的【填充】复选项。

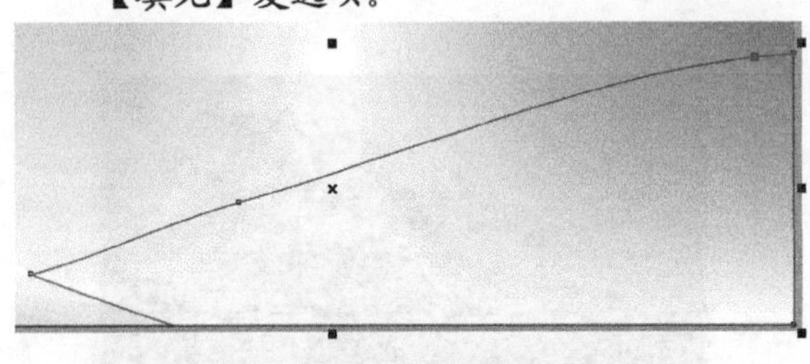

图4-60　绘制的图形

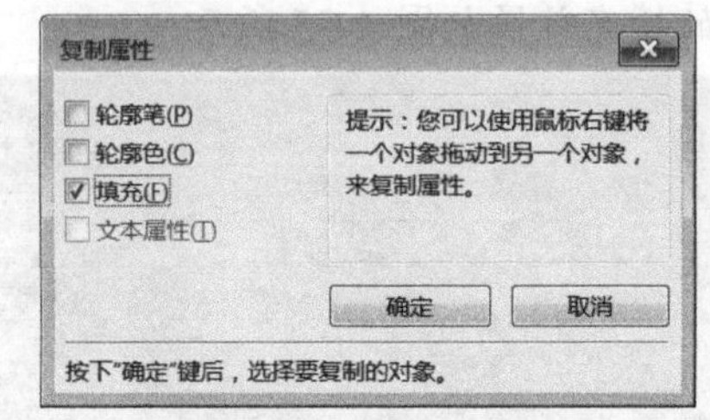

图4-61　【复制属性】对话框

5. 单击 确定 按钮，然后将鼠标指针移动到左下角的图形上单击，将该图形的渐变色复制到绘制的图形中，如图 4-62 所示。
6. 将图形的外轮廓去除，然后利用工具对渐变色进行调整，效果如图 4-63 所示。

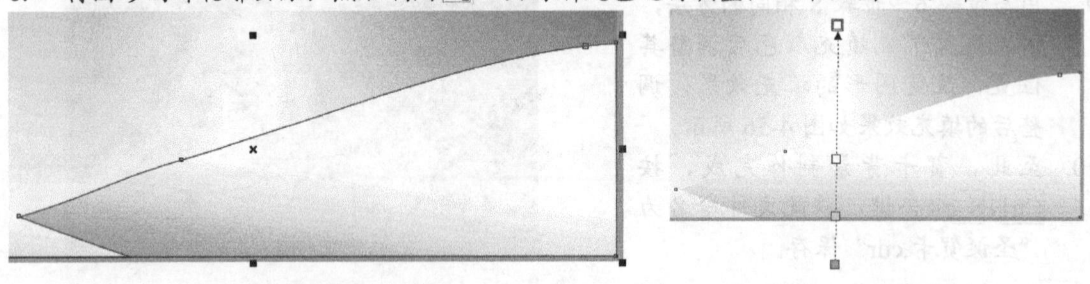

图4-62　复制填充色后的效果

图4-63　调整后的填充色

7. 用与步骤 4～步骤 6 相同的方法，绘制出图 4-64 所示的雪地图形。

图4-64　绘制的雪地图形

8. 将附盘中“图库\第 04 章”目录下名为“小房子.cdr”的图形文件导入，然后将其调整至图 4-65 所示的大小及位置。
9. 依次执行【排列】/【顺序】/【向后一层】命令，将小房子图形调整至雪地图形的后面，然后将上面绘制的雪人图形置入，大小及位置如图 4-66 所示。

图4-65　置入的小房子图形

图4-66　置入的雪人图形

10. 利用工具和工具绘制出图 4-67 所示的树图形，然后将其缩小复制，并调整位置，效果如图 4-68 所示。

图4-67　绘制的树图形

图4-68　复制出的树图形

11. 用与第 3.8 节添加雪花图形相同的方法，为当前画面添加图 4-69 所示的雪花，然后利用字工具输入图 4-70 所示的白色文字，即可完成圣诞贺卡的绘制。

图4-69　添加的雪花图形

图4-70　输入的文字

12. 按Ctrl+S组合键，将此文件保存。

4.3 功能讲解——轮廓工具

轮廓工具包括【轮廓笔】工具、【轮廓色】工具、【无轮廓】工具、【颜色】工具和一些特定的轮廓宽度工具。由于部分工具在第 2.3 节中已经介绍，因此本节主要介绍【轮廓笔】工具和一些特定的轮廓宽度工具。

4.3.1 【轮廓笔】工具

选择要设置轮廓的线形或图形，然后单击按钮，在弹出的隐藏工具组中选择工具（快捷键为F12键），系统将弹出图 4-71 所示的【轮廓笔】对话框。

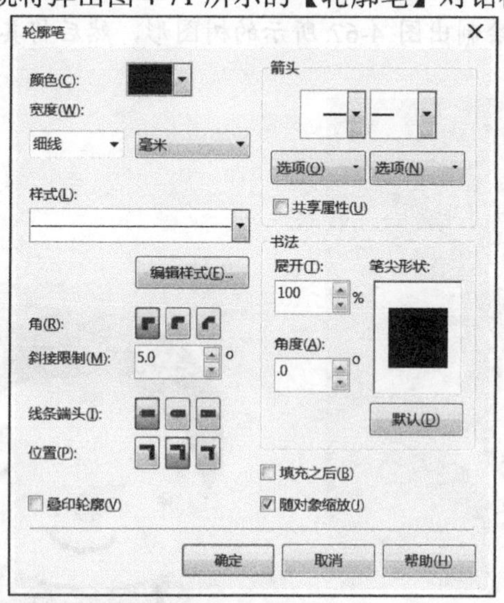

图4-71　【轮廓笔】对话框

- 【颜色】选项：单击后面的颜色色块，可在弹出的【颜色】选择面板中选择需要的轮廓颜色，如没有合适的颜色，可单击 更多(O)... 按钮，在弹出的【选择颜色】对话框中自行设置轮廓的颜色。
- 【宽度】选项：在下方的选项窗口中，可以设置轮廓的宽度。单击后面的

毫米 按钮，可以在弹出的选项列表中选择轮廓宽度的单位，包括英寸、毫米、点、像素、英尺、码和千米等。

- 【样式】选项：单击下方的选项窗口或右侧的小三角形按钮，将弹出【轮廓样式】列表，在此列表中可以选择轮廓线的样式。
- 编辑样式... 按钮：单击此按钮将弹出图 4-72 所示的【编辑线条样式】对话框。

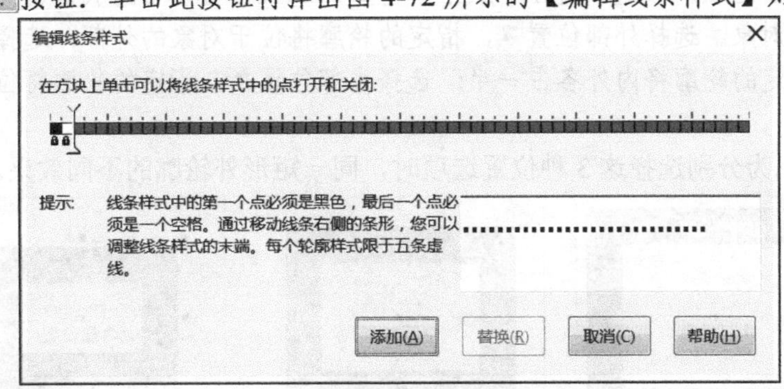

图4-72 【编辑线条样式】对话框

在【编辑线条样式】对话框中，可以将鼠标指针移动到调节线条样式的滑块上按住鼠标左键并拖曳。在滑块左侧的小方格中单击，可以将线条样式中的点打开或关闭。需要注意的是，在编辑线条样式时，线条的第一个小方格只能是黑色，最后一个小方格只能是白色，调节编辑后的样式，可以在【编辑线条样式】对话框中的样式预览图中观察到。

设置好线条样式后，单击 添加(A) 按钮，可以将编辑好的线条样式添加到【轮廓样式】列表中；如在【轮廓样式】列表中选择除直线外的其他线形时，替换(R) 按钮才可用，单击此按钮，可以将当前编辑的线条样式替换所选的线条样式。

- 【角】选项：右侧的尖角是尖突而明显的角，如果两条线段之间的夹角超过 90°，边角则变为平角。圆角是平滑曲线角，圆角的半径取决于该角线条的宽度和角度。平角在两条线段的连结处以一定的角度把夹角切掉，平角的角度等于边角角度的 50%。

图 4-73 所示为分别选择这 3 种转角样式时的转角图像。

图4-73 分别选择不同转角样式时的转角形态

- 【斜接限制】选项：当两条线段通过节点的转折组成夹角时，此选项控制着两条线段之间夹角轮廓线角点的倾斜程度。当设置的参数大于两条线组成的夹角度数时，夹角轮廓线的角点将变为斜切形态。
- 【线条端头】选项：选择平形，线条端头与线段末端平行，这种类型的线条端头可以产生出简洁、精确的线条；选择圆形，线条端头在线段末端有一个半圆形的顶点，线条端头的直径等于线条的宽度；选择伸展形，可以使线条延伸到线段末端节点以外，伸展量等于线条宽度的 50%。

图 4-74 所示为分别选择这 3 种【线条端头】选项时的线形效果。

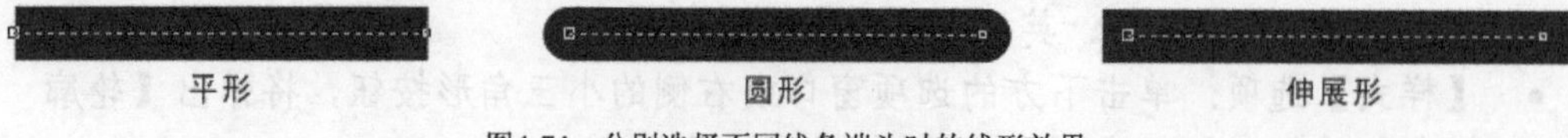

图4-74　分别选择不同线条端头时的线形效果

- 【位置】选项：该选项是 X7 版本新增加的选项，可以帮助我们创建尺寸更加精确的对象。选择外部位置，指定的轮廓将位于对象的外部；选择中间位置，指定的轮廓将内外各占一半；选择内部位置，指定的轮廓将位于对象的内部。

图 4-75 所示为分别选择这 3 种位置选项时，同一矩形外轮廓的不同效果。

图4-75　分别选择不同轮廓位置时的线形效果

- 【箭头】选项：此选项可以为开放的直线或曲线对象设置起始箭头和结束箭头样式，对于封闭的图形将不起作用。
- 选项(O) 按钮：单击此按钮，将弹出图 4-76 所示的下拉列表，用于对箭头进行设置。

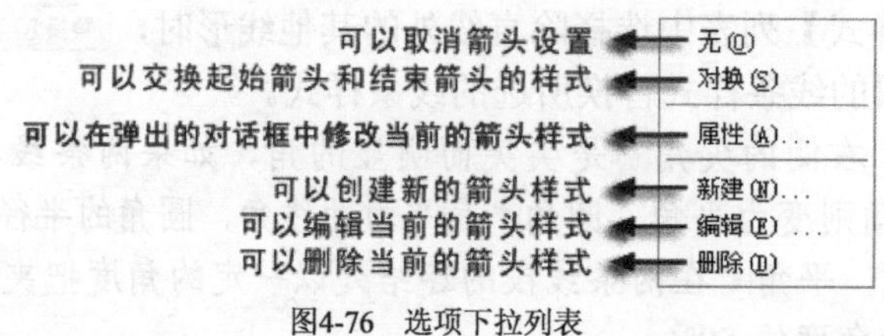

图4-76　选项下拉列表

- 【书法】选项：用于设置笔头的形状。其下的【展开】选项可以设置笔头的宽度。当笔头为方形时，减小此数值将使笔头变成长方形；当笔头为圆形时，减小此数值可以使笔头变成椭圆形；【角度】选项可以设置笔头的倾斜角度；在【笔尖形状】预览中可以观察设置不同参数时笔尖形状的变化；单击 默认(D) 按钮，可以将轮廓笔头的设置还原为默认值。

图 4-77 所示为设置【展开】和【角度】选项前后的图形轮廓对比效果。

图4-77　设置【展开】和【角度】选项后的图形轮廓对比效果

- 【填充之后】选项：选择此复选项，可以将图形的外轮廓放在图形填充颜色的后面。默认情况下，图形的外轮廓位于填充颜色的前面，这样可以使整个外轮廓处于可见状态，当选择此复选项后，该外轮廓的宽度将只有 50%是可见的。图 4-78 所示为是否选择该选项时图形轮廓的显示效果。

- 【随对象缩放】选项：默认情况下，在缩放图形时，图形的外轮廓不与图形一起缩放。当选择此复选项后，在缩放图形时图形的外轮廓将随图形一起缩放。图 4-79 所示为是否选择【随对象缩放】复选项，缩小图形时图形轮廓的显示效果。

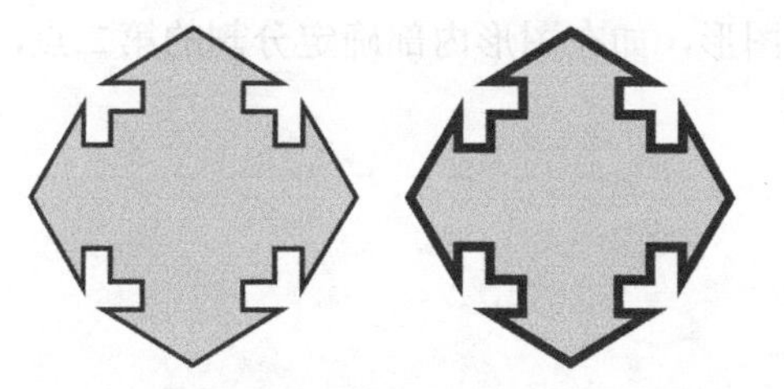

图4-78 选择与不选择【填充之后】选项时的效果

勾选选项
不勾选选项
原图

图4-79 选择与不选择【随对象缩放】选项时的缩小效果

4.3.2 特定的轮廓宽度工具

除了在【轮廓笔】对话框中设置图形的外轮廓粗细外，还可以通过选择系统自带的常用轮廓笔工具来设置图形外轮廓的粗细。这些工具主要包括【细线轮廓】、【0.01cm】、【0.02cm】、【0.025cm】、【0.05cm】、【0.075cm】、【0.1cm】、【0.15cm】、【0.2cm】和【0.25cm】工具。选择要修改的线形或图形，然后在隐藏的工具组中选择相应的轮廓按钮，即可修改轮廓的宽度。

4.4 功能讲解——编辑工具

图形编辑工具主要包括【裁剪】工具、【刻刀】工具、【橡皮擦】工具、【虚拟段删除】工具、【平滑】工具、【涂抹】工具、【转动】工具、【吸引】工具、【排斥】工具、【沾染】工具和【粗糙】工具，利用这些工具可以对图形的形状进行裁剪、擦除、涂抹和变换等操作。

4.4.1 裁剪图形

【裁剪】工具主要用于对图形进行裁剪。

一、【裁剪】工具

选择工具后，在绘图窗口中根据要保留的区域按住鼠标左键并拖曳，绘制一个裁剪框，确认裁剪框的大小及位置后在裁剪框内双击，即可完成图像的裁剪，此时裁剪框以外的图像将被删除。

- 将鼠标指针放置在裁剪框各边中间的控制点或角控制点处，当鼠标指针显示为“+”时，按住鼠标左键并拖曳，可调整裁剪框的大小。
- 将鼠标指针放置在裁剪框内，按住鼠标左键并拖曳，可调整裁剪框的位置。
- 在裁剪框内单击，裁剪框的边角将显示旋转符号，将鼠标指针移动到各边角位置，当鼠标指针显示为旋转符号时，按住鼠标左键并拖曳，可旋转裁剪框。

二、【刻刀】工具

选择工具，然后移动鼠标指针到要分割图形的外轮廓上，当鼠标指针显示为图标时，单击鼠标左键确定第一个分割点，移动鼠标指针到要分割的另一端的图形外轮廓上，再次单击鼠标左键确定第二个分割点，释放鼠标左键后，即可将图形分割。

使用【刻刀】工具分割图形时，只有当鼠标指针显示为图标时单击图形的外轮廓，移动鼠标指针至图形另一端的外轮廓处单击才能分割图形，如在图形内部确定分割的第二点，不能将图形分割。

4.4.2 擦除图形

擦除图形工具主要用于对图形或线段进行擦除。

一、【橡皮擦】工具

【橡皮擦】工具可以很容易地擦除所选图形的指定位置。选择要进行擦除的图形，然后选择工具（快捷键为 X 键），设置好笔头的宽度及形状后，将鼠标指针移动到选择的图形上，按住鼠标左键并拖曳，即可对图形进行擦除。另外，将鼠标指针移动到选择的图形上单击，然后移动鼠标指针到合适的位置再次单击，可对图形进行直线擦除。

二、【虚拟段删除】工具

【虚拟段删除】工具的功能是将图形中多余的线条删除。确认绘图窗口中有多个相交的图形，选择工具，然后将鼠标指针移动到想要删除的线段上，当鼠标指针显示为图标时单击，即可删除选定的线段；当需要同时删除某一区域内的多个线段时，可以将鼠标指针移动到该区域内，按住鼠标左键并拖曳，将需要删除的线段框选，释放鼠标左键后即可将框选的多个线段删除。

4.4.3 扭曲图形

扭曲图形工具主要用于对图形的形状进行扭曲，使其生成新的形状。

一、【平滑】工具

【平滑】工具可以去除图形的凹凸边缘或减少曲线对象中的节点。具体操作为：首先选择要对其进行编辑的图形，然后选择工具，并在属性栏中设置好笔头的大小、压力，然后将鼠标指针移动到选择的图形边缘，按住鼠标左键并沿图形边缘拖曳，即可对其进行处理。

在形状编辑工具组中，【平滑】工具及【吸引】工具和【排斥】工具的属性栏完全相同，如图 4-80 所示。

图4-80 【转动】工具的属性栏

- 【笔尖半径】40.0 mm：用于设置笔头的大小，即拖曳鼠标时应用效果的范围。
- 【速度】20：用于设置应用效果的速度。
- 【笔压】按钮：激活此按钮，可增加效果的强度。

二、【涂抹】工具

【涂抹】工具可让用户沿对象的轮廓延长或缩进来绘制对象形状。具体操作为：首先选择要对其进行编辑的图形，然后选择工具，并在属性栏中设置好笔头的大小、压力及涂抹类型后，将鼠标指针移动到选择的图形边缘，按住鼠标左键并沿图形边缘向外或向内拖曳，即可对图形进行涂抹处理。

【涂抹】工具的属性栏如图 4-81 所示。

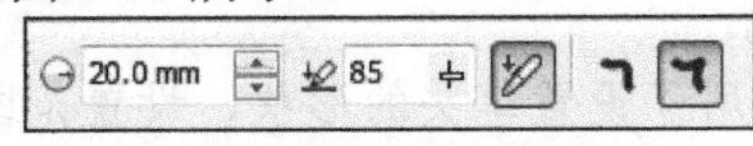

图4-81 【涂抹】工具的属性栏

- 【笔尖半径】20.0 mm：用于设置涂抹工具的笔头大小。
- 【压力】85：用于设置涂抹时的涂抹强度。
- 【平滑涂抹】按钮：激活此按钮，将产生端点平滑的涂抹效果。
- 【尖状涂抹】按钮：激活此按钮，将产生端点尖锐的涂抹效果。

三、【转动】工具

【转动】工具可以对对象应用转动所产生的扭曲效果。具体操作为：首先选择要对其进行编辑的图形，然后选择工具，并在属性栏中设置好笔头大小、转速及方向后，将鼠标指针移动到选择的图形边缘，按下鼠标即可对鼠标所在位置进行转动扭曲。

【转动】工具的属性栏如图 4-82 所示。

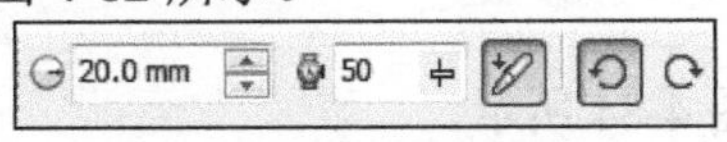

图4-82 【转动】工具的属性栏

- 【笔尖半径】20.0 mm：用于设置【转动】工具的笔头大小，即转动的范围。
- 【速度】50：用于设置转动效果的速度。
- 【逆时针转动】按钮和【顺时针转动】按钮：设置图形应用转动的方向。

四、【吸引】工具

【吸引】工具是通过吸引节点，从而改变图形的形状。具体操作为：首先选择要对其进行编辑的图形，然后选择工具，并在属性栏中设置好笔头大小，然后将鼠标指针移动到要聚集节点的区域，按下鼠标不放，周围的节点即会向鼠标指针的中心点靠拢。

五、【排斥】工具

【排斥】工具是通过向四周排斥节点，从而改变图形的形状。具体操作为：首先选择要对其进行编辑的图形，然后选择工具，并在属性栏中设置好笔头大小，将鼠标指针移动到要变形的区域，按下鼠标不放，周围的节点即会以鼠标指针的中心点向四周扩散。

六、【沾染】工具

【沾染】工具可以对图形的形状进行涂抹可擦除，使其生成新的形状。具体操作为：首先选择要涂抹的带有曲线性质的图形，然后选择工具，在属性栏中设置好笔头的大小、形状及角度后，将鼠标指针移动到选择的图形内部，按住鼠标左键并向外拖曳，即可将图形向外涂抹。如将鼠标指针移动到选择图形的外部，按住鼠标左键并向内拖曳，可以在图形中将拖曳过的区域擦除。

【沾染】工具的属性栏如图 4-83 所示。

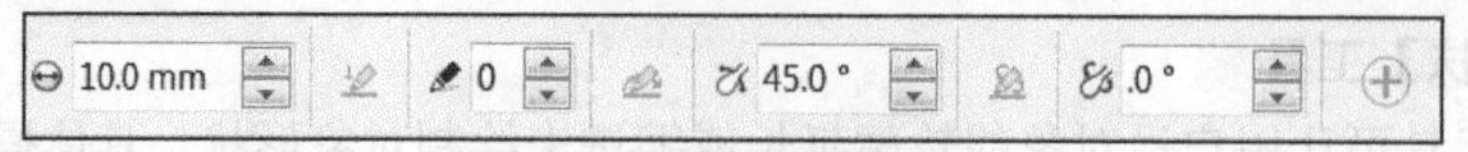

图4-83　【沾染】工具的属性栏

- 【笔尖半径】10.0 mm：用于设置该工具的笔头大小。
- 【干燥】0：参数为正值时，可以使涂抹出的线条产生逐渐变细的效果；参数为负值时，可以使涂抹出的线条产生逐渐变粗的效果；当数值为 0 时，涂抹出的线条始终无变化。
- 【笔倾斜】45.0°：用于设置笔头的形状，设置范围为“15～90”。数值越大，笔头形状越接近圆形。
- 【笔方位】.0°：用于设置涂抹的角度，设置范围为“0～359”。只有将笔头设置为非圆形的形状时，设置笔刷的角度才能看出效果。

要点提示　当计算机连接图形笔时，【沾染】工具属性栏中的 3 个灰色按钮才会变为可用，激活相应的按钮，可以设置使用图形笔涂抹图形时带有压力，或带有角度。

七、【粗糙】工具

【粗糙】工具可以使图形的边缘产生凹凸不平类似锯齿的效果。具体操作为：首先选择要对其进行编辑的曲线对象，然后选择工具，并在属性栏中设置好笔头的大小、形状及角度后，将鼠标指针移动到选择的图形边缘，按住鼠标左键并沿图形边缘拖曳，即可对图形进行处理。

【粗糙】工具的属性栏如图 4-84 所示。

图4-84　【粗糙】工具的属性栏

- 【笔尖半径】1.0 mm：用于设置粗糙笔刷的笔头大小。
- 【尖突的频率】1：用于设置在应用粗糙笔刷工具时图形边缘生成锯齿的数量。数值越小，生成的锯齿越少。参数设置范围为“1～10”，设置不同的数值时图形边缘生成的锯齿效果对比如图 4-85 所示。

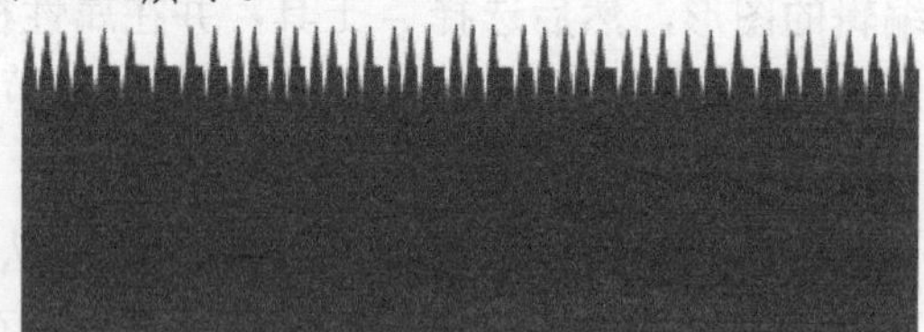

图4-85　设置不同数值时生成的锯齿效果对比

- 【干燥】0：用于设置按住鼠标左键并拖曳时图形增加粗糙尖突的数量，参数设置范围为“-10～10”，数值越大，增加的尖突数量越多。
- 【笔倾斜】45.0°：用于设置产生锯齿的高度，参数设置范围为“0～90”，数值越小，生成锯齿的高度越高。图 4-86 所示为设置不同数值时图形边缘生成的锯齿状态。

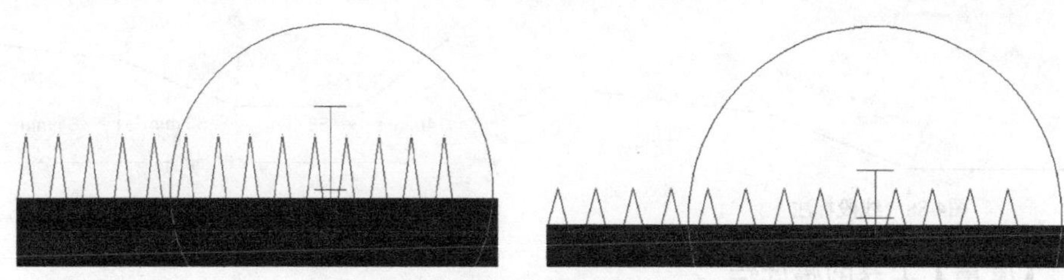

图4-86　设置不同数值时生成的锯齿状态

- 【尖突方向】：可以设置生成锯齿的倾斜方向，包括【自动】和【固定方向】两个选项。当选择【自动】选项时，锯齿的方向将随机变换。当选择【固定方向】选项时，可以根据需要在右侧的【笔方位】中设置相应的数值，来设置锯齿的倾斜方向。

4.4.4 标注工具

利用标注工具可以在图纸绘制中测量尺寸并添加标注。在 CorelDRAW X7 中，标注工具主要包括【平行度量】工具、【水平或垂直度量】工具、【角度量】工具、【线段度量】工具和【3 点标注】工具，下面分别介绍其使用方法。

一、 平行度量

【平行度量】工具可以对图形进行垂直、水平或任意斜向标注。其标注方法为：首先选择工具，在弹出的隐藏工具组中选择工具，将鼠标指针移动到要标注图形的合适位置按下鼠标，确定标注的起点，然后移动鼠标指针至标注的终点位置释放，再移动鼠标至合适的位置单击，确定标注文本的位置，即可完成标注操作。

二、 水平或垂直度量

【水平或垂直度量】工具可以对图形进行垂直或水平标注。其使用方法与【平行度量】工具的相同，区别仅在于此工具不能进行倾斜角度的标注。

三、 角度量

【角度量】工具可以对图形进行角度标注。其标注方法为：选择工具，在弹出的隐藏工具组中选择工具，将鼠标指针移动到要标注角的顶点位置按下鼠标并沿一条边拖曳，至合适位置释放鼠标；移动鼠标至角的另一边，至合适位置单击，再移动鼠标，确定角度标注文本的位置，确定后单击即可完成角度标注，如图 4-87 所示。

四、 线段度量

【线段度量】工具可以快捷的对线段或连续的线段进行一次性标注。具体使用方法为：选择工具，在弹出的隐藏工具组中选择工具，然后在要标注的线段上单击，再移动鼠标确定标注文本的位置，确定后单击，即可完成段段标注，如图 4-88 所示。如要同时对很多条线段进行标注，可利用工具框选要标注的线段，注意要全部选择，然后移动鼠标确定标注文本的位置即可，如图 4-89 所示。

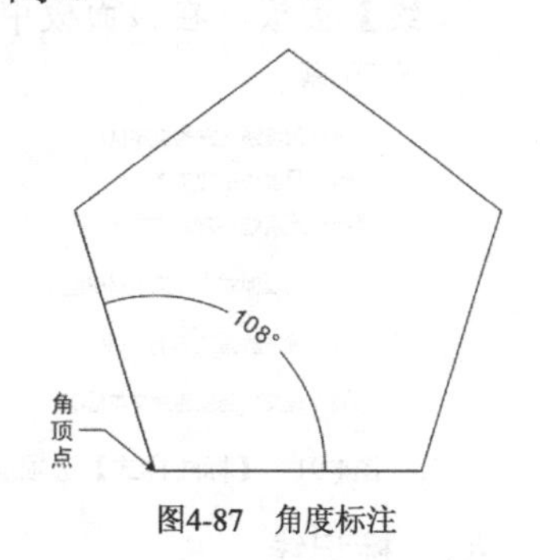

图4-87　角度标注

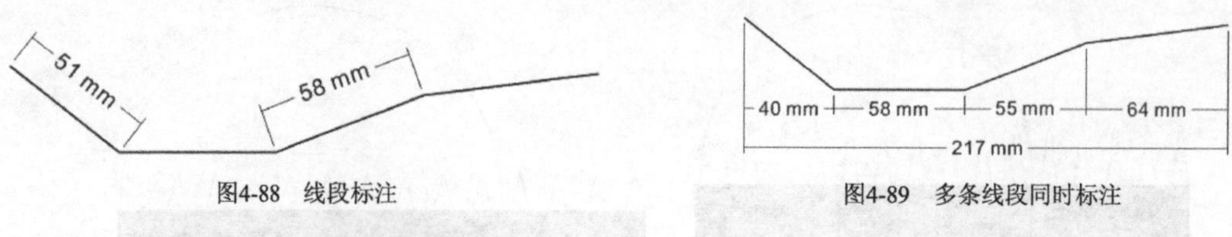

图4-88　线段标注　　　　图4-89　多条线段同时标注

五、　【度量】工具的属性栏

以上所讲 4 种度量工具的属性栏基本相似，下面以【线段度量】工具的属性栏进行介绍，如图 4-90 所示。

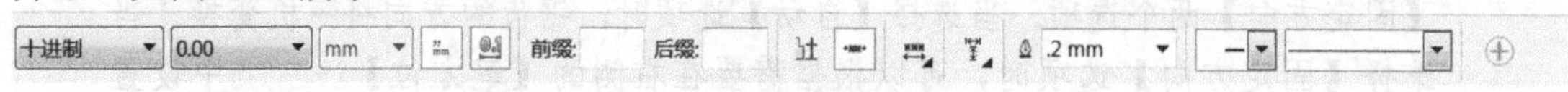

图4-90　【度量】工具的属性栏

- 十进制 按钮：用于选择标注样式。包括“十进制”“小数”“美国工程”和“美国建筑学的”4 个选项。
- 0.00 按钮：用于设置在标注图形时数值的精确度，小数点后面的“0”越多，表示对图形标注的越精确。
- mm 按钮：用于设置标注图形时的尺寸单位。
- 【显示单位】按钮：激活此按钮，在对图形进行标注时，将显示标注的尺寸单位；否则只显示标注的尺寸。
- 【显示前导零】按钮：当标注尺寸小于 1 时，激活此按钮时将显示小数点前面的“0”；未激活此按钮时将不显示。
- 【度量前缀】前缀: 和【度量后缀】后缀: ：在这两个文本框中输入文字，可以为标注添加前缀和后缀，即除了标注尺寸外，还可以在标注尺寸的前面或后面添加其他的说明文字。
- 【自动连续度量】按钮：激活此按钮，然后框选要测量的连续线段，将自动测量出每段线的尺寸；如不激活此按钮，将测量整段线的尺寸。
- 【动态度量】按钮：当对图形进行修改时，激活此按钮时添加的标注尺寸也会随之变化；未激活此按钮时添加的标注尺寸不会随图形的调整而改变。
- 【文本位置】按钮：单击此按钮，可以在弹出的图 4-91 所示的【标注样式】选项面板中设置标注时文本所在的位置。
- 【延伸线选项】按钮：单击此按钮，将弹出图 4-92 所示的【自定义延伸线】面板，在该面板中可以自定义标注两侧截止线离标注对象的距离和延伸出的距离。

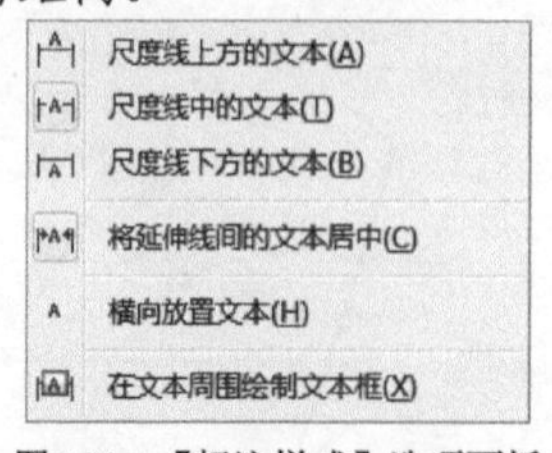

图4-91　【标注样式】选项面板

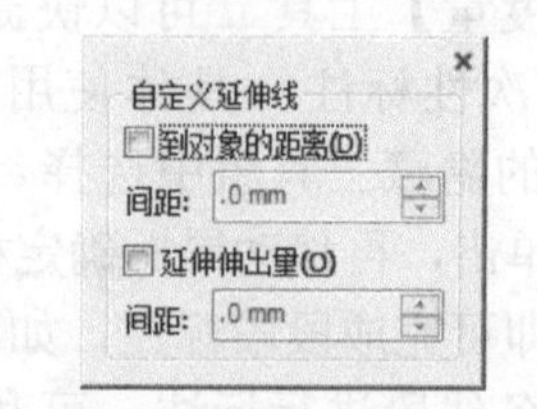

图4-92　【自定义延伸线】面板

六、　标记线

【3 点标注】工具可以对图形上的某一点或某一个地方以引线的形式进行标注，但标

注线上的文本需要自己去填写。【3 点标注】工具的使用方法为：选择工具，在弹出的隐藏工具组中选择工具，将鼠标指针移到要标注图形的标注点位置按下鼠标并拖曳，至合适位置后释放鼠标，确定第一段标记线；然后移动鼠标，至合适位置单击，确定第二段标记线，即标注的终点。此时，将出现插入光标闪烁符，输入说明文字，即可完成标记线标注。

要点提示 如果要制作一段标记线标注，可在确定第一段标记线的结束位置再单击鼠标，然后输入说明文字即可。

【3 点标注】工具的属性栏如图 4-93 所示。

图4-93 【3 点标注】工具的属性栏

- 无：单击此按钮，可在弹出的下拉列表中选择标准文本的形状，包括线条、方框、正方形、圆形和三角形等。
- 【间隙】2.0 mm：用于设置标注文字距标记线终点的距离。
- 【起始箭头】：单击此按钮，可在弹出的面板中选择标注线起始处的箭头样式。
- 【线条样式】：单击此按钮，可在弹出的下拉列表中选择标注线的线条样式。

4.5 范例解析——绘制室内平面图并标注

灵活运用【贝塞尔】、【矩形】、【椭圆】、【文本】及【度量】工具，绘制出图 4-94 所示的室内平面图。

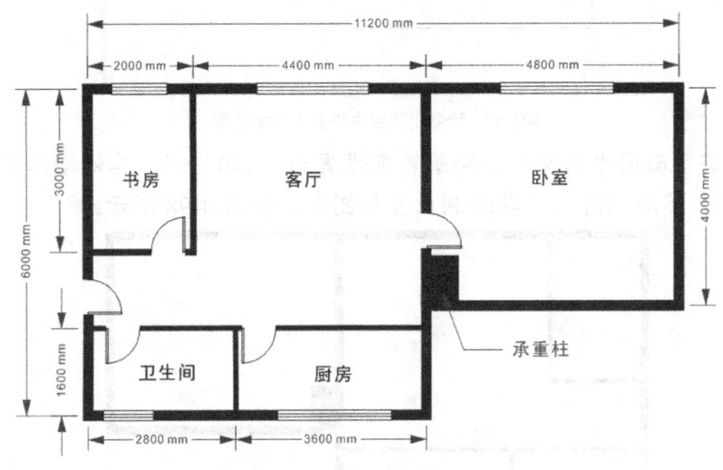

图4-94 绘制完成的室内平面图

【步骤解析】

1. 新建一个图形文件，利用【布局】/【页面设置】命令，将页面大小设置为 180mm × 120mm，然后在【选项】对话框左侧的选项栏中选择【标尺】选项，单击右侧参数设置区中的编辑缩放比例(S)...按钮，在弹出的【绘图比例】对话框中将【页距离】和【实际距离】的值分别设置为“1”和“80”，如图 4-95 所示。

2. 依次单击 确定 按钮，确认文件的创建。
3. 执行【工具】/【选项】命令，然后在弹出的【选项】对话框中，依次单击【文档】和【辅助线】选项前面的 ⊞ 图标，将其下的选项展开。
4. 分别选择【水平】和【垂直】选项，在【选项】对话框右侧上方的文本框中输入相应的参数后，单击 添加(A) 按钮，添加辅助线，各辅助线位置如图 4-96 所示。

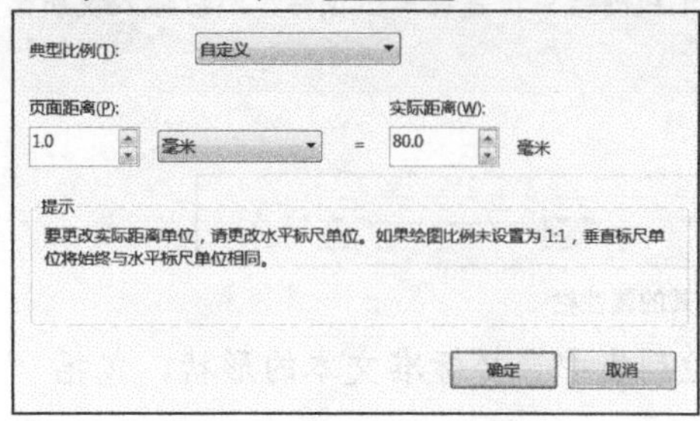

图4-95 【绘图比例】对话框

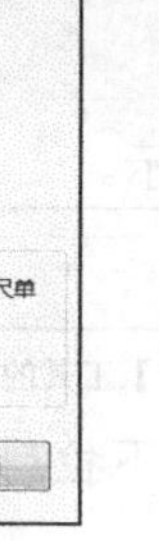

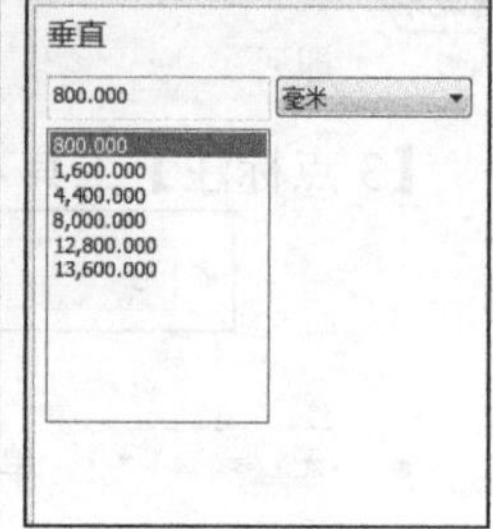

图4-96 设置的水平和垂直辅助线参数

5. 单击 确定 按钮确认辅助线的添加，然后利用 工具沿添加的辅助线绘制出室内平面图的基本轮廓，如图 4-97 所示。

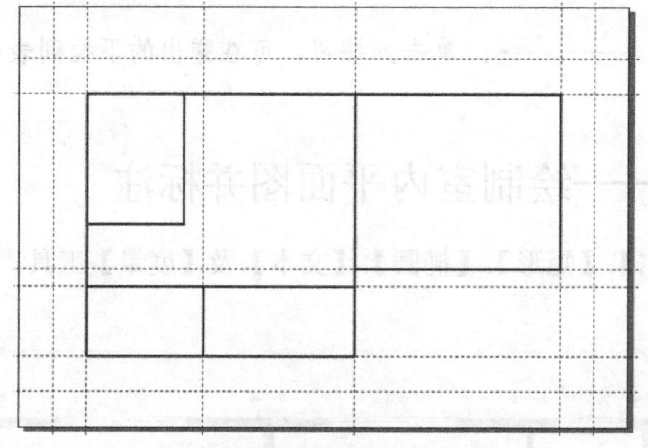

图4-97 绘制出的室内平面图基本轮廓

6. 利用 工具将平面图中承重墙的轮廓宽度设置为“240mm”，其他墙体的轮廓宽度设置为“120mm”，然后利用 □ 工具绘制出立柱图形，如图 4-98 所示。

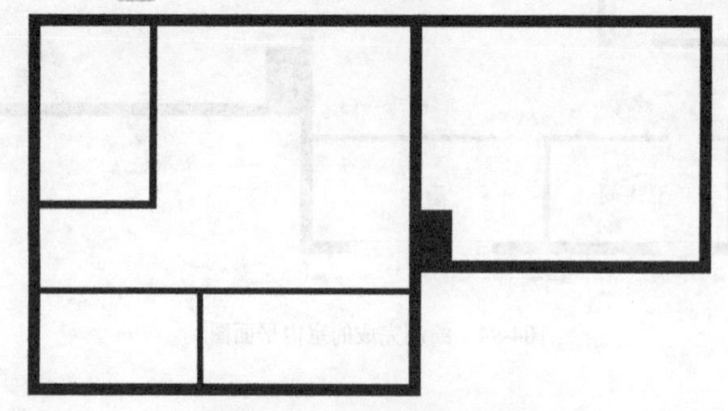

图4-98 修改线形宽度后的效果

要点提示 在设置轮廓宽度时要选择【轮廓笔】对话框中的【随对象缩放】选项，以保证图形放大或缩小时其显示比例不变。除此之外，也可将绘制的线全部选择，然后执行【排列】/【将轮廓转换为对象】命令，将线转换为图形，这样在缩放图形时，边线也将会按比例进行变化。

7. 利用□工具，在图形的在上角绘制出图 4-99 所示的矩形，然后选择工具，将鼠标指针移动到矩形中的线形位置，当鼠标指针显示为图 4-100 所示的图标时单击，即可将该线段删除，修剪出图 4-101 所示的窗豁口。

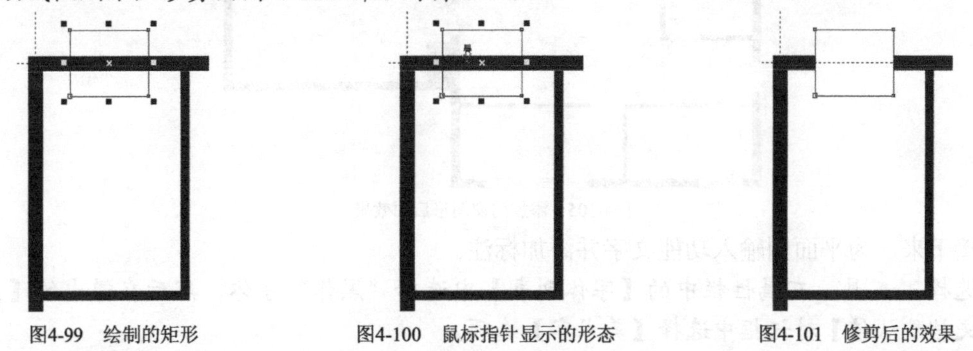

图4-99　绘制的矩形　　图4-100　鼠标指针显示的形态　　图4-101　修剪后的效果

8. 依次移动矩形的位置，并分别调整至合适的大小，对线形进行修剪，修剪出图 4-102 所示的门、窗豁口。

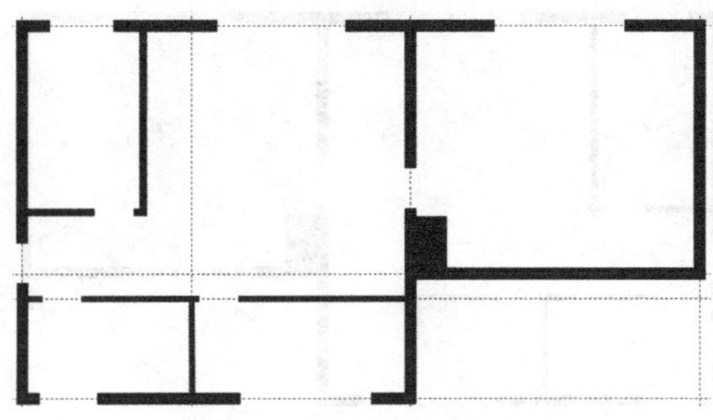

图4-102　修剪出的门、窗豁口

9. 执行【视图】/【辅助线】命令，将辅助线在页面中隐藏。

下面分别来绘制窗户和门图形。

10. 窗户图形的绘制过程示意图如图 4-103 所示。

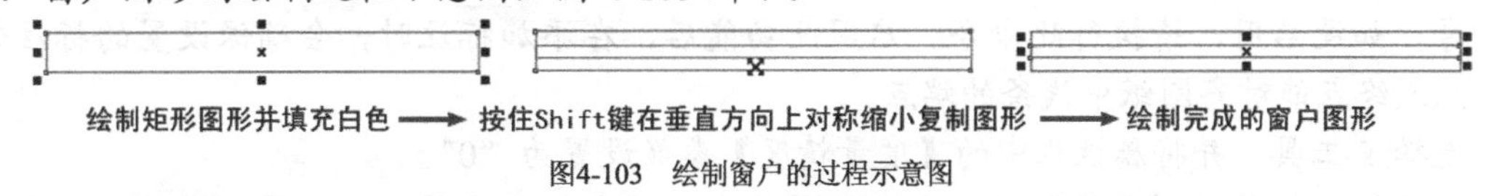

图4-103　绘制窗户的过程示意图

11. 门图形的绘制过程示意图如图 4-104 所示。

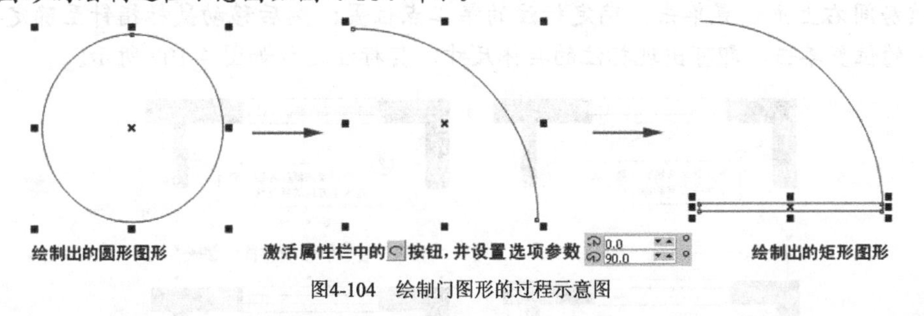

图4-104　绘制门图形的过程示意图

12. 利用移动、移动复制及调整图形大小的方法，为修剪后的图形添加上门、窗图形，如图 4-105 所示。

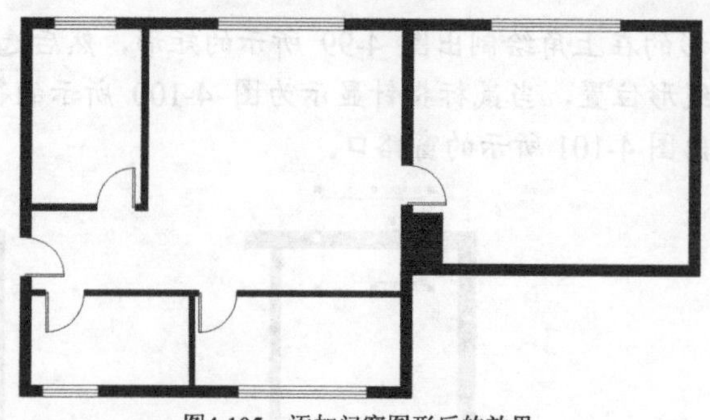

图4-105　添加门窗图形后的效果

接下来，为平面图输入功能文字并添加标注。

13. 选择字工具，在属性栏中的【字体列表】中选择“黑体”字体，然后在弹出的【更改文档默认值】对话框中选择【美术字】选项。
14. 单击确定按钮，然后用相同的修改默认值方法，将文字的【大小】参数设置为“12pt”，再依次输入图 4-106 所示的文字。

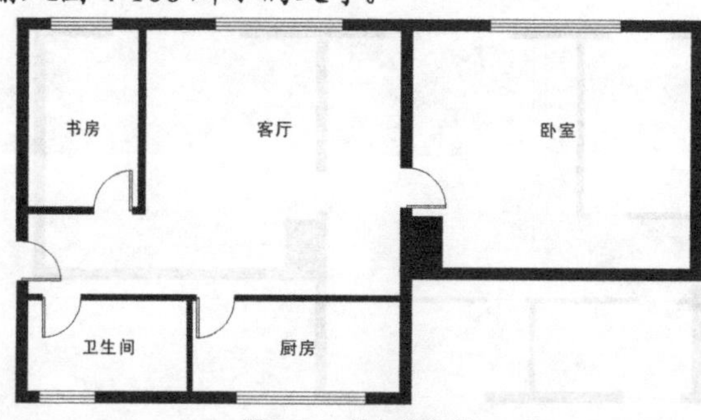

图4-106　输入的文字

15. 用与步骤 13 相同的方法，再次修改文字的默认属性，将【字体】设置为“Arial”;【大小】设置为“8 pt”，注意在弹出的【更改文档默认值】对话框中要选择【尺度】选项。
16. 查看【视图】/【贴齐】/【贴齐对象】命令是否已启用，启用后此命令左面带有“✓”号，如没启用，请执行此命令。启用此功能后，在添加标注时，会确保设置的标注起点或终点能对齐图纸中线条的端点。
17. 选择工具，并将属性栏中的【度量精度】参数设置为“0”。
18. 将鼠标指针移动到平面图的左上角位置单击，确定标注的第一点位置；移动鼠标指针到该房间右上角位置单击，确定标注的第二点位置；然后移动鼠标指针至确定要标注文字的位置单击，即可出现标注的具体尺寸，其标注过程如图 4-107 所示。

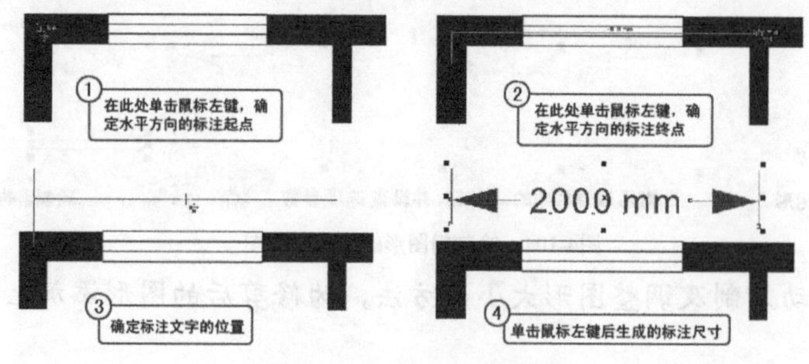

图4-107　添加标注过程示意图

19. 用与步骤 18 相同的标注方法，标注平面图中其他房间的尺寸，最终效果如图 4-108 所示。

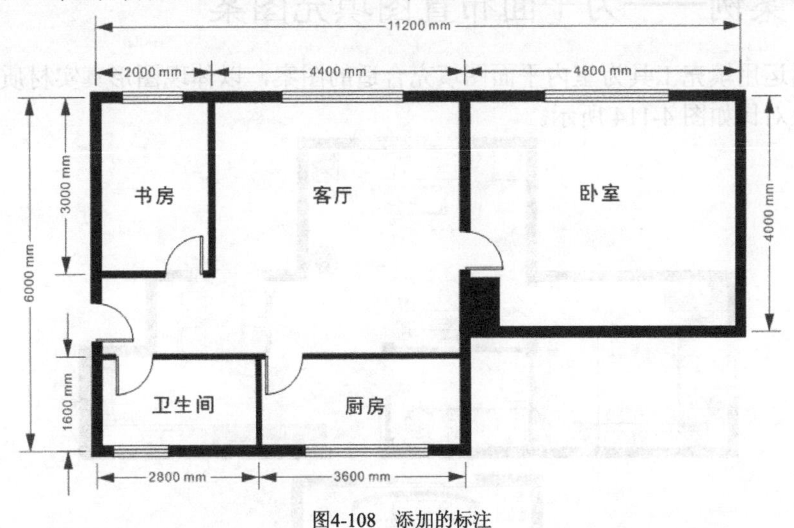

图4-108　添加的标注

最后来学习一下引线标注的方法。

20. 选择工具，将鼠标指针移动到要标注的位置按下并向下方拖曳，状态如图 4-109 所示。
21. 至合适的位置后释放鼠标，即可确认第一段引线，再次移动鼠标确认第二段引线，状态如图 4-110 所示。
22. 至合适的位置后单击，即可完成引线的绘制，且右侧会显示文字输入光标，如图 4-111 所示。

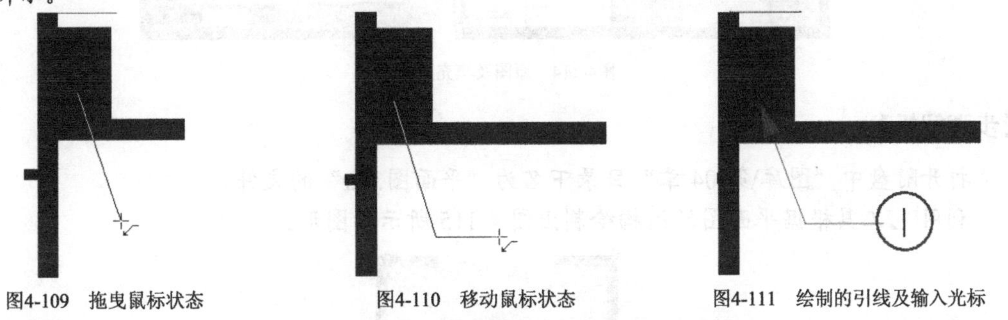

图4-109　拖曳鼠标状态　　图4-110　移动鼠标状态　　图4-111　绘制的引线及输入光标

23. 输入“承重柱”文字，如图 4-112 所示。利用工具单击输入的文字，即只选择文字，并在属性栏中将文字的【字体】设置为“黑体”；【大小】设置为“12 pt”，如图 4-113 所示。

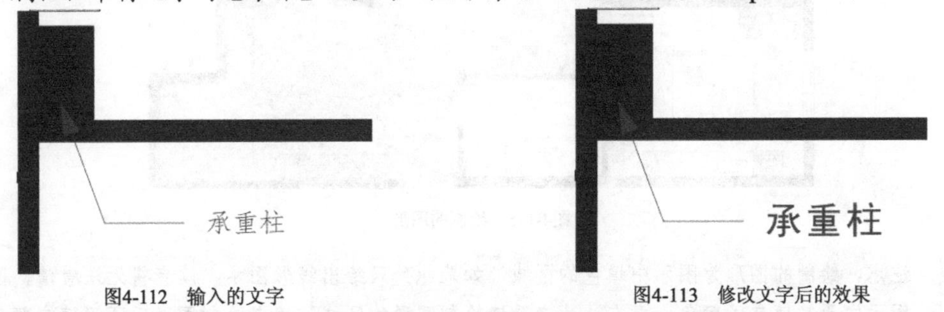

图4-112　输入的文字　　图4-113　修改文字后的效果

24. 至此，平面图绘制完成，按 Ctrl+S 组合键，将文件命名为“居室平面图.cdr”保存。

4.6 综合案例——为平面布置图填充图案

下面灵活运用填充工具为室内平面图填充合适的图案，以体现图形真实材质感。原图及填充后的效果对比如图 4-114 所示。

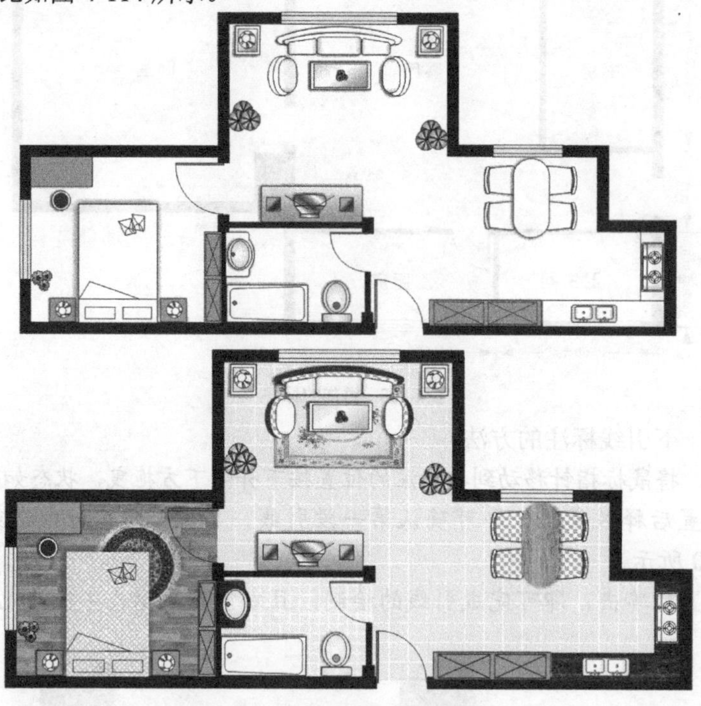

图4-114 原图及填充后的效果

【步骤解析】

1. 打开附盘中“图库\第 04 章”目录下名为“平面图.cdr”的文件。
2. 利用工具根据平面图的结构绘制出图 4-115 所示的图形。

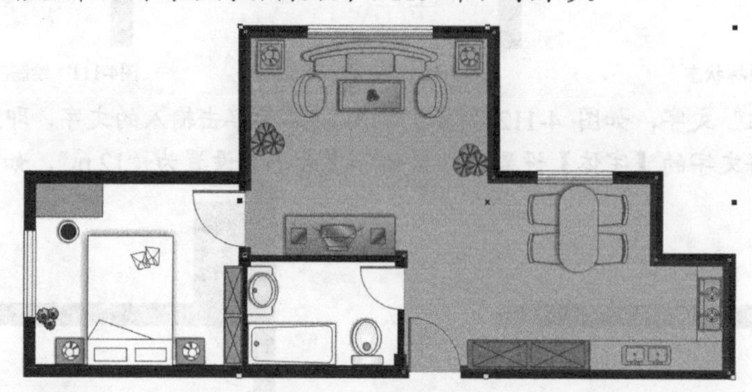

图4-115 绘制的图形

注意，绘制的图形为图示中填色的区域。如果此处只给出线形图示，读者将无法看清，因此图示中为其填充了颜色，意在让读者看清绘制图形的区域。读者绘制图形后不用填充颜色，接下来我们要为其填充图案。

3. 选择工具，并激活属性栏中的按钮，然后单击右侧的按钮，在弹出的面板中选择图4-116所示的图案。

   此时，图形中即填充选择的图案，但我们发现图案太大，下面来进行调整。

4. 将鼠标指针放置到图4-117所示的位置按下并向左下方拖曳，将表格调小。

图4-116 选择的图案

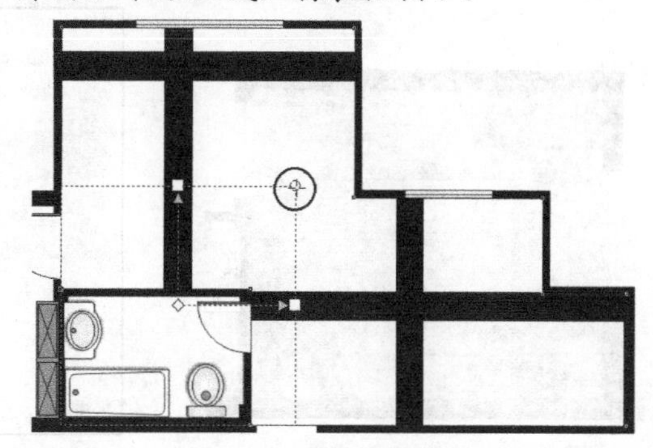

图4-117 鼠标指针放置的位置

5. 至图4-118所示的大小时释放鼠标。
6. 在属性栏中将两个颜色块分别设置为土黄色（C:5,M:5,Y:20）和白色，调整后的填充效果如图4-119所示。

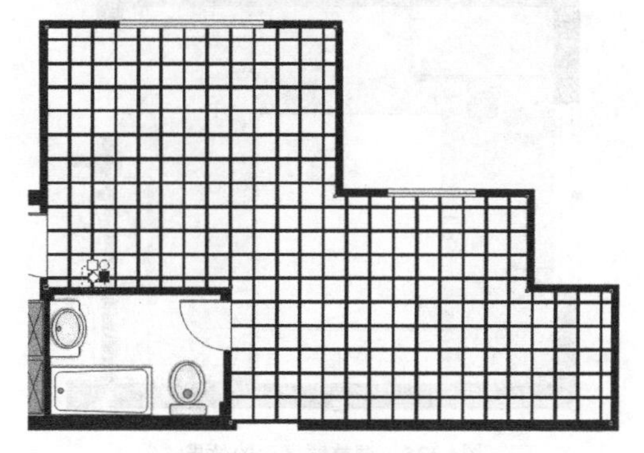

图4-118 表格调整后的大小

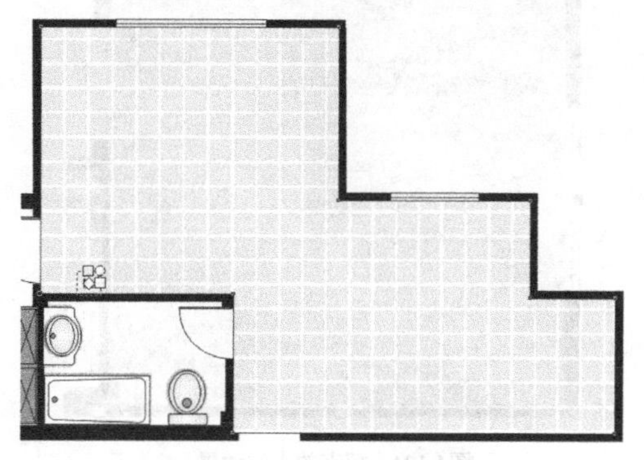

图4-119 调整图案大小后的效果

7. 执行【对象】/【顺序】/【到图层后面】命令，将图形调整至所有图形的后面，效果如图4-120所示。
8. 用与步骤2～步骤7相同的方法，为"卫生间"的地面填充上"地砖"效果，如图4-121所示。

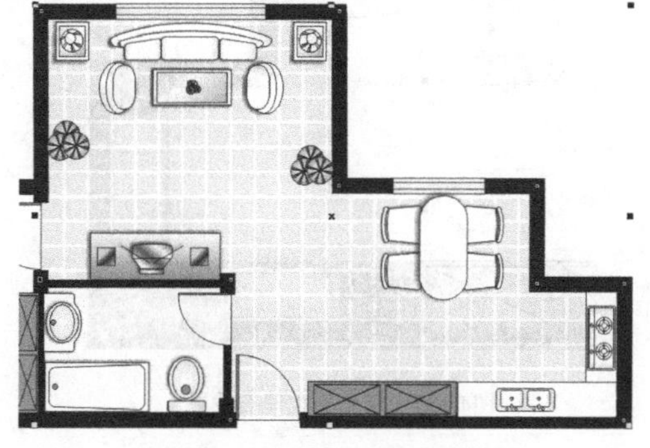

图4-120 调整排列顺序后的效果

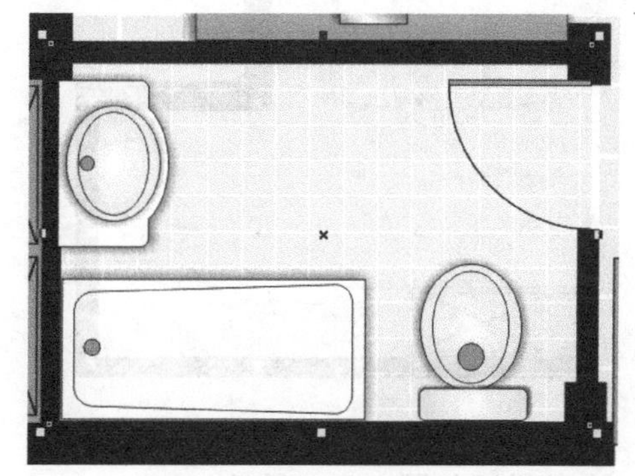

图4-121 填充的"地砖"效果

9. 利用□工具根据“卧室”的大小，绘制出图 4-122 所示的图形。
10. 选择工具，在弹出的【编辑填充】对话框中单击按钮，然后单击下方的按钮，在弹出的【导入】对话框中，选择附盘中“图库\第 04 章”目录下名为“木纹.jpg”的文件，再设置相应选项的参数如图 4-123 所示。

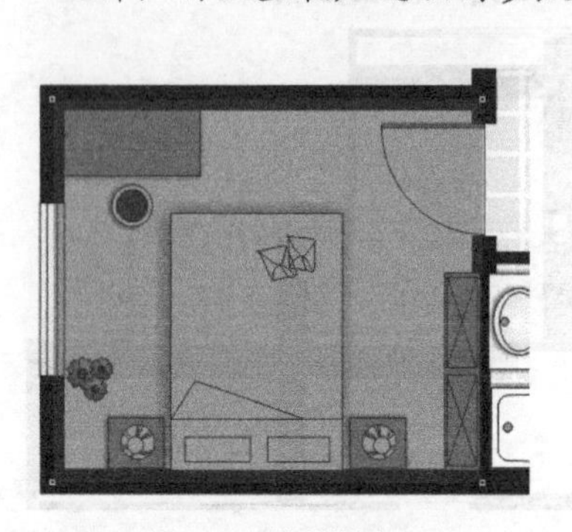

图4-122　绘制的图形

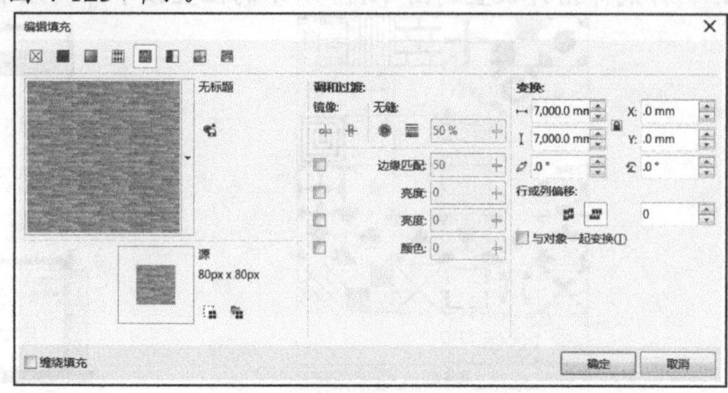

图4-123　导入的图案及设置的参数

11. 单击 确定 按钮，图形填充后的效果如图 4-124 所示。
12. 执行【对象】/【顺序】/【到图层后面】命令，效果如图 4-125 所示。

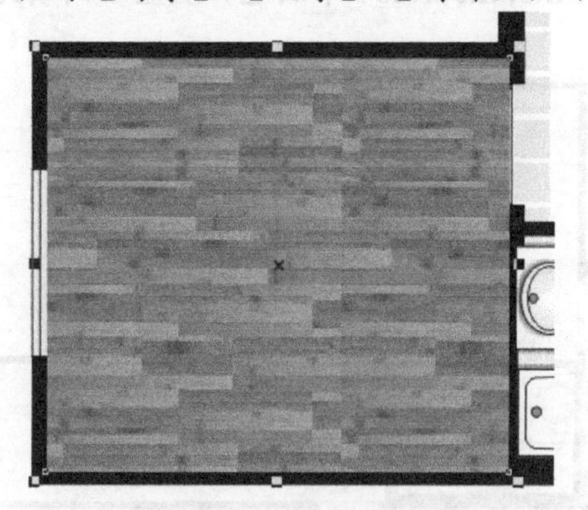

图4-124　填充的木纹效果

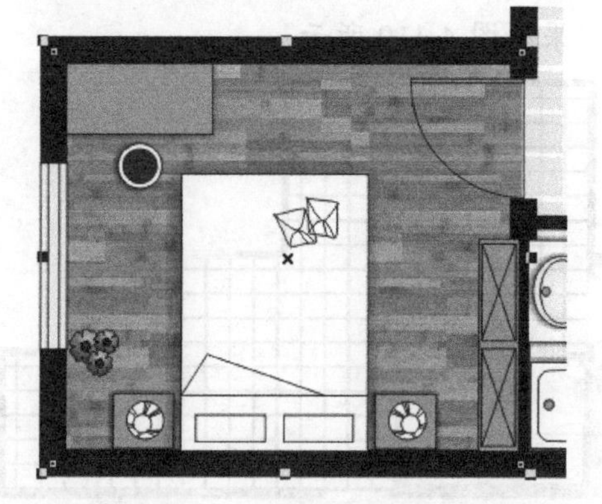

图4-125　调整顺序后的效果

13. 按住 Shift 键，依次单击“厨房”中如图 4-126 所示的图形将其选择，然后用与步骤 10～步骤 11 相同的方法，为其填充附盘中“图库\第 04 章”目录下名为“大理石.jpg”的文件，效果如图 4-127 所示。

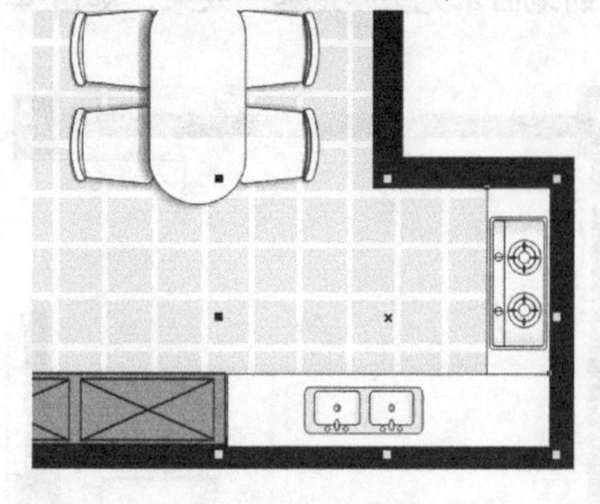

图4-126　选择的图形

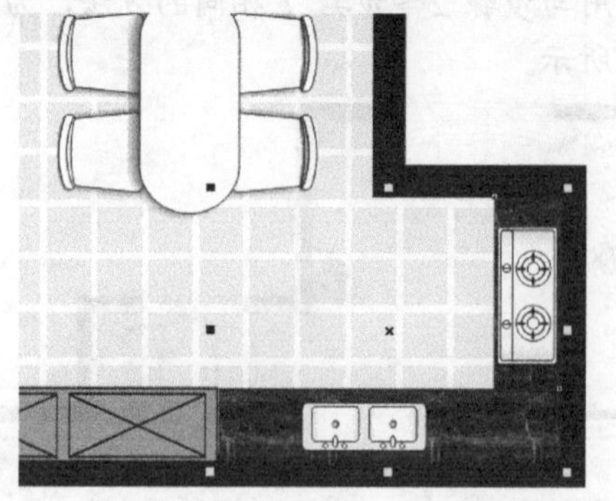

图4-127　填充的大理石效果

参数设置如图 4-128 所示。

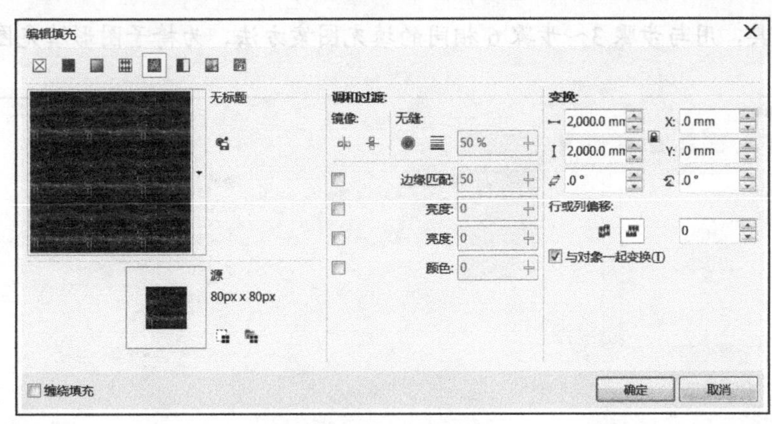

图4-128 设置的参数

14. 选择“卫生间”中作为洗手盆台面的图形，然后执行【编辑】/【复制属性自】命令，在弹出的【复制属性自】对话框中选择【填充】选项，单击 确定 按钮。
15. 将鼠标指针移动到“厨房”中填充大理石的图形上单击，为选择图形复制相同的填充效果。
16. 选择“卧室”中的“床”图形，选择工具，在弹出的【编辑填充】对话框中单击按钮，然后单击【填充挑选器】右侧的倒三角按钮，在弹出的面板中选择图 4-129 所示的图案。
17. 设置图案的颜色及大小选项参数如图 4-130 所示。

图4-129 选择的图案

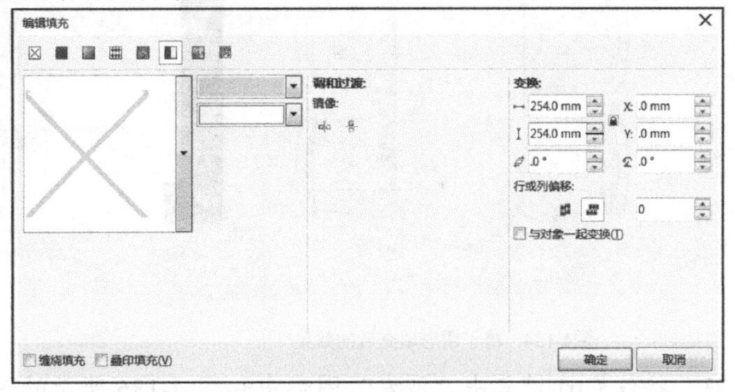

图4-130 设置的颜色及参数

18. 单击 确定 按钮，图形填充后的效果如图 4-131 所示。
19. 选择工具，按住 Shift 键，将图 4-132 所示的“餐椅”图形选择。

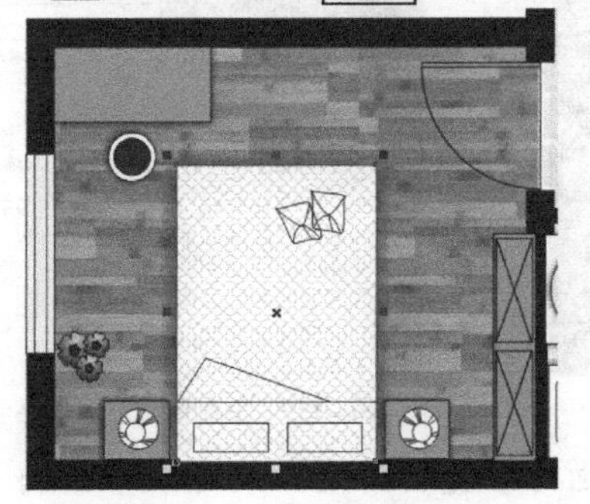

图4-131 填充后的效果

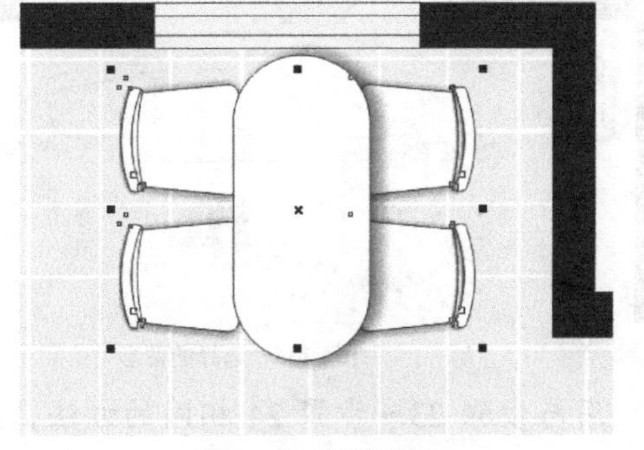

图4-132 选择的图形

20. 选择工具，用与步骤 3～步骤 6 相同的填充图案方法，为椅子图形填充图 4-133 所示的图案。

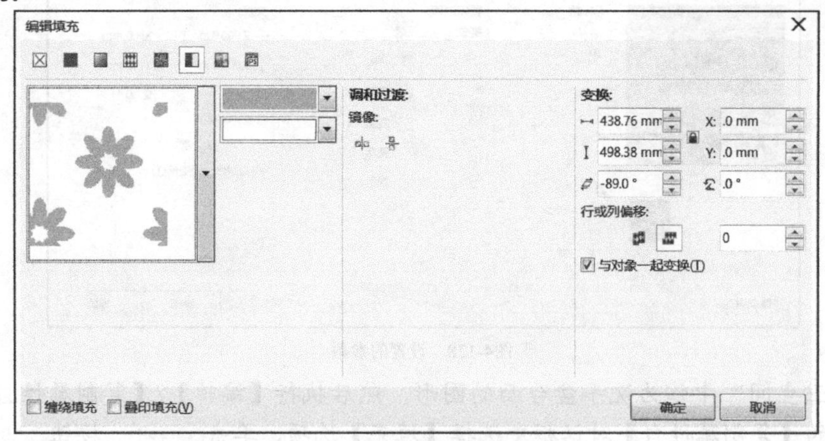

图4-133　选择的图案及设置的参数

21. 单击确定按钮，椅子图形填充后的效果如图 4-134 所示。
22. 选择作为“餐桌”的图形，用与步骤 10 相同的方法，为其填充附盘中“图库\第 04 章”目录下名为“木纹 02.jpg”的图案，效果如图 4-135 所示。

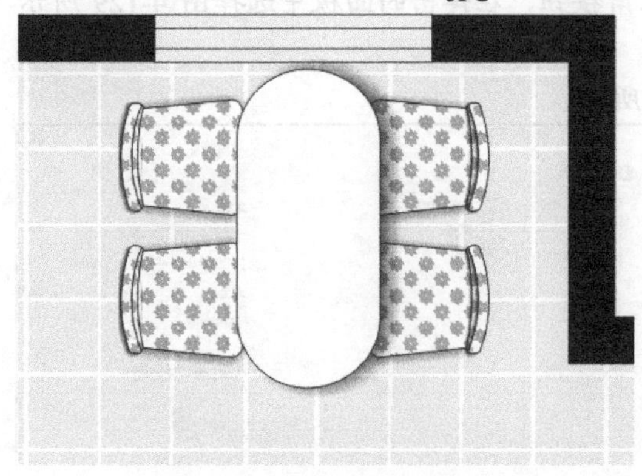

图4-134　椅子图形填充后的效果

图4-135　餐桌图形填充后的效果

23. 按住 Ctrl 键单击“沙发”图形中如图 4-136 所示的图形，将其选择。
24. 利用【编辑】/【复制属性自】命令，为其复制“餐椅”图形填充的图案，效果如图 4-137 所示。

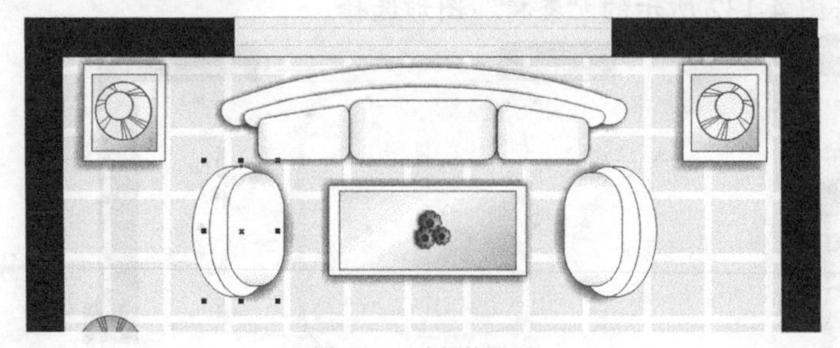

图4-136　选择的图形

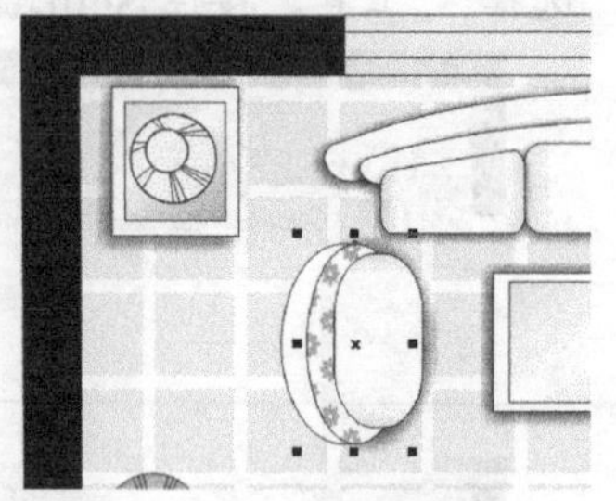

图4-137　复制图案后的效果

25. 用与步骤 23～步骤 24 相同的方法，分别为其他图形复制图案，最终效果如图 4-138 所示。

26. 分别选择作为“沙发”的靠背图形，为其填充深红色（C:30,M:100,Y:50），并去除外轮廓，如图 4-139 所示。

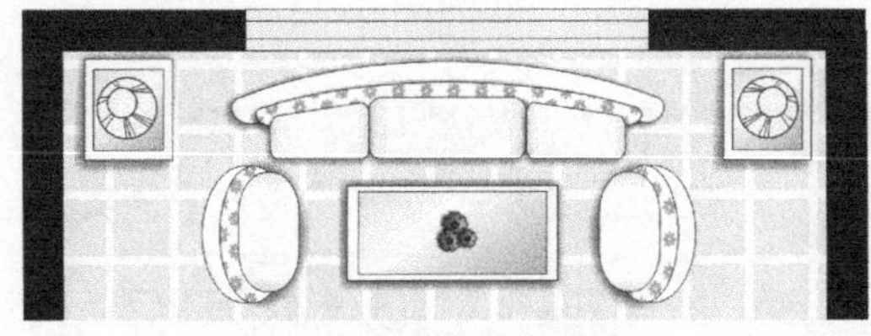

图4-138　复制图案后的效果

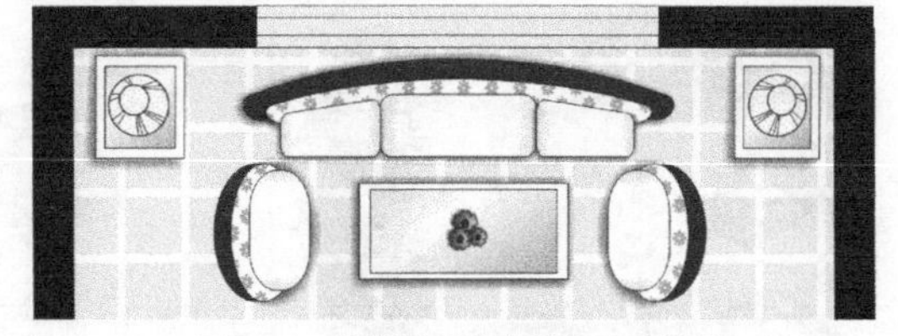

图4-139　靠背图形填充颜色后的效果

27. 按 Ctrl+I 组合键，将附盘中“图库\第 04 章”目录下名为“地毯 01.jpg”的文件导入，调整大小后放置到图 4-140 所示的位置。
28. 执行【对象】/【顺序】/【到图层后面】命令，将其调整至沙发图形的后面，效果如图 4-141 所示。

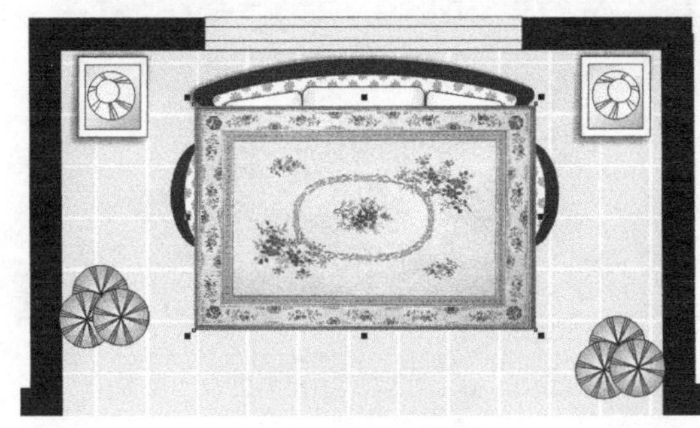

图4-140　导入的地毯

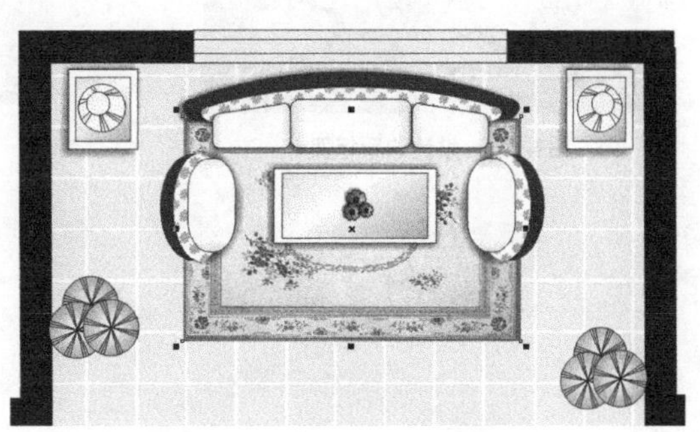

图4-141　调整顺序后的效果

29. 用与步骤 27～步骤 28 相同的方法，将附盘中“图库\第 04 章”目录下名为“地毯 02.psd”的文件导入，即可完成平面布置图的填充，最终效果如图 4-142 所示。

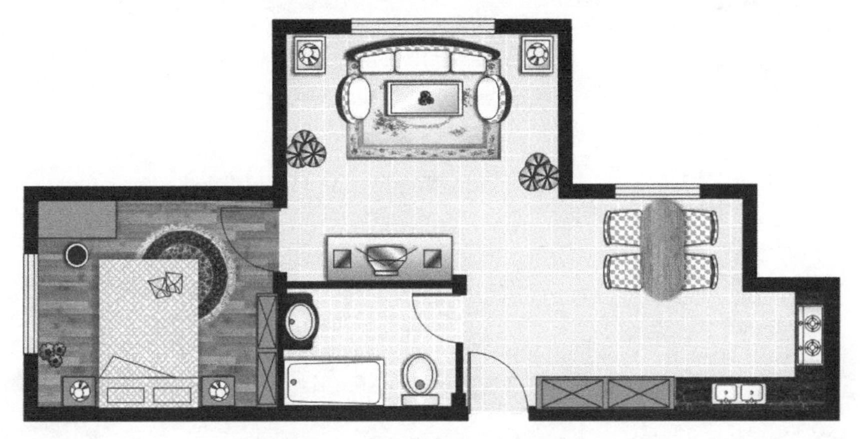

图4-142　填充图案后的平面布置图

30. 按 Shift+Ctrl+S 组合键，将此文件另命名为“平面布置图.cdr”保存。

4.7 课后作业

1. 灵活运用本章案例的绘制方法，设计出图 4-143 所示的新年贺卡。

2. 利用【矩形】工具、【贝塞尔】工具、【形状】工具、【交互式网状填充】工具、【调和】工具、【轮廓笔】工具和【文本】工具，设计图 4-144 所示的生日贺卡。

图4-143　设计的新年贺卡

图4-144　设计的生日贺卡

第5章　文本和表格工具

本章主要介绍文字工具和表格工具的使用方法，包括文字的输入、文字属性的设置、美术文本和段落文本的编排方法、特殊艺术文字的制作方法及表格的绘制等。在平面设计中，文字的运用非常重要，大部分作品都需要通过文字内容来说明主题，希望读者能认真学习本章的内容。

【学习目标】

- 了解系统外字体的安装方法。
- 掌握美术文本的输入与编辑方法。
- 掌握段落文本的输入与编辑方法。
- 掌握沿路径排列文本的输入与编辑方法。
- 掌握文本绕图的设置方法。
- 掌握添加项目符号的方法。
- 熟悉制表位、栏、首字下沉等选项的设置方法。
- 掌握表格的绘制方法。

5.1　系统外字体的安装方法

在平面设计中，只用 Windows 系统自带的字体，很难满足设计需要，因此需要在 Windows 系统中安装系统外的字体。目前常用的系统外挂字体有“汉仪字体”“文鼎字体”“汉鼎字体”和“方正字体”等，读者可以根据需要进行安装后使用。

安装字体有以下几种方法。

1. 在需要安装的字体上单击鼠标右键，在弹出的右键菜单中选择【安装】命令，则系统自动安装字体。
2. 双击需要安装的字体，则弹出与字体同名的安装对话框，单击 安装(I) 按钮，则系统自动安装字体。

当需要安装的字体较少时可采用以上两种方法，当需要安装的字体较多时，可采用下面的方法批量安装字体。

3. 利用 Ctrl+C 组合键复制需要安装的字体，单击 Windows 桌面左下角任务栏中的按钮，在弹出的菜单中选择【控制面板】命令，在【控制面板】中选择【外观和个性化】/【字体】文件夹，打开【字体】文件夹，按 Ctrl+V 组合键，弹出【安装字体】对话框，单击 是(Y) 按钮，即可将选择的字体安装到系统中。

5.2 功能讲解——文本工具

在 CorelDRAW 中，文本主要分为美术文本和段落文本。

(1) 美术文本适合于文字应用较少或需要制作特殊文字效果的文件。在输入时，行的长度会随着文字的编辑而增加或缩短，不能自动换行。美术文本的特点是：每行文字都是独立的，方便各行的修改和编辑。

(2) 当作品中需要编排很多文字时，利用段落文本可以方便、快捷地输入和编排。另外，段落文本在多页面文件中可以从一个页面流动到另一个页面，编辑起来非常灵活方便。使用段落文字的好处是文字能够自动换行，并能够迅速为文字增加制表位和项目符号等。

5.2.1 美术文本

输入美术文本的具体操作为：选择字工具（快捷键为 F8 键），在绘图窗口中的任意位置单击，插入文本输入光标，然后选择一种输入法，即可输入需要的文字。当需要另起一行输入文字时，必须按 Enter 键新起一行。

> 要点提示：按 Ctrl+Shift 组合键，可以在 Windows 系统安装的输入法之间进行切换；按 Ctrl+空格键，可以在当前使用的输入法与英文输入法之间进行切换；当处于英文输入状态时，按 Caps Lock 键或按住 Shift 键输入，可以切换字母的大小写。

【文本】工具字的属性栏如图 5-1 所示。

图5-1　【文本】工具的属性栏

- 【字体列表】O 黑体：在此下拉列表中选择需要的文字字体。
- 【字体大小列表】6 pt：在此下拉列表中选择需要的文字字号。当列表中没有需要的文字大小时，在文本框中直接输入需要的文字大小即可。
- 【粗体】按钮B：激活此按钮，可以将选择的文本加粗显示。
- 【斜体】按钮I：激活此按钮，可以将选择的文本倾斜显示。

> 要点提示：【粗体】按钮B和【斜体】按钮I只适用于部分英文字体，即只有选择支持加粗和倾斜字体的文本时，这两个按钮才可用。

- 【下划线】按钮U：激活此按钮，可以在选择的横排文字下方或竖排文字左侧添加下划线，线的颜色与文字的相同。
- 【水平对齐】按钮：单击此按钮，可在弹出的【对齐】选项面板中设置文字的对齐方式，包括左对齐、居中对齐、右对齐、两端对齐和强制对齐。
- 【文本属性】按钮：单击此按钮（快捷键为 Ctrl+T 组合键），将弹出【文本属性】泊坞窗，向下滑动右侧的滑块，即可显示所有选项。在此泊坞窗中可以对文本的字体、字号、对齐方式、字符效果、字符偏移等选项进行设置。
- 【编辑文本】按钮：单击此按钮（快捷键为 Ctrl+Shift+T 组合键），将弹出【编辑文本】对话框，在此对话框中可输入文本，或对输入的文本进行编辑，包括字体、字号、对齐方式、文本格式、查找替换和拼写检查等。

- 【水平排列文本】按钮和【垂直排列文本】按钮：用于改变文本的排列方向。单击按钮，可将垂直排列的文本变为水平排列；单击按钮，可将水平排列的文本变为垂直排列。
- 【交互式 Open Type】按钮：用于支持 OpenType 字体，以便可以利用其高级印刷功能，为单个字符或一串字符选择替换外观。激活此按钮，选择文本后，如果有可用的 OpenType 功能，文本下方会显示一个指示器箭头。

要点提示 OpenType 字体是 Adobe 和 Microsoft 联合制定的。基于 Unicode，扩展了旧字体技术的功能。OpenType 最突出的优势有：跨平台支持（Windows 和 Mac）、扩展字符集，可以提供更好的语言支持和高级印刷功能，可与 Type 1 (PostScript) 和 TrueType 字体共存等。

5.2.2 段落文本

输入段落文本的具体操作为：选择字工具，然后将鼠标指针移动到需要输入文字的位置，按住鼠标左键拖曳，绘制一个段落文本框，再选择一种合适的输入法，即可在绘制的段落文本框中输入文字。在输入文字的过程中，当输入的文字至文本框的边界时会自行换行，无须手动调整。

要点提示 段落文字与美术文字最大的不同点就是段落文字是在文本框中输入，即在输入文字之前，首先根据要输入文字的多少，制定一个文本框，然后再进行文字的输入。

选择文本，单击属性栏中的按钮将弹出【文本属性】泊坞窗。单击左上角的按钮，显示【字符】选项，其下的选项与【文本】工具属性栏中的选项功能相同，在此不再赘述；单击按钮，将弹出图 5-2 所示的【段落】选项。

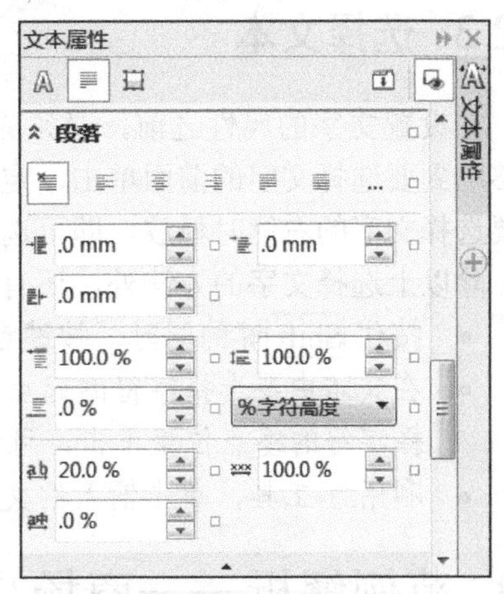

图5-2 【文本属性】泊坞窗

- 【对齐】按钮：用于设置所选文本在段落文本框中水平方向或垂直方向上的对齐方式。
- 【左行缩进】.0 mm：用于指定所选段落除首行外其他各行的缩进量。
- 【首行缩进】.0 mm：用于指定所选段落首行的缩进量。
- 【右行缩时】.0 mm：用于指定所选段落到段落文本框右侧的缩进量。
- 【段前间距】100.0 %：用于设置当前段落与前一段文本之间的距离。
- 【段后间距】.0 %：用于设置当前段落与后一段文本之间的距离。
- 【行间距】100.0 %：用于设置文本中行与行之间的距离。
- %字符高度：用于设置段落与段落或行与行间距的单位。
- 【字符间距】20.0 %：用于设置所选文本中各字符之间的距离。
- 【字间距】100.0 %：用于设置文本中字与字之间的间距。
- 【语言】.0 %：用于设置数字或英文字母与中文文字之间的距离。

一、 显示文本框中隐藏的文字

当在文本框中输入了太多的文字，超过了文本框的边界时，文本框下方位置的□符号将显示为⊡符号。将文本框中隐藏的文字完全显示的方法主要有以下几种。

- 将鼠标指针放置到文本框的任意一个控制点上，按住鼠标左键并向外拖曳，调整文本框的大小，即可将隐藏的文字全部显示。
- 单击文本框下方的⊡符号，此时鼠标指针将显示为图标，将鼠标指针移动到合适的位置后，单击或拖曳鼠标绘制一个文本框，此时绘制的文本框中将显示超出了第一个文本框大小的那些文字，并在两个文本框之间显示蓝色的连接线。
- 重新设置文本的字号或执行【文本】/【段落文本框】/【使文本适合框架】命令，也可将文本框中隐藏的文字全部显示。

利用【使文本适合框架】命令显示隐藏的文字时，文本框的大小并没有改变，而是文字的大小发生了变化。

二、 文本框的设置

文本框分为固定文本框和可变文本框两种，系统默认的为固定文本框。当使用固定文本框时，绘制的文本框大小决定了在文本框中能输入文字的多少，这种文本框一般应用于有区域限制的图像文件中。当使用可变文本框时，文本框的大小会随输入文字的多少而随时改变，这种文本框一般应用于没有区域限制的文件中。

执行【工具】/【选项】命令（快捷键为 Ctrl+J 组合键），在弹出的【选项】对话框左侧依次选择【工作区】/【文本】/【段落文本框】命令，然后在右侧的参数设置区中选择【按文本缩放段落文本框】复选项，单击 确定 按钮，即可将固定文本框设置为可变文本框。

5.2.3 选择文本

在设置文字的属性之前，必须先将需要设置属性的文字选择。选择字工具，将鼠标指针移动到要选择文字的前面单击，定位插入点，然后在插入点位置按住鼠标左键拖曳，拖曳至要选择文字的右侧时释放，即可选择一个或多个文字。

除以上选择文字的方法外，还有以下几种方法。

- 按住 Shift 键的同时，按键盘上的 → （右箭头）键或 ← （左箭头）键。
- 在文本中要选择字符的起点位置单击，然后按住 Shift 键并移动鼠标指针至选择字符的终点位置单击，可选择某个范围内的字符。
- 利用工具，单击输入的文本可选择该文本中的所有文字。

5.3 范例解析——商场户外广告设计

灵活运用【文本】工具字设计出图 5-3 所示的化妆品户外广告。

图5-3 设计的化妆品户外广告

5.3.1 绘制标志图形

首先来绘制标志图形。

【步骤解析】

1. 按Ctrl+N组合键，新建一个图形文件，然后将页面设置为横向。
2. 利用工具和工具，绘制并调整图 5-4 所示的标志轮廓图形，然后为其填充深碧蓝色（C:60,M:80），并将其外轮廓线去除。
3. 继续利用工具和工具，绘制并调整出图 5-5 所示的飘带图形，然后为其复制标志轮廓图形的填充色及外轮廓。

图5-4 绘制的标志轮廓图形

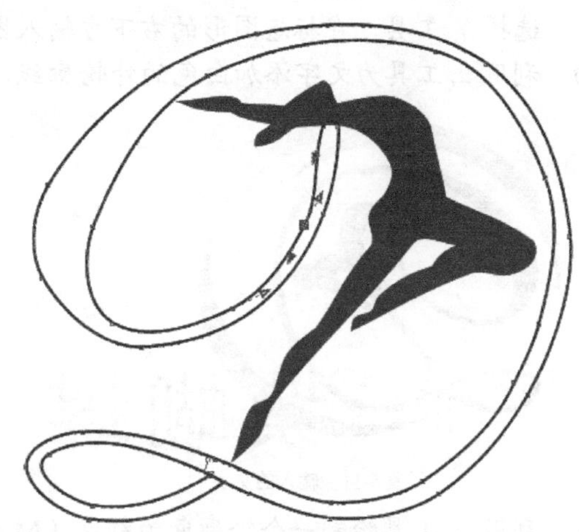

图5-5 绘制的飘带图形

4. 利用工具及移动复制和修剪操作，制作图 5-6 所示的绿色（C:100,Y:100）、无轮廓的图形。
5. 选择工具，在绿色图形上再次单击，使其周围出现旋转和扭曲符号，然后将旋转中心移动到标志图形的中心位置。
6. 将鼠标指针放置到左上角的旋转符号上，按住鼠标左键并向上拖曳，旋转复制图形，状态如图 5-7 所示；至合适位置后，在不释放鼠标左键的情况下单击鼠标右键，将图形旋转复制，如图 5-8 所示。

图5-6　绘制的图形

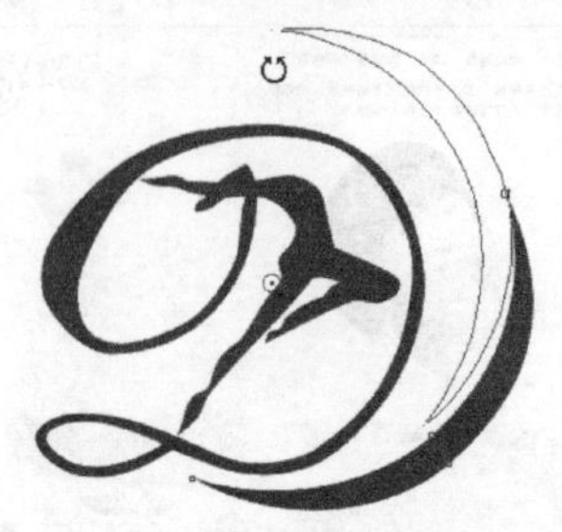

图5-7　旋转图形时的状态

图5-8　旋转复制出的图形

7. 将复制出的图形的颜色修改为黄色（Y:100），然后将其移动至图 5-9 所示的位置。
8. 用与步骤 5～步骤 7 相同的方法，再次将黄色图形旋转复制，并将复制出的图形颜色修改为红色（M:100,Y:100），如图 5-10 所示。

图5-9　图形放置的位置

图5-10　复制出的图形

9. 选择字工具，在标志图形的右下方输入图 5-11 所示的深碧蓝色（C:60,M:80）文字。
10. 利用工具为文字添加白色的外轮廓线，效果如图 5-12 所示。

图5-11　输入的文字

图5-12　设置轮廓属性后的文字效果

11. 利用工具绘制一个轮廓色为红色（M:100,Y:100），轮廓宽度为“0.83 mm”的圆形；然后用移动复制图形的方法，将圆形移动复制，并将复制出的图形放置到图 5-13 所示的位置。
12. 单击属性栏中的按钮，然后将弧形的起始和结束角度分别设置为“0”和“180”，生成的弧线效果如图 5-14 所示。
13. 将弧线的颜色修改为绿色（C:100,Y:100），然后旋转至图 5-15 所示的形态。

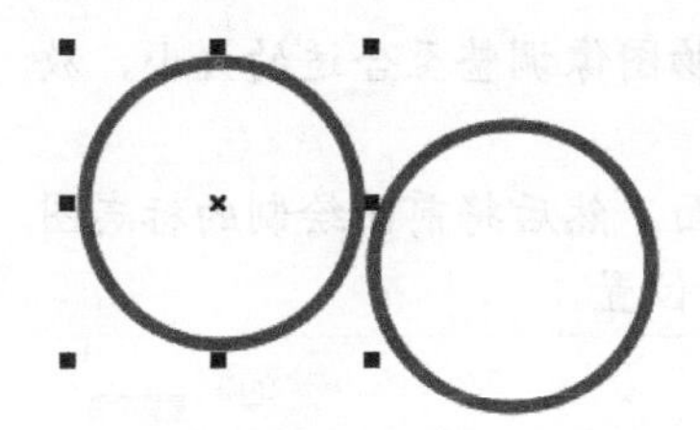

图5-13　复制出的图形放置的位置

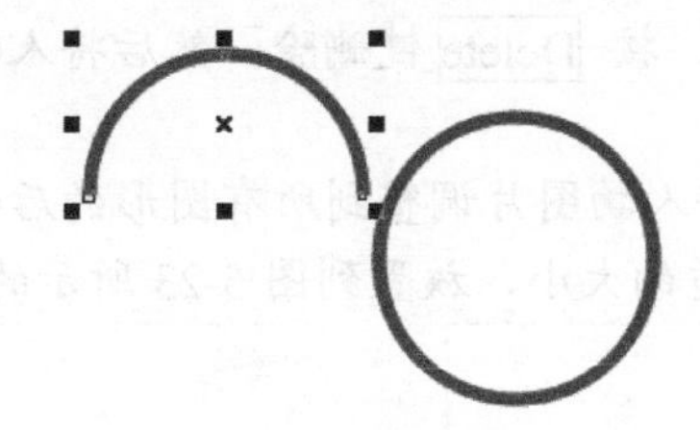

图5-14　生成的弧线效果

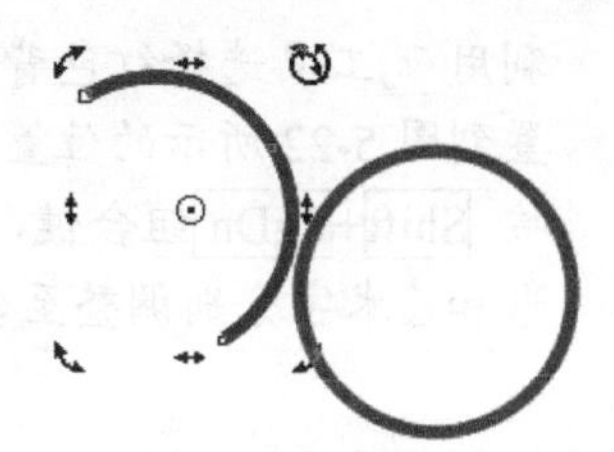

图5-15　弧线旋转后的形态

14. 用与步骤 11～步骤 13 相同的方法，制作图 5-16 所示的深黄色（M:20,Y:100）弧线，然后利用字工具输入图 5-17 所示的黑色文字。

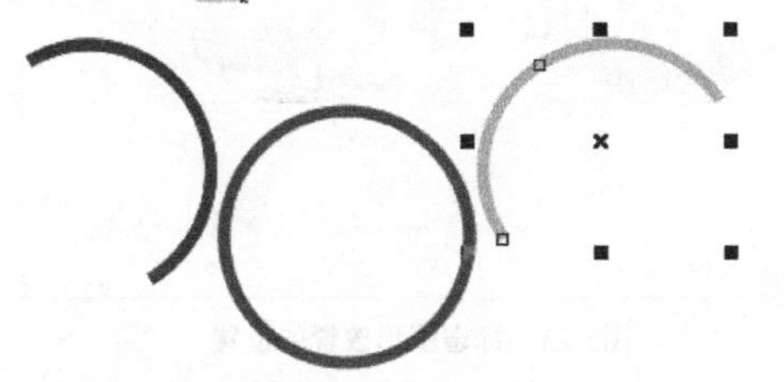

图5-16　制作的弧线

图5-17　输入的文字

15. 将图 5-18 所示的“亮”字选中，然后将其字体设置为“汉仪大宋简”。
16. 用与步骤 15 相同的方法，将“女”字的字体修改为“华文新魏”，将“人”字的字体修改为“文鼎 CS 行楷”。修改字体后的文字效果如图 5-19 所示。

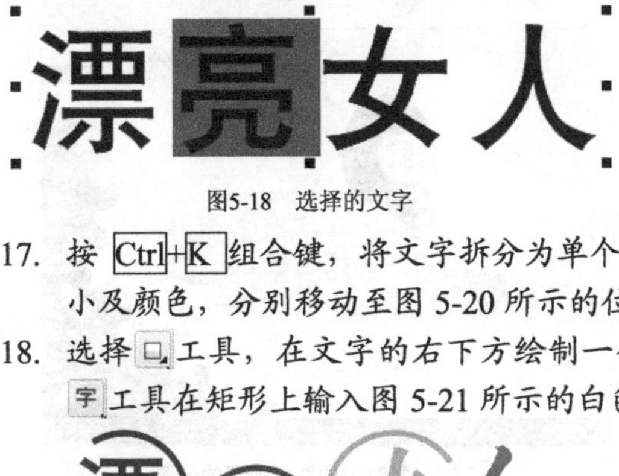

图5-18　选择的文字

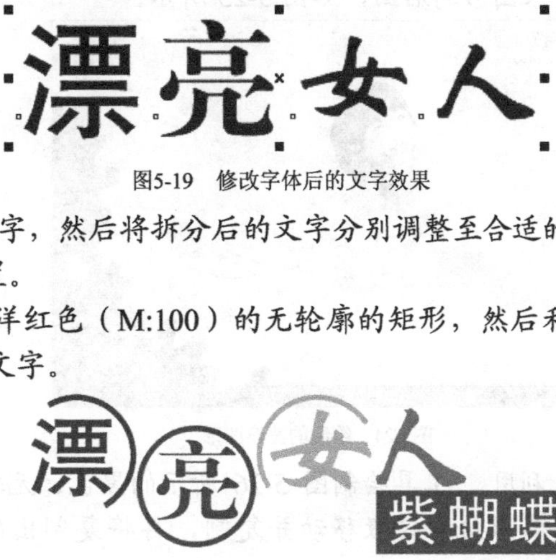

图5-19　修改字体后的文字效果

17. 按 Ctrl+K 组合键，将文字拆分为单个文字，然后将拆分后的文字分别调整至合适的大小及颜色，分别移动至图 5-20 所示的位置。
18. 选择□工具，在文字的右下方绘制一个洋红色（M:100）的无轮廓的矩形，然后利用字工具在矩形上输入图 5-21 所示的白色文字。

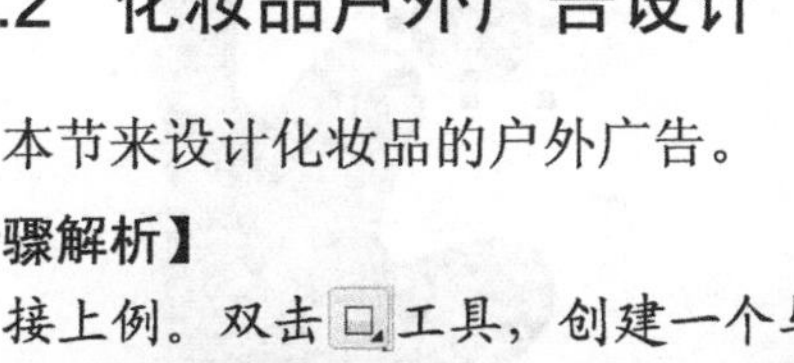

图5-20　文字放置的位置

图5-21　输入的文字

5.3.2　化妆品户外广告设计

本节来设计化妆品的户外广告。

【步骤解析】

1. 接上例。双击□工具，创建一个与页面相同大小的矩形。
2. 按 Ctrl+I 组合键，将附盘中“图库\第 05 章”目录下名为“人物.psd”的图片文件导入，并按 Ctrl+U 组合键将图像的群组取消。

3. 利用工具选择红色背景，按 Delete 键删除，然后将人物图像调整至合适的大小，放置到图 5-22 所示的位置。
4. 按 Shift+PgDn 组合键，将人物图片调整到所有图形的后面，然后将前面绘制的标志图形和艺术字分别调整至合适的大小，放置到图 5-23 所示的位置。

图5-22　导入的图片放置的位置

图5-23　标志图形放置的位置

5. 利用工具和工具，在画面中绘制并调整出图 5-24 所示的洋红色（M:100）、无外轮廓线的"波浪"图形。
6. 按键盘数字区中的+键，将波浪图形在原位置复制，并将复制出的图形的颜色修改为黑色，再将其向左上方轻微移动位置；然后按 Ctrl+PgDn 组合键，将其调整至洋红色波浪图形的后面，如图 5-25 所示。

图5-24　绘制的波浪图形

图5-25　复制出的图形放置的位置

7. 利用工具绘制图 5-26 所示的黑色、无轮廓的圆形，然后用移动复制图形的方法，将圆形向右轻微移动并复制，再将复制出的图形的颜色修改为洋红色（M:100），如图 5-27 所示。

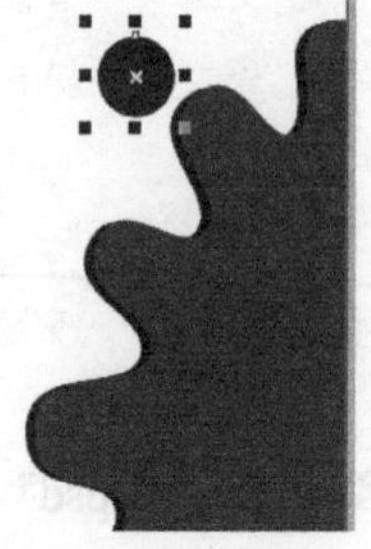

图5-26　绘制的圆形

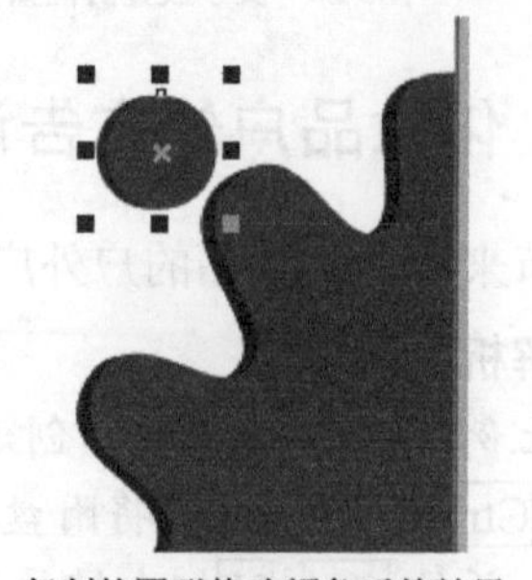

图5-27　复制的图形修改颜色后的效果

8. 将两个圆形同时选中后按 Ctrl+G 组合键群组，然后用移动复制和缩放图形的方法，依次复制并调整出图 5-28 所示的圆形。

9. 按 Ctrl+I 组合键，将附盘中“图库\第 05 章”目录下名为“化妆品.psd”的图片导入，然后将其调整至合适的大小，放置到图 5-29 所示的位置。

图5-28 复制出的图形

图5-29 导入的图片放置的位置

10. 利用字工具输入图 5-30 所示的黑色文字，然后选择工具，弹出【轮廓笔】对话框，设置各选项及参数，如图 5-31 所示。

图5-30 输入的文字

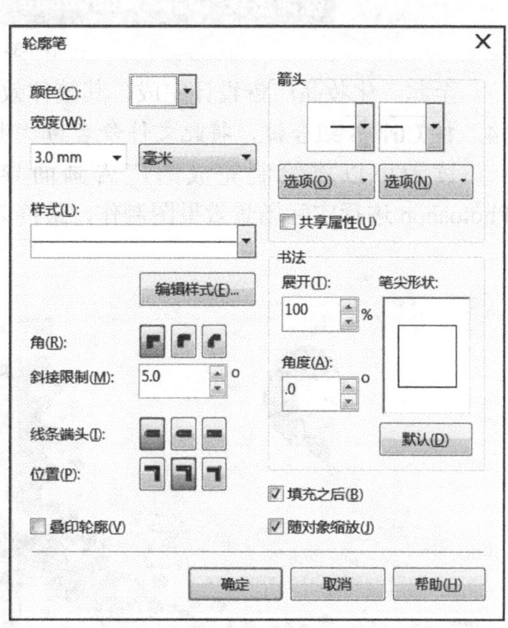

图5-31 【轮廓笔】对话框参数设置

11. 单击 确定 按钮，设置轮廓属性后的文字效果如图 5-32 所示。

图5-32 设置轮廓属性后的文字效果

12. 按键盘数字区中的+键，将文字在原位置复制，然后将复制出的文字的颜色修改为黄色（Y:100），轮廓色修改为黑色，轮廓【宽度】修改为“1.1 mm”，效果如图 5-33 所示。

图5-33　复制出的文字

13. 选择□工具，在画面的左上角位置绘制两个绿色（C:100,Y:100）、无外轮廓线的矩形，然后利用字工具在画面中依次输入图 5-34 所示的文字。

图5-34　输入的文字

至此，化妆品广告设计完成，其整体效果如图 5-35 所示。

14. 按Ctrl+S组合键，将此文件命名为“化妆品广告.cdr”保存。

读者可以将绘制完成的广告画面导出为“JPG-JPEG Bitmaps”格式，然后利用 Photoshop 进行实际场景效果图制作，最终效果如图 5-36 所示。

图5-35　设计完成的化妆品广告

图5-36　放置于实际场景中的广告效果

5.4 课堂实训——设计化妆品广告

灵活运用【文本】工具字设计出图 5-37 所示的化妆品广告。

图5-37　设计的化妆品广告

【步骤提示】

灵活运用与第 5.3 节相同的方法，设计制作出图 5-37 所示的化妆品广告。用到的素材文件为附盘中“图库\第 05 章”目录下名为“底图.jpg”和“流水.psd”的文件。

5.5 功能讲解——文本特效

本节主要来介绍沿路径排列文本的输入方法、文本绕图设置及常用的文本菜单命令。

5.5.1 沿路径排列文本

当需要将文字沿特定的框架进行编辑时，可以采用文本适配路径或适配图形的方法进行编辑。文本适配路径命令是将所输入的美术文本按指定的路径进行编辑处理，使其达到意想不到的艺术效果。沿路径输入文本时，系统会根据路径的形状自动排列文本，使用的路径可以是闭合的图形也可以是未闭合的曲线。其优点在于文字可以按任意形状排列，并且可以轻松地制作各种文本排列的艺术效果。

输入沿路径排列的文本的具体操作为：首先利用绘图或线形工具绘制出闭合或开放的图形，作为路径；然后选择字工具，将鼠标指针移动到路径的外轮廓上，当鼠标指针显示为形状时，单击插入文本光标，依次输入需要的文本，此时输入的文本即可沿图形或线形的外轮廓排列；如将鼠标指针放置在闭合图形的内部，当鼠标指针显示为形状时单击，此时图形内部将根据闭合图形的形状出现虚线框，并显示插入文本光标，依次输入需要的文本，所输入的文本即以图形外轮廓的形状进行排列。

文本适配路径后，此时的属性栏如图 5-38 所示。

图5-38　文本适配路径时的属性栏

- 【文字方向】选项 ABC ：可在该下拉列表中设置适配路径后的文字相对于路径的方向。

- 【与路径距离】选项：设置文本与路径之间的距离。参数为正值时，文本向外扩展；参数为负值时，文本向内收缩。
- 【水平偏移】选项：设置文本在路径上偏移的位置。数值为正值时，文本按顺时针方向旋转偏移；数值为负值时，文本按逆时针方向旋转偏移。
- 【镜像文本】选项：对文本进行镜像设置，单击按钮，可使文本在水平方向上镜像；单击按钮，可使文本在垂直方向上镜像。
- 贴齐标记选项：如果设置了此选项，在调整路径中的文本与路径之间的距离时，会按照设置的【标记距离】参数自动捕捉文本与路径之间的距离。

5.5.2 文本绕图

在 CorelDRAW 中可以将段落文本围绕图形进行排列，使画面更加美观。段落文本围绕图形排列称为文本绕图。

设置文本绕图的具体操作为：利用字工具输入段落文本，然后绘制任意图形或导入位图图像，将图形或图像放置在段落文本上，使其与段落文本有重叠的区域，然后单击属性栏中的按钮，系统将弹出图 5-39 所示的【绕图样式】选项面板。

- 文本绕图主要有两种方式，一种是围绕图形的轮廓进行排列；另一种是围绕图形的边界框进行排列。在【轮廓图】和【方角】栏中单击任一选项，即可设置文本绕图效果。
- 在【文本换行偏移】下方的文本框中输入数值，可以设置段落文本与图形之间的间距。
- 如要取消文本绕图，可单击【换行样式】选项面板中的【无】选项。

选择不同文本绕图样式后的效果如图 5-40 所示。

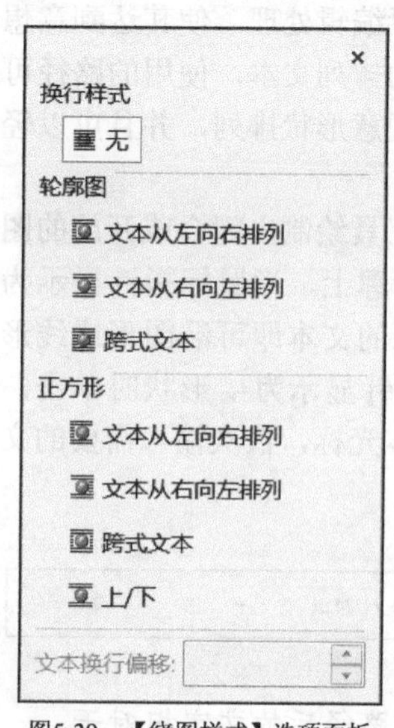

图5-39　【绕图样式】选项面板

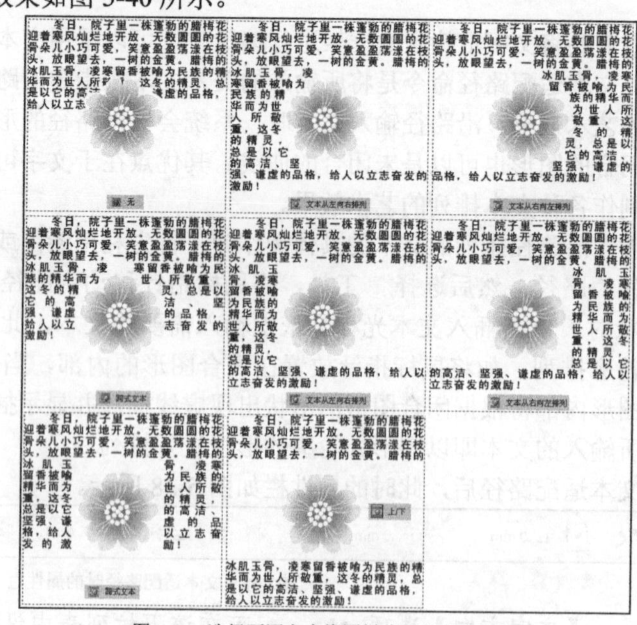

图5-40　选择不同文本绕图样式后的文本效果

5.5.3 文本菜单

下面主要介绍【文本】菜单中的常用命令，包括【制表位】、【栏】、【项目符号】、【首字下沉】、【断行规则】和【插入符号字符】命令。

一、【制表位】命令

设置制表位的目的是为了保证段落文本按照某种方式进行对齐，以使整个文本井然有序。此功能主要用于制作日历类的日期对齐排列及索引目录等。执行【文本】/【制表位】命令，将弹出图 5-41 所示的【制表位设置】对话框。

> 要点提示 要使用此功能进行对齐的文本，每个对象之间必须先使用 Tab 键进行分隔，即在每个对象之前加入 Tab 空格。

- 【制表位位置】选项：用于设置添加制表位的位置。此数值是在最后一个制表位的基础上而设置的。单击右侧的 添加(A) 按钮，可将此位置添加至制表位窗口的底部。
- 移除(R) 按钮：单击此按钮，可以将选择的制表位删除。
- 全部移除(E) 按钮：单击此按钮，可以删除制表位列表中的全部制表位。
- 前导符选项(L)... 按钮：单击此按钮，将弹出【前导符设置】对话框，在此对话框中可选择制表位间显示的符号，并能设置各符号间的距离。

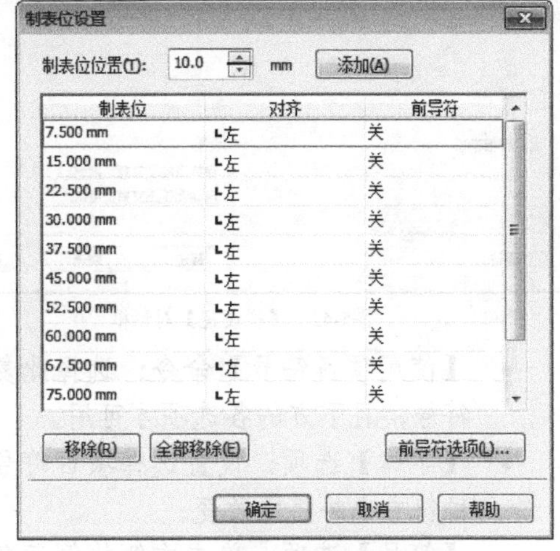

图5-41 【制表位设置】对话框

- 在列表中的参数上单击，当参数高亮显示时，输入新的数值，可以改变该制表位的位置。
- 在【对齐】列表中单击，当出现▾按钮时再单击，可以在弹出的下拉列表中改变该制表位的对齐方式，包括“左对齐”“右对齐”“居中对齐”和“小数点对齐”。

二、【栏】命令

当编辑有大量文字的文件时，通过对【栏】命令的设置，可以使排列的文字更容易阅读，看起来也更加美观。执行【文本】/【栏】命令，将弹出图 5-42 所示的【栏设置】对话框。

- 【栏数】选项：设置段落文本的分栏数目。在下方的列表中显示了分栏后的栏宽和栏间距。当【栏宽相等】复选项不被选择时，在【宽度】和【栏间宽度】中单击，可以设置不同的栏宽和栏间宽度。
- 【栏宽相等】选项：选择此复选项，可以使分栏后的栏和栏之间的距离相同。
- 【保持当前图文框宽度】选项：选择此单选项，可以保持分栏后文本框的宽度不变。

- 【自动调整图文框宽度】选项：选择此单选项，当对段落文本进行分栏时，系统可以根据设置的栏宽自动调整文本框宽度。
- 【预览】选项：选择此复选项，在【栏设置】对话框中的设置可随时在绘图窗口中显示。

三、【项目符号】命令

在段落文本中添加项目符号，可以将一些没有顺序的段落文本内容排成统一的风格，使版面的排列井然有序。执行【文本】/【项目符号】命令，将弹出图 5-43 所示的【项目符号】对话框。

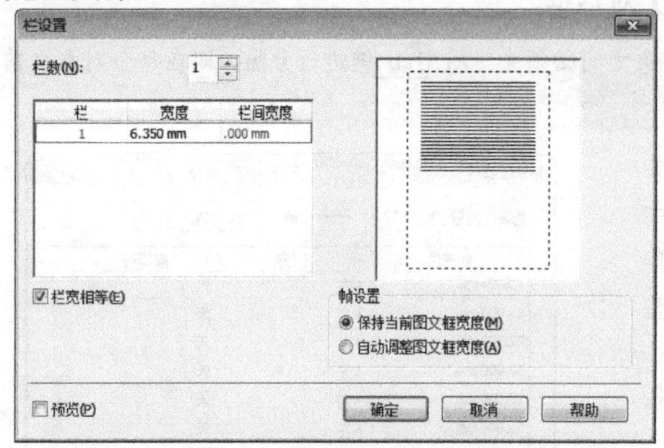

图5-42　【栏设置】对话框

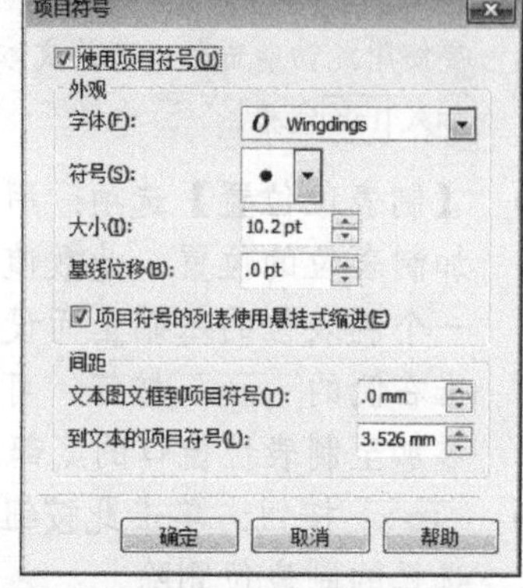

图5-43　【项目符号】对话框

- 【使用项目符号】命令：选择此复选项，即可在选择的段落文本中添加项目符号，且下方的各选项才可用。
- 【字体】选项：设置选择项目符号的字体。随着字体的改变，当前选择的项目符号也将随之改变。
- 【符号】选项：单击右侧的倒三角按钮，可以在弹出的【项目符号】选项面板中选择想要添加的项目符号。
- 【大小】选项：设置选择项目符号的大小。
- 【基线位移】选项：设置项目符号在垂直方向上的偏移量。参数为正值时，项目符号向上偏移；参数为负值时，项目符号向下偏移。
- 【项目符号的列表使用悬挂式缩进】选项：选择此复选项，添加的项目符号将在整个段落文本中悬挂式缩进。不选择与选择此复选项时的项目符号如图 5-44 所示。

❋ 在段落文本中添加项目符号，可以将一些没有顺序的段落文本内容排成统一的风格，使版面的排列井然有序。选取菜单栏中的【文本】/【项目符号】命令，将弹出如图所示的【项目符号】对话框。

❋ 在段落文本中添加项目符号，可以将一些没有顺序的段落文本内容排成统一的风格，使版面的排列井然有序。选取菜单栏中的【文本】/【项目符号】命令，将弹出如图所示的【项目符号】对话框。

图5-44　不使用与使用悬挂式缩进时的效果对比

- 【文本图文框到项目符号】选项：用于设置项目符号到文本框边界的距离。
- 【到文本的项目符号】选项：用于设置项目符号到文本之间的距离。

四、【首字下沉】命令

首字下沉可以将段落文本中每一段文字的第一个字母或文字放大并嵌入文本。执行【文本】/【首字下沉】命令，将弹出图 5-45 所示的【首字下沉】对话框。

- 【使用首字下沉】：选择此复选项，即可在选择的段落文本中添加首字下沉效果，且下方的各选项才可用。
- 【下沉行数】：设置首字下沉的行数，设置范围为“2～10”。
- 【首字下沉后的空格】：设置下沉文字与主体文字之间的距离。
- 【首字下沉使用悬挂式缩进】：选择此复选项，首字下沉效果将在整个段落文本中悬挂式缩进。不选择与选择此复选项时的项目符号如图 5-46 所示。

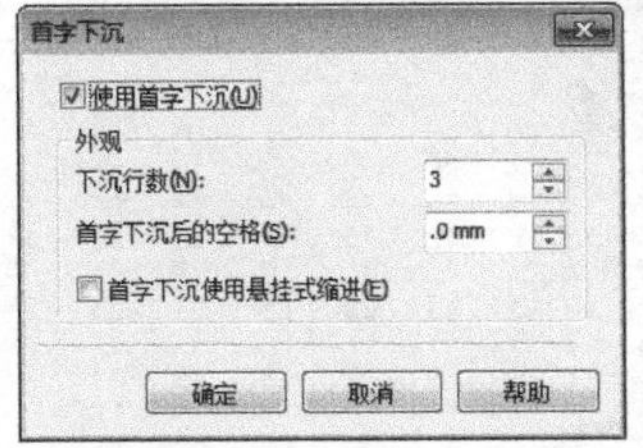

图5-45　【首字下沉】对话框

图5-46　不使用与使用悬挂式缩进时的效果对比

五、【断行规则】命令

执行【文本】/【断行规则】命令，弹出的【亚洲断行规则】对话框如图 5-47 所示。

- 【前导字符】选项：选择此复选项，将确保不在该选项右侧文本框中的任何字符之后断行。
- 【下随字符】选项：选择此复选项，将确保不在该选项右侧文本框中的任何字符之前断行。
- 【字符溢值】选项：选择此复选项，将允许该选项右侧文本框中的字符延伸到行边距之外。

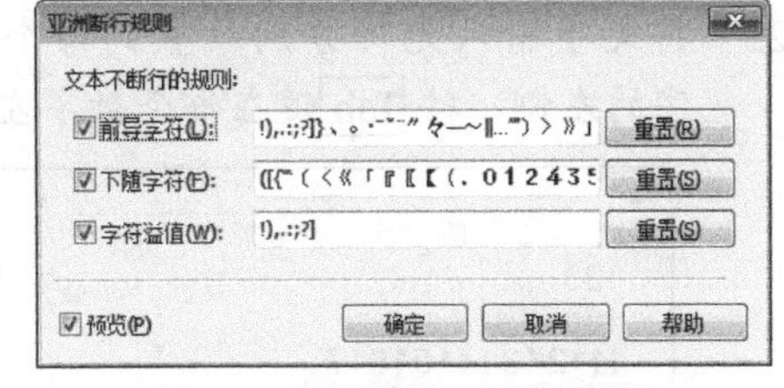

图5-47　【亚洲断行规则】对话框

要点提示

【前导字符】是指不能出现在行尾的字符；【下随字符】是指不能出现在行首的字符；【字符溢值】是指不能换行的字符，它可以延伸到右侧页边距或底部页边距之外。

- 在相应的选项文本框中，可以自行键入或移除字符，当要恢复以前的字符设置时，可单击右侧的 重置(R) 按钮。

六、【插入字符】命令

利用【插入符号字符】命令可以将系统已经定义好的符号或图形插入到当前文件中。

执行【文本】/【插入字符】命令（快捷键为 Ctrl+F11 组合键），弹出图 5-48 所示的【插入字符】泊坞窗，选择好【字体】选项，然后拖曳下方符号选项窗口右侧的滑块，当出现需要的符号时释放鼠标，在需要的符号上双击，即可将选择的符号插入到绘图窗口的中心位置；在选择的字符上按

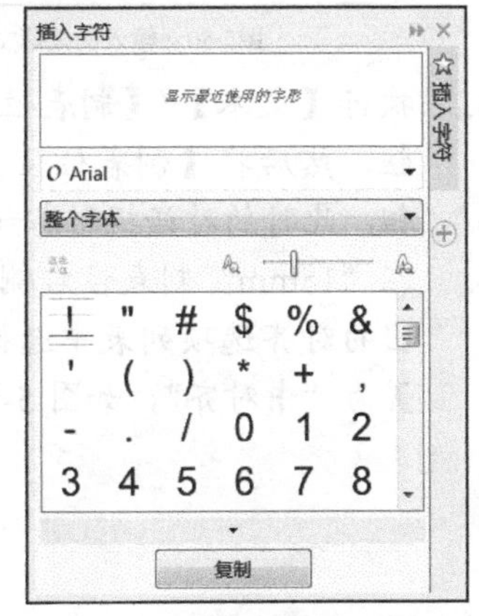

图5-48　【插入字符】泊坞窗

下鼠标并向绘图窗口中拖曳，可将字符放置到释放鼠标的位置。

- 【缩放】选项：拖动滑块，可调整符号选项窗口中符号的显示大小。
- 选择符号后，单击下方的复制按钮，然后在页面中单击鼠标右键，在弹出的右键菜单中选择【粘贴】命令，也可将选择的符号导入页面中。

5.6 范例解析——制作桌面日历

灵活运用【制表位】命令制作出图 5-49 所示的桌面日历效果。

图5-49　制作的桌面日历效果

【步骤解析】

1. 新建一个图形文件，然后选择字工具，在绘图窗口中按住鼠标左键并拖曳，绘制一个段落文本框，并依次输入图 5-50 所示的段落文本。

此处绘制的段落文本框最好大一点，因为在下面的操作过程中，要对文字的字符和行间距进行调整，文本框不够大，输入的文本将无法全部显示。

2. 将文字输入光标分别放置到每个数字的左侧，按Tab键在每个数字左侧输入一个 Tab 空格，效果如图 5-51 所示。

图5-50　输入的段落文本

图5-51　调整后数字的排列形态

3. 执行【文本】/【制表位】命令，在弹出的【制表位设置】对话框中单击全部移除(E)按钮，然后将【制表位位置】选项的值设置为“15mm”，再连续单击 7 次添加(A)按钮，此时的对话框形态如图 5-52 所示。
4. 在“15mm”制表位右侧的对齐栏中单击，出现一个倒三角按钮，单击此按钮，在弹出的对齐选项列表中选择【中】选项，然后用相同的方法将其他位置的对齐方式均设置为“中对齐”，如图 5-53 所示。

图5-52　设置制表位位置后的对话框形态

图5-53　将对齐方式设置为"中对齐"

5. 单击 确定 按钮，设置制表位后的段落文本如图 5-54 所示。
6. 选择字工具，在数字"1"左侧单击，插入输入光标，然后连续按 3 次 Tab 键，将第一行文字向右移动 3 个制表位，效果如图 5-55 所示。

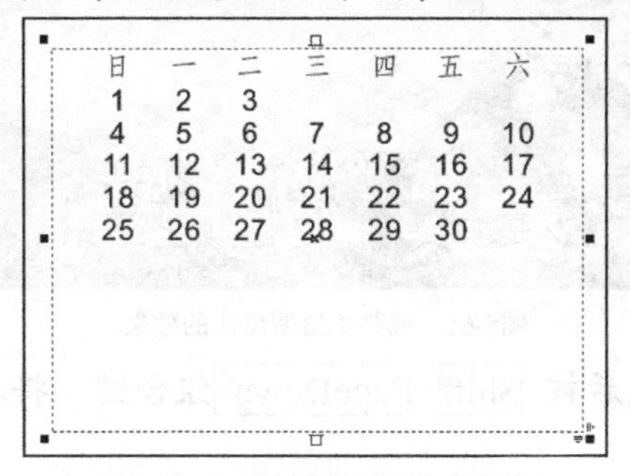

图5-54　设置制表位后的段落文本

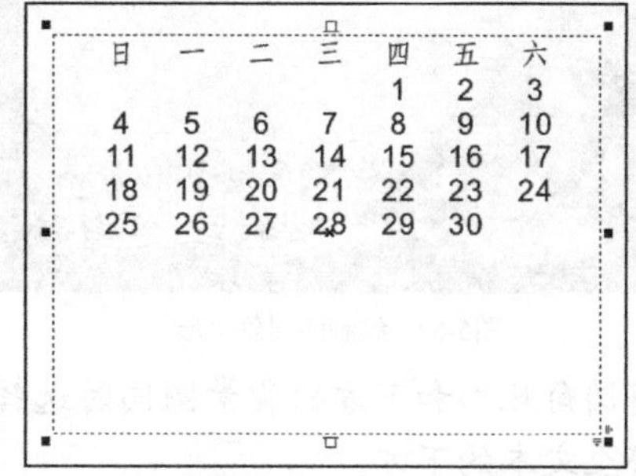

图5-55　调整第一行文字位置后的效果

7. 选择工具，在文本框左下方的符号上按住鼠标左键并向下拖曳，增大文字之间的行间距，效果如图 5-56 所示。
8. 再次利用工具框选图 5-57 所示的文本，然后在【调色板】中的"红"颜色上单击，将选择文本的颜色修改为红色。

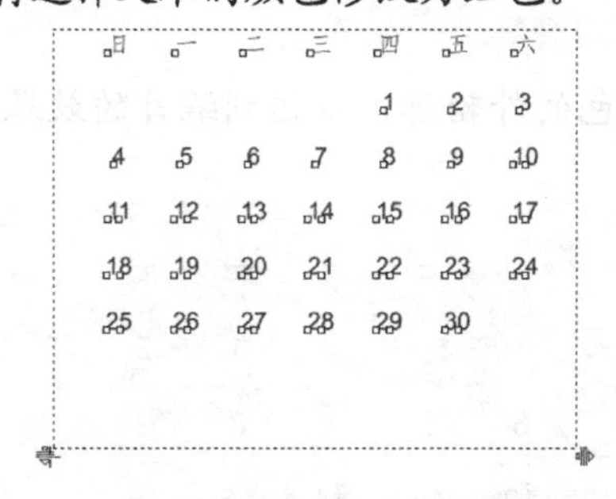

图5-56　调整行间距后的效果

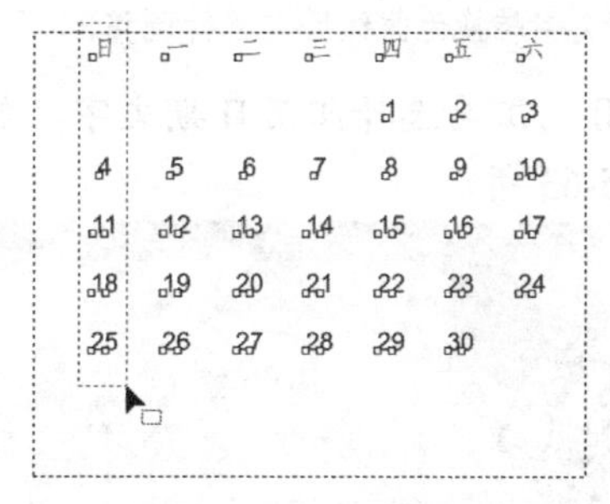

图5-57　框选文本时的状态

9. 用与步骤 8 相同的方法，将右侧一列文本的颜色也修改为红色，再框选第一行文字，将其字体设置为"隶书"，如图 5-58 所示。
10. 用与步骤 1～步骤 9 相同的方法，再制作出阴历的日期，如图 5-59 所示。

日	一	二	三	四	五	六
				1	2	3
4	5	6	7	8	9	10
11	12	13	14	15	16	17
18	19	20	21	22	23	24
25	26	27	28	29	30	

图5-58　修改颜色及字体后的效果

日	一	二	三	四	五	六
				1 十八	2 十九	3 二十
4 廿一	5 廿二	6 廿三	7 廿四	8 廿五	9 廿六	10 廿七
11 廿八	12 廿九	13 三十	14 十月	15 初二	16 初三	17 初四
18 初五	19 初六	20 初七	21 初八	22 初九	23 初十	24 十一
25 十二	26 十三	27 十四	28 十五	29 十六	30 十七	

图5-59　制作出的阴历日期

11. 按 Ctrl+I 组合键，将附盘中“图库\第 05 章”目录下名为“日历背景.jpg”的文件导入，然后利用工具在其上方绘制出图 5-60 所示填充色为黄色，无外轮廓的圆角矩形。
12. 选择工具，再单击属性栏中的按钮，然后将 20 的参数设置为“20”，降低不透明度后的图形效果如图 5-61 所示。

图5-60　绘制的圆角矩形

图5-61　调整不透明度后的效果

13. 将圆角矩形和下方的背景图同时选择并群组，然后按 Shift+PageDown 组合键，将其调整至文本的下方。
14. 调整导入图像的大小及位置，使文本正好显示在有透明效果的黄色区域中，如图 5-62 所示。

此处让读者调整图像的大小而不是调整文字的大小，因为缩放文本只会使文本框增大或缩小，而文字并没有发生变化。如果想调整文字的大小，可首先执行【排列】/【转换为曲线】命令，将文字转换为曲线后再进行调整。

15. 利用工具选择阳历日期文字，然后为其添加白色的外轮廓，以达到醒目的效果，如图 5-63 所示。

图5-62　图像调整后的大小及位置

图5-63　输入的字母及数字

16. 至此，桌面日历制作完成，按Ctrl+S组合键，将此文件命名为“桌面日历.cdr”保存。

5.7 课堂实训——设计宣传卡

利用字工具及【项目符号】命令设计出图 5-64 所示的宣传卡。

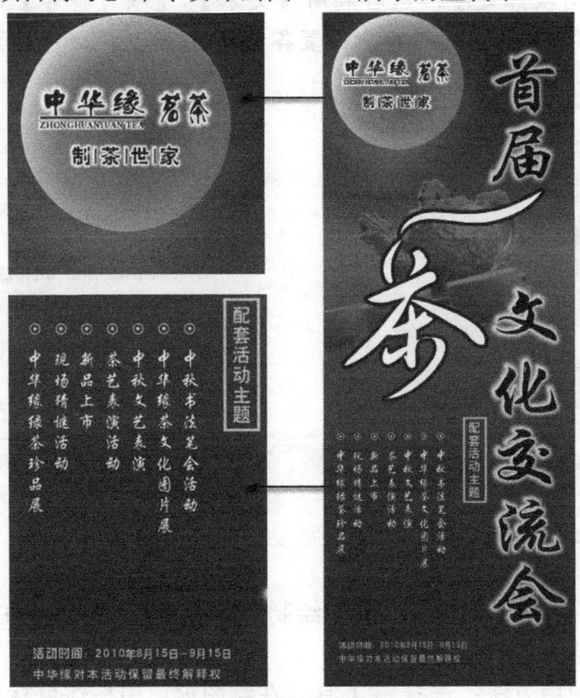

图5-64 设计的宣传卡

【步骤提示】

1. 新建图形文件，利用□工具绘制矩形，并为其填充渐变色，然后将附盘中“图库\第05 章”目录下名为“茶壶.psd”的文件导入，调整大小及位置后添加标准的交互式透明效果。
2. 利用字工具输入图 5-65 所示的白色“茶”字，字体为“方正黄草简体”，然后按Ctrl+Q组合键，将其转换为曲线。
3. 选择工具，框选图 5-66 所示的节点，然后按Delete键，将选择的笔划删除，再将剩余的笔划调整至图 5-67 所示的形态。

图5-65 输入的文字

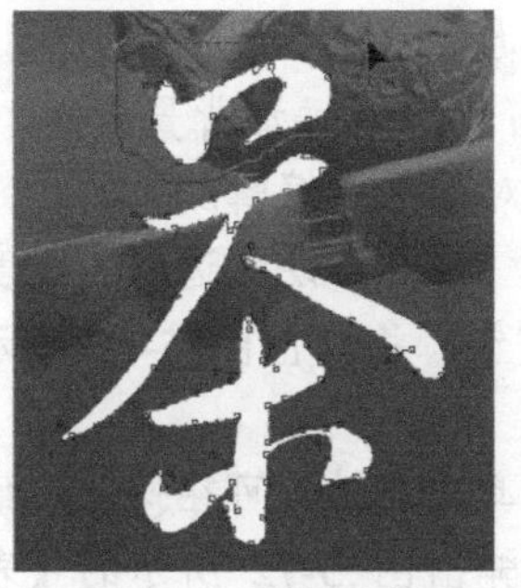

图5-66 框选的节点

图5-67 调整后的形态

4. 利用工具和工具绘制出图 5-68 所示的图形，然后将白色图形全部选择并群组。
5. 将群组文字在原位置复制，然后为下方文字添加紫色（C:50,M:100,Y:100,K:50）的外轮廓。
6. 依次输入其他文字，并利用工具为部分文字添加发光效果。
7. 选择左下方的竖向段落文字，然后利用【文本】/【项目符号】命令为其添加项目符号，在弹出的【项目符号】对话框中设置各项参数，如图 5-69 所示。

图5-68　绘制的图形

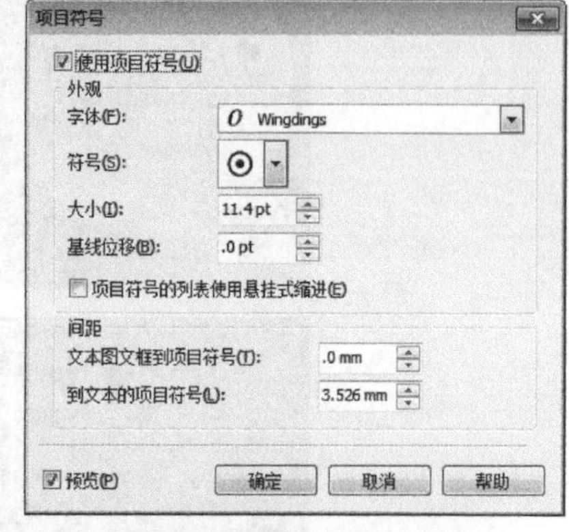

图5-69　设置的项目符号选项

5.8　功能讲解——表格工具

【表格】工具主要用于在图像文件中绘制表格图形，并可以像在 Word 文件中一样对表格进行合并或拆分等操作。

【表格】工具的使用方法：选择工具，在绘图窗口中按住鼠标左键并拖曳，即可绘制出表格。绘制后还可在属性栏中修改表格的行数、列数并能进行单元格的合并和拆分等。

5.8.1　【表格】工具的属性栏

【表格】工具的属性栏如图 5-70 所示。

图5-70　【表格】工具的属性栏

- 【行数和列数】选项：用于设置绘制表格的行数和列数。
- 【背景色】选项：单击按钮，可在弹出的下拉列表中选择颜色，以便为选择的表格添加背景色。当选择图标时，将取消背景色。
- 【编辑填充】按钮：当为表格添加背景色后，此按钮才可用，单击此按钮可在弹出的【均匀填充】对话框中编辑颜色。
- 【轮廓宽度】选项：用于设置边框的宽度。
- 【边框】选项：单击按钮，将弹出图 5-71 所示的边框选项，用于选择表格的边框。
- 【轮廓颜色】色块：单击色块，可在弹出的颜色列表中选择边框的颜色。
- 按钮：单击此按钮将弹出图 5-72 所示的【表格选项】面板，用于设置单元格的属性。

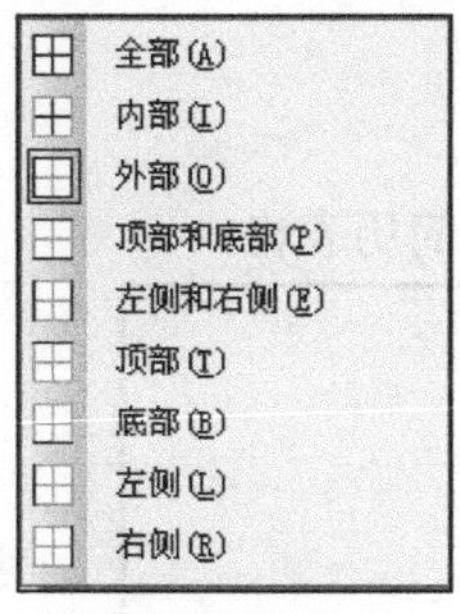

图5-71　边框选项

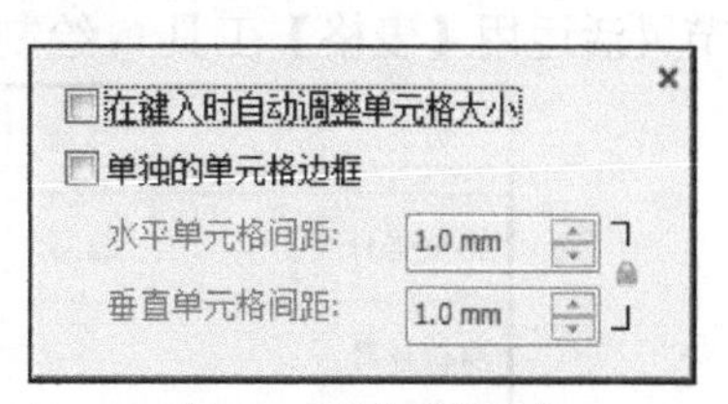

图5-72　【选项】面板

5.8.2　选择单元格

选择单元格的具体操作为：确认绘制的表格图形处于选择状态，且选择工具，将鼠标指针移动到要选择的单元格中，当鼠标指针显示为形状时单击，即可将该单元格选择；如鼠标指针显示为形状时拖曳，可将鼠标指针经过的单元格按行、按列选择。

- 将鼠标指针移动到表格的左侧，当鼠标指针显示为形状时单击，可将当前行选择，如按住鼠标左键并上下拖曳，可将相临的行选择。
- 将鼠标指针移动到表格的上方，当鼠标指针显示为形状时单击，可将当前列选择，如按住鼠标左键并左右拖曳，可将相临的列选择。

将鼠标指针放置到表格图形的任意边线上，当鼠标指针显示为↕或↔形状时按住鼠标左键并拖曳，可调整整行或整列单元格的高度或宽度。

当选择单元格后，【表格】工具的属性栏如图 5-73 所示。

图5-73　【表格】工具的属性栏

- 页边距按钮：单击此按钮将弹出设置页边距面板，用于设置表格中文字距当前单元格的距离。单击其中的按钮使其显示为状态，可分别在各文本框中输入不同的数值，以设置不同的页边距。
- 【将选定的单元格合并为一个单元格】按钮：单击此按钮，可将选择的单元格合并为一个单元格。
- 【将选定单元格水平拆分为特定数目的单元格】按钮：单击此按钮，可弹出【拆分单元格】对话框，设置数值后单击确定按钮，可将选择的单元格按设置的行数拆分。
- 【将选定单元格垂直拆分为特定数目的单元格】按钮：单击此按钮，可弹出【拆分单元格】对话框，设置数值后单击确定按钮，可将选择的单元格按设置的列数拆分。
- 【将选定的单元格拆分为其合并之前的状态】按钮：只有选择利用按钮合并过的单元格，此按钮才可用。单击此按钮，可将当前单元格还原为没合并之前的状态。

5.9 范例解析——绘制表格

本节灵活运用【表格】工具绘制出图 5-74 所示的个人简历表格。

姓名		性别		民族		
出生年月		籍贯		政治面貌		
身份证号		参加工作时间				
学历		学位		职称		
工作单位				职务		
何时何地受过何种奖励						

图5-74 绘制的个人简历表格

首先利用工具绘制表格，然后对其进行编辑调整使其符合要求的表格样式，再输入文字并进行编排，即可完成表格的绘制，具体操作方法如下。

【步骤解析】

1. 新建一个图形文件，然后选择工具，并设置属性栏中的参数分别为“6”和“7”。
2. 在页面打印区中按住鼠标左键并拖曳，绘制出图 5-75 所示的表格图形。
3. 确认属性栏中【边框】选项右侧的按钮为按钮，然后将右侧 .75 mm 选项设置为“0.75mm”，即将表格边框的宽度设置为 0.75 毫米。
4. 单击按钮，在弹出的下拉列表中选择按钮，然后将右侧 .5 mm 选项设置为“0.5mm”，即将表格内线形的宽度设置为 0.5 毫米。
5. 将鼠标指针移动到表格自左向右的第 3 条边线上，当鼠标指针显示为↔形状时按住鼠标左键并向左拖曳，状态如图 5-76 所示。

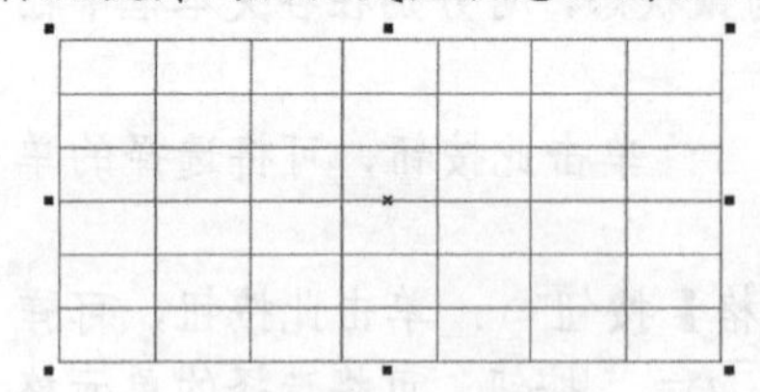

图5-75 绘制的表格

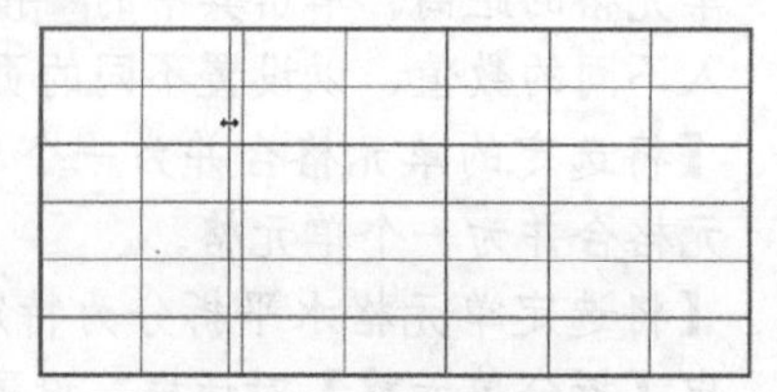

图5-76 调整边线时的状态

6. 至合适位置后释放鼠标左键，调整单元格大小后的效果如图 5-77 所示。
7. 用与步骤 5～步骤 6 相同的方法，分别对其他竖向的边线进行调整，如图 5-78 所示。

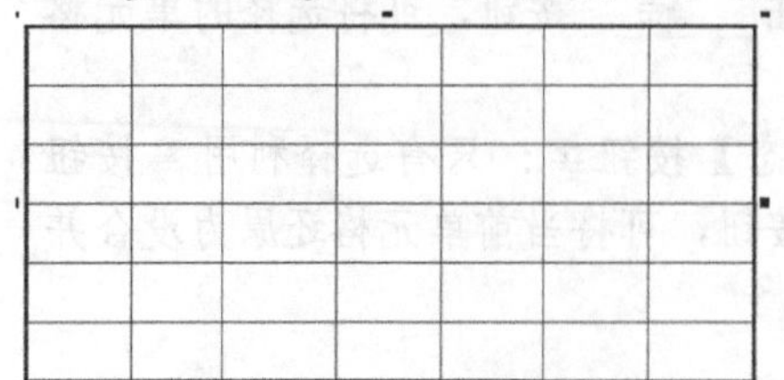

图5-77 移动边线后的效果

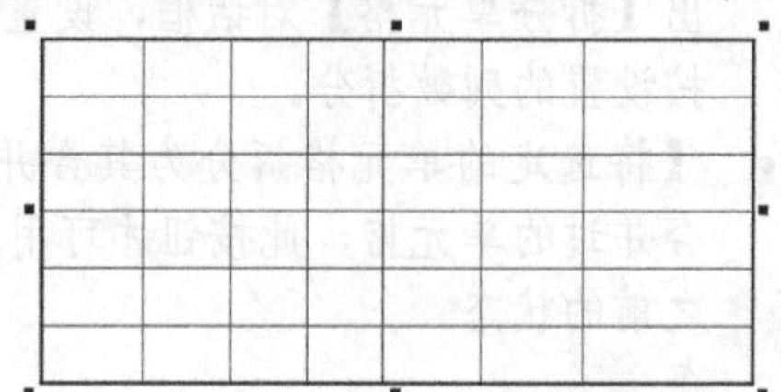

图5-78 调整各边线后的效果

8. 将鼠标指针移动到表格自下向上的第 2 条边线上，当鼠标指针显示为↕形状时按住鼠标左键并向上拖曳，状态如图 5-79 所示。
9. 释放鼠标左键后，将鼠标指针移动到左上角的单元格中，当鼠标指针显示为✚形状时按住鼠标左键并向右下方拖曳，将图 5-80 所示的单元格选择。

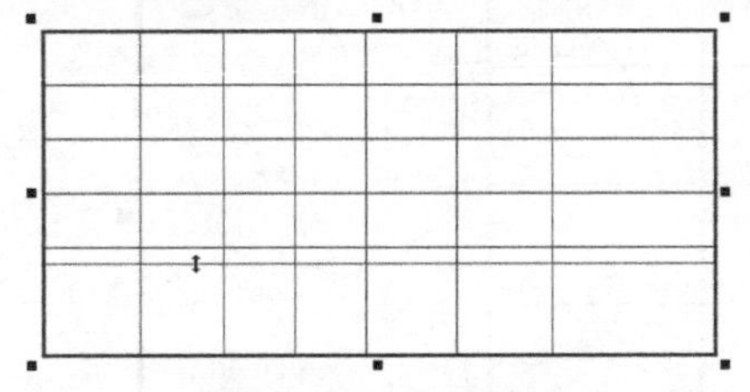

图5-79　边线调整后的位置

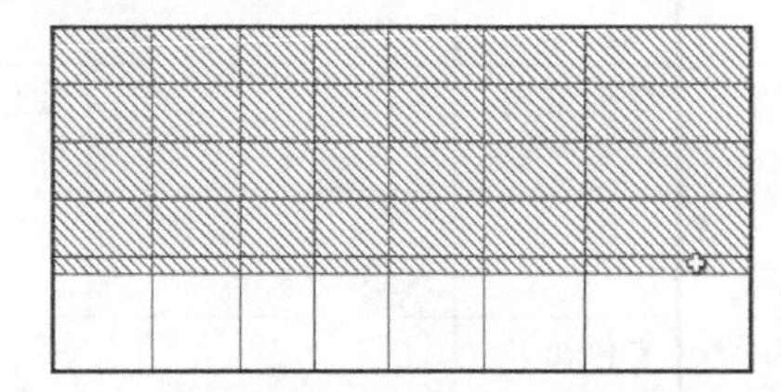

图5-80　选择的单元格

10. 在选择的单元格上单击鼠标右键，在弹出的右键菜单中依次选择【分布】/【行均分】命令，将选择的单元格各行均匀分布，效果如图 5-81 所示。
11. 利用▦工具再将图 5-82 所示的单元格选择。

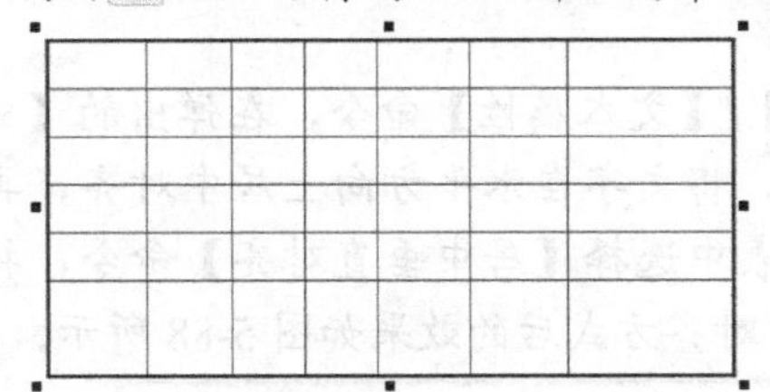

图5-81　各行均匀分布后的效果

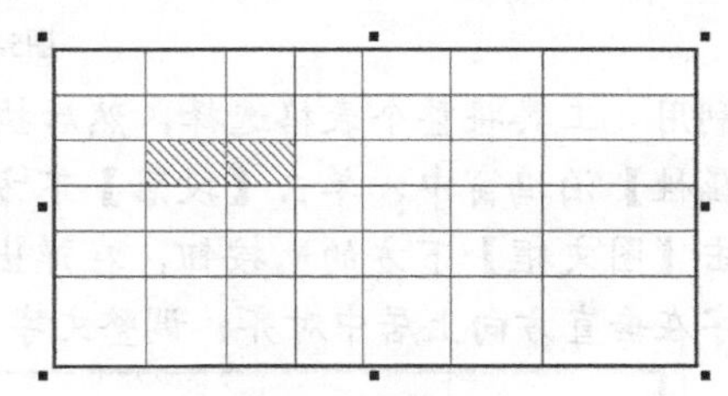

图5-82　选择的单元格

12. 在选择的单元格上单击鼠标右键，在弹出的右键菜单中选择【合并单元格】命令，将两个单元格合并为一个单元格，如图 5-83 所示。
13. 用与步骤 11～步骤 12 相同的方法，对需要进行合并的单元格进行选择并合并，最终效果如图 5-84 所示。

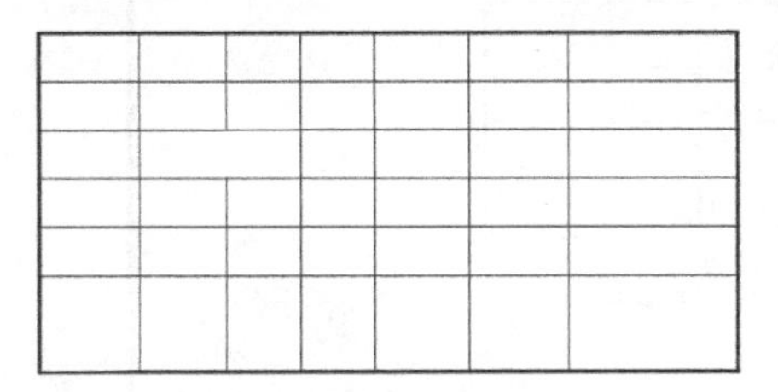

图5-83　合并后的单元格

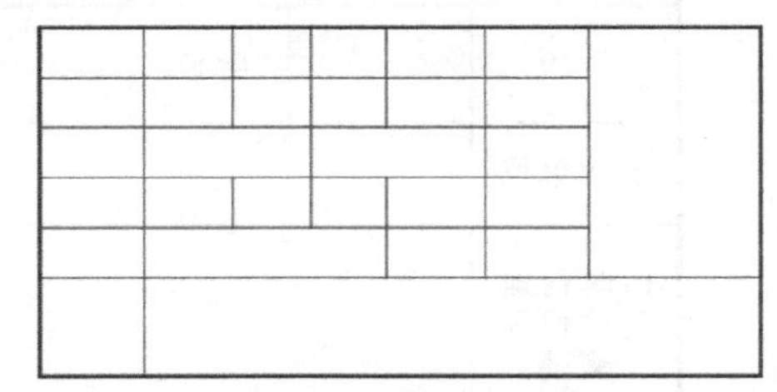

图5-84　各单元格合并后的效果

14. 将鼠标指针移动到左上角的单元格中，当鼠标指针显示为 I 形状时单击，在该单元格中插入文字输入光标，如图 5-85 所示，然后输入“姓名”文字，如图 5-86 所示。

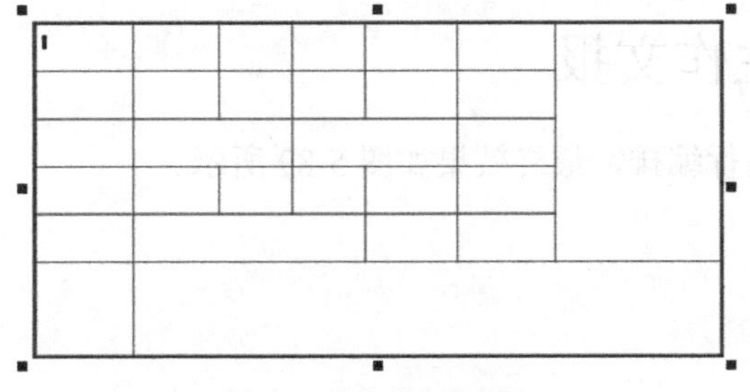

图5-85　插入的文字光标

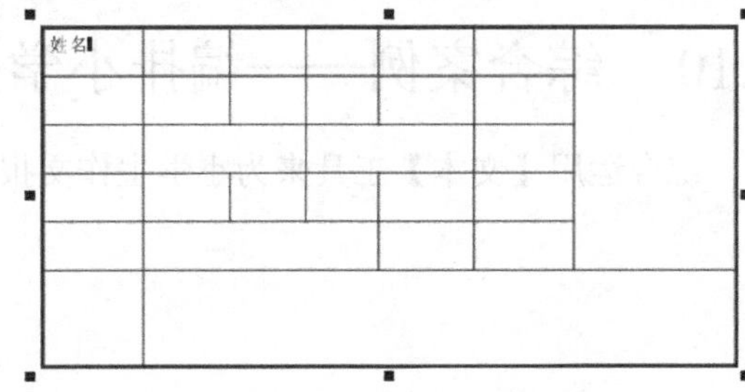

图5-86　输入的文字

15. 用与步骤 14 相同的方法，依次输入图 5-87 所示的文字。

姓名		性别		民族		
出生年月		籍贯		政治面貌		
身份证号		参加工作时间				
学历		学位		职称		
工作单位				职务		
何时何地受过何种奖励						

图5-87　输入的文字

16. 利用工具将整个表格选择，然后执行【文本】/【文本属性】命令，在弹出的【文本属性】泊坞窗中，单击【段落】下方的按钮，将文字在水平方向上居中对齐，再单击【图文框】下方的按钮，在弹出的下拉列表中选择【居中垂直对齐】命令，将文字在垂直方向上居中对齐，调整文字在单元格中对齐方式后的效果如图 5-88 所示。

姓名		性别		民族		
出生年月		籍贯		政治面貌		
身份证号		参加工作时间				
学历		学位		职称		
工作单位				职务		
何时何地受过何种奖励						

图5-88　调整对齐方式后的效果

17. 至此，表格绘制完成，按 Ctrl+S 组合键，将此文件命名为“表格绘制.cdr”保存。

5.10　综合案例——编排小学生作文报

综合运用【文本】工具来为小学生作文报进行编排，最终效果如图 5-89 所示。

图5-89　编排完成的作文报

【步骤提示】

1. 新建一个图形文件，然后将图像文件的尺寸设置为 426.0 mm 291.0 mm。
2. 执行【工具】/【选项】命令，在弹出的【选项】对话框中单击【辅助线】前面的⊞图标，然后分别设置【水平】和【垂直】辅助线参数如图 5-90 所示。

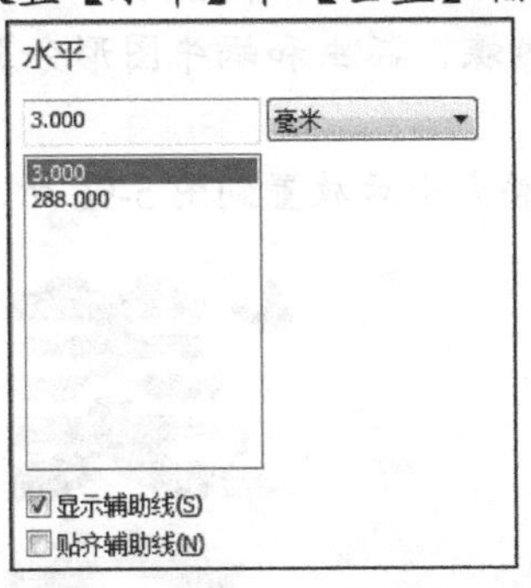

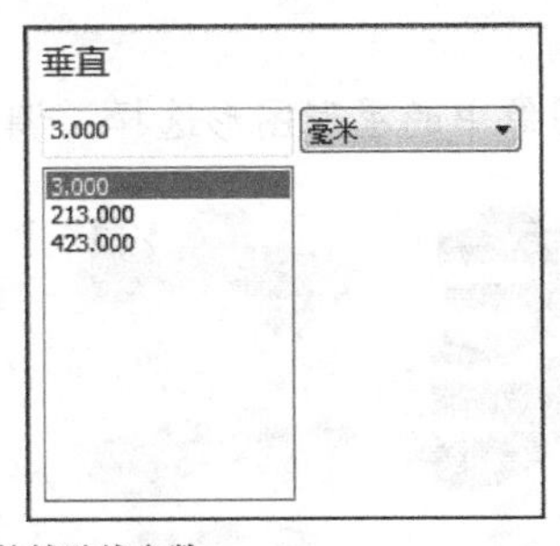

图5-90　设置的辅助线参数

3. 单击 确定 按钮，添加的辅助线位置如图 5-91 所示。
4. 双击□工具，创建一个与页面相同大小的矩形，然后为其填充【从】颜色为淡黄色（Y:10），【到】颜色为白色的射线渐变色。
5. 按 Ctrl+I 组合键，将附盘中“图库\第 05 章”目录下名为“排版素材.cdr”的文件导入，然后单击属性栏中的按钮，取消群组，并将小树及台阶图形选择，调整合适的大小后放置到画面的左上角位置，如图 5-92 所示。

图5-91　添加的辅助线

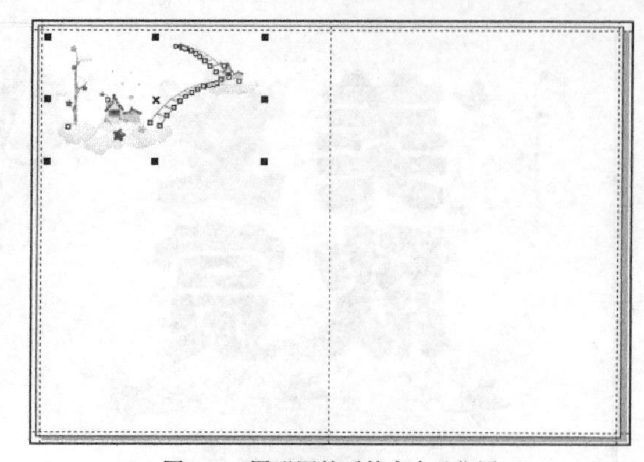

图5-92　图形调整后的大小及位置

6.　利用字工具输入图 5-93 所示的文字，然后将文字的字体设置为“汉仪琥珀体简”，并分别调整各文字的颜色，最终效果如图 5-94 所示。

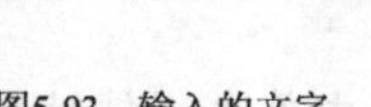

图5-93　输入的文字

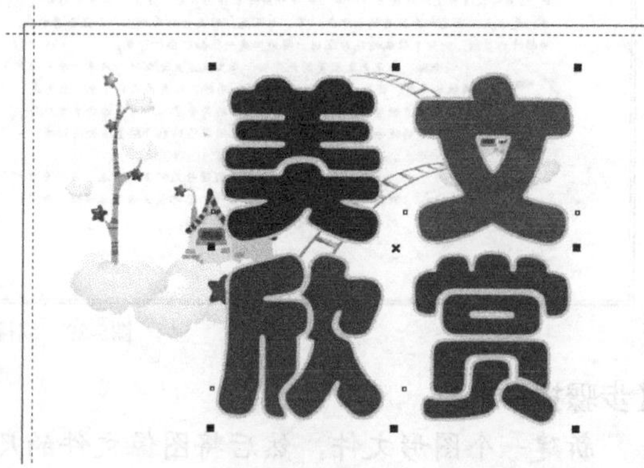

图5-94　设置后的文字效果

7.　按 Ctrl+I 组合键，将附盘中“图库\第 05 章”目录下名为“小动物.psd”的文件导入，然后单击按钮，取消群组，并将蝴蝶、瓢虫和蜗牛图形分别调整至图 5-95 所示的大小及位置。

8.　将步骤 5 导入图像中的星形图形选择，调整大小后放置到图 5-96 所示的位置。

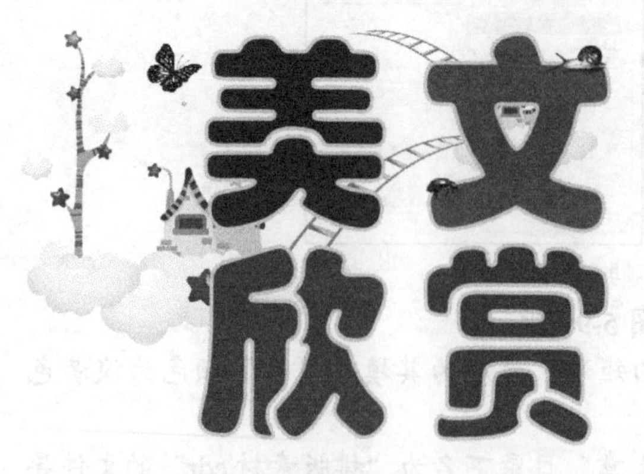

图5-95　图像调整后的大小及位置

图5-96　星形图形调整后的大小及位置

9.　用镜像复制图形的方法，将星形图形向右镜像复制，调整位置后的效果如图 5-97 所示。

图5-97 复制出的星形图形

10. 继续利用字工具输入蓝色的文字，然后利用□工具为其添加图 5-98 所示的阴影效果。

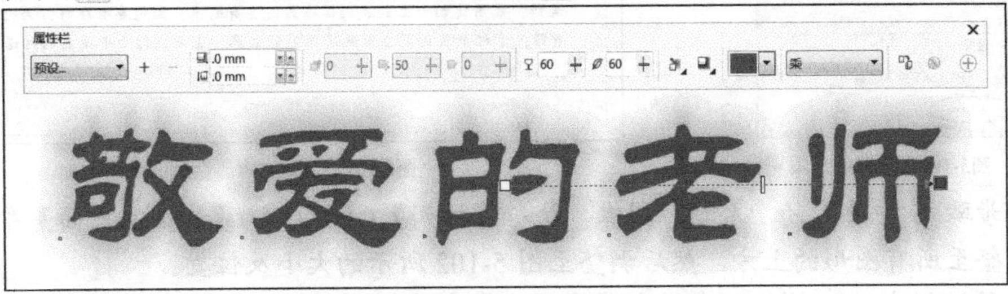

图5-98 添加的阴影效果

11. 选择字工具，在蓝色文字的下方按住鼠标左键并拖曳，绘制文本框，然后依次输入图 5-99 所示的文字。

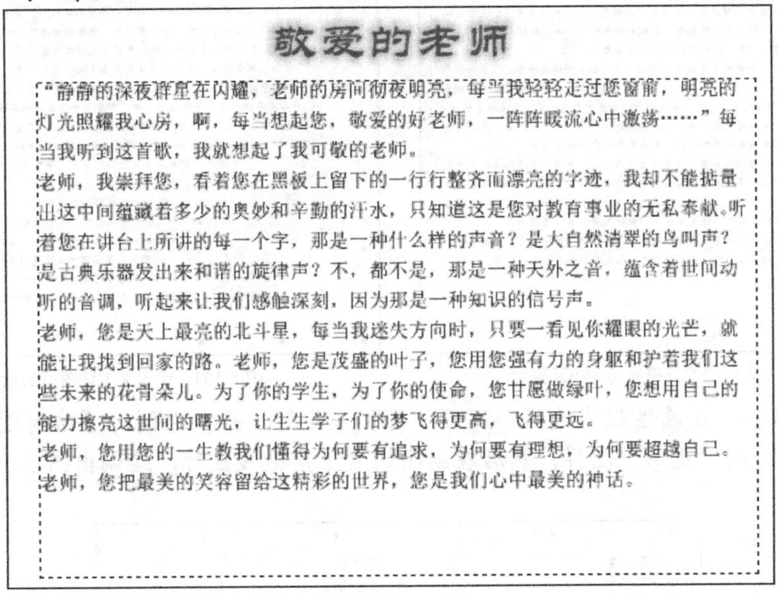

敬爱的老师

"静静的深夜群星在闪耀，老师的房间彻夜明亮，每当我轻轻走过您窗前，明亮的灯光照耀我心房，啊，每当想起您，敬爱的好老师，一阵阵暖流心中激荡……"每当我听到这首歌，我就想起了我可敬的老师。

老师，我崇拜您，看着您在黑板上留下的一行行整齐而漂亮的字迹，我却不能掂量出这中间蕴藏着多少的奥妙和辛勤的汗水，只知道这是您对教育事业的无私奉献。听着您在讲台上所讲的每一个字，那是一种什么样的声音？是大自然清翠的鸟叫声？是古典乐器发出来和谐的旋律声？不，都不是，那是一种天外之音，蕴含着世间动听的音调，听起来让我们感触深刻，因为那是一种知识的信号声。

老师，您是天上最亮的北斗星，每当我迷失方向时，只要一看见你耀眼的光芒，就能让我找到回家的路。老师，您是茂盛的叶子，您用您强有力的身躯和护着我们这些未来的花骨朵儿。为了你的学生，为了你的使命，您甘愿做绿叶，您想用自己的能力擦亮这世间的曙光，让生生学子们的梦飞得更高，飞得更远。

老师，您用您的一生教我们懂得为何要有追求，为何要有理想，为何要超越自己。

老师，您把最美的笑容留给这精彩的世界，您是我们心中最美的神话。

图5-99 输入的文字

12. 单击属性栏中的A按钮，调出【文本属性】泊坞窗，然后设置各项参数如图 5-100 所示，文字修改属性后的效果如图 5-101 所示。

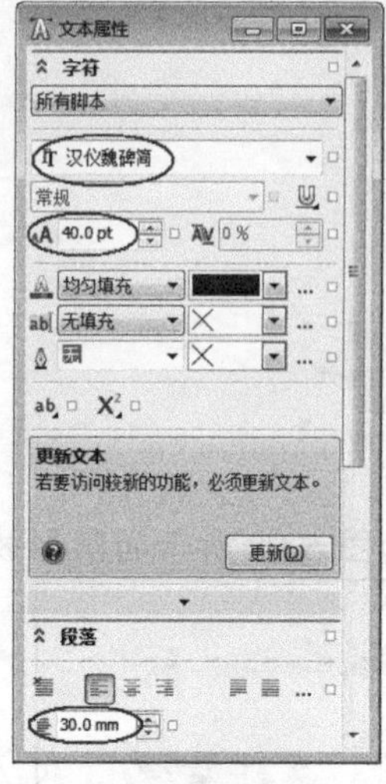

图5-100　设置的选项

敬爱的老师

"静静的深夜群星在闪耀，老师的房间彻夜明亮，每当我轻轻走过您窗前，明亮的灯光照耀我心房，啊，每当想起您，敬爱的好老师，一阵阵暖流心中激荡……"每当我听到这首歌，我就想起了我可敬的老师。

老师，我崇拜您，看着您在黑板上留下的一行行整齐而漂亮的字迹，我却不能掂量出这中间蕴藏着多少的奥妙和辛勤的汗水，只知道这是您对教育事业的无私奉献。听着您在讲台上所讲的每一个字，那是一种什么样的声音？是大自然清翠的鸟叫声？是古典乐器发出来和谐的旋律声？不，都不是，那是一种天外之音，蕴含着世间动听的音调，听起来让我们感触深刻，因为那是一种知识的信号声。

老师，您是天上最亮的北斗星，每当我迷失方向时，只要一看见你耀眼的光芒，就能让我找到回家的路。老师，您是茂盛的叶子，您用您强有力的身躯和护着我们这些未来的花骨朵儿。为了你的学生，为了你的使命，您甘愿做绿叶，您想用自己的能力擦亮这世间的曙光，让生生学子们的梦飞得更高，飞得更远。

老师，您用您的一生教我们懂得为何要有追求，为何要有理想，为何要超越自己。老师，您把最美的笑容留给这精彩的世界，您是我们心中最美的神话。

图5-101　修改文本属性后的效果

13. 选择步骤 5 中导入的"人物"图像，执行【排列】/【顺序】/【到图层前面】命令，将其调整至所有图形的上方，然后调整至图 5-102 所示的大小及位置。
14. 单击属性栏中的▣按钮，在弹出的选项面板中选择【文本从左向右排列】选项，文本绕图后的效果如图 5-103 所示。

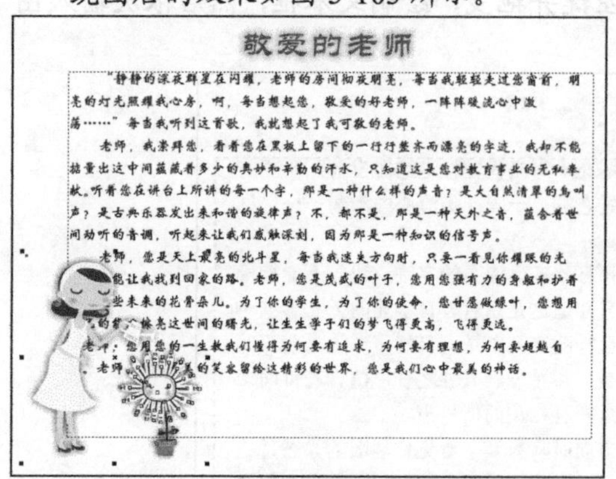

图5-102　人物图像调整后的大小及位置

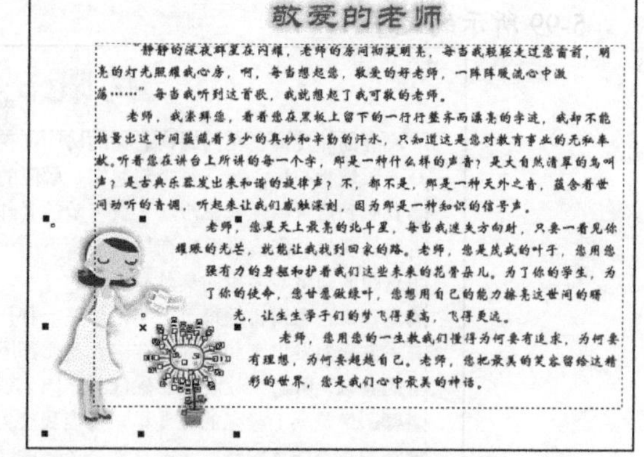

图5-103　设置文本绕图后的效果

15. 选择工具，在属性栏中选择星形类别，并在右侧的【喷射图样】列表中选择最下方的"星形"图样，然后在画面的右上角拖曳鼠标，绘制出图 5-104 所示的图形效果。

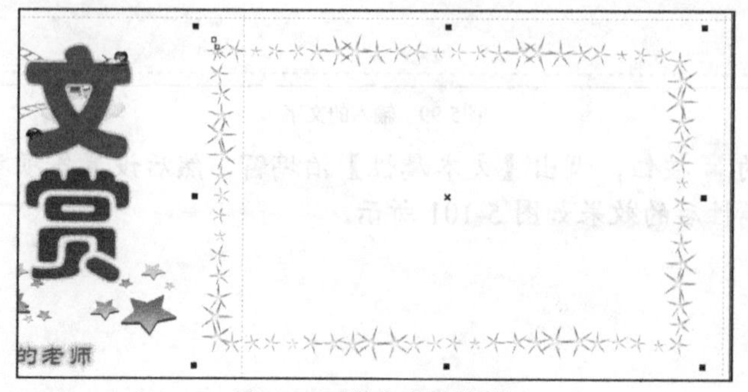

图5-104　喷绘出的星形图样

16. 将步骤 5 中导入的铃铛和鞭炮图形选择并调整至图 5-105 所示的位置，注意堆叠顺序的调整及鞭炮图形的旋转复制。
17. 用与步骤 10～步骤 12 相同的方法，在星形框内编排图 5-106 所示的文字。

图5-105　素材图形调整后的形态

图5-106　编排的文字

18. 分别选择其他剩余的导入图像，分别调整大小后放置到画面的右下方，如图 5-107 所示。
19. 用与步骤 10～步骤 12 相同的方法，编排出右下方的文字，如图 5-108 所示。

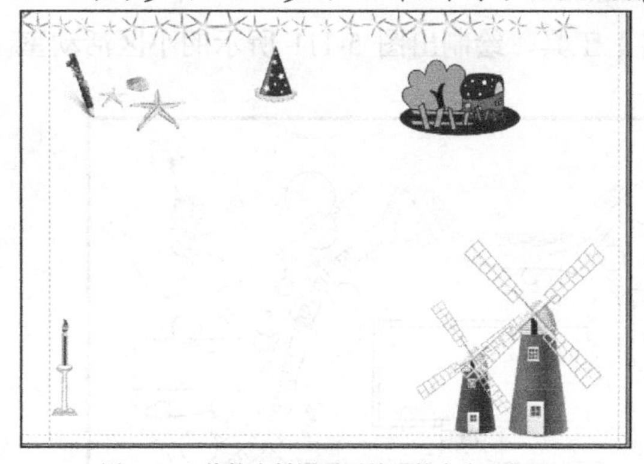

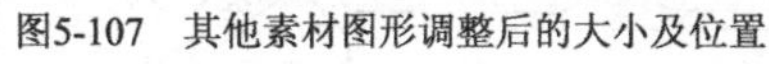

图5-107　其他素材图形调整后的大小及位置

图5-108　编排的文字

20. 至此，作文报编排完成，按 Ctrl+S 组合键，将此文件命名为“编排作文报.cdr”保存。

5.11　课后作业

1. 灵活运用各种绘图工具及字工具来设计图 5-109 所示的面包广告。

图5-109　设计的面包广告

2. 灵活运用本章中介绍的字工具及案例的设计方法，设计出图 5-110 所示的通信广告。

图5-110　设计出的通信广告

3. 灵活运用各种绘图工具及本章学习的【表格】工具，绘制出图 5-111 所示的小区活动室总平面图。

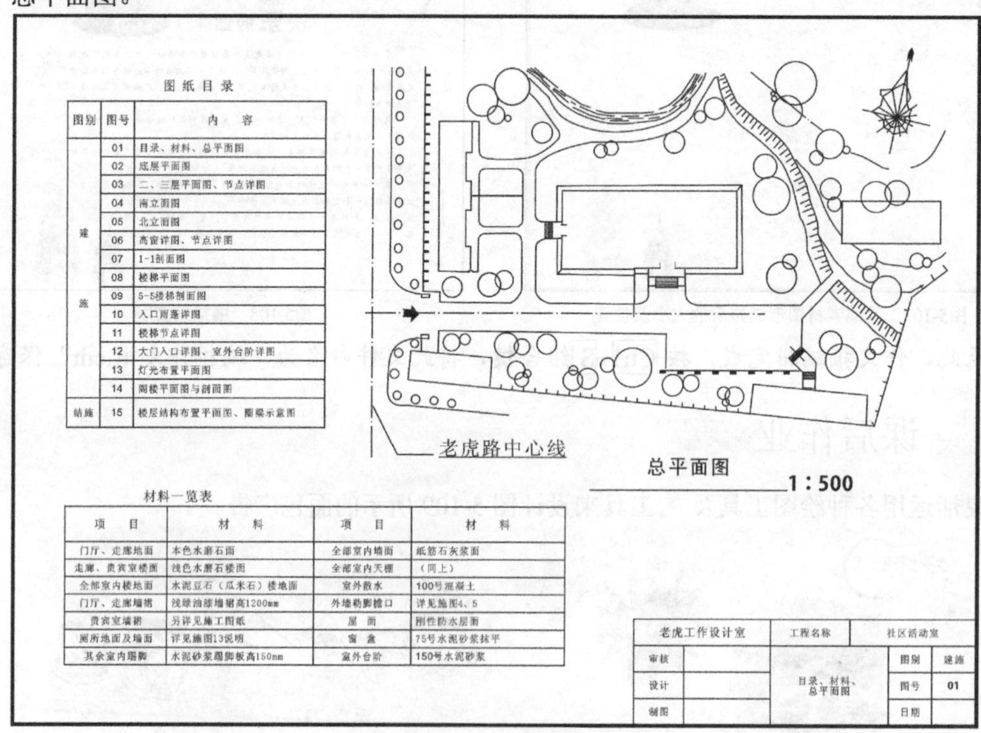

图纸目录

图别	图号	内容
建施	01	目录、材料、总平面图
	02	底层平面图
	03	二、三层平面图、节点详图
	04	南立面图
	05	北立面图
	06	高窗详图、节点详图
	07	1-1剖面图
	08	楼梯平面图
	09	5-5楼梯剖面图
	10	入口雨蓬详图
	11	楼梯节点详图
	12	大门入口详图、室外台阶详图
	13	灯光布置平面图
	14	阁楼平面图与剖面图
结施	15	楼层结构布置平面图、圈梁示意图

材料一览表

项目	材料	项目	材料
门厅、走廊地面	本色水磨石面	全部室内墙面	纸筋石灰浆面
走廊、贵宾室楼面	浅色水磨石楼面	全部室内天棚	（同上）
全部室内楼地面	水泥豆石（瓜米石）楼地面	室外散水	100号混凝土
门厅、走廊墙裙	浅绿油漆墙裙高1200mm	外墙勒脚檐口	详见施图4、5
贵宾室墙裙	另详见施工图纸	屋面	刚性防水层面
厕所地面及墙面	详见施图13说明	窗盒	75号水泥砂浆抹平
其余室内踢脚	水泥砂浆踢脚板高150mm	室外台阶	150号水泥砂浆

老虎工作设计室		工程名称	社区活动室	
审核		目录、材料、总平面图	图别	建施
设计			图号	01
制图			日期	

图5-111　绘制的小区活动室总平面图

第6章 效果工具

本章主要介绍各种效果工具的使用方法，包括【阴影】工具、【轮廓图】工具、【调和】工具、【变形】工具、【封套】工具、【立体化】工具和【透明度】工具，利用这些工具可以给图形添加阴影，制作轮廓图，进行调和、变形、添加立体化或透明等效果。

【学习目标】

- 掌握为图形添加阴影及外发光效果的方法。
- 掌握为图形添加轮廓的方法。
- 掌握调和图形的方法。
- 掌握对图形进行变形制作各种花形的方法。
- 掌握利用【封套】工具对图形进行变形的方法。
- 掌握制作立体效果字的方法。
- 掌握为图形制作透明效果的方法。
- 熟悉各种效果工具的综合运用。

6.1 功能讲解——效果工具

本节来详细介绍各效果工具的功能及使用方法。

6.1.1 【阴影】工具

利用【阴影】工具可以为矢量图形或位图图像添加两种情况的阴影效果。一种是将鼠标指针放置在图形的中心点上按住鼠标左键并拖曳产生的偏离阴影，另一种是将鼠标指针放置在除图形中心点以外的区域按住鼠标左键并拖曳产生的倾斜阴影。添加的阴影不同，属性栏中的可用参数也不同。应用阴影后的图形效果如图 6-1 所示。

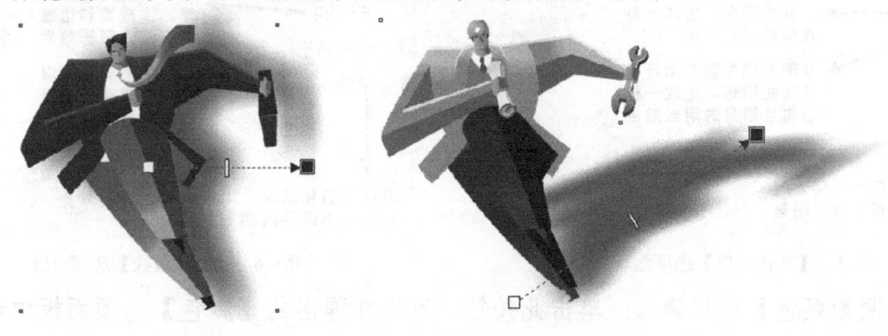

图6-1 制作的阴影效果

【阴影】工具的属性栏如图 6-2 所示。

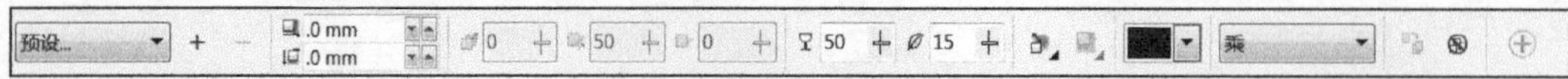

图6-2　【阴影】工具的属性栏

- 【阴影偏移】：用于设置阴影与图形之间的偏移距离。当创建偏移阴影时，此选项才可用。
- 【阴影的不透明度】：用于调整生成阴影的不透明度，设置范围为"0～100"。当为"0"时，生成的阴影完全透明；当为"100"时，生成的阴影完全不透明。
- 【阴影羽化】：用于调整生成阴影的羽化程度。数值越大，阴影边缘越虚化。
- 【阴影角度】：用于调整阴影的角度，设置范围为"-360～360"。当创建倾斜阴影时，此选项才可用。
- 【阴影延展】：当创建倾斜阴影时，此选项才可用。用于设置阴影的延伸距离，设置范围为"0～100"。数值越大，阴影的延展距离越长。图 6-3 所示为原图与调整【阴影延展】参数后的阴影效果。
- 【阴影淡出】：当创建倾斜阴影时，此选项才可用。用于设置阴影的淡出效果，设置范围为"0～100"。数值越大，阴影淡出的效果越明显。图 6-4 所示为原图与调整【淡出】参数后的阴影效果。

图6-3　原图与调整【淡出】参数后的效果

图6-4　原图与调整【阴影延展】参数后的效果

- 【羽化方向】按钮：单击此按钮，将弹出图 6-5 所示的【羽化方向】选项面板，利用此面板可以为阴影选择羽化方向的样式。
- 【羽化边缘】按钮：当在【羽化方向】选项面板中选择除【平均】选项外的其他选项时，此按钮才可用。单击此按钮，将弹出图 6-6 所示的【羽化边缘】选项面板，利用此面板可以为阴影选择羽化边缘的样式。

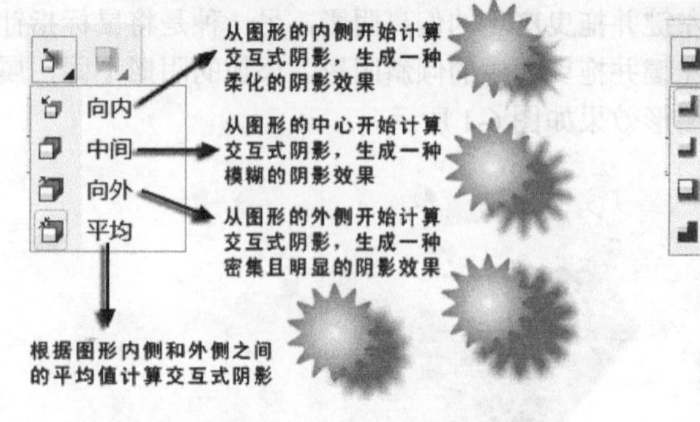

图6-5　【羽化方向】选项面板

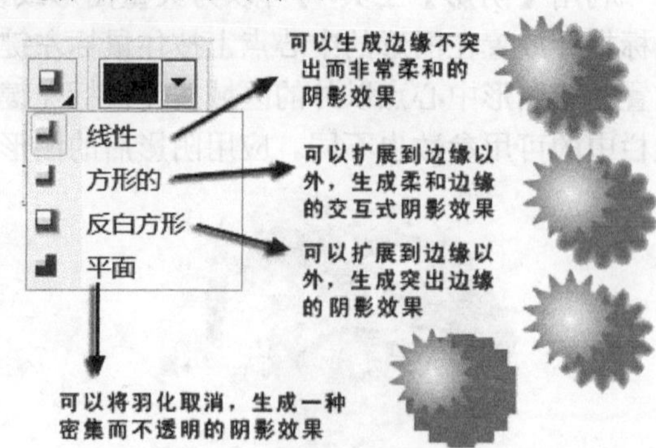

图6-6　【羽化边缘】选项面板

- 【阴影颜色】按钮：单击此按钮，可以在弹出的【颜色】选项面板中设置阴影的颜色。

- 乘 按钮：单击此按钮，可在弹出的下拉列表中选择阴影的透明度样式。
- 【复制阴影效果属性】按钮：单击此按钮，然后在其他的阴影图形上单击，可以将单击的阴影效果复制到当前选择的图形上。
- 【清除阴影】按钮：单击此按钮，可以将当前选择图形的阴影清除。

要点提示：按钮和按钮在其他一些效果工具的属性栏中也有，使用方法与【阴影】工具的相同，在后面讲到其他交互式工具的属性栏时将不再介绍。

6.1.2 【轮廓图】工具

利用【轮廓图】工具可为图形及文字添加轮廓效果。使用方法分为如下两种：一是选择要添加轮廓的图形，然后选择工具，再单击属性栏中相应的轮廓图样式按钮（【到中心】、【内部轮廓】或【外部轮廓】），即可为选择的图形添加相应的轮廓图效果；二是选择工具后，在图形上按住鼠标左键并拖曳，也可为图形添加轮廓图效果。

当为图形添加轮廓图样式后，在属性栏中还可以设置轮廓图的步长、偏移量及最后一个轮廓的轮廓色、填充色或结束色。【轮廓图】工具的属性栏如图 6-7 所示。

预设... X: 612.11 mm Y: 158.008 mm 75.23 mm 108.307 mm 1 2.54 mm

图6-7 【轮廓图】工具的属性栏

- 【到中心】按钮：单击此按钮，可以产生使图形的轮廓由图形的外边缘逐步缩小至图形的中心的调和效果。
- 【向内】按钮：单击此按钮，可以产生使图形的轮廓由图形的外边缘向内延伸的调和效果。
- 【向外】按钮：单击此按钮，可以产生使图形的轮廓由图形的外边缘向外延伸的调和效果。
- 【轮廓图步长】1：用于设置生成轮廓数目的多少。数值越大，产生的轮廓层次越多。当选择按钮时此选项不可用。
- 【轮廓图偏移】29.406 mm：用于设置轮廓之间的距离。数值越大，轮廓之间的距离越大。
- 【轮廓图角】按钮：用于设置轮廓图的角类型。单击此按钮将弹出选项面板，包括斜接角、圆角和斜切角。
- 【轮廓色】按钮：单击此按钮将弹出选项面板，包括线性轮廓色、顺时针轮廓色和逆时针轮廓色。这 3 个按钮的功能与【调和】工具属性栏中的【直接调和】、【顺时针调和】和【逆时针调和】按钮的功能相同。
- 【轮廓颜色】按钮和【填充色】按钮：单击相应按钮，可在弹出的【颜色选项】面板中为轮廓图最后一个轮廓图形设置轮廓色或填充色。当在【颜色选项】面板中单击 更多(O)... 按钮时，可在弹出的【选择颜色】对话框中设置新的颜色。
- 【渐变填充结束色】按钮：当添加轮廓图效果的图形为渐变填充时，此按钮才可用。单击此按钮，可在弹出的【颜色选项】面板中设置最后一个轮廓图形渐变填充的结束色。

6.1.3 【调和】工具

利用【调和】工具可以将一个图形经过形状、大小和颜色的渐变过渡到另一个图形上，且在这两个图形之间形成一系列的中间图形，这些中间图形显示了两个原始图形经过形状、大小和颜色的调和过程。

【调和】工具在调和图形时有 4 种类型，分别为直接调和、手绘调和、沿路径调和、复合调和。

一、 直接调和图形的方法

绘制两个不同颜色的图形，然后选择工具，将鼠标指针移动到其中一个图形上，当鼠标指针显示为形状时，按住鼠标左键向另一个图形上拖曳，当在两个图形之间出现一系列的虚线图形时，释放鼠标左键即完成直接调和图形的操作。

二、 手绘调和图形的方法

绘制两个不同颜色的图形，然后选择工具，按住 Alt 键，将鼠标指针移动到其中一个图形上，当鼠标指针显示为形状时，按住鼠标左键并随意拖曳，绘制调和图形的路径，至第二个图形上释放鼠标左键，即可完成手绘调和图形的操作。手绘调和图形的过程示意图如图 6-8 所示。

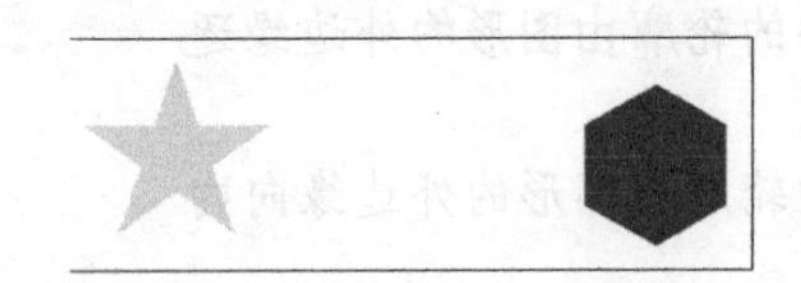

绘制的两个图形

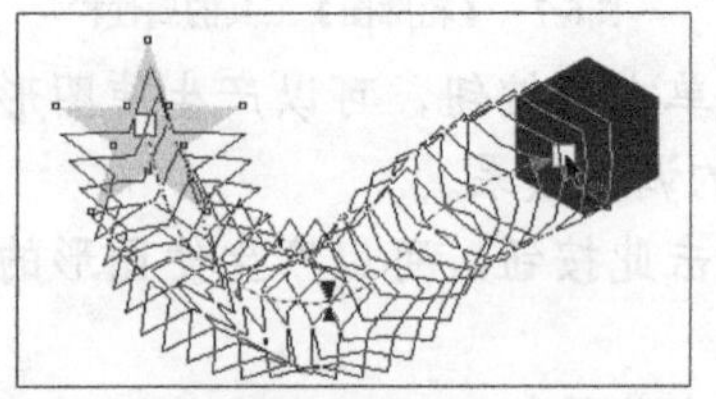

按住 Alt 键拖曳鼠标时的状态

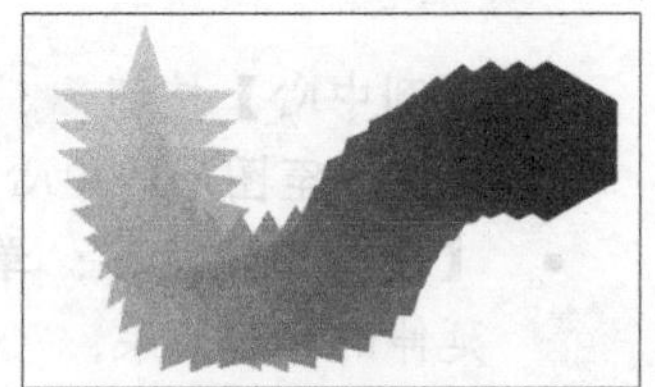

手绘调和后的图形效果

图6-8　手绘调和图形的过程示意图

三、 沿路径调和图形的方法

先制作出直接调和图形，并绘制一条路径（路径可以为任意的线形或图形），选择调和图形，单击属性栏中的【路径属性】按钮，在弹出的选项面板中选择【新路径】选项，此时鼠标指针将显示为形状，将鼠标指针移动到绘制的路径上单击，即可创建沿路径调和的图形。创建沿路径调和图形后，单击属性栏中的【更多调和选项】按钮，在弹出的选项面板中选择【沿全路径调和】复选项，可以将图形完全按照路径进行调和。沿路径调和图形的过程示意图如图 6-9 所示。

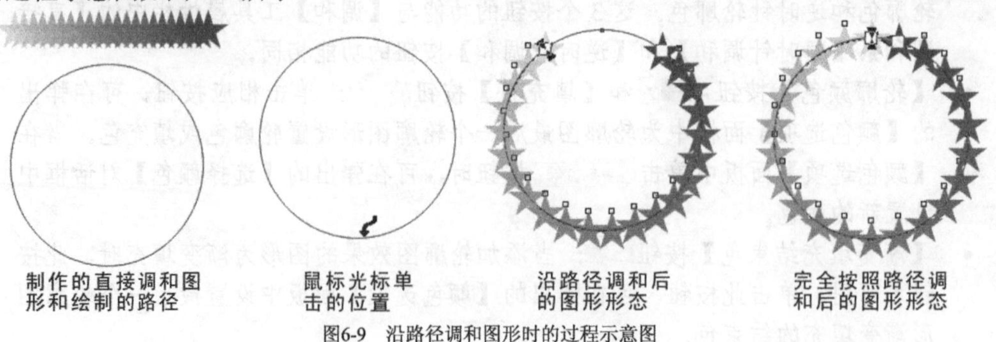

制作的直接调和图形和绘制的路径　　鼠标光标单击的位置　　沿路径调和后的图形形态　　完全按照路径调和后的图形形态

图6-9　沿路径调和图形时的过程示意图

四、 复合调和图形的使用方法

先制作出直接调和图形并绘制一个新图形，选择直接调和图形，再选择工具，然后将鼠标指针移动到直接调和图形的起始图形或结束图形上，当鼠标指针显示为形状时，按住鼠标左键并向绘制的新图形上拖曳，当图形之间出现一些虚线轮廓时，释放鼠标左键即可完成复合调和图形的操作。复合调和图形的过程示意图如图 6-10 所示。

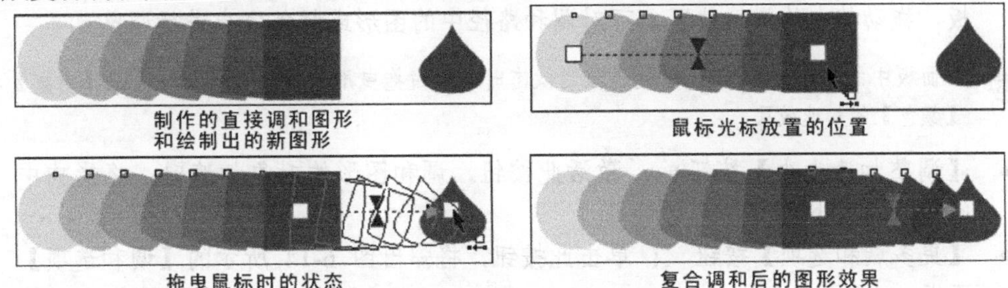

图6-10　复合调和图形的过程示意图

【调和】工具的属性栏如图 6-11 所示。

图6-11　【调和】工具的属性栏

(1) 预置设置。

- 预设...按钮：在此下拉列表中可选择软件预设的调和样式。
- 【添加预设】按钮：单击此按钮，可将当前制作的调和样式保存。
- 【删除预设】按钮：单击此按钮，可将当前选择的调和样式删除。

(2) 步数及调和设置。

- 【调和步长】按钮和【调和间距】按钮：只有创建了沿路径调和的图形后，这两个按钮才可用。主要用于确定图形在路径上是按指定的步数还是固定的间距进行调和。
- 【步长或调和形状之间的偏移量】：在此文本框中可以设置两个图形之间层次的多少及中间调和图形之间的偏移量。图 6-12 所示为设置不同步数和偏移量值后图形的调和效果对比。

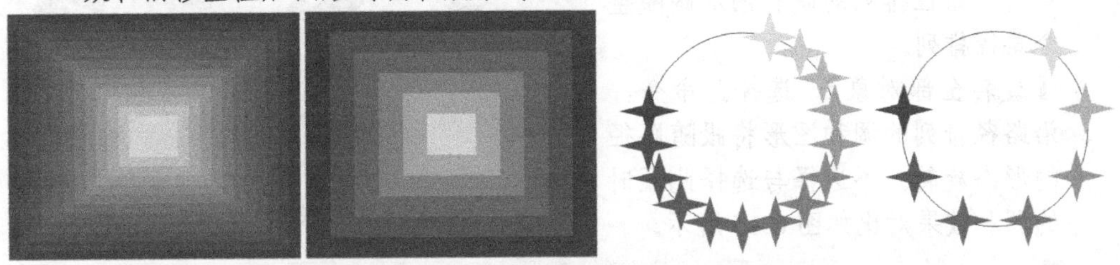

图6-12　设置不同的步长和偏移量时图形的调和效果对比

- 【环绕调和】按钮：当设置了【调和方向】选项后，此按钮才可用。激活此按钮，可以在两个调和图形之间围绕调和的中心点旋转中间的图形。
- 【调和方向】：可以对调和后的中间图形进行旋转。当输入正值时，图形将逆时针旋转；当输入负值时，图形将顺时针旋转。
- 【路径属性】按钮：单击此按钮，将弹出【路径属性】选项面板。在此面板中，可以为选择的调和图形指定路径或将路径在沿路径调和的图形中分离。

(3) 调和颜色设置。

- 【直接调和】按钮：可用直接渐变的方式填充中间的图形。
- 【顺时针调和】按钮：可用代表色彩轮盘顺时针方向的色彩填充图形。
- 【逆时针调和】按钮：可用代表色彩轮盘逆时针方向的色彩填充图形。
- 【对象和颜色加速】按钮：单击此按钮，将弹出图 6-13 所示的【加速】面板，拖动其中的滑块位置，可对调和路径中的图形或颜色分布进行调整。

当面板中的【锁定】按钮处于激活状态时，通过拖曳滑块的位置将同时调整【对象】和【颜色】的加速效果。

- 【调整加速大小】按钮：激活此按钮，调和图形的对象加速时，将影响中间图形的大小。
- 【更多调和选项】按钮：单击此按钮，将弹出图 6-14 所示的【调和选项】面板。

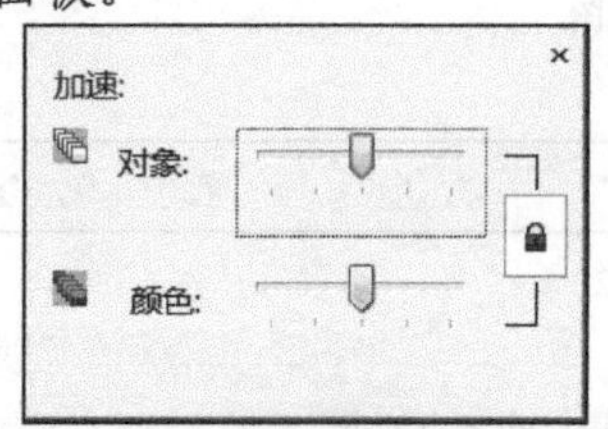

图6-13　【加速】面板

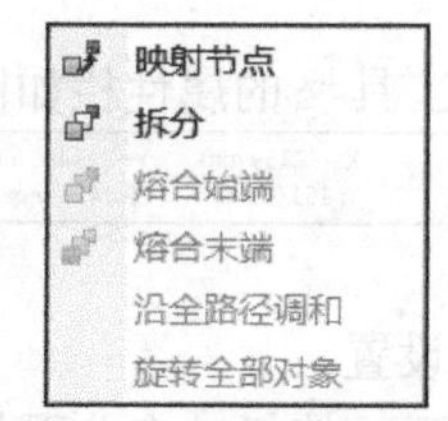

图6-14　【调和选项】面板

【映射节点】：选择此命令，先在起始图形的指定节点上单击，然后在结束图形上的指定节点上单击，可以调节调和图形的对齐点。

【拆分】：选择此命令，然后在要拆分的图形上单击，可将该图形从调和图形中拆分出来。此时调整该图形的位置，会发现直接调和图形变为复合调和图形。

【熔合始端】和【熔合末端】：按住 Ctrl 键单击复合调和图形中的某一直接调和图形，然后选择相应的选项命令，可将该段直接调和图形之前或之后的复合调和图形转换为直接调和图形。

【沿全路径调和】：选择此命令，可将沿路径排列的调和图形跟随整个路径排列。

【旋转全部对象】：选择此命令，沿路径排列的调和图形将跟随路径的形态旋转。不选择与选择此项时的调和效果对比如图 6-15 所示。

图6-15　不选择与选择此项时的调和效果对比

只有选择手绘调和或沿路径调和的图形时，【沿全路径调和】和【旋转全部对象】复选项才可用。

- 【起始和结束属性】按钮：单击此按钮，将弹出【起始和结束属性】选项面板，在此面板中可以重新选择图形调和的起点或终点。

6.1.4 【变形】工具

利用【变形】工具可以给图形创建特殊的变形效果，主要包括推拉变形、拉链变形和扭曲变形 3 种方式。图 6-16 所示为使用这 3 种不同的变形方式时，对同一个图形产生的不同变形效果。

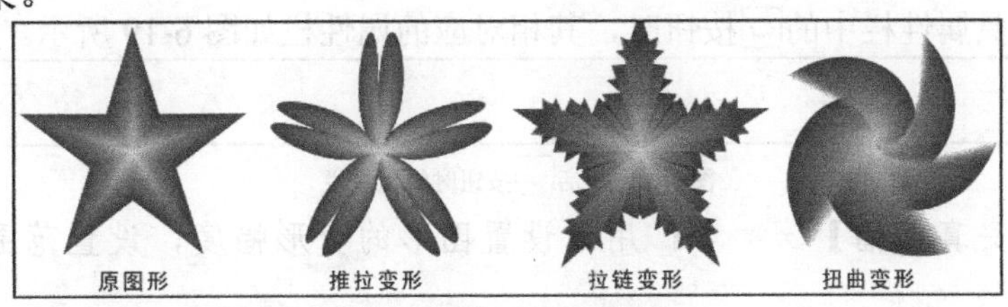

图6-16　原图与变形后的效果

(1)　【推拉变形】方式。

【推拉变形】方式可以通过将图形向不同的方向拖曳，从而将图形边缘推进或拉出。具体操作为：选择图形，然后选择工具，激活属性栏中的按钮，再将鼠标指针移动到选择的图形上，按住鼠标左键并水平拖曳。当向左拖曳时，可以使图形边缘推向图形的中心，产生推进变形效果；当向右拖曳时，可以使图形边缘从中心拉开，产生拉出变形效果。拖曳到合适的位置后，释放鼠标左键即可完成图形的变形操作。

当激活工具属性栏中的按钮时，其相对应的属性栏如图 6-17 所示。

图6-17　激活按钮时的属性栏

- 预设... 按钮：单击此按钮，可在弹出的下拉列表中选择系统预设的变形效果。
- 【添加新的变形】按钮：单击此按钮，可以将当前的变形图形作为一个新的图形，从而可以再次对此图形进行变形。

要点提示　因为图形最大的变形程度取决于【推拉振幅】值的大小，如果图形需要的变形程度超过了它的取值范围，则在图形的第一次变形后单击按钮，然后再对其进行第二次变形即可。

- 【推拉振幅】-145：设置图形推拉变形的振幅大小。范围为“-200~200”。当参数为负值时，可将图形进行推进变形；当参数为正值时，可以对图形进行拉出变形。此数值的绝对值越大，变形越明显，图 6-18 所示为原图与设置不同参数时图形的变形效果对比。

图6-18　原图与设置不同参数时图形的变形效果对比

- 【居中变形】按钮：单击此按钮，可以确保图形变形时的中心点位于图形的中心点。

(2)　【拉链变形】方式。

【拉链变形】方式可以将当前选择的图形边缘调整为带有尖锐的锯齿状轮廓效果。具体操作为：选择图形，然后选择工具，并激活属性栏中的按钮，再将鼠标指针移动到选择的图形上按住鼠标左键并拖曳，至合适位置后释放鼠标左键即可为选择的图形添加拉链变形效果。

当激活工具属性栏中的按钮时，其相对应的属性栏如图 6-19 所示。

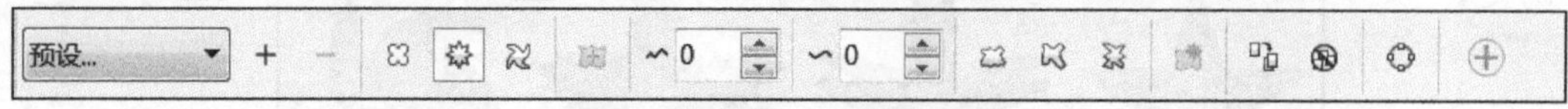

图6-19　激活按钮时的属性栏

- 【拉链失真振幅】：用于设置图形的变形幅度，设置范围为“0～100”。
- 【拉链失真频率】：用于设置图形的变形频率，设置范围为“0～100”。
- 【随机变形】按钮：可以使当前选择的图形根据软件默认的方式进行随机性的变形。
- 【平滑变形】按钮：可以使图形在拉链变形时产生的尖角变得平滑。
- 【局部变形】按钮：可以使图形的局部产生拉链变形效果。

分别使用以上 3 种变形方式时图形的变形效果如图 6-20 所示。

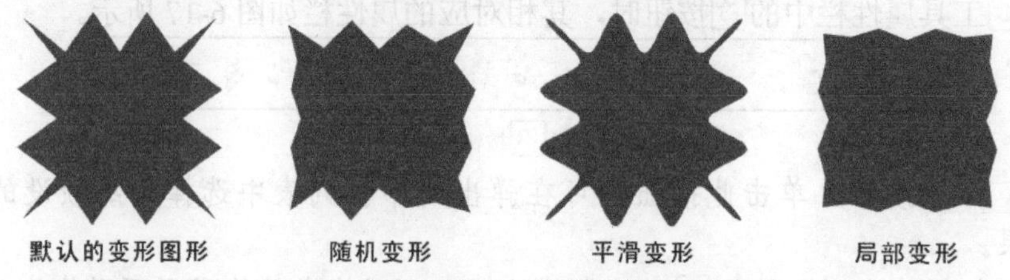

图6-20　使用不同变形方式时图形的变形效果

(3)　【扭曲变形】方式。

【扭曲变形】方式可以使图形绕其自身旋转，产生类似螺旋形效果。具体操作为：选择图形，然后选择工具，并激活属性栏中的按钮，再将鼠标指针移动到选择的图形上，按住鼠标左键确定变形的中心，然后按住鼠标左键并拖曳绕变形中心旋转，释放鼠标左键后即可产生扭曲变形效果。

当激活工具属性栏中的按钮时，其相对应的属性栏如图 6-21 所示。

图6-21　激活按钮时的属性栏

- 【顺时针旋转】按钮和【逆时针旋转】按钮：设置图形变形时的旋转方向。单击按钮，可以使图形按顺时针方向旋转；单击按钮，可以使图形按逆时针方向旋转。
- 【完全旋转】：用于设置图形绕旋转中心旋转的圈数，设置范围为“0～9”。图 6-22 所示为设置“1”和“3”时图形的旋转效果。
- 【附加角度】：用于设置图形旋转的角度，设置范围为“0～359”。图 6-23 所示为设置“150”和“300”时图形的变形效果。

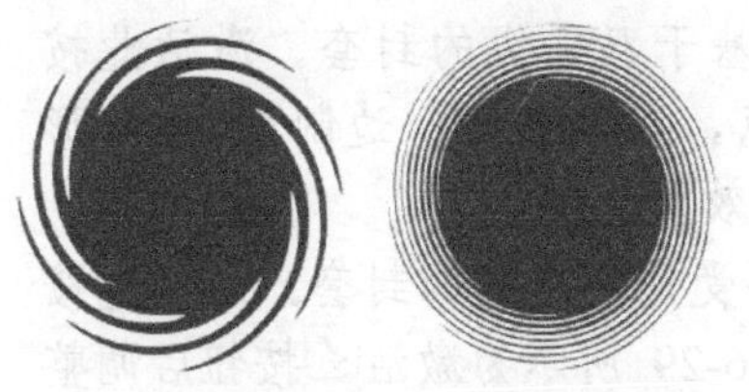

图6-22　设置不同旋转圈数时图形的旋转效果

图6-23　设置不同旋转角度后的图形变形效果

6.1.5 【封套】工具

利用【封套】工具可以在图形或文字的周围添加带有控制点的蓝色虚线框，通过调整控制点的位置，可以很容易地对图形或文字进行变形。使用方法为：选择【封套】工具，在需要为其添加封套效果的图形或文字上单击将其选择，此时在图形或文字的周围将显示带有控制点的蓝色虚线框，将鼠标指针移动到控制点上拖曳，即可调整图形或文字的形状。应用封套效果后的文字效果如图 6-24 所示。

图6-24　应用封套后的文字效果

【封套】工具的属性栏如图 6-25 所示。

图6-25　【封套】工具的属性栏

- 【直线模式】按钮：此模式可以制作一种基于直线形式的封套。激活此按钮，可以沿水平或垂直方向拖曳封套的控制点来调整封套的一边。此模式可以为图形添加类似于透视点的效果。图 6-26 所示为激活按钮后调整出的效果。
- 【单弧模式】按钮：此模式可以制作一种基于单圆弧的封套。激活此按钮，可以沿水平或垂直方向拖曳封套的控制点，在封套的一边制作弧线形状。此模式可以使图形产生凹凸不平的效果。图 6-27 所示为激活按钮后调整出的效果。

图6-26　激活按钮后调整出的效果

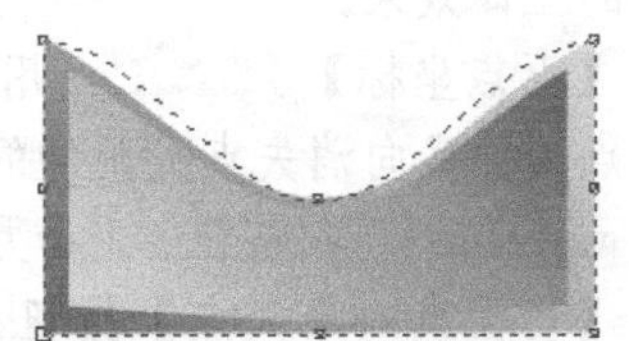

图6-27　激活按钮后调整出的效果

- 【双弧模式】按钮：此模式可以制作一种基于双弧线的封套。激活此按钮，可以沿水平或垂直方向拖曳封套的控制点，在封套的一边制作“S”形状。图 6-28 所示为激活按钮后调整出的图形效果。
- 【非强制模式】按钮：此模式可以制作出不受任何限制的封套。激活此按钮，可以任意调整选择的控制点和控制柄。图 6-29 所示为激活按钮后调整出的效果。

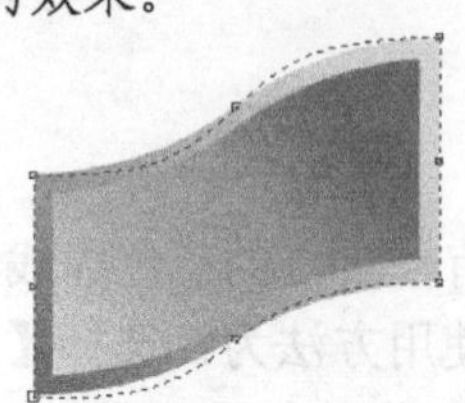

图6-28 激活按钮后调整出的效果

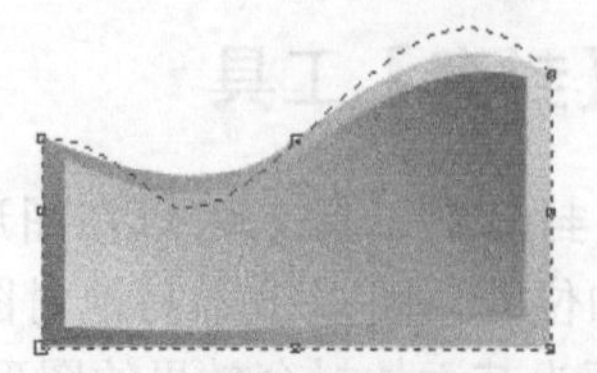

图6-29 激活按钮后调整出的效果

当使用直线模式、单弧模式或双弧模式对图形进行编辑时，按住 Ctrl 键可以对图形中相对的节点一起进行同一方向的调节；按住 Shift 键，可以对图形中相对的节点一起进行反方向的调节；按住 Ctrl+Shift 组合键，可以对图形 4 条边或 4 个角上的节点同时调节。

- 【添加新封套】按钮：当对图形使用封套变形后，单击此按钮，可以再次为图形添加新封套，并进行编辑变形操作。
- 自由变形按钮：用于选择封套改变图形外观的模式。
- 【保留线条】按钮：激活此按钮，为图形添加封套变形效果时，将保持图形中的直线不被转换为曲线。
- 【创建封套自】按钮：单击此按钮，然后将鼠标指针移动到图形上单击，可将单击图形的形状添加新封套为选择的封套图形。

6.1.6 【立体化】工具

利用【立体化】工具可以通过图形的形状向设置的消失点延伸，从而使二维图形产生逼真的三维立体效果。

选择【立体化】工具，在需要添加立体化效果的图形上单击将其选择，然后按住鼠标左键并拖曳即可为图形添加立体化效果。

【立体化】工具的属性栏如图 6-30 所示。

图6-30 【立体化】工具的属性栏

- 【立体化类型】：其下拉列表中包括预设的 6 种不同的立体化样式，当选择其中任意一种时，可以将选择的立体化图形变为与选择的立体化样式相同的立体效果。
- 【灭点坐标】2.597 mm 40.692 mm：用于设置立体图形灭点的坐标位置。灭点是指图形各点延伸线向消失点处延伸的相交点，如图 6-31 所示。
- 灭点锁定到对象按钮：用于更改灭点的锁定位置、复制灭点或在对象间共享灭点。
- 【页面或对象灭点】按钮：不激活此按钮时，可以将灭点以立体化图形为参考，此时【灭点坐标】中的数值是相对于图形中心的距离。激活此按钮，可以将灭点以页面为参考，此时【灭点坐标】中的数值是相对于页面坐标原点的距离。

- 【深度】：用于设置立体化的立体进深，设置范围为“1～99”。数值越大立体化深度越大。图 6-32 所示为设置不同的【深度】参数时图形产生的立体化效果对比。

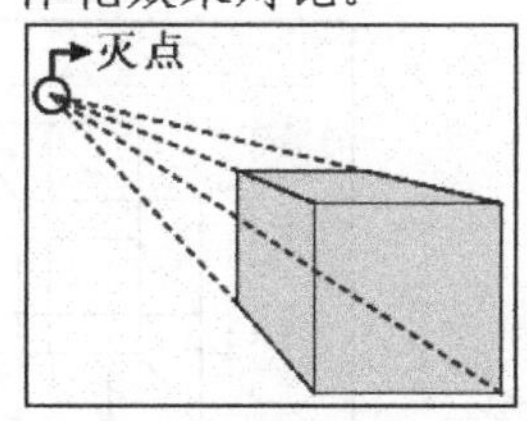

图6-31　立体化的灭点

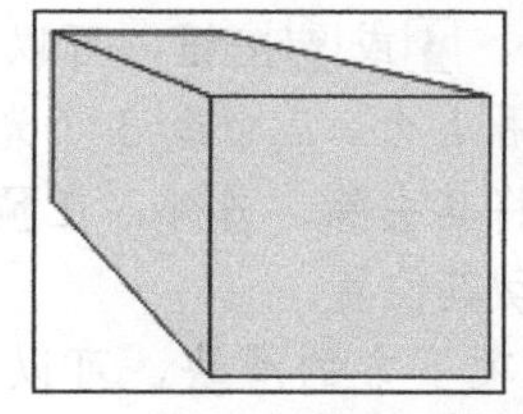

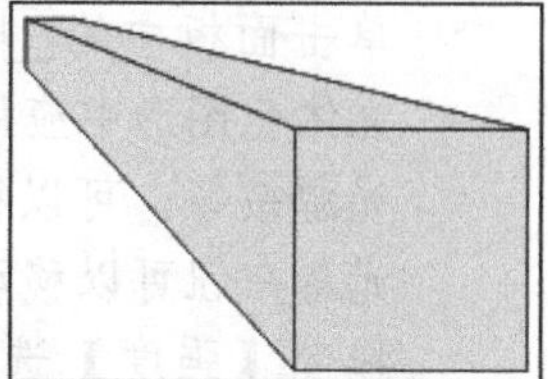

图6-32　设置不同参数时的立体化效果对比

- 【立体的方向】按钮：单击此按钮，将弹出选项面板。将鼠标指针移动到面板中，当鼠标指针变为形状时按住鼠标左键并拖曳，旋转此面板中的数字按钮，可以调节立体图形的视图角度。
- 【立体化颜色】按钮：单击此按钮，将弹出图 6-33 所示的【颜色】选项面板。激活【使用对象填充】按钮，可用当前选择图形的填充色应用到整个立体化图形上；激活【使用纯色】按钮，可以通过单击下方的颜色色块，在弹出的【颜色】面板中设置任意的单色填充到立体化面上；激活【使用递减的颜色】按钮，可以分别设置下方颜色块的颜色，从而使立体化的面应用这两个颜色的渐变效果。

分别激活以上 3 种按钮时，设置立体化颜色后的效果如图 6-34 所示。

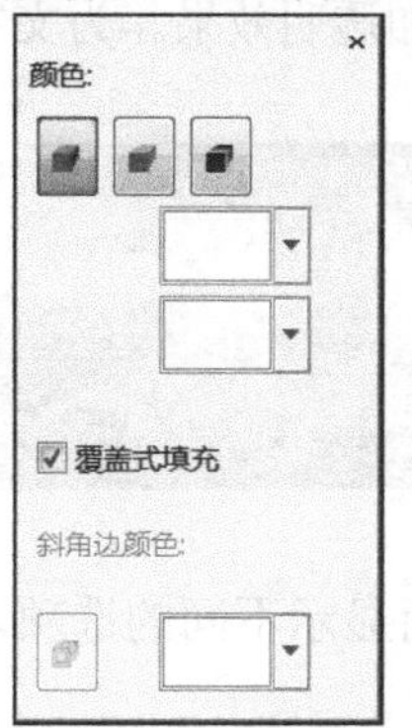

图6-33　【颜色】选项面板

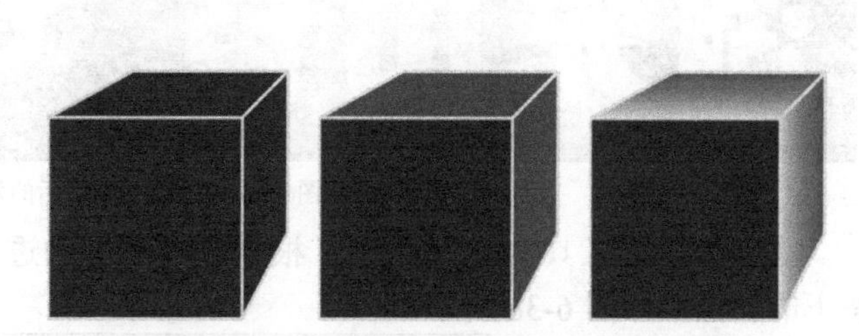

图6-34　使用不同的颜色按钮时图形的立体化效果

- 【立体化倾斜】按钮：单击此按钮，将弹出图 6-35 所示的【斜角修饰边】选项面板。利用此面板可以将立体变形后的图形边缘制作成斜角效果，使其具有更光滑的外观。选择【使用斜角修饰边】复选项后，此对话框中的选项才可以使用。

  【只显示斜角修饰边】：选择此复选项，将只显示立体化图形的斜角修饰边，不显示立体化效果。

  【斜角修饰边深度】：用于设置图形边缘的斜角深度。

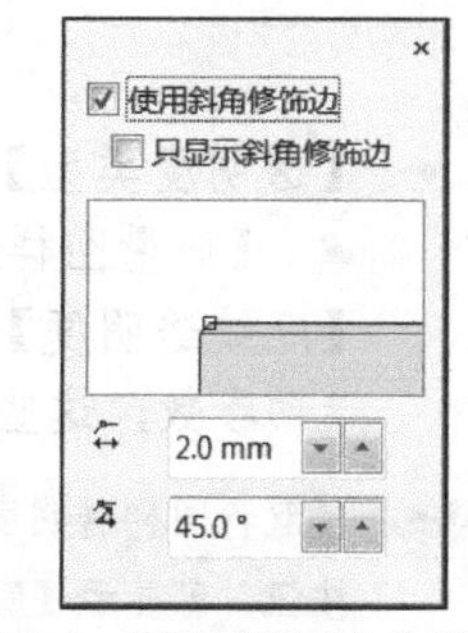

图6-35　【斜角修饰边】选项面板

【斜角修饰边角度】 45.0°：用于设置图形边缘与斜角相切的角度。数值越大，生成的倾斜角就越大。

- 【立体化照明】按钮：单击此按钮，将弹出图 6-36 所示的【立体化照明】选项面板。在此面板中，可以为立体化图形添加光照效果和阴影，从而使立体化图形产生的立体效果更强。

  单击面板中的①、②或③按钮，可以在当前选择的立体化图形中应用 1 个、2 个或 3 个光源。再次单击光源按钮，可以将其去除。另外，在预览窗口中拖曳光源按钮可以移动其位置。

  拖曳【强度】选项下方的滑块，可以调整光源的强度。向左拖曳滑块，可以使光源的强度减弱，使立体化图形变暗；向右拖曳滑块，可以增加光源的光照强度，使立体化图形变亮。注意，每个光源是单独调整的，在调整之前应先在预览窗口中选择好光源。

  选择【使用全色范围】复选项，可以使阴影看起来更加逼真。

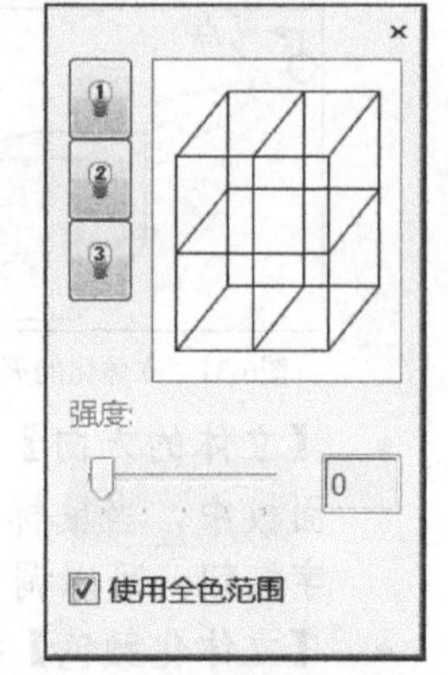

图6-36　【立体化照明】选项面板

6.1.7　【透明度】工具

利用【透明度】工具可以为矢量图形或位图图像添加各种各样的透明效果。其使用方法为：选择工具，在需要为其添加透明效果的图形上单击将其选择，然后在属性栏【透明度类型】中选择需要的透明度类型，即可为选择的图形添加透明效果。为文字添加的渐变透明效果如图 6-37 所示。

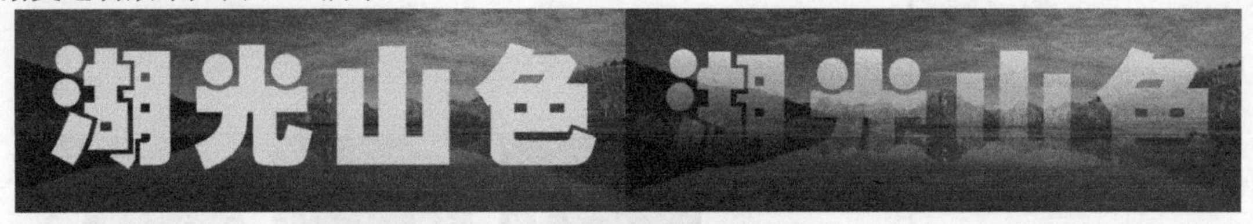

图6-37　文字添加透明后的效果

【透明度】工具的属性栏，根据选择不同的透明度类型而显示不同的选项。默认状态下的属性栏如图 6-38 所示。

图6-38　【透明度】工具的属性栏

- 【透明度类型】：包括【无透明度】、【均匀透明度】、【渐变透明度】、【向量图样透明度】、【位图图样透明度】、【双色图样透明度】、【底纹透明度】。激活除按钮以外的其他按钮时，属性栏将显示相应的选项参数，这些选项与【编辑填充】对话框中的完全相同，在此不再介绍。

【双色图样透明度】按钮右下角有黑色小三角形，表示此按钮下还有隐藏的按钮，单击此按钮，可显示【底纹透明度】按钮。

激活除⊠按钮以外的其他按钮时，显示的每个属性栏中都有【透明度目标】选项、【编辑透明度】按钮和【冻结】按钮。

- 【透明度目标】：包括【全部】按钮、【填充】按钮和【轮廓】按钮。单击不同的按钮，决定透明度应用到对象的填充、对象轮廓还是同时应用到两者。
- 【编辑透明度】按钮：单击此按钮，将弹出相应的填充对话框，通过设置对话框中的选项和参数，可以制作出各种类型的透明效果。
- 【冻结透明度】按钮：激活此按钮，可以将图形的透明效果冻结。当移动该图形时，图形之间叠加产生的效果将不会发生改变。

另外，激活【渐变透明度】按钮时，属性栏中还有一个【自由缩放和倾斜】按钮。

- 【自由缩放和倾斜】按钮：单击此按钮将其激活状态关闭，系统将允许透明度不按比例缩放和倾斜。

要点提示 利用【透明度】工具为图形添加透明效果后，图形中将出现透明调整杆，通过调整其大小或位置，可以改变图形的透明效果。

6.2 范例解析——制作旋转的花形

灵活运用【调和】工具来制作图6-39所示的旋转花形效果。

【步骤解析】

1. 新建文件，选取工具，设置属性栏的参数4，然后绘制菱形。
2. 为菱形填充红色并复制一个填充黄色，然后利用工具将两个图形调和，再利用工具绘制出图6-40所示的圆形图形。

图6-39 制作的花形效果

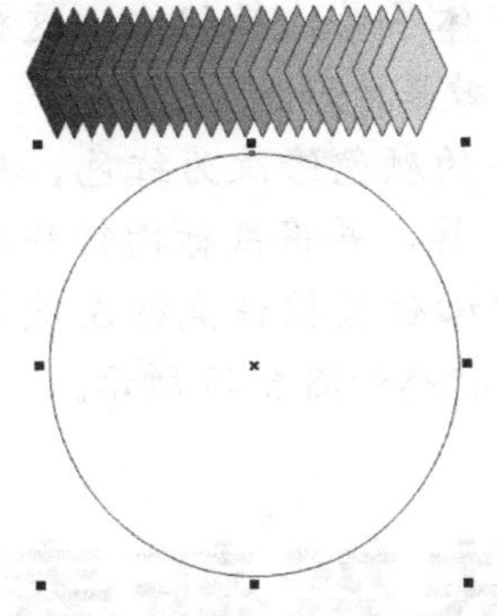

图6-40 制作的调和图形和绘制的圆形图形

3. 选择调和图形，单击属性栏中的按钮，在弹出的【路径属性】选项面板中选择【新路径】命令，然后将鼠标指针移动到圆形图形上单击，将调和图形沿路径排列，如图6-41所示。
4. 单击属性栏中的按钮，在弹出的【更多调和选项】面板中依次选择【沿全路径调和】命令和【旋转全部对象】命令，此时的调和效果如图6-42所示。
5. 单击属性栏中的【顺时针调和】按钮，调整调和图形的颜色，然后单击属性栏中的按钮，在弹出的【路径属性】选项面板中选择【显示路径】命令，即只选择圆形路径，再去除图形的外轮廓，此时的效果如图6-43所示。

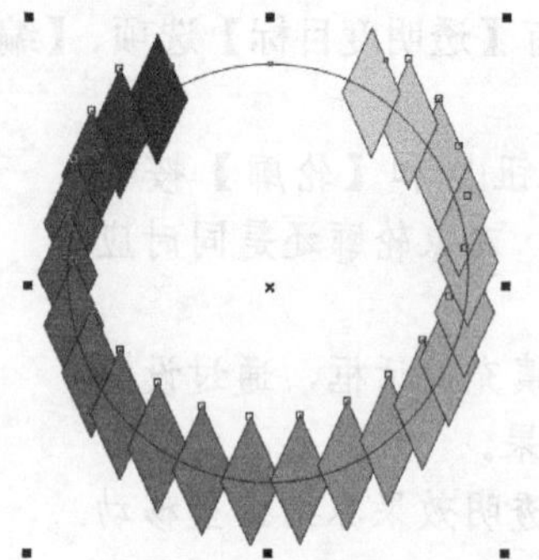

图6-41　沿路径排列效果

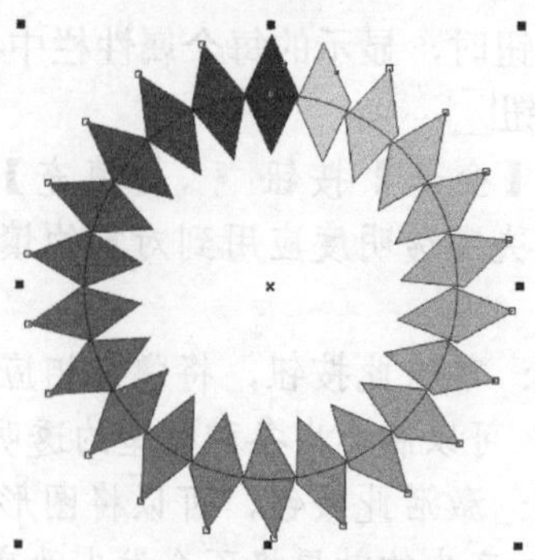

图6-42　沿全路径调和后的效果

图6-43　调整颜色后的效果

6. 选择调和图形依次将其以中心等比例缩小复制，然后选择第二组调和图形，并单击属性栏中的【逆时针调和】按钮，调整调和图形的颜色，最终效果如图 6-44 所示。

7. 按 Ctrl+S 组合键，将此文件命名为"旋转的花形.cdr"保存。

图6-44　复制出的图形

6.3 范例解析——制作立体字

灵活运用【立体化】工具和【封套】工具来制作图 6-45 所示的立体字效果。

【步骤解析】

1. 新建一个横向的图形文件，然后利用字工具输入图 6-46 所示的文字，注意字体尽量选择粗体，这样立体化后的效果才好看。

2. 将文字的颜色修改为红色，然后选择工具，并将鼠标指针移动到文字的中心位置按住鼠标左键并向下拖曳，状态如图 6-47 所示。

图6-45　制作的立体效果字

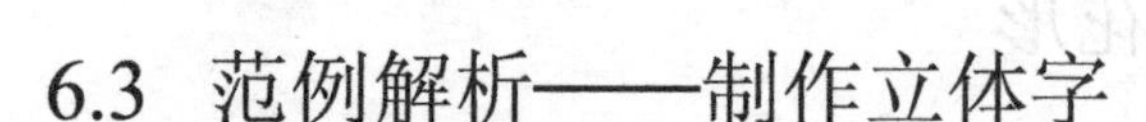

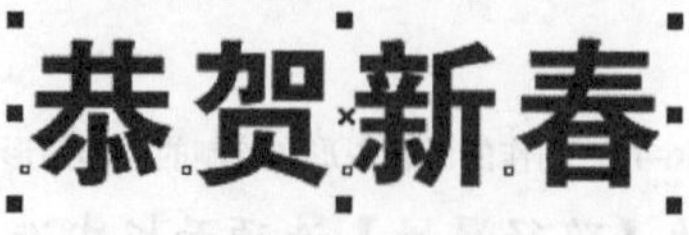

图6-46　输入的文字

图6-47　制作立体化效果

3. 释放鼠标左键后，即可为文字添加立体化效果，然后单击属性栏中的按钮，在弹出的选项面板中单击按钮，并将【到】颜色值设置为黑色，如图 6-48 所示，立体化的文字效果如图 6-49 所示。

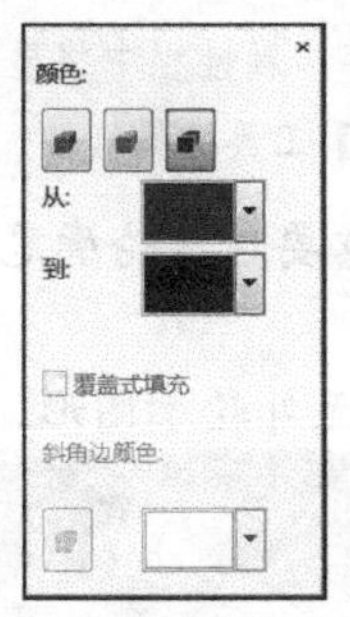

图6-48　设置的立体化颜色

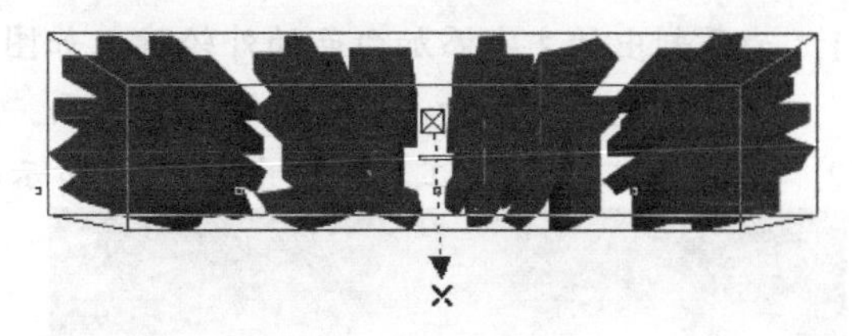

图6-49　生成的立体化效果

4. 选择工具，在立体化后的文字上单击将其选择，此时文字的周围即显示图 6-50 所示的变形控制点。
5. 将鼠标指针放置到上方中间的控制点上，按住鼠标左键并向上拖曳，即可调整文字的形态，如图 6-51 所示。

图6-50　显示的变形控制点

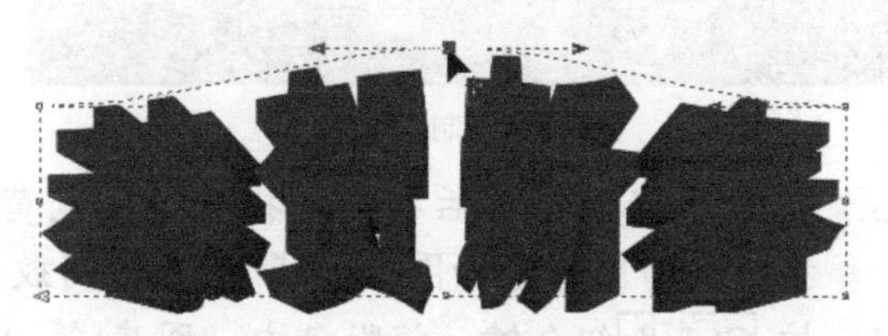

图6-51　调整文字时的形态

6. 至合适位置后释放鼠标，然后框选图 6-52 所示的控制点，按 Delete 键将控制点删除。
7. 用与利用工具调整图形形态的相同方法，将封套变形框调整至图 6-53 所示的形态。

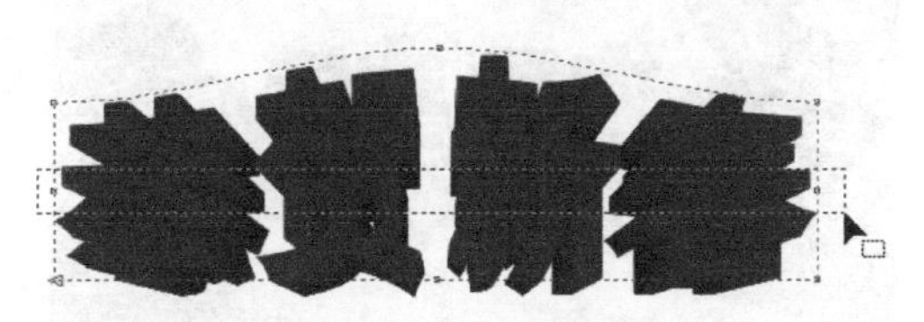

图6-52　框选节点状态

图6-53　调整后的文字形态

8. 按 Ctrl+I 组合键，将附盘中“图库\第 05 章”目录下名为“背景.jpg”的文件导入，如图 6-54 所示，然后执行【排列】/【顺序】/【到图层后面】命令，将其调整至文字的下方。
9. 利用工具将立体化文字框选，并调整至图 6-55 所示的大小及位置。

图6-54　导入的图像

图6-55　文字调整后的大小及位置

10. 利用工具，单击最上方的文字，只选择文字不选择立体效果，然后按键盘数字区中的+键，将文字在原位置复制。

区别选择的是文字还是立体效果的方法是：如果只选择了文字，属性栏中将显示【文字】工具的属性；如连立体效果一同选择，属性栏中将显示【立体化】工具的属性。

11. 为复制出的文字添加白色的外轮廓，如图 6-56 所示。注意要在【轮廓笔】对话框中选择【填充之后】和【随对象缩放】选项。
12. 利用工具和工具绘制出图 6-57 所示的黄色（Y:100）无外轮廓图形。

图6-56　复制出的文字

图6-57　绘制的图形

13. 选择工具，然后将鼠标指针移动到黄色图形上方的中间位置，按住鼠标左键并向下拖曳，为图形添加图 6-58 所示的透明效果。
14. 按 Ctrl+I 组合键，将附盘中"图库\第 06 章"目录下名为"礼花.psd"的文件导入，然后调整大小后放置到图 6-59 所示的位置。

图6-58　添加的透明效果

图6-59　添加的礼花图形

15. 至此，立体化文字制作完成，按 Ctrl+S 组合键将此文件命名为"立体字.cdr"保存。

6.4 课堂实训——设计商场吊旗

下面主要利用【调和】工具和【轮廓图】工具来制作图 6-60 所示的商场吊旗。

首先利用【调和】工具制作气球图形，然后利用基本绘图工具绘制吊旗的背景，并利用【轮廓图】工具制作出主题文字，最后添加上装饰图形即可。具体操作方法介绍如下。

【步骤解析】

1. 新建一个图形文件，然后利用工具依次绘制出图 6-61 所示的蓝色（C:100）和白色无外轮廓椭圆形。

图6-60　制作的商场吊旗

2. 选择工具，将鼠标指针移动到白色椭圆形上，按住鼠标左键并向蓝色椭圆形上拖曳，将两个图形进行调和，效果如图 6-62 所示。
3. 用移动复制图形的方法，将调和后的图形向右下方移动复制，效果如图 6-63 所示。

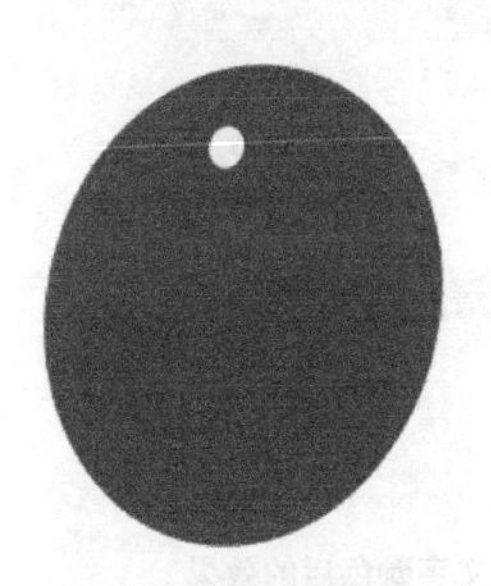
图6-61 绘制的椭圆形

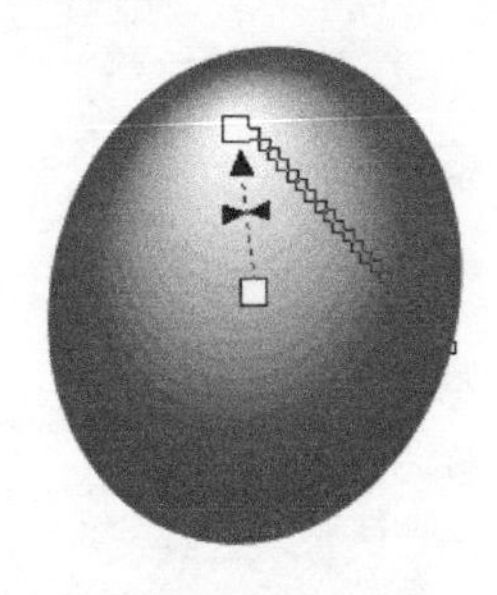
图6-62 调和后的效果

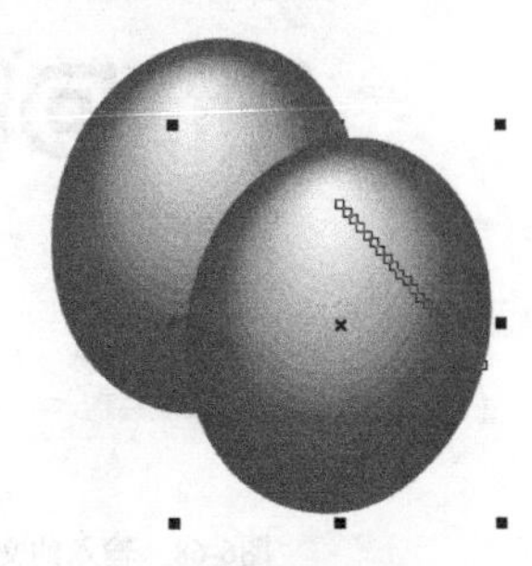
图6-63 移动复制出的图形

4. 按住 Ctrl 键，单击复制出的图形，将调和图形中下方的蓝色图形选择，然后将其填充色修改为洋红色（M:100），效果如图 6-64 所示。
5. 用与步骤 3～步骤 4 相同的方法，依次复制图形并调整图形的颜色为红色（M:100,Y:100）和绿色（C:100,Y:100），分别调整图形的大小及角度，如图 6-65 所示。

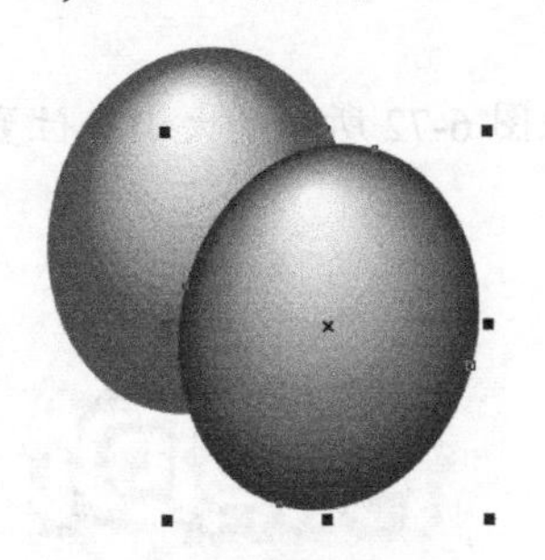
图6-64 修改颜色后的效果

图6-65 复制出的图形

6. 利用工具和工具绘制线形，然后分别填充渐变色，作为气球的线绳，再利用【排列】/【顺序】/【到图层后面】命令将其调整至气球的下方，效果如图 6-66 所示。
接下来绘制吊旗的背景。
7. 利用工具绘制出黄色（C:4,M:5,Y:93）的吊旗图形，然后根据绘制的图形依次绘制出图 6-67 所示的深黄色（M:15,Y:96）图形。

图6-66 绘制的线绳效果

图6-67 绘制的图形

8. 利用字工具输入图 6-68 所示的黑色文字，选用的字体为“汉仪秀英体简”，如读者的计算机中没有此字体，可选用其他自己喜欢的字体代替。

9. 将文字的颜色修改为白色，并为其添加橘红色（M:60,Y:100）的外轮廓，如图 6-69 所示。

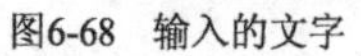

图6-68　输入的文字

图6-69　修改文字颜色后的效果

10. 选择工具，将鼠标指针移动到文字上按住鼠标左键并向上拖曳，为文字添加轮廓图效果，然后修改属性栏中的选项及颜色，如图 6-70 所示。

图6-70　设置选项参数及轮廓颜色

文字添加轮廓图后的效果如图 6-71 所示。

11. 将前面制作的气球图形全部选择并群组，然后调整至图 6-72 所示的大小及位置。

图6-71　文字添加轮廓图后的效果

图6-72　气球图形放置的位置

12. 用移动复制图形的方法，将气球图形向右移动复制，然后将气球图形全部选择，并执行【排列】/【顺序】/【向后一层】命令，将其调整至文字的后面。

13. 利用工具，绘制出图 6-73 所示的星形图形，填充色为红色（M:100,Y:100），轮廓色为橘黄色（C:2,M:50,Y:95），然后利用字工具输入图 6-74 所示的黄色（Y:100）数字。

图6-73　绘制的星形图形

图6-74　输入的数字

14. 继续利用字工具在数字的右下方输入“元起”文字，并将其颜色修改为白色，再添加图 6-75 所示的外轮廓。

图6-75 设置的轮廓选项及生成的文字效果

15. 确认“元起”文字处于选择状态，按键盘数字区中的+键，在原位置复制文字，然后将文字的轮廓颜色修改为蓝色（C:97,M:84,Y:10），并将轮廓宽度调大。
16. 按 Ctrl+PageDown 组合键，将复制出的文字调整至原文字的下方，然后稍微调整一下位置，效果如图 6-76 所示。
17. 继续利用字工具输入图 6-77 所示的紫红色（C:40,M:100,Y:25）文字。

图6-76 制作的文字效果

图6-77 输入的文字

最后为吊旗添加装饰花形。

18. 利用工具绘制出图 6-78 所示的椭圆形，然后在椭圆形上单击，使其显示旋转和扭曲符号，再将旋转中心向下调整至图 6-79 所示的位置。
19. 用旋转复制图形的方法，将椭圆形依次旋转复制，效果如图 6-80 所示。

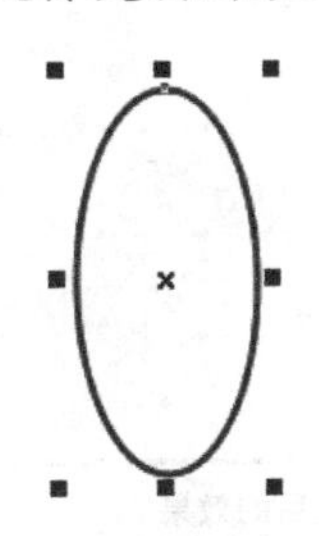
图6-78 绘制的椭圆形

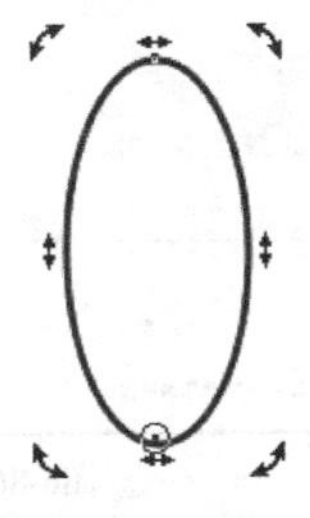
图6-79 旋转中心调整后的位置

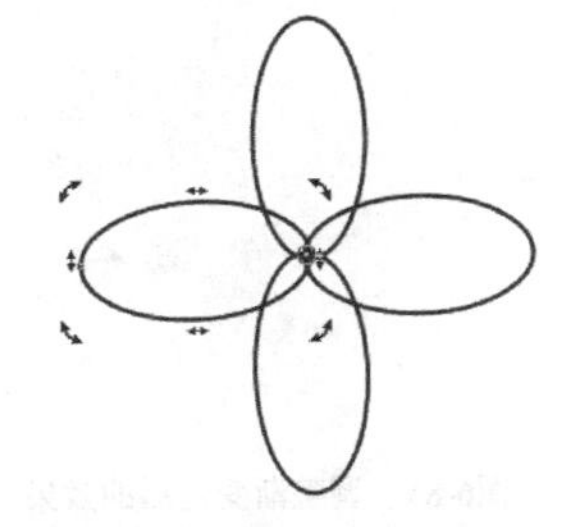
图6-80 旋转复制出的图形

20. 利用工具将 4 个椭圆形同时选择，然后单击属性栏中的按钮，将其焊接为一个整体，如图 6-81 所示。
21. 在焊接后的图形上单击，使其显示出旋转和扭曲符号，然后将其旋转 45° 角，以“X”字母的状态显示。
22. 选择工具，在弹出的【编辑填充】对话框中单击【渐变填充】按钮，然后将颜色分别设置为浅红色（M:15）和粉红色（M:70），其他选项及参数设置如图 6-82 所示。

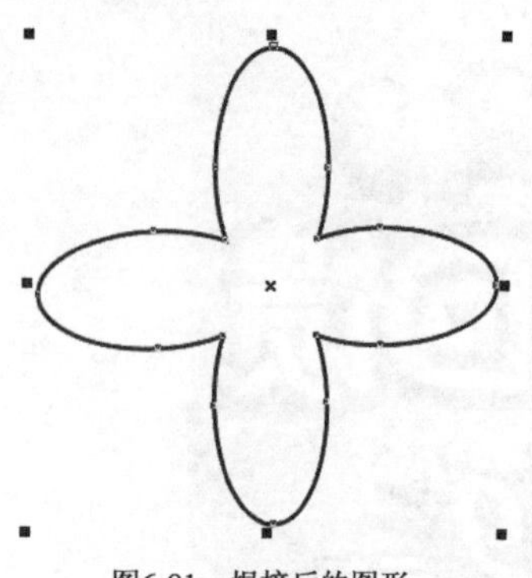
图6-81　焊接后的图形

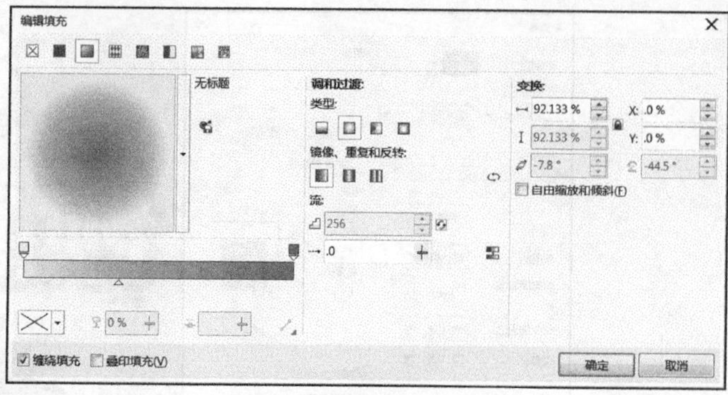

图6-82　设置的渐变色及效果

23. 单击 确定 按钮，为图形填充设置的渐变色，并去除外轮廓，效果如图 6-83 所示。
24. 用旋转复制图形的方法，将图形旋转复制，制作出的花效果如图 6-84 所示。

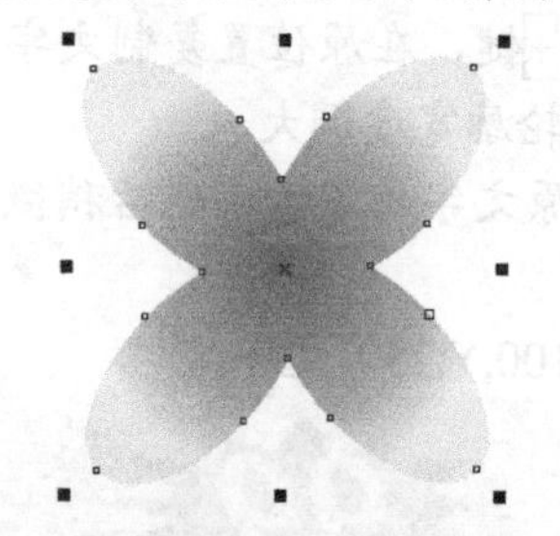
图6-83　填充渐变色后的效果

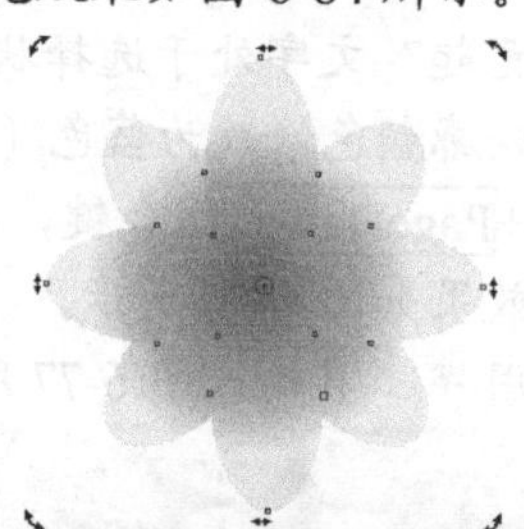
图6-84　旋转复制出的图形

25. 选择工具，并调整显示出渐变框的大小，以此来修改复制图形的渐变色范围，效果如图 6-85 所示。
26. 继续利用工具，在花图形的中心位置绘制一个小椭圆形，并为其填充渐变色，参数设置及去除外轮廓后的效果如图 6-86 所示。

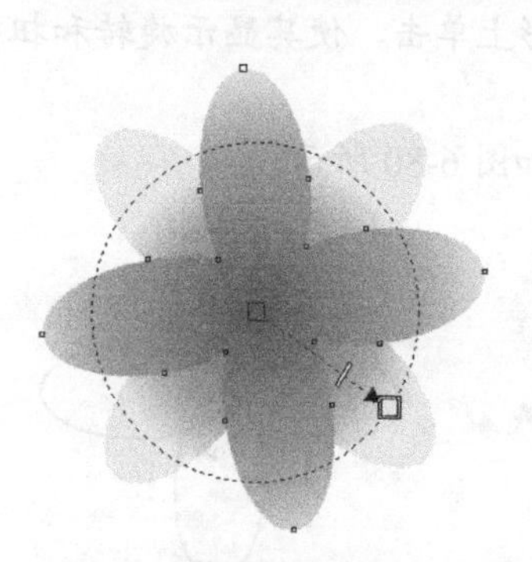
图6-85　调整渐变色后的效果

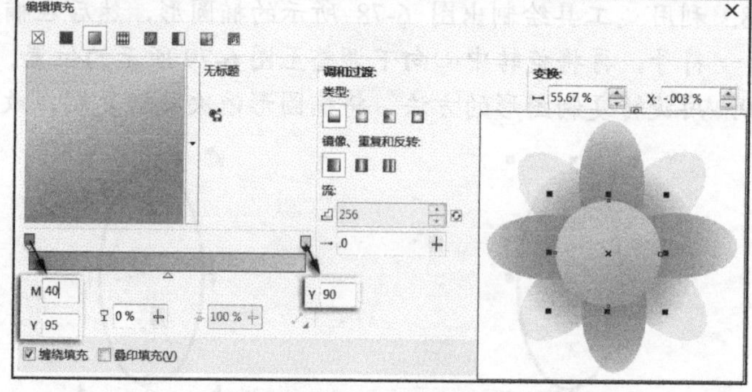

图6-86　设置的渐变颜色及填充后的效果

27. 利用工具将绘制的花形全部选择并群组，然后调整至合适的大小后移动到吊旗画面中，并依次移动复制，即可完成吊旗的制作，最终效果如图 6-60 所示。
28. 按 Ctrl+S 组合键，将此文件命名为“吊旗.cdr”保存。

6.5　综合案例——绘制网络插画

灵活运用【透明度】、【阴影】和【变形】工具绘制出图 6-87 所示的网络插画。

【步骤解析】

1. 新建一个纸张宽度和高度分别为 360.0 mm 270.0 mm 的图形文件，然后双击□工具，添加一个与当前页面相同大小的矩形，并为其填充天蓝色（C:65,Y:5）。
2. 按键盘数字区中的+键，将矩形在原位置复制，然后将复制出的图形的填充色修改为黄绿色（C:30,Y:45）。
3. 选择工具，将鼠标指针移动到画面的中心位置，按住鼠标左键并向上拖曳，为图形添加图 6-88 所示的交互式透明效果。

图6-87 绘制的网络插画

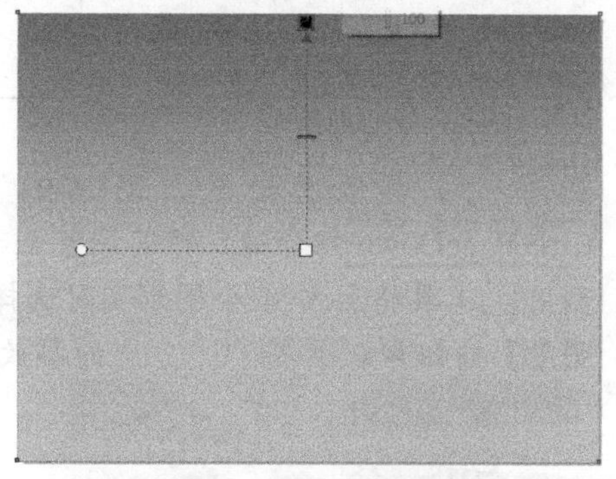

图6-88 添加透明后的效果

4. 利用工具和工具绘制图形并为其填充渐变色，制作草地，设置的渐变颜色及填充后的图形效果如图 6-89 所示。

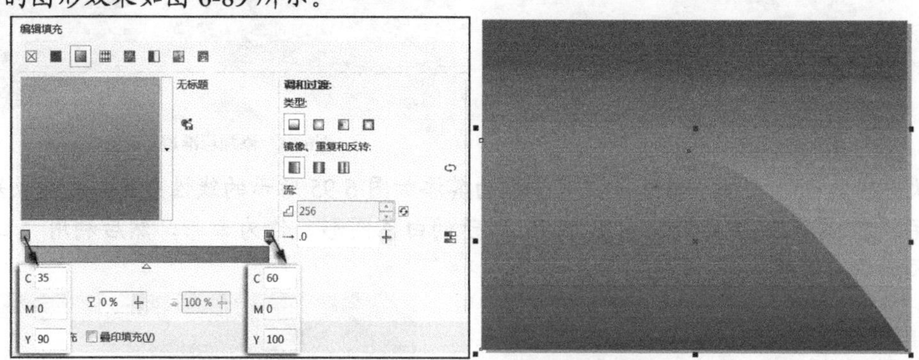

图6-89 设置的渐变颜色及填充后的图形效果

5. 用与步骤 4 相同的方法绘制右侧的草地图形，设置的渐变颜色及填充后的图形效果如图 6-90 所示。

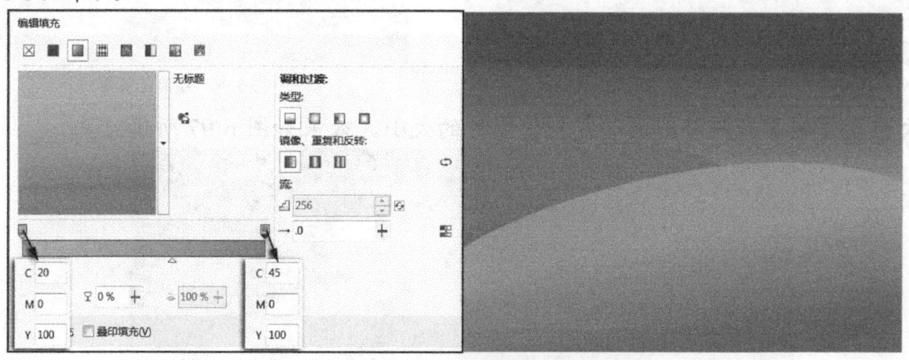

图6-90 设置的渐变颜色及填充后的图形效果

6. 利用工具绘制图 6-91 所示的黄色（Y:100）圆形作为太阳，然后利用工具为其添加阴影制作发光效果，设置的属性参数及生成的效果如图 6-92 所示。

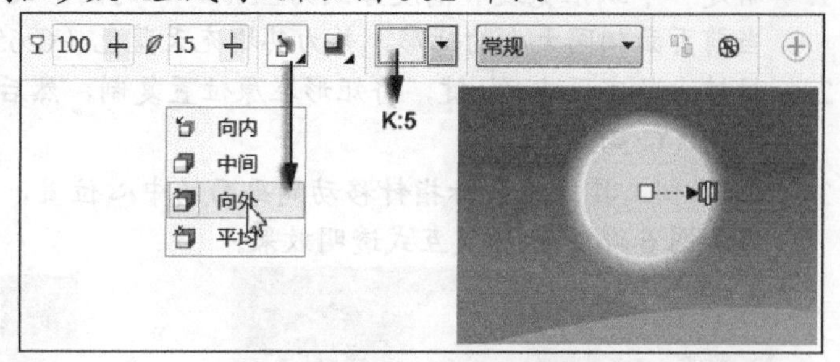

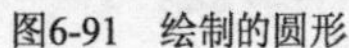

图6-91　绘制的圆形　　图6-92　设置的属性参数及生成的效果

7. 利用工具依次绘制出图 6-93 所示的白色图形，然后将其全部选择并按Ctrl+PageDown组合键，将其调整至“太阳”图形的下方。

8. 利用工具将上方 4 个图形同时选择，然后选择工具，并激活属性栏中的【均匀透明度】按钮，再将 85 的参数设置为“85”，效果如图 6-94 所示。

图6-93　绘制的图形

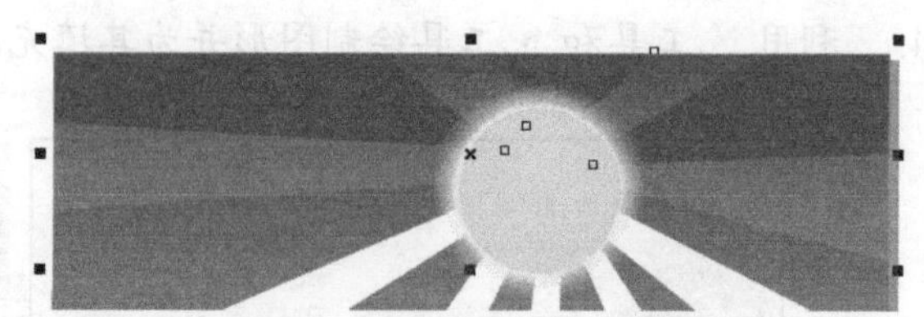

图6-94　添加标准透明后的效果

9. 依次选择其他的图形，利用工具分别为其添加图 6-95 所示的线性交互式透明效果。

10. 利用工具和工具绘制出图 6-96 所示的白色图形，作为云彩，然后利用工具为其添加均匀透明效果，【透明度】参数为 50。

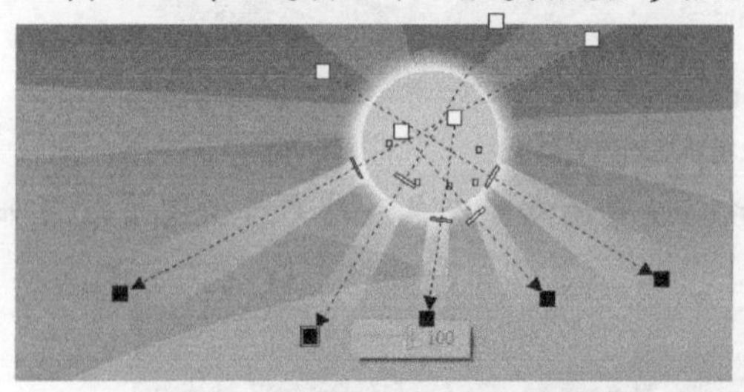

图6-95　添加线性透明后的效果

图6-96　绘制的图形

11. 依次移动复制图形并分别调整复制出图形的大小，效果如图 6-97 所示。

图6-97　制作的云彩效果

12. 利用□工具绘制白色的矩形，然后利用工具对其进行变形调整，形态如图 6-98 所示。
13. 利用○工具绘制椭圆形，然后为其填充橘红色（M:60,Y:100）到黄色（Y:100）的射线渐变色，如图 6-99 所示。

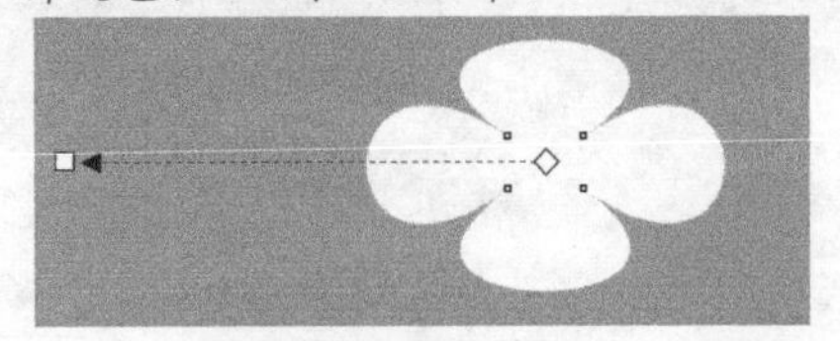
图6-98　变形后的效果

图6-99　制作的花图形

14. 将作为花图形的两个图形同时选择并移动复制，然后修改复制出图形中花蕊的渐变颜色，即紫红色（C:13,M:45）到粉红色（M:45）。
15. 分别选择两个花图形，进行群组，然后依次复制并调整大小和旋转角度，制作出图 6-100 所示的效果。
16. 按 Ctrl+I 组合键，将附盘中“图库\第 06 章”目录下名为“小鸭子.cdr”的文件导入，调整至合适的大小后放置到画面中，然后利用工具在画面的左下方依次绘制出图 6-101 所示的浅黄色（C:2,M:2,Y:10）图形，作为栅栏。

图6-100　复制出的花图形

图6-101　导入的小鸭子及绘制的图形

17. 至此，网络插画绘制完成，按 Ctrl+S 组合键，将此文件命名为“网络插画.cdr”保存。

6.6 课后作业

1. 灵活运用【艺术笔】、【文字】、【封套】、【立体化】和【阴影】工具，设计出图 6-102 所示的促销海报。

图6-102　设计的促销海报

2. 　灵活运用【调和】、【轮廓图】及【封套】工具，设计出图 6-103 所示的开业海报。
3. 　灵活运用本章学过的效果工具，绘制出图 4-104 所示的风景画。

图6-103　设计的开业海报

图6-104　绘制的风景画

第7章 常用菜单命令

本章主要介绍 CorelDRAW X7 中的一些常用菜单命令，包括撤销、复制与删除，图形的变换及修整，图形的对齐与分布，调整图形的堆叠顺序，【图框精确剪裁】命令及【添加透视】命令的应用。这些命令是工作过程中最基本、最常用的，将这些命令熟练掌握也是进行图形绘制及效果制作的关键。

【学习目标】

- 掌握撤销、恢复、复制图形及删除对象的方法。
- 掌握各种变换操作。
- 掌握【图框精确剪裁】命令的运用。
- 掌握制作透视效果的方法。
- 掌握各种包装的设计方法。
- 掌握包装立体效果的制作。

7.1 功能讲解——常用菜单命令

本节来介绍绘图过程中经常用到的菜单命令。

7.1.1 撤销、复制与删除

撤消、复制与删除是常用的编辑菜单命令，下面来具体介绍。

一、 撤销和恢复

撤销和恢复操作主要是对绘制图形过程中出现的错误操作进行撤销，或将多次撤销的操作再进行恢复的命令。

(1) 【撤销】命令。

当在绘图窗口中进行了第一步操作后，【编辑】菜单中的【撤销】命令即可使用。例如，利用【矩形】工具绘制了一个矩形，但绘制后又不想要矩形了，而想绘制一个椭圆形，这时，就可以执行【编辑】/【撤销】命令（或按 Ctrl+Z 组合键），将前面的操作撤销，然后再绘制椭圆形。

(2) 【重做】命令。

当执行了【撤销】命令后，【重做】命令就变为可用的了，执行【编辑】/【重做】命令（或按 Ctrl+Shift+Z 组合键），即可将刚才撤销的操作恢复出来。

【撤销】命令的撤销步数可以根据需要自行设置，具体方法为：执行【工具】/【选项】命令（或按 Ctrl+J 组合键），弹出【选项】对话框，在左侧的区域中选择【工作区】/【常规】选项，此时其右侧的参数设置区中将显示为图 7-1 所示的形态。在右侧参数设置区

中的【普通】文本框中输入相应的数值，即可设置撤销操作相应的步数。

图7-1　【选项】对话框

二、 复制图形

复制图形的命令主要包括【剪切】、【复制】和【粘贴】命令。在实际工作过程中这些命令一般要配合使用。其操作过程为：首先选择要复制的图形，再通过执行【剪切】或【复制】命令将图形暂时保存到剪贴板中，然后再通过执行【粘贴】命令，将剪贴板中的图形粘贴到指定的位置。

剪贴板是剪切或复制图形后计算机内虚拟的临时存储区域，每次剪切或复制都是将选择的对象转移到剪贴板中，此对象将会覆盖剪贴板中原有的内容，即剪贴板中只能保存最后一次剪切或复制的内容。

- 执行【编辑】/【剪切】命令（或按 Ctrl+X 组合键），可以将当前选择的图形剪切到系统的剪贴板中，绘图窗口中的原图形将被删除。
- 执行【编辑】/【复制】命令（或按 Ctrl+C 组合键），可以将当前选择的图形复制到系统的剪贴板中，此时原图形仍保持原来的状态。
- 执行【编辑】/【粘贴】命令（或按 Ctrl+V 组合键），可以将剪切或复制到剪贴板中的内容粘贴到当前的图形文件中。多次执行此命令，可将剪贴板中的内容进行多次粘贴。

【剪切】命令和【复制】命令的功能相同，只是复制图像的方法不同。【剪切】命令是将选择的图形在绘图窗口中剪掉后复制到剪贴板中，当前图形在绘图窗口中消失；而【复制】命令是在当前图形仍保持原来状态的情况下，将选择的图形复制到剪贴板中。

三、 删除对象

在实际工作过程中，经常会将不需要的图形或文字清除，在 CorelDRAW 中删除图形或文字的方法主要有以下两种。

(1) 利用 工具选择需要删除的图形或文字，然后执行【编辑】/【删除】命令（或按 Delete 键），即可将选择的图形或文字清除。

(2) 在需要删除的图形或文字上单击鼠标右键，在弹出的右键菜单中选择【删除】命令，也可将选择的图形或文字删除。

7.1.2 变换和造形命令应用

本小节主要介绍利用【变换】泊坞窗对图形进行变换操作，以及利用【对象】/【造形】命令对图形进行修整操作。

一、图形的变换

前面对图形进行移动、旋转、缩放和倾斜等操作时，一般都是通过拖曳鼠标指针来实现，但这种方法不能准确地控制图形的位置、大小及角度，调整出的结果不够精确。使用菜单栏中的【对象】/【变换】命令则可以精确地对图形进行上述操作。

(1) 变换图形的位置。

利用【对象】/【变换】/【位置】命令，可以将图形相对于页面可打印区域的原点（0,0）位置移动，还可以相对于图形的当前位置来移动。（0,0）坐标的默认位置是绘图页面的左下角。执行【对象】/【变换】/【位置】命令（或按 Alt+F7 组合键），将弹出图 7-2 所示的【变换】泊坞窗。

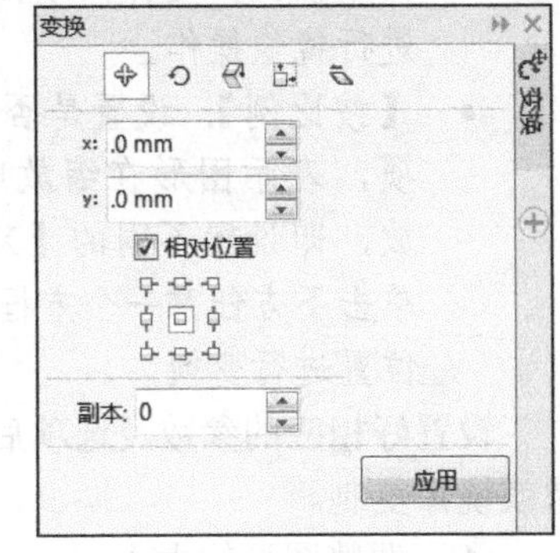

图7-2 【变换】泊坞窗（1）

- 【X】选项：用于设置图形在水平方向上移动的距离。
- 【Y】选项：用于设置图形在垂直方向上移动的距离。
- 【相对位置】选项：用于设置图形在位置变换时的相对关系。选择此选项，单击下面的方框，可以来设置图形移动时相对于自身的哪一位置进行移动。如未选择【相对位置】复选项，其下的方框中将显示选择图形的中心点位置。
- 【副本】：用于设置复制图形的份数。为“0”时，表示只移动当前图形不进行复制。

设置好相应的参数及选项后，单击 应用 按钮，即可将选择的图形移动至设置的位置，或将其复制后再移动至设置的位置。

(2) 旋转图形。

利用【对象】/【变换】/【旋转】命令，可以精确地旋转图形的角度。在默认状态下，图形是围绕中心来旋转的，但也可以将其设置为围绕特定的坐标或围绕图形的相关点来进行旋转。执行【对象】/【变换】/【旋转】命令（或按 Alt+F8 组合键），弹出图 7-3 所示的【变换】泊坞窗。

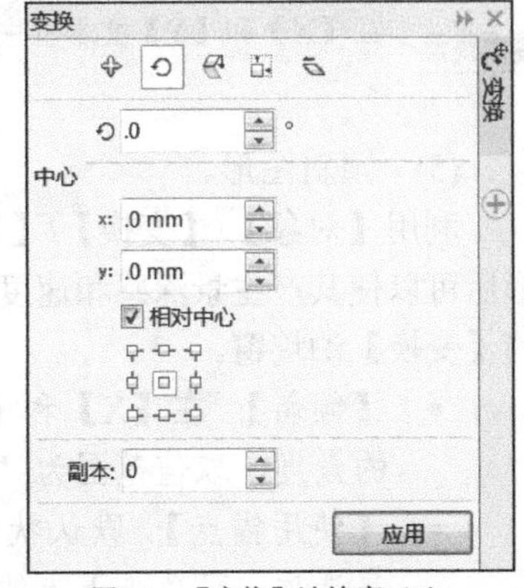

图7-3 【变换】泊坞窗（2）

- 【旋转角度】 .0 °：用于设置图形的旋转角度。参数为正值时，图形将按逆时针旋转；参数为负值时，图形将按顺时针旋转。
- 【中心】：默认状态下，图形是围绕中心来旋转

的。当设置【X】和【Y】选项中的数值时，可以重新设置图形旋转中心的坐标位置。

- 【相对中心】：可设置旋转中心的相对位置。单击下方的任意方框，即可将旋转中心位于图形自身的哪一位置。

设置好相应的参数及选项后，单击 应用 按钮，即可将选择的图形旋转或旋转复制。

(3) 缩放和镜像图形。

利用【对象】/【变换】/【缩放和镜像】命令，可以对选择的图形进行缩放或镜像操作。图形的缩放可以按照设置的比例值来改变大小。图形的镜像可以是水平、垂直或同时在两个方向上来颠倒其外观。执行【对象】/【变换】/【缩放和镜像】命令（或按 Alt+F9 组合键），弹出图 7-4 所示的【变换】泊坞窗。

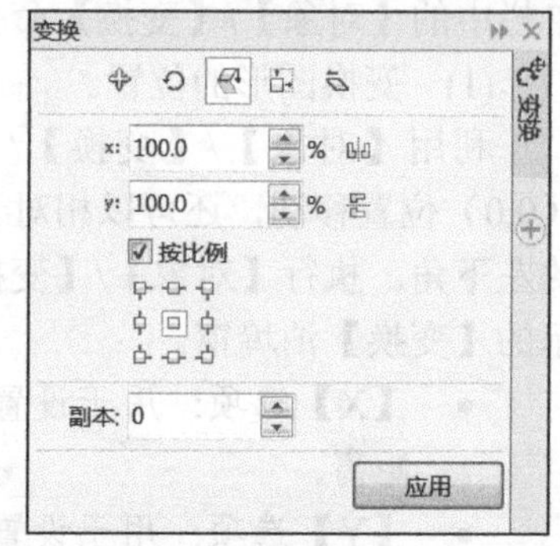

图7-4 【变换】泊坞窗（3）

- 【X】和【Y】：用于设置所选图形的水平和垂直缩放比例。
- 【镜像】按钮：用于设置所选图形在哪个方向镜像，激活按钮，可在水平方向上镜像；激活按钮，可在垂直方向上镜像，当同时激活这两个按钮，选择图形将分别在水平和垂直方向上进行镜像操作。
- 【按比例】：设置是否等比例缩放。取消选择该项，表示图形在缩放时将可以不按比例进行缩放，即设置不同的【X】和【Y】选项的参数。

单击下方任意一个方框，可设置所选图形在缩放或镜像时，按图形自身的某一位置进行变换。

设置好相应的参数及选项后，单击 应用 按钮即可将选择的图形缩放或缩放复制、镜像或镜像复制。

(4) 调整图形的大小。

菜单栏中的【对象】/【变换】/【大小】命令相当于【对象】/【变换】/【缩放和镜像】命令，这两种命令都能调整图形的大小。但【缩放和镜像】命令是利用百分比来调整图形大小的，而【大小】命令是利用特定的度量值来改变图形大小的。执行【对象】/【变换】/【大小】命令（或按 Alt+F10 组合键），弹出图 7-5 所示的【变换】泊坞窗。

要点提示 在【X】和【Y】文本框中输入数值，可以设置所选图形缩放后的宽度和高度。

(5) 倾斜图形。

利用【对象】/【变换】/【倾斜】命令，可以把选择的图形按照设置的度数倾斜。倾斜图形后可以使其产生景深感和速度感。执行【对象】/【变换】/【倾斜】命令，弹出图 7-6 所示的【变换】泊坞窗。

- 【倾斜】：在【X】和【Y】选项的文本框中输入数值，可以设置所选图形倾斜的角度，取值范围为“−75 ~ 75”。
- 【使用锚点】：默认状态下，图形的倾斜中心是此图形的旋转中心。当选择此复选项，可单击下方的任意方框来重新设置图形的倾斜中心点。

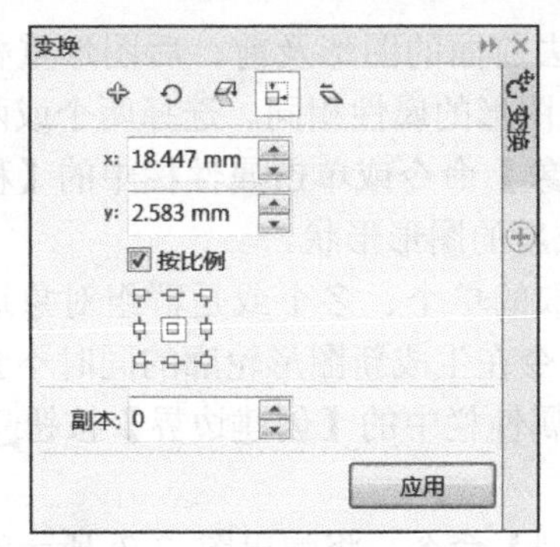

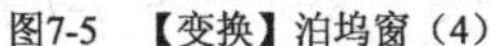
图7-5 【变换】泊坞窗（4）

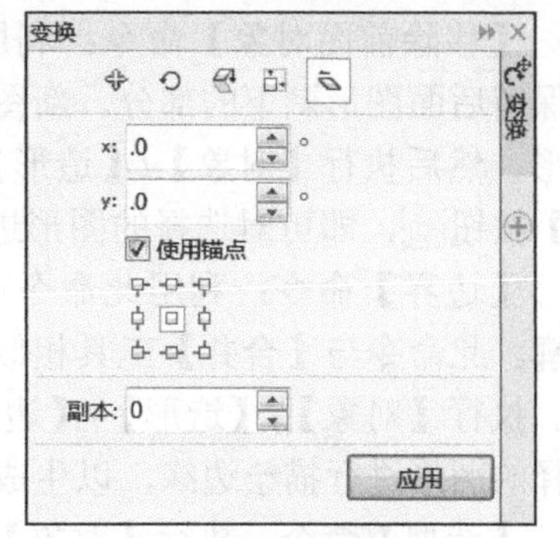

图7-6 【变换】泊坞窗（5）

设置好相应的参数及选项后，单击 应用 按钮，即可将选择的图形按指定的角度倾斜或倾斜复制。

在【变换】泊坞窗中，分别单击上方的、、、或按钮，可以切换至各自的对话框中。另外，当为选择的图形应用了除【位置】变换外的其他变换后，执行【对象】/【变换】/【清除变换】命令，可以清除图形应用的所有变形，使其恢复为原来的外观。

二、 修整图形

利用菜单栏中的【对象】/【造形】命令，可以将选择的多个图形进行合并或修剪等运算，从而生成新的图形。其子菜单中包括【合并】、【修剪】、【相交】、【简化】、【移除后面对象】、【移除前面对象】、【边界】和【造型】8 种命令。

(1) 【合并】命令：利用此命令可以将选择的多个图形合并为一个整体，相当于多个图形相加运算后得到的图形形态。选择两个或两个以上的图形，然后执行【对象】/【造形】/【合并】命令或单击属性栏中的【合并】按钮，即可将选择的图形合并为一个整体图形。

(2) 【修剪】命令：利用此命令可以将选择的多个图形进行修剪运算，生成相减后的形态。选择两个或两个以上的图形，然后执行【对象】/【造形】/【修剪】命令或单击属性栏中的【修剪】按钮，即可对选择的图形进行修剪运算，产生一个修剪后的图形形状。

(3) 【相交】命令：利用此命令可以将选择的多个图形中未重叠的部分删除，以生成新的图形形状。选择两个或两个以上的图形，然后执行【对象】/【造形】/【相交】命令或单击属性栏中的【相交】按钮，即可对选择的图形进行相交运算，产生一个相交后的图形形状。

利用【合并】、【修剪】和【相交】命令对选择的图形进行修整处理时，最终图形的属性与选择图形的方式有关。当按住 Shift 键依次单击选择图形时，新图形的属性将与最后选择图形的属性相同；当用框选的方式选择图形时，新图形的属性将与最下面图形的属性相同。

(4) 【简化】命令：此命令的功能与【修剪】命令的功能相似，但此命令可以同时作用于多个重叠的图形。选择两个或两个以上的图形，然后执行【对象】/【造形】/【简化】命令或单击属性栏中的【简化】按钮，即可对选择的图形简化。

(5) 【移除后面对象】命令：利用此命令可以减去后面的图形及前、后图形重叠的部分，只保留前面图形剩下的部分。新图形的属性与上方图形的属性相同。选择两个或两个以上的图形，然后执行【对象】/【造形】/【移除后面对象】命令或单击属性栏中的【移除后面对象】按钮，即可对选择的图形进行修剪，以生成新的图形形状。

(6)　【移除前面对象】命令：利用此命令可以减去前面的图形及前、后图形重叠的部分，只保留后面图形剩下的部分。新图形的属性与下方图形的属性相同。选择两个或两个以上的图形，然后执行【对象】/【造形】/【移除前面对象】命令或单击属性栏中的【移除前面对象】按钮，即可对选择的图形进行修剪，以生成新的图形形状。

(7)　【边界】命令：利用此命令可以快速的从选取的单个、多个或是群组对象边缘创建外轮廓。此命令与【合并】工具相似，但【边界】命令在生成新图形轮廓的同时不会破坏原图形。执行【对象】/【造形】/【边界】命令或单击属性栏中的【创建边界】按钮，即可对选择的图形进行描绘边缘，以生成新的图形。

(8)　【造型】命令：执行【对象】/【造形】/【造型】命令，将弹出图 7-7 所示的【造型】泊坞窗。此泊坞窗中的选项与上面介绍的命令相同，只是在利用此泊坞窗执行【焊接】（即合并）、【修剪】和【相交】命令时，多了【保留原始源对象】和【保留原目标对象】两个选项，设置这两个选项，可以在执行运算时保留源对象或目标对象。

- 【保留原始源对象】选项：指在绘图窗口中先选择的图形。选择此选项，在执行【合并】、【修剪】或【相交】命令时，源对象将与目标对象运算生成一个新的图形形状，同时源对象在绘图窗口中仍然存在。
- 【保留原目标对象】选项：指在绘图窗口中后选择的图形。选择此选项，在执行【合并】、【修剪】或【相交】命令时，来源对象将与目标对象运算生成一个新的图形，同时目标对象在绘图窗口中仍然存在。

当选择【边界】命令时，【造型】泊坞窗如图 7-8 所示。

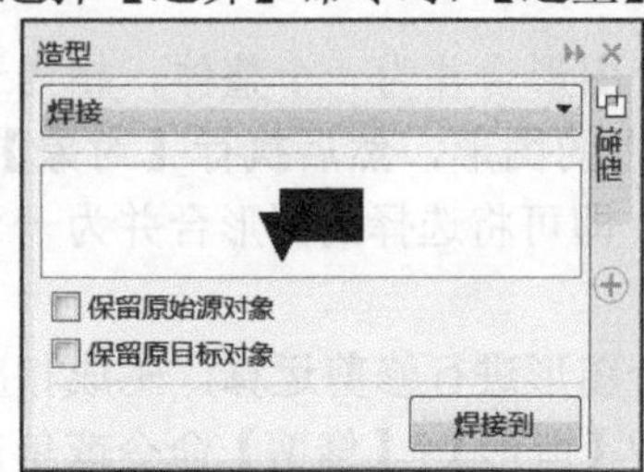

图7-7　【造型】泊坞窗（1）

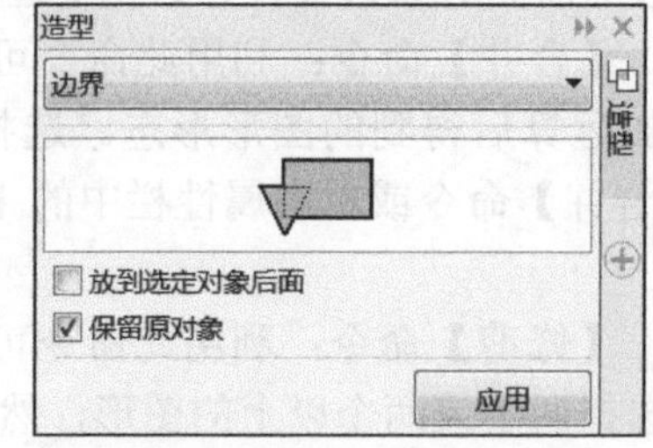

图7-8　【造型】泊坞窗（2）

- 【放到选定对象后面】选项：选择此选项，生成的边界图形将位于选择图形的后面；否则将位于选择图形的前面。
- 【保留原对象】选项：选择此选项，选择图形生成边界图形后，原图形将保留；否则原图形将删除。

7.1.3　对齐和分布图形

利用菜单栏中的【对象】/【对齐和分布】命令，可以精确地将所选图形按其他图形或当前页面的指定位置对齐和分布。其中【对齐】属性可以使选择的图形在水平、垂直及中心等位置对齐。【分布】属性可以使选择的图形在指定的方向按照一定的间距分布。

一、图形的对齐

选择两个或两个以上的图形后，执行【对象】/【对齐和分布】命令，弹出图 7-9 所示的子菜单。

在 CorelDRAW 中，图形的对齐方式取决于选取图形的顺序，它是用最后选取的图形来确定对齐的，其他所有图形都要与最后选取的图形对齐。

- 【左对齐】命令：可使选择的图形靠左边缘对齐，快捷键为 L 键。
- 【右对齐】命令：可使选择的图形靠右边缘对齐，快捷键为 R 键。
- 【顶端对齐】命令：可使选择的图形靠上边缘对齐，快捷键为 T 键。
- 【底端对齐】命令：可使选择的图形靠下边缘对齐，快捷键为 B 键。
- 【水平居中对齐】命令：可使选择的图形按水平中心对齐，快捷键为 E 键。

左对齐(L)	L
右对齐(R)	R
顶端对齐(T)	T
底端对齐(B)	B
水平居中对齐(C)	E
垂直居中对齐(E)	C
在页面居中(P)	P
在页面水平居中(H)	
在页面垂直居中(V)	
对齐与分布(A)	Ctrl+Shift+A

图7-9 【对齐与分布】命令的子菜单

- 【垂直居中对齐】命令：可使选择的图形按垂直中心对齐，快捷键为 C 键。

图 7-10 所示为原图与使用不同对齐命令时的对比形态。

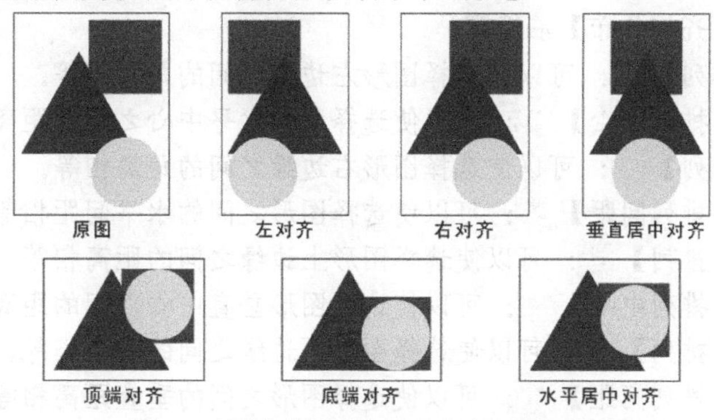

图7-10 原图与使用不同对齐命令时的对比形态

- 【在页面居中】命令：可使选择的图形对齐到页面中心位置。
- 【在页面水平居中】命令：可使选择的图形在水平方向上与页面中心对齐。
- 【在页面垂直居中】命令：可使选择的图形在垂直方向上与页面中心对齐。

图 7-11 所示为选择不同的对齐页面选项时图形的对齐效果对比。

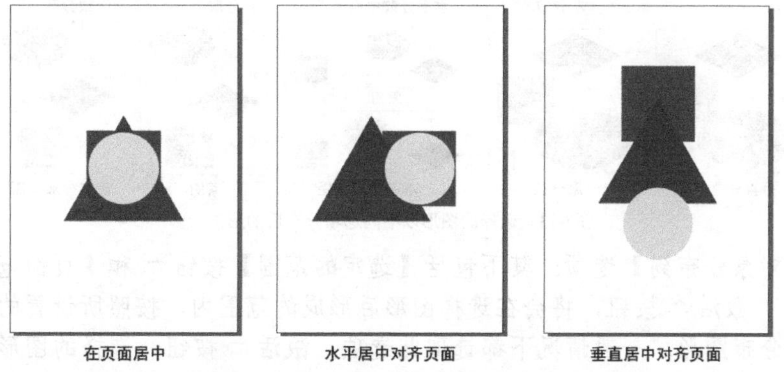

图7-11 选择不同对齐页面选项时的对齐效果

- 【对齐与分布】命令：选择此命令，将弹出图 7-12 所示的【对齐与分布】泊坞窗。其中的对齐选项功能与上面介绍的对齐命令功能相同，在此不再赘述。

【文本】选项：用于指定文本对齐的选项。包括【第一条线的基线】、【最后一条线的基线】、【边框】和【轮廓】选项。

【对齐对象到】选项：用于指定图形对齐的选项。其下包括【活动对象】、【页面边缘】、【页面中心】、【网格】和【指定点】5 种选项。

【将对象分布到】选项：参见下面“图形的分布”中的介绍。

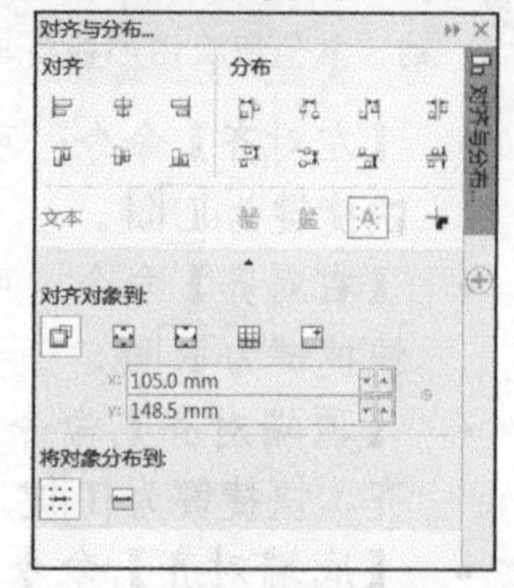

图7-12　【对齐与分布】泊坞窗

二、　图形的分布

利用【对齐与分布】泊坞窗（见图 7-12）中的【分布】选项，可以将选择的图形均匀地排列。在分布图形时，可以选择是在选定的范围内还是在整个页面范围内进行分布。

将需要进行分布的图形选择（至少 3 个），执行【对象】/【对齐和分布】/【对齐与分布】命令，弹出【对齐与分布】泊坞窗。

- 【左分散排列】：可以使选择图形左边缘之间的距离相等。
- 【水平分散排列中心】：可以使选择图形水平中心之间的距离相等。
- 【右分散排列】：可以使选择图形右边缘之间的距离相等。
- 【水平分散排列间距】：可以使选择图形之间的水平间距相等。
- 【顶部分散排列】：可以使选择图形上边缘之间的距离相等。
- 【垂直分散排列中心】：可以使选择图形垂直中心之间的距离相等。
- 【底部分散排列】：可以使选择图形下边缘之间的距离相等。
- 【垂直分散排列间距】：可以使选择图形之间的垂直距离相等。

图 7-13 所示为分别利用以上按钮对图形进行分布后的形态。

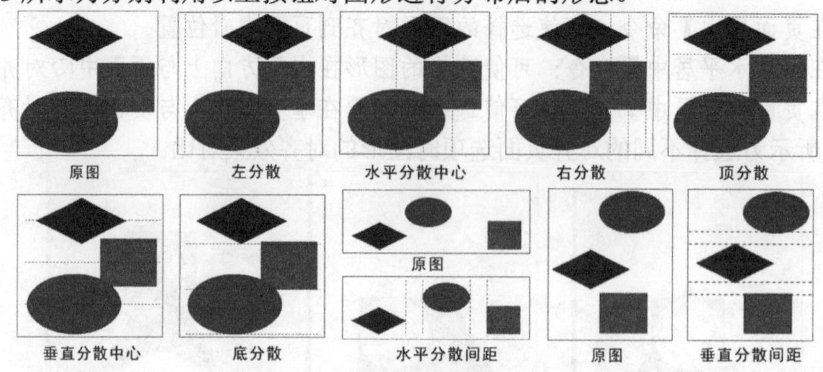

图7-13　选择的图形以不同选项分布后的形态

- 【将对象分布到】选项：其下包括【选定的范围】按钮和【页面范围】按钮。激活按钮，将会在选择图形后形成的范围内，按照所设置的分布选项来分布图形。一般情况下都选取此选项。激活按钮，选择的图形将在当前页面范围内，按照设置的分布选项进行分布。

7.1.4 调整图形顺序

当绘制的图形重叠时，后绘制的图形将覆盖先绘制的图形。利用【排列】/【顺序】命令，可以将图形之间的堆叠顺序重新排列。

- 【到页面前面】和【到页面后面】命令：可以将选择的图形移动到当前页面所有图形的上面或下面，快捷键分别为 Ctrl+Home 组合键和 Ctrl+End 组合键。
- 【到图层前面】和【到图层后面】命令：可以将选择的图形调整到当前层所有图形的上面或后面，快捷键分别为 Shift+PgUp 组合键和 Shift+PgDn 组合键。

如果当前文件只有一个图层，选择“到页面前面或后面”命令与“到图层前面或后面”命令功能相同；但如果有很多个图层，“到页面前面或后面”命令可以将选择的图形移动到所有图层的前面或后面，而“到图层前面或后面”命令只能将选择图形移动到当前层所有图层的前面或后面。

- 【向前一层】和【向后一层】命令：可以将选择的图形向前或向后移动一个位置。快捷键分别为 Ctrl+PgUp 组合键和 Ctrl+PgDn 组合键。
- 【置于此对象前】命令：可将所选的图形移动到指定图形的前面，图 7-14 所示为使用此命令后，将选择的矩形移动到圆形前面时的顺序变化。

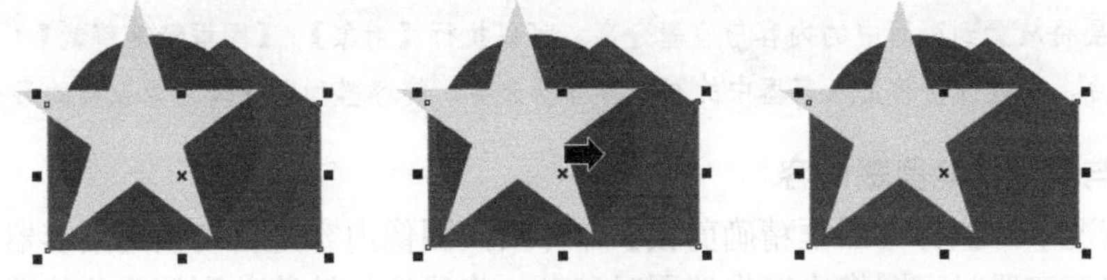

图7-14 使用【置于此对象前】命令时的图形顺序变化

- 【置于此对象后】命令：可将所选的图形移动到指定图形的后面，图 7-15 所示为使用此命令后，将选择的星星图形移动到圆形后面时的顺序变化。

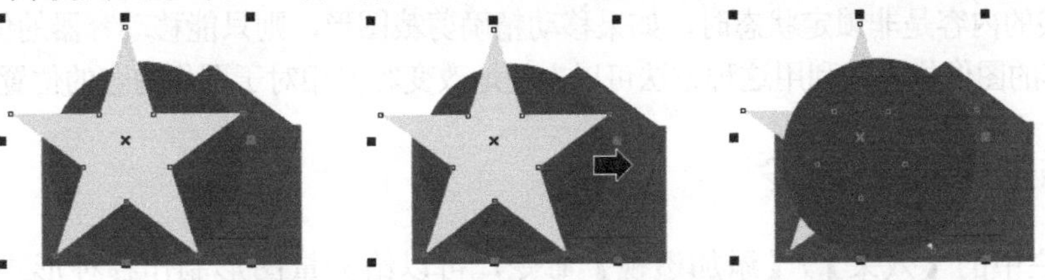

图7-15 使用【置于此对象后】命令时的图形顺序变化

- 【逆序】命令：可将选择的一组图形的堆叠顺序反方向颠倒排列。

7.1.5 【图框精确剪裁】命令

【图框精确剪裁】命令可以将图形或图像放置在指定的容器中，并可以对其进行提取或编辑，容器可以是图形也可以是文字。

一、 【图框精确剪裁】命令应用

将选择的图形或图像放置在指定容器中的具体操作为：确认绘图窗口中有导入的图像及作为容器的图形存在，然后利用工具选择图像，执行【对象】/【图框精确剪裁】/【置于图文框内部】命令，此时鼠标指针将显示为➡图标；将鼠标指针放置在绘制的图形上单

击，释放鼠标后，即可将选择的图像放置到指定的图形中。

在想要放置到容器内的图像上按下鼠标右键并向容器上拖曳，当鼠标指针显示为⊕符号时释放，在弹出的菜单中选择【图框精确剪裁内部】命令，也可将图像放置到指定的容器内。如果容器是文字也可以，只是当鼠标指针显示为A符号时释放。

二、　精确剪裁效果的编辑

默认状态下，执行【图框精确剪裁】命令后是将选择的图像放置在容器的中心位置。当选择的图像比容器小时，图像将不能完全覆盖容器；当选择的图像比容器大时，在容器内只能显示图像中心的局部位置，并不能一步达到想要的效果，此时可以进一步对置入容器内的图像进行位置、大小及旋转等编辑，来达到想要的效果。具体操作如下。

(1) 选择需要编辑的图框精确剪裁图形，然后执行【对象】/【图框精确剪裁】/【编辑PowerClip】命令，此时，图框精确剪裁容器内的图形将显示在绘图窗口中，其他图形将在绘图窗口中隐藏。

(2) 按照需要来调整容器内图片的大小、位置及方向等。

(3) 调整完成后，执行【对象】/【图框精确剪裁】/【结束编辑】命令，或者单击图框图形下方的按钮，即可应用编辑后的容器效果。

要点提示

如果需要将放置到容器中的内容与容器分离，可以执行【对象】/【图框精确剪裁】/【提取内容】命令，就可以将放置入容器中的图像与容器分离，使容器和图片恢复为以前的形态。

三、　锁定与解锁精确剪裁内容

在默认的情况下，执行【图框精确剪裁】命令后，图像内容是自动锁定到容器上的，这样可以保证在移动容器时，图像内容也能同时移动。将鼠标指针移动到精确剪裁图形上单击鼠标右键，在弹出的快捷菜单中选择【锁定图框精确剪裁的内容】命令，即可将精确剪裁内容解锁，再次执行此命令，即可锁定精确剪裁内容。

当精确剪裁的内容是非锁定状态时，如果移动精确剪裁图形，则只能移动容器的位置，而不能移动容器内容的图像位置。利用这种方法可以方便地改变容器相对于图像内容的位置。

7.1.6　【添加透视】命令

利用菜单栏中的【效果】/【添加透视】命令，可以给矢量图形制作各种形式的透视形态。图7-16所示为矢量图原图与添加透视变形后的对比效果。

图7-16　图形添加透视变形前后的效果对比

【添加透视】命令的使用方法非常简单，具体操作如下。

1. 将添加透视点的图形选择。
2. 执行【效果】/【添加透视】命令，此时在选择的图形上即会出现红色的虚线网格，且当前使用的工具会自动切换为工具。
3. 将鼠标指针移动到网格的角控制点上，按住鼠标左键拖曳，即可对图形进行任意角度的透视变形调整。

7.2 范例解析

综合运用本章介绍的菜单命令及前面学过的工具按钮进行如下的操作。

7.2.1 设计包装纸效果

下面灵活运用【变换】命令来设计图 7-17 所示的包装纸效果。

图7-17 制作的包装纸效果

【步骤解析】

1. 新建一个图形文件。
2. 利用工具绘制一个圆角矩形，然后为其填充浅蓝色（C:35,M:0,Y:10,K:0），并将外轮廓设置为蓝色（C:100,M:100），效果如图 7-18 所示。
3. 按 Alt+F8 组合键，在调出的【变换】泊坞窗中激活按钮，并设置其下的参数如图 7-19 所示。
4. 单击 应用 按钮，以设置的旋转中心及角度旋转复制图形，效果如图 7-20 所示。

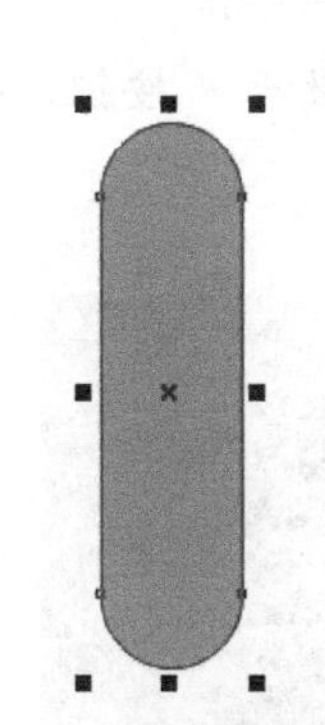
图7-18 绘制的圆角矩形

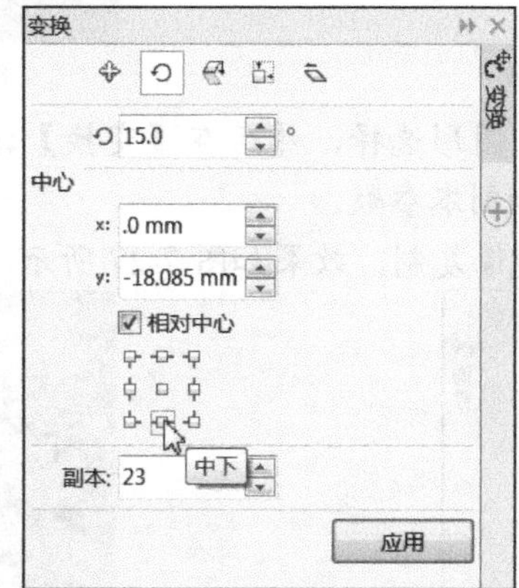

图7-19 设置的旋转复制参数

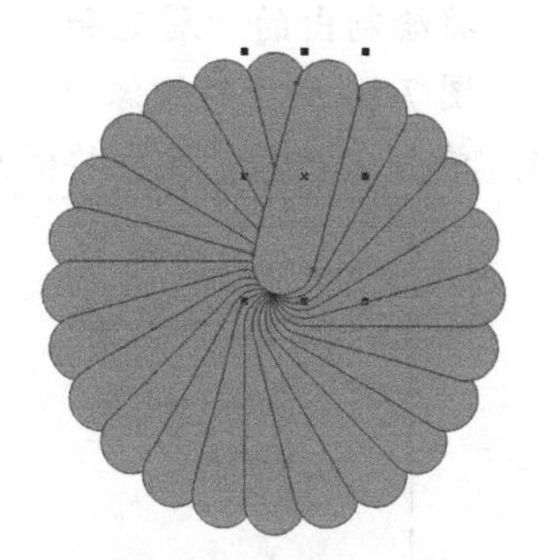
图7-20 旋转复制出的效果

5. 双击工具，将绘制出的图形全部选择，然后按 Ctrl+G 组合键群组。
6. 单击【变换】泊坞窗中的按钮，然后设置其下的参数，如图 7-21 所示。
7. 单击 应用 按钮将图形缩小复制，效果如图 7-22 所示。
8. 将复制出的图形的填充色修改为白色，然后在【变换】泊坞窗中将【X】的参数设置为“70”，单击 应用 按钮，将白色图形再次缩小复制。

9. 将缩小复制出的图形的填充色修改为蓝色（C:65,M:10,Y:7），效果如图 7-23 所示。

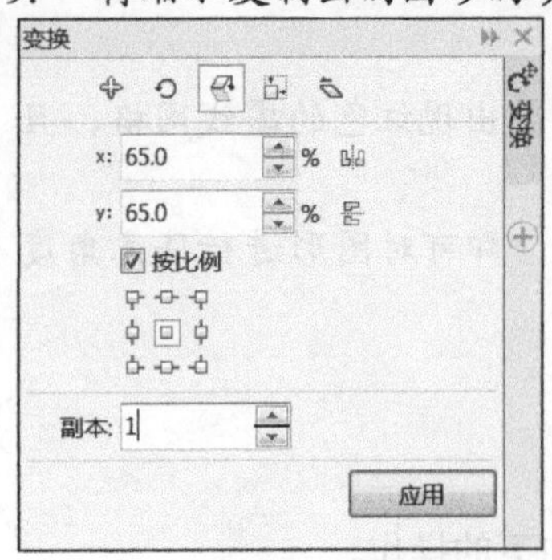

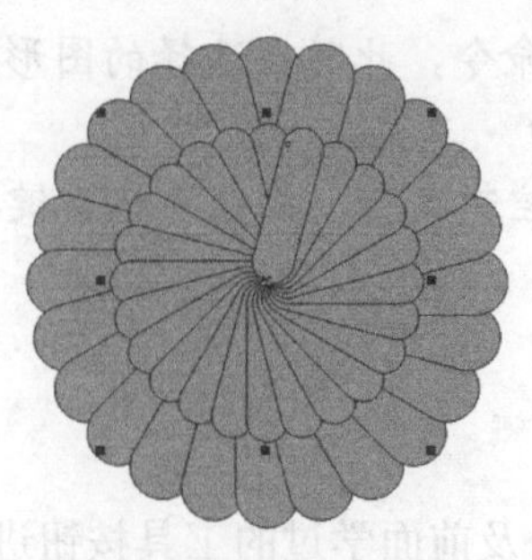

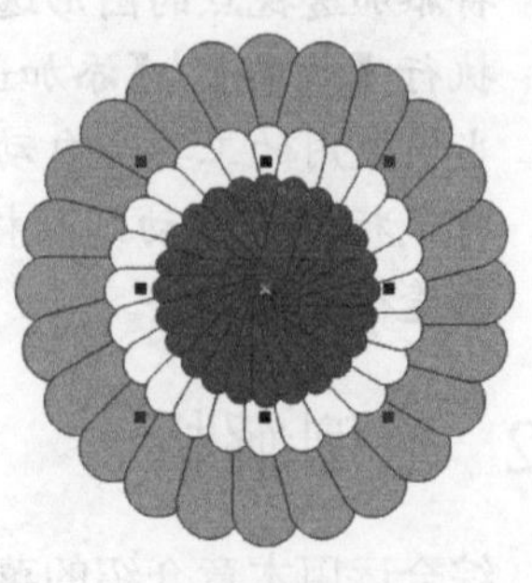

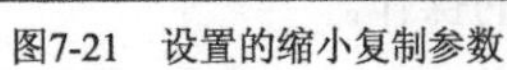

图7-21　设置的缩小复制参数　　图7-22　缩小复制出的图形　　图7-23　复制并修改颜色后的效果

10. 选择 工具，按住 Ctrl 键绘制填充色为红色、轮廓色为蓝色的圆形；然后双击 工具，将所有图形同时选择，并依次按键盘中的 C 键和 E 键，将绘制的圆形与下方的群组图形以中心对齐，效果如图 7-24 所示。
11. 利用 工具和 工具，在红色圆形上绘制出图 7-25 所示的蓝色图形，作为“眉毛和眼睛”图形。

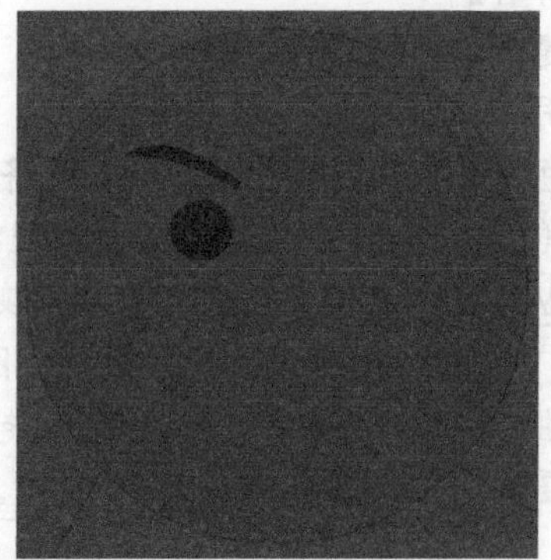

图7-24　绘制并对齐后的圆形　　图7-25　绘制出的图形

12. 将绘制出的“眉毛和眼睛”图形选择，然后在【变换】泊坞窗中激活 按钮，并设置图 7-26 所示的镜像中心点和副本参数。
13. 单击 应用 按钮将图形镜像复制，效果如图 7-27 所示。

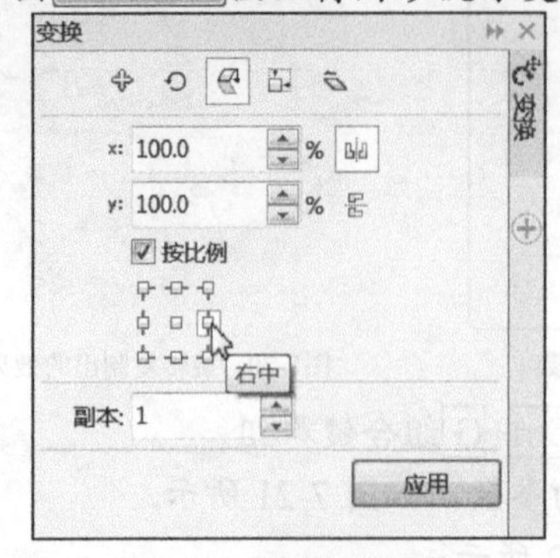

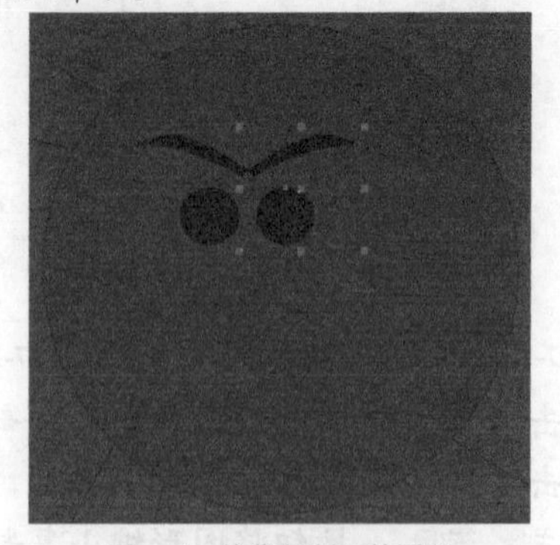

图7-26　【变换】泊坞窗　　图7-27　镜像复制出的图形

14. 利用 工具，将复制出的图形向右移动到图 7-28 所示的位置，然后灵活运用 工具及【变换】泊坞窗，绘制并复制出图 7-29 所示的圆形。

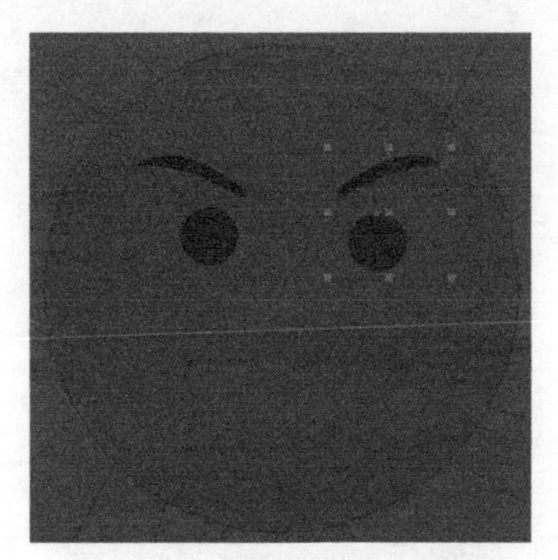
图7-28　复制图形调整后的位置

图7-29　绘制的圆形

15. 利用工具和工具，绘制并调整出图 7-30 所示的白色图形，其轮廓线颜色为蓝色。
16. 至此，单个图案绘制完成，双击工具将其全部选择后按 Ctrl+G 组合键群组，整体效果如图 7-31 所示。

图7-30　绘制出的图形

图7-31　绘制出的图案

用与以上相同的绘制图形方法，依次绘制出图 7-32 所示的图案。

图7-32　绘制出的花形图案

17. 利用工具绘制矩形，然后为其填充黄色（C:4,M;4,Y:46），并去除外轮廓，再按 Shift+PageDown 组合键将其调整至所有图形的下方。
18. 将最后一组花形图案选择，然后将其调整至合适的大小后移动到图 7-33 所示的位置。
19. 用移动复制图形的方法，依次复制花形图形，效果如图 7-34 所示。

图7-33　花形调整后放置的位置

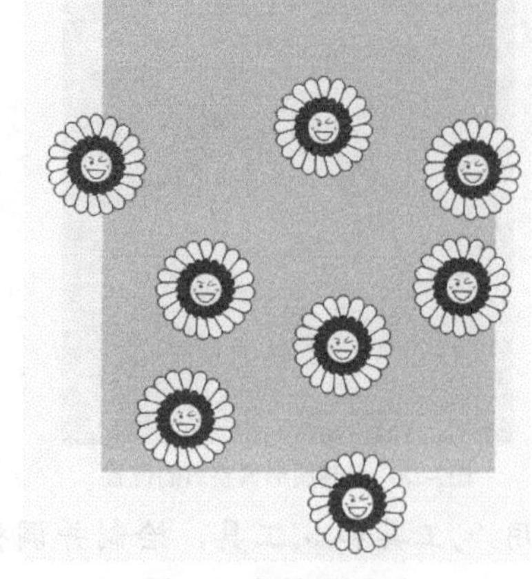

图7-34　复制出的花形

20. 用与步骤 18～19 相同的方法，依次将其他花形图案调整大小并移动复制，复制效果如图 7-35 所示。
21. 选择工具，并单击属性栏中的按钮，在弹出的下拉列表中选择“心形”图形，然后在画面中绘制心形，并为其填充红色。
22. 利用工具及移动复制和缩小图形的方法，在心形图形上绘制出图 7-36 所示的白色无外轮廓圆形。

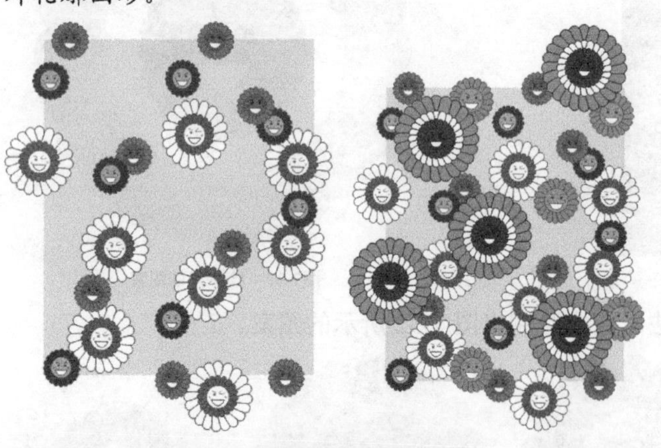

图7-35　复制图形时的过程及效果

图7-36　绘制的圆形

23. 将心形及圆形同时选择并按 Ctrl+G 组合键群组，然后依次移动复制，效果如图 7-37 所示。

至此，花形图形复制完成，下面利用【对象】/【图框精确剪裁】/【置于图文框内部】命令，将其置于下方的矩形中。

24. 双击工具将图形全部选择，然后按住 Shift 键单击下方的矩形，取消其选择，即将除矩形外的所有图形全部选择。
25. 执行【对象】/【图框精确剪裁】/【置于图文框内部】命令，此时鼠标指针将显示为黑色箭头，将鼠标指针移动到图 7-38 所示的位置单击，即可将选择的图形置于矩形中。
26. 选择图形置于矩形中的效果如图 7-39 所示。

图7-37　心形放置的位置

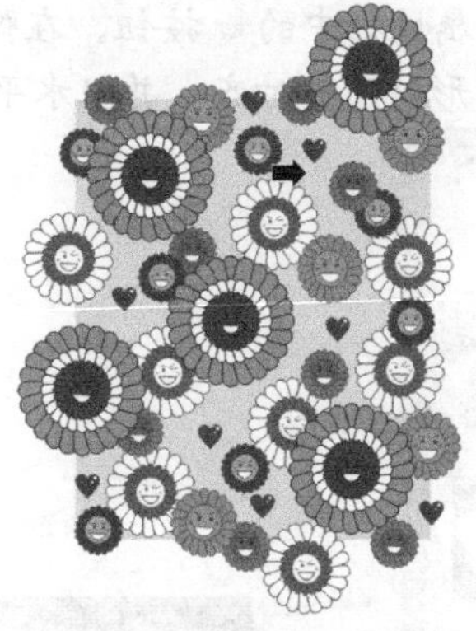

图7-38　鼠标指针放置的位置

图7-39　完成后的效果

27. 按Ctrl+S组合键，将此文件命名为“包装纸.cdr”保存。

7.2.2 设计菜谱

下面以设计菜谱为例，来详细介绍【对齐和分布】命令的应用。设计的菜谱效果如图 7-40 所示。

图7-40　设计的菜谱

【步骤解析】

1. 打开附盘中“图库\第 07 章”目录下名为“页面背景.cdr”的文件，然后将附盘中“图库\第 07 章”目录下名为“菜谱 01.psd”的文件导入。
2. 单击属性栏中的按钮，将导入的图像群组取消，然后分别选择导入的图片并移动位置，各图片位置如图 7-41 所示。

在放置各图像时可随意放置，但 4 个角位置的图像，最好放置到差不多的位置，因为其他的各图像都会以此来对齐或分布。

3. 选择最上方一排的图片，单击属性栏中的按钮，在弹出的【对齐与分布】泊坞窗依次单击和按钮，将选择的图形以顶部对齐，并以水平中心分布，如图 7-42 所示。

图7-41　图片放置的位置

图7-42　对齐后的图片形态

4. 将图 7-43 所示的最左侧一列图像选择，然后在【对齐与分布】泊坞窗依次单击和按钮，将图像以垂直中心对齐，并以垂直中心分布，效果如图 7-44 所示。

图7-43　选择的图像

图7-44　对齐和分布后的效果

5. 用与以上相同的对齐和分布方法，依次将其他行和列的图像进行对齐和分布，最后效果如图 7-45 所示。
6. 利用字工具及【对齐与分布】命令在图片的下方依次输入图 7-46 所示的黑色文字及价格。

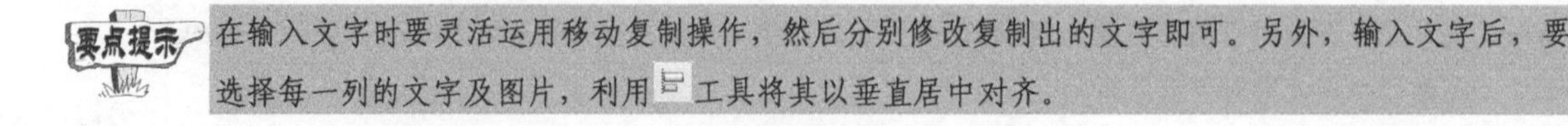

要点提示　在输入文字时要灵活运用移动复制操作，然后分别修改复制出的文字即可。另外，输入文字后，要选择每一列的文字及图片，利用工具将其以垂直居中对齐。

图7-45　对齐和分布后的效果

图7-46　输入的文字

7. 利用工具绘制出图 7-47 所示的黑色线形，然后单击属性栏中的按钮，在弹出的下拉列表中选择图 7-48 所示的线形样式。
8. 用移动复制操作，将线形向右移动复制，效果如图 7-49 所示。

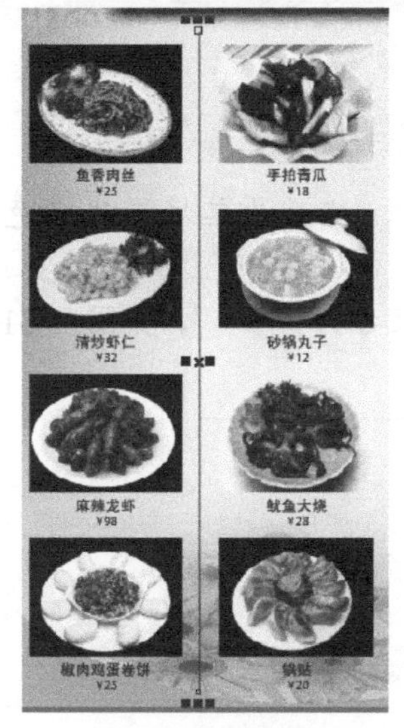

图7-47　绘制的线形

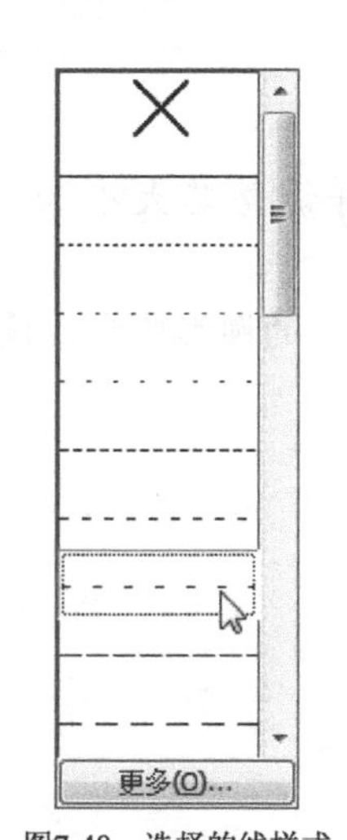

图7-48　选择的线样式

图7-49　移动复制出的线形

9. 继续利用字工具在画面的下方位置输入白色文字，即可完成单张菜谱的设计。
10. 单击页面控制栏中的按钮，再添加一个页面，然后将附盘中“图库\第 07 章”目录下名为“菜谱 02.psd”的文件导入。
11. 用与步骤 2～步骤 9 相同的方法，制作出第 2 张菜谱，再按 Shift+Ctrl+S 组合键，将此文件另命名为“菜谱.cdr”保存。

7.2.3　设计公交站点灯箱广告

下面来制作公交站点的灯箱广告，然后利用【添加透视】命令将其应用于实景中，效果如图 7-50 所示。

图7-50　设计的公交站点灯箱广告

【步骤解析】

1. 新建一个横向的图形文件。
2. 利用 □ 工具绘制一个矩形图形，并调整其大小为 260.0 mm 100.0 mm，然后为其填充浅黄色（Y:10）。
3. 利用 ○ 工具，在矩形图形左上角绘制小的圆形图形，设置其尺寸为 2.5 mm 2.5 mm，如图 7-51 所示。

图7-51　绘制的矩形图形和小圆形图形

要点提示　此处设置了矩形图形及圆形图形的尺寸，目的是在下面的复制过程中，灵活运用【变换】命令，通过学习，希望读者能将这种快捷的复制方法掌握。

4. 选择圆形图形，按 Alt+F7 组合键，在调出的【变换】泊坞窗设置参数如图 7-52 所示。

5. 单击[应用]按钮，即可一次性复制出图 7-53 所示的圆形图形。

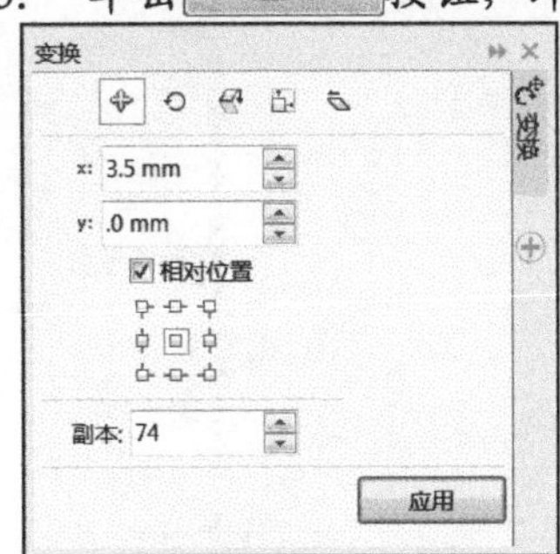

图7-52 设置的参数

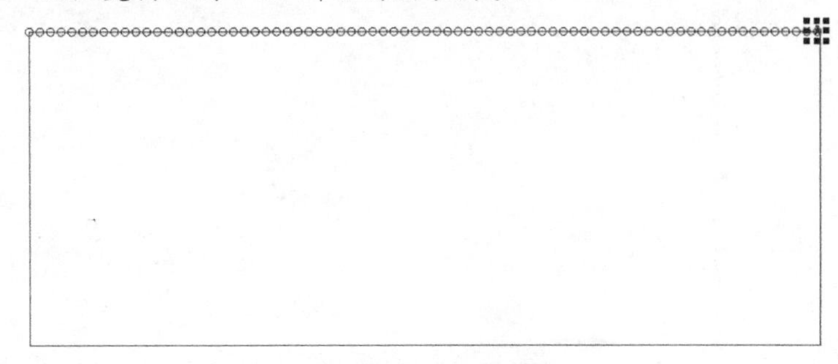
图7-53 复制出的圆形图形

6. 再次选择左上角的圆形图形，然后设置【变换】泊坞窗中的参数如图 7-54 所示，单击[应用]按钮，复制出左侧的圆形图形。
7. 双击工具将图形全部选择，然后按住Shift键单击矩形图形，将其选择取消，即只选择圆形图形。
8. 在【变换】泊坞窗中单击按钮，然后依次激活和按钮，并设置选项参数如图 7-55 所示。

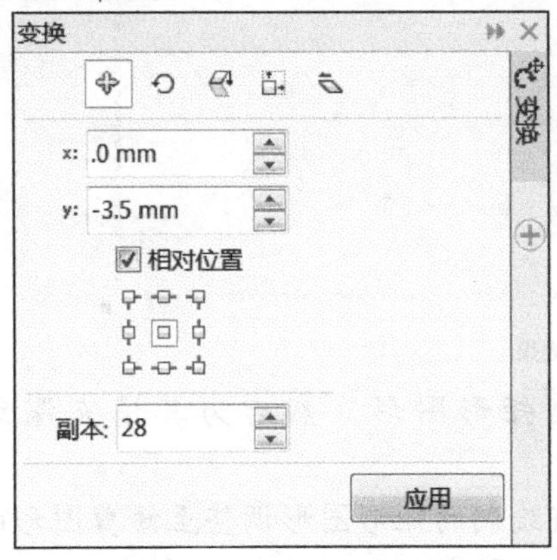

图7-54 设置的移动复制参数

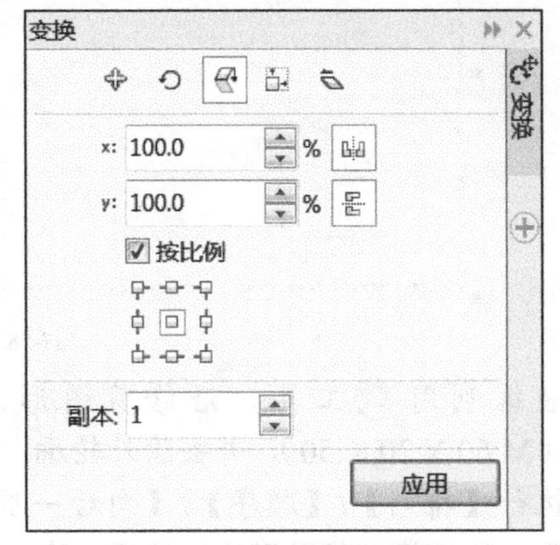

图7-55 设置的镜像复制参数

9. 单击[应用]按钮，复制出的圆形图形如图 7-56 所示。

图7-56 复制出的图形

10. 利用工具将复制出的图形稍微调整位置，使其位于矩形图形的下边缘和右侧边缘，如图 7-57 所示。

图7-57 复制图形调整后的位置

11. 双击 工具，将绘制的图形全部选择，然后单击属性栏中的【移除前面对象】按钮，用圆形图形对矩形图形进行修剪，效果如图 7-58 所示。

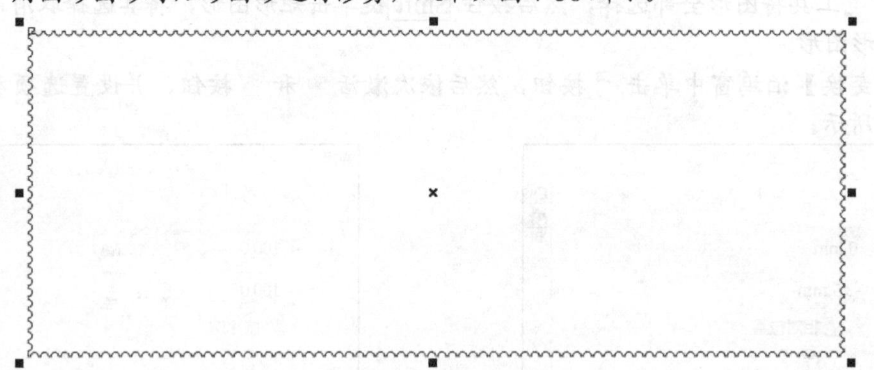

图7-58 图形修剪后的效果

12. 继续利用 工具，沿修剪图形的外侧绘制矩形图形，然后为其填充深红色（M:60,Y:20,K:50），并去除外轮廓。
13. 执行【排列】/【顺序】/【向后一层】命令，将绘制的矩形图形调整至修剪图形的后面，然后将修剪图形的外轮廓去除，效果如图 7-59 所示。

图7-59 调整堆叠顺序后的效果

14. 按 Ctrl+I 组合键，将素材文件中“图库\第 07 章”目录下名为“效果图.jpg”的图片导入，调整大小后放置到画面的左侧位置，然后灵活运用 工具，输入图 7-60 所示的文字。

图7-60 输入的文字

15. 至此，广告画面制作完成，按Ctrl+S组合键，将此文件命名为“广告.cdr”保存。

接下来，我们利用【添加透视】命令来制作实景效果。由于【添加透视】命令只能应用于矢量图，因此首先要将画面中的位图图片转换为矢量图。

16. 利用工具，将导入的效果图选择，然后执行【位图】/【轮廓描摹】/【高质量图像】命令，弹出的【PowerTRACE】对话框。

17. 单击【PowerTRACE】对话框左上角【预览】选项右侧的选项窗口，在弹出的选项列表中选择【较大预览】选项，然后将【平滑】选项的值设置到最大，以保留更多的细节，再设置其他选项如图 7-61 所示。

图7-61 设置的选项及转换的效果

18. 单击 确定 按钮，将位图转换为矢量图，然后双击 工具，将所有图形及文字选择，再按 Ctrl+G 组合键群组。
19. 按 Ctrl+I 组合键，将素材文件中“图库\第 07 章”目录下名为“候车亭.jpg”的图片导入，如图 7-62 所示。
20. 按 Shift+PageDown 组合键，将导入的图像调整至广告画面的后面，然后将广告画面调整大小后移动到图 7-63 所示的位置。

图7-62 导入的图像

图7-63 广告画面调整后的大小及位置

21. 执行【效果】/【添加透视】命令，图像的周围即显示红色的调整框，将鼠标指针放置到左上角的控制点上按下并向上拖曳，即可对群组后的图形进行变形调整，状态如图 7-64 所示。
22. 用相同的方法，依次对右上角和右下角的控制点进行调整，使其符合候车亭的透视角度，如图 7-65 所示。

图7-64 调整时的状态

图7-65 调整后的透视形态

23. 选取 工具，即可完成图形的透视变形调整，然后按 Shift+Ctrl+S 组合键，将此文件另命名为“灯箱广告.cdr”保存。

7.3 课堂实训——绘制太阳花

下面灵活运用【变换】命令来制作图 7-66 所示的太阳花效果。

【步骤提示】

1. 新建一个图形文件，利用 工具绘制圆形图形，并为其填充深黄色（M:20,Y:100）。
2. 将圆形图形缩小复制，然后将复制出图形的颜色修改为黄色（Y:100），再去除外轮廓，如图 7-67 所示。

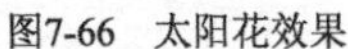

图7-66　太阳花效果

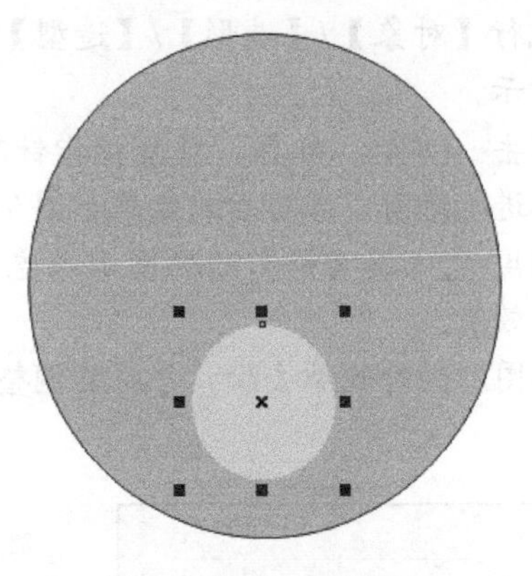

图7-67　绘制及复制的圆形

3. 利用工具选择大圆形，将其轮廓修改为“2.0mm”，然后执行【排列】/【将轮廓转换为对象】命令，将轮廓转换为对象图形，使轮廓和填充图形分离。
4. 选择黑色的轮廓图形，然后利用工具为其自上向下填充由深黄色（M:20,Y:100）到红色（M:100,Y:100）的线性渐变色，效果如图 7-68 所示。
5. 选取工具，将鼠标指针移动到小圆形图形上按下并向大圆形图形上拖曳，将两个图形进行调和，效果如图 7-69 所示。

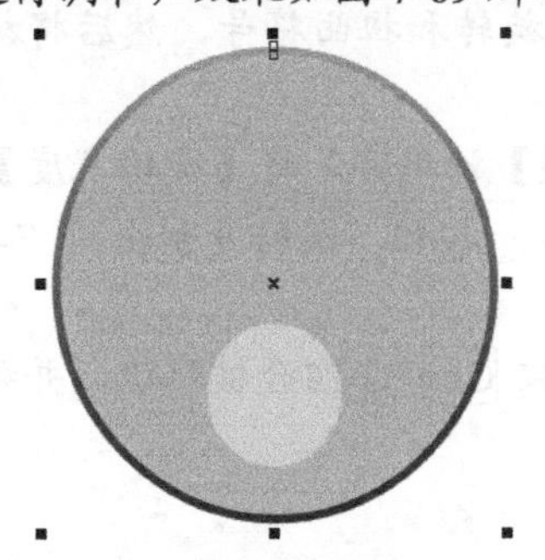

图7-68　轮廓图形填充渐变色后的效果

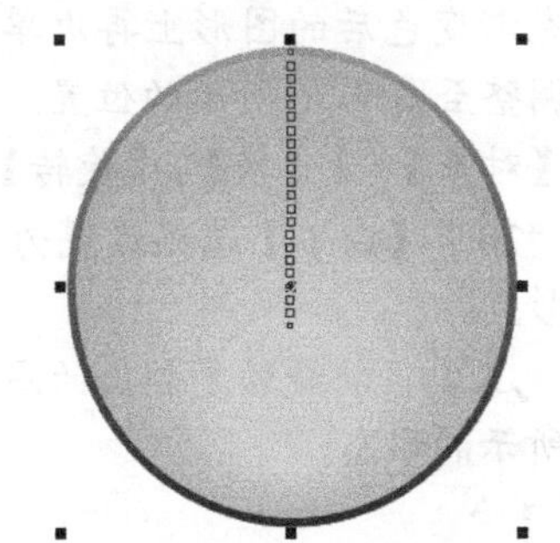

图7-69　调和后的图形效果

6. 继续利用工具绘制图 7-70 所示的椭圆形，然后单击按钮，将其转换为曲线图形。
7. 选取工具，将上方的节点选择，然后单击属性栏中的按钮，并将图形调整至图 7-71 所示的形态。
8. 利用工具，在调整后的图形下方绘制出图 7-72 所示的矩形图形。

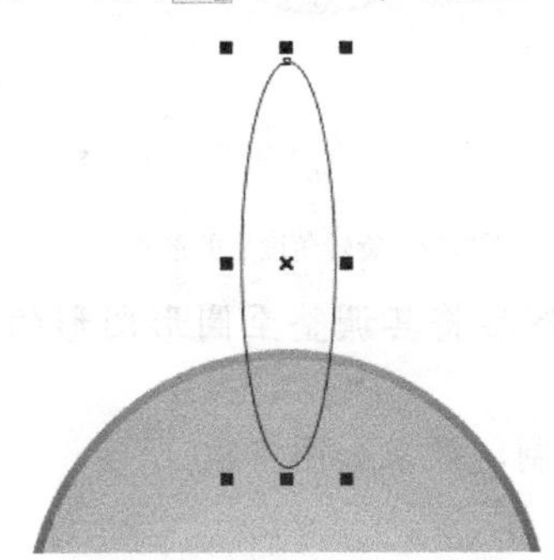

图7-70　绘制的椭圆形图形

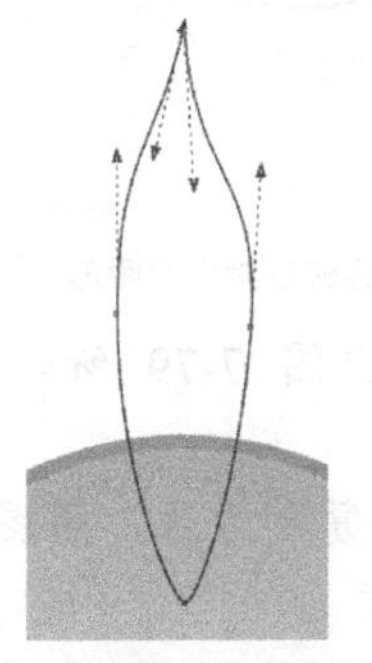

图7-71　调整后的图形形态

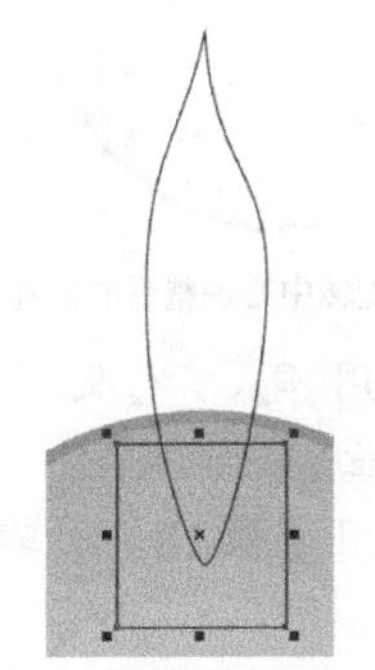

图7-72　绘制的矩形图形

9. 执行【对象】/【造形】/【造型】命令，调出【造型】泊坞窗，设置各选项如图 7-73 所示。
10. 单击 修剪 按钮，将鼠标指针移动到矩形图形上方的图形上单击，利用矩形图形对其进行修剪，修剪后的效果如图 7-74 所示。
11. 利用工具为修剪后的图形填充由秋橘黄色（M:40,Y:80）到黄色（Y:100）的射线渐变效果。
12. 将图形的外轮廓去除，并将其调整至圆形图形的后面，如图 7-75 所示。

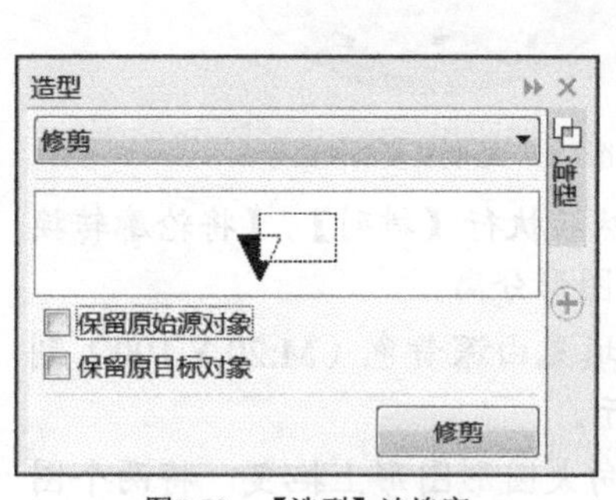

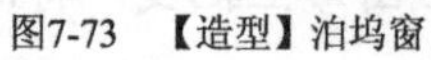
图7-73　【造型】泊坞窗

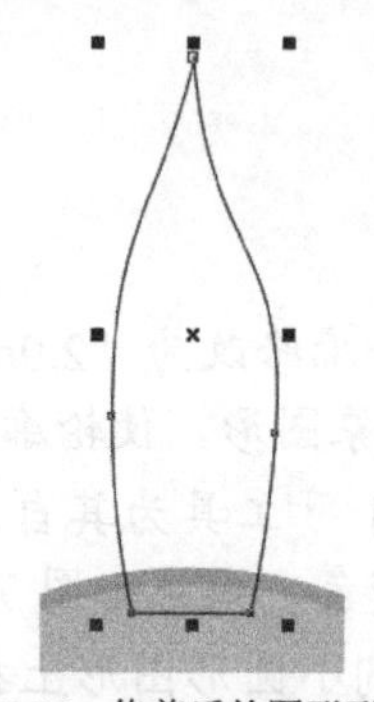
图7-74　修剪后的图形形态

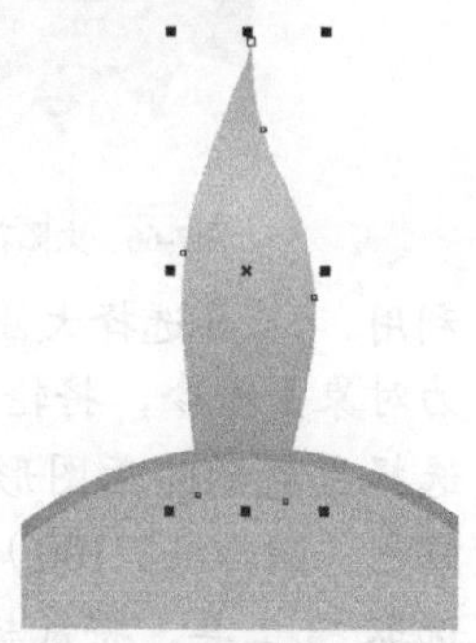
图7-75　填充渐变色后的效果

13. 在填充渐变色后的图形上再次单击，使其周围显示旋转和扭曲符号，然后将旋转中心向下调整至图 7-76 所示的位置。
14. 执行【对象】/【变换】/【旋转】命令，调出【变换】泊坞窗，将【旋转角度】选项设置为“20”，【副本】选项设置为“17”，单击 应用 按钮，旋转复制出图 7-77 所示的图形。
15. 利用工具，将旋转复制出的图形同时选择，然后按 Ctrl+G 组合键群组，并旋转至图 7-78 所示的形态。

图7-76　旋转中心调整后的位置　　图7-77　旋转复制出的图形　　图7-78　旋转角度后的形态

16. 利用、及工具，再绘制出图 7-79 所示的图形，然后将其调整至圆形图形的后面。
17. 利用步骤 13～步骤 15 相同的旋转复制方法，将图形旋转复制，效果如图 7-80 所示。

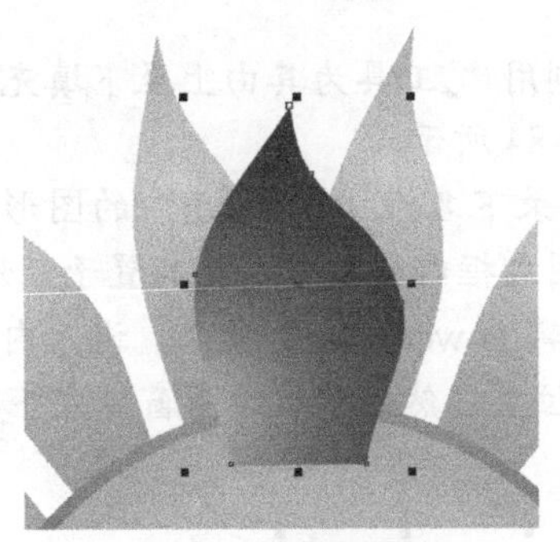

图7-79　绘制的图形

图7-80　旋转复制出的图形

18. 再次利用 工具绘制出图 7-81 所示的白色无外轮廓椭圆形。
19. 选取 工具，将鼠标指针移动到椭圆形上方的中间位置按下鼠标并向下拖曳，为其添加透明效果，如图 7-82 所示。

图7-81　绘制的白色椭圆形

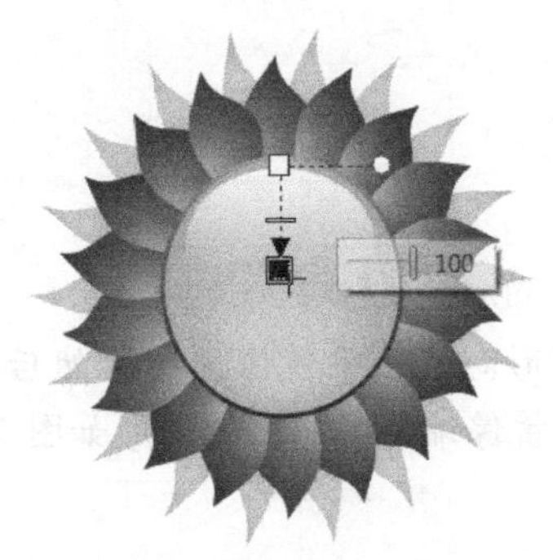

图7-82　设置透明后的效果

20. 至此，太阳花绘制完成，按 Ctrl+S 组合键，将此文件命名为“太阳花.cdr”保存。

7.4 课堂实训——设计饮料包装

本例来设计饮料的包装，首先利用【图框精确剪裁】命令来制作包装的平面图，然后利用【添加透视】命令来制作饮料包装的立体效果，绘制的平面图及制作的立体效果如图 7-83 所示。

图7-83　绘制的平面图及制作的立体效果

【步骤提示】

1. 新建一个图形文件，利用工具绘制矩形，然后利用工具为其由上至下填充从橘红色（M:60,Y:90）到白色的线性渐变色，效果如图 7-84 所示。
2. 按 Ctrl+I 组合键，将附盘中“图库\第 07 章”目录下名为“橙子.cdr”的图形文件导入，然后利用【效果】/【图框精确剪裁】/【置于图文框内部】命令将其置于矩形中。
3. 在矩形上单击鼠标右键，在弹出的菜单中选择【编辑 Power Clip】命令，进入内容编辑模式，再将橙子图形调整至图 7-85 所示的大小及位置，然后单击绘图窗口左下角的按钮，完成内容的编辑。

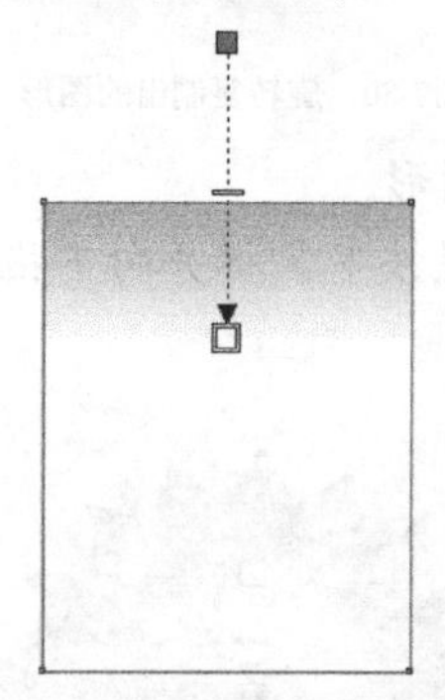

图7-84　填充渐变色后的图形效果

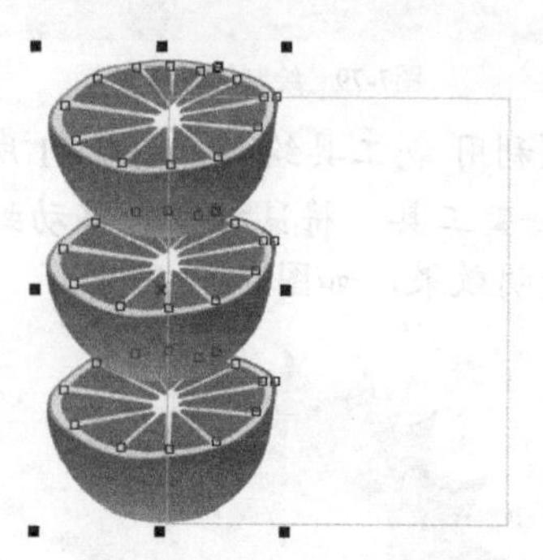

图7-85　图形调整后的大小及位置

4. 将矩形向左水平镜像复制，然后将右侧的矩形向上镜像缩小复制，状态如图 7-86 所示，镜像缩小复制出的图形如图 7-87 所示。

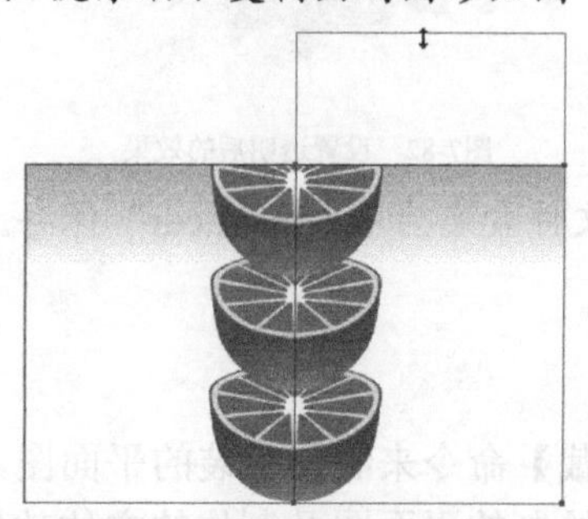

图7-86　缩小复制图形时的状态

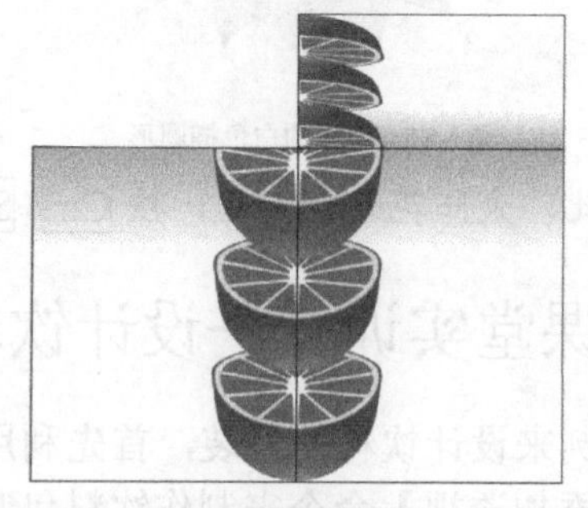

图7-87　复制的图形

5. 选择右下角的矩形，然后单击下方的按钮，进入内容编辑模式。
6. 将橙子图形选择，并按 Ctrl+C 组合键将其复制，然后单击按钮，完成内容的编辑。
7. 选择右上角的矩形，单击下方的按钮，进入内容编辑模式，然后将橙子图形选择，并按 Delete 键，将其删除。
8. 按 Ctrl+V 组合键，将复制至剪贴板中的橙子图形粘贴至当前绘图窗口中，效果如图 7-88 所示，然后单击按钮，完成内容的编辑。
9. 执行【编辑】/【复制属性自】命令，在弹出的【复制属性】对话框中选择【填充】选项，然后单击 确定 按钮。
10. 将鼠标指针移动到左侧的矩形上单击，将所单击图形的填充属性复制到右上角的矩形中。
11. 选择工具，对右上角矩形的填充效果进行调整，调整后的填充效果如图 7-89 所示。

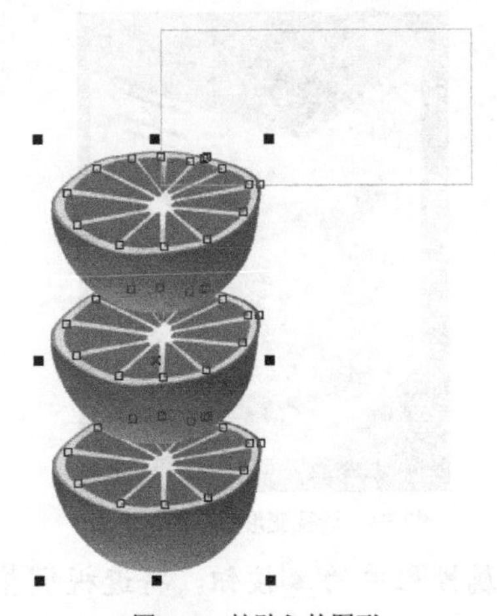

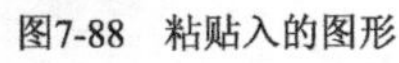

图7-88 粘贴入的图形

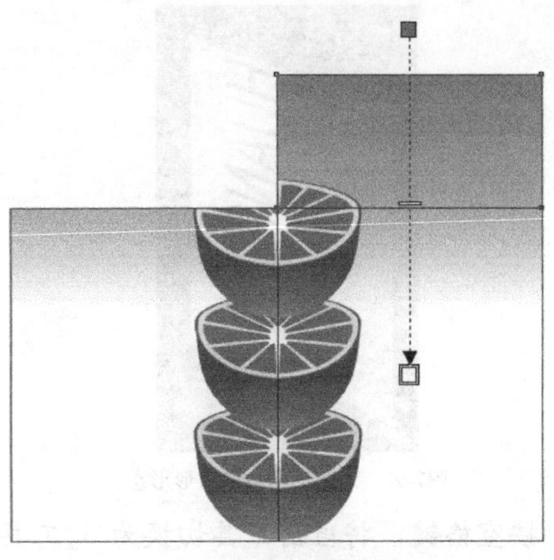

图7-89 调整后的填充效果

12. 利用工具、工具、工具和字工具，分别在各画面中绘制图形并输入文字，完成包装平面图设计，如图 7-90 所示。

    接下来，利用【添加透视】命令来制作包装盒的立体效果。

13. 将图 7-91 所示的英文字母选择，然后按 Ctrl+K 组合键，将其拆分为单独的文字。

图7-90 绘制的图形及输入的文字

图7-91 选择的英文字母

14. 利用工具将包装盒的正面图形框选，然后单击属性栏中的按钮，将其群组。
15. 用相同的方法，依次将包装盒的侧面和顶面等图形选择后群组，然后利用工具，绘制一个黑色矩形，作为辅助图形。
16. 将正面图形移动复制，并将复制出的图形移动到黑色矩形上，再执行【效果】/【添加透视】命令。
17. 对正面图形进行透视调整，调整后的图形效果如图 7-92 所示。
18. 将包装盒的侧面图形移动复制，并调整至透视图形的左侧位置，然后利用【效果】/【添加透视】命令对其进行透视变形，效果如图 7-93 所示。

图7-92　透视变形后的图形形态

图7-93　透视变形后的图形形态

19. 按空格键，将当前工具切换为 工具，然后单击属性栏中的 按钮，将透视调整后的侧面图形的群组取消。
20. 单击 按钮，进入内容编辑模式，然后将橙子图形在水平方向上对称缩小至图 7-94 所示的形态，再单击 按钮，完成内容的编辑，效果如图 7-95 所示。

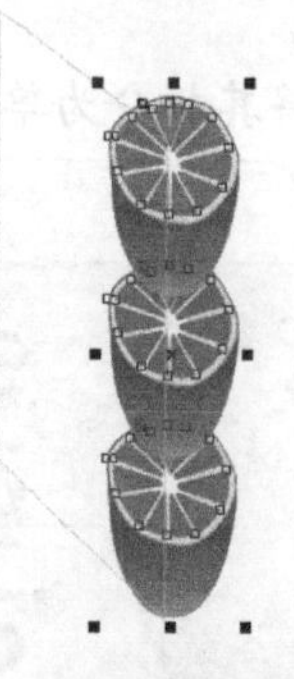

图7-94　调整后的图形形态

图7-95　编辑内容后的图形效果

21. 利用 工具，根据侧图形的变形形态绘制出图 7-96 所示的深灰色（K:60）无外轮廓的四边形图形，然后利用 工具为其添加图 7-97 所示的透明效果。

图7-96　绘制的图形

图7-97　添加透明后的图形效果

22. 依次选择变形后的正面和侧面图形，分别将其外轮廓去除。
23. 将包装盒顶面图形移动复制，然后利用【效果】/【添加透视】命令对其进行透视变形，效果如图 7-98 所示。

24. 按空格键，将当前工具切换为工具，然后单击属性栏中的按钮，将透视调整后的顶面图形的群组取消。
25. 单击按钮，进入内容编辑模式，然后将橙子图形稍微缩小调整，再单击按钮，完成内容的编辑。
26. 用与以上相同的方法，将包装盒顶面的白色图形移动复制，然后进行透视调整，效果如图 7-99 所示。

图7-98 透视变形后的图形形态

图7-99 透视调整后的图形效果

27. 利用工具在包装盒的侧面和顶面之间绘制一个无外轮廓的三角形图形，然后利用工具为其填充从灰色（K:20）到白色的线性渐变色，效果如图 7-100 所示。

图7-100 填充渐变色后的图形效果

28. 执行【排列】/【顺序】/【置于此对象前】命令，然后将鼠标指针移动到黑色矩形上单击，将三角形图形调整至所有立体图形的后面。
29. 用与步骤 27 相同的方法，依次绘制出图 7-101 所示的结构图形。注意图形堆叠顺序的调整。

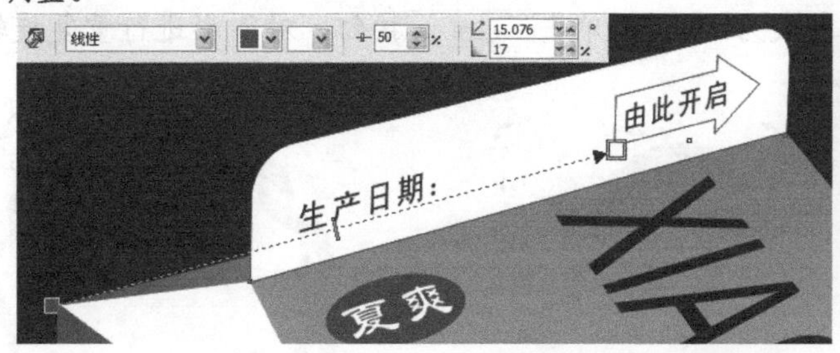

图7-101 绘制出的结构图形

30. 至此，包装盒的立体效果图设计完成。按 Ctrl+S 组合键，将此文件命名为“饮料包装.cdr”保存。

7.5 综合案例——设计汽车广告

灵活运用【添加透视】命令和【图框精确剪裁】命令，设计出图 7-102 所示的汽车广告。

【步骤解析】

1. 新建一个图形文件，然后依次将附盘中“图库\第 07 章”目录下名为“海报背景.jpg”和“森林.psd”的图片文件导入。
2. 将森林图片调整至合适的大小后放置到图 7-103 所示的位置。

图7-102　设计的汽车广告

图7-103　导入的图片

3. 利用工具和工具，绘制并调整出图 7-104 所示的不规则图形。
4. 为不规则图形填充上海绿色（C:60,Y:20,K:20），然后将其外轮廓线去除。
5. 依次将鼠标指针移动到水平和垂直标尺上，按住鼠标左键并向绘图窗口中拖曳，在绘图窗口中分别添加一条垂直辅助线和一条水平辅助线。
6. 在不规则图形上再次单击，使其周围出现旋转和扭曲符号，然后将旋转中心移动至两条辅助线的交点位置，如图 7-105 所示。
7. 执行【对象】/【变换】/【旋转】命令，在弹出的【变换】泊坞窗中设置【旋转角度】参数为“30”，【副本】选项参数为“11”，单击 应用 按钮，对图形进行重复旋转复制，效果如图 7-106 所示。

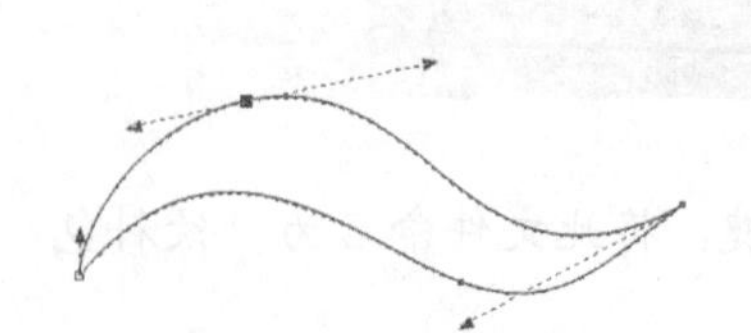

图7-104　绘制的不规则图形

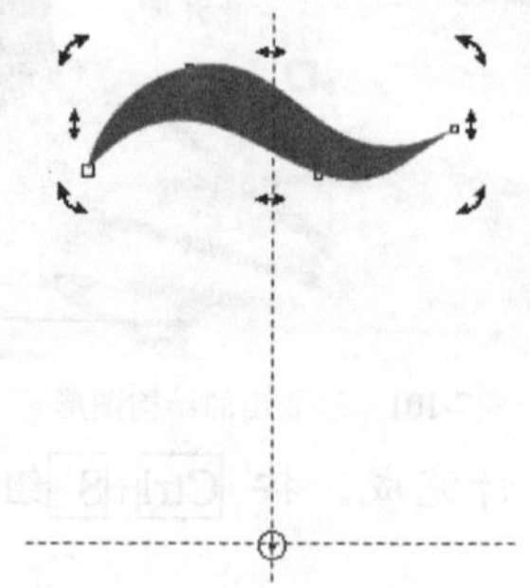

图7-105　旋转中心放置的位置

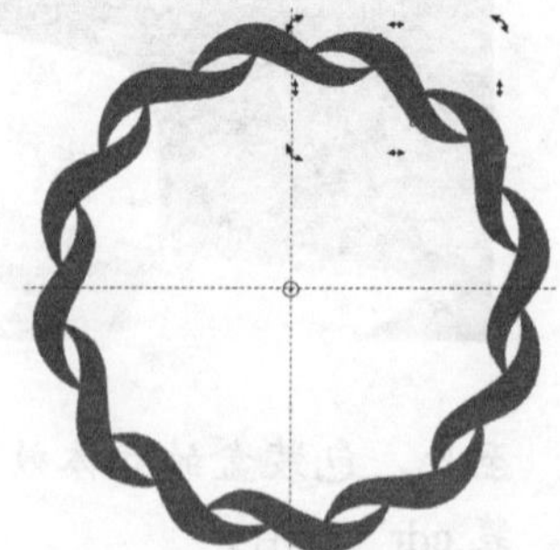

图7-106　重复旋转复制出的图形

8. 选择☆工具，将属性栏中☆5的参数设置为“5”，然后按住 Ctrl 键，绘制出图7-107所示的海绿色（C:60,Y:20,K:20）无外轮廓线的五角星图形。
9. 依次在辅助线上单击将其选择，然后按 Delete 键删除。
10. 将步骤3～步骤9绘制的图形全部选择，按 Ctrl+L 组合键结合为一个整体，然后将其填充色修改为酒绿色（C:40,Y:100），并调整至合适的大小后移动到图7-108所示的位置。

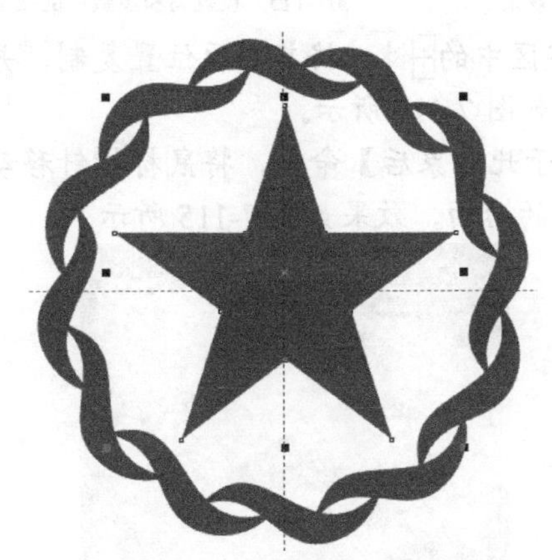

图7-107 绘制的五角星图形

图7-108 结合图形调整后的大小及位置

11. 执行【效果】/【添加透视】命令，在图形的周围将出现图7-109所示的透视变形虚线框。
12. 通过调整虚线框4个角上的控制点，将图形调整成图7-110所示的透视形态。

图7-109 添加的透视变形虚线框

图7-110 调整后的图形形态

13. 将图形在原位置复制，然后按住 Alt 键将下方的原始图形选择，并将其颜色修改为白色，再向下调整至图7-111所示的位置。
14. 选择工具，将鼠标指针移动到白色图形上，按住鼠标左键然后向酒绿色图形上拖曳，对两个图形进行交互式调和，调和后的图形效果如图7-112所示。
15. 将属性栏中 30 的参数设置为“30”，设置调和步数后的效果如图7-113所示。

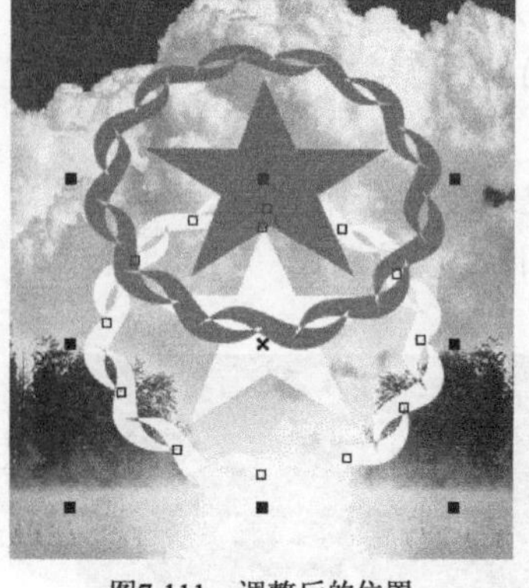

图7-111　调整后的位置

图7-112　调和后的图形效果

图7-113　设置调和步数后的效果

16. 利用工具将酒绿色图形选择，然后按键盘数字区中的+键，将其在原位置复制，并将复制出图形的填充色修改为黄色（Y:100），效果如图 7-114 所示。
17. 将调和图形选择，选择【排列】/【顺序】/【置于此对象后】命令，将鼠标指针移动至森林图片上单击，将选择的图形调整至森林图片的后面，效果如图 7-115 所示。

图7-114　复制出的图形修改颜色后的效果

图7-115　调整图形顺序后的效果

18. 利用工具和移动复制图形的方法，依次绘制并复制出图 7-116 所示的浅蓝色（C:20,K:20）无外轮廓的矩形。
19. 将矩形全部选择后群组，然后利用【效果】/【添加透视】命令，将图形调整至图 7-117 所示的透视形态。

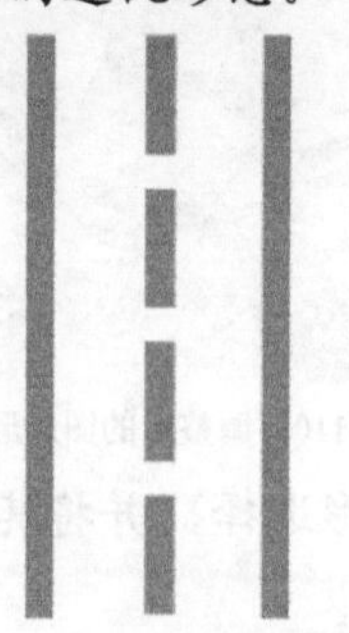

图7-116　绘制的浅蓝色矩形

图7-117　调整后的图形形态

20. 选择工具，在选择的图形周围出现图 7-118 所示的带有控制点的蓝色虚线框，通过调整虚线框上的控制点，将图形调整成图 7-119 所示的形态。

图7-118　出现的蓝色虚线框

图7-119　调整后的图形形态

21. 选择工具，在图形下方的中间位置，按住鼠标左键并向左上方拖曳，为图形添加图 7-120 所示的透明效果。
22. 按 Ctrl+I 组合键，将附盘中“图库\第 07 章”目录下名为“汽车.psd”的图片文件导入，然后将其调整至合适的大小后放置到图 7-121 所示的位置。

图7-120　添加交互式透明后的图形效果

图7-121　图片放置的位置

23. 利用字工具输入图 7-122 所示的浅绿色（C:60,Y:40,K:20）文字，然后按 Ctrl+K 组合键，将输入的两列文字拆分为单独的列。
24. 将拆分后的一列文字移动至图 7-123 所示的位置，然后选择工具，在文字周围出现带有控制点的蓝色虚线框。
25. 将图 7-124 所示的控制点框选，然后单击属性栏中的按钮，将选择的控制点删除。

畅一
想路
人驰
生骋

图7-122　输入的文字

图7-123　文字放置的位置

图7-124　框选的控制点

26. 用与步骤 25 相同的方法，将图 7-125 所示的控制点框选后删除，然后通过调整虚线框上剩余的控制点，将文字调整成图 7-126 所示的形态。

27. 选择工具，在文字的下方位置按住鼠标左键并向上拖曳，为文字添加图 7-127 所示的透明效果。

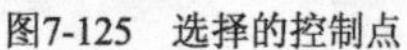

图7-125　选择的控制点

图7-126　调整后的文字形态

图7-127　添加交互式透明后的效果

28. 将前面输入的另一列文字移动至图 7-128 所示的位置，然后执行【效果】/【复制效果】/【建立封套自】命令，再将鼠标指针移动至图 7-129 所示的文字上单击，将所单击文字的封套效果复制到选择的文字上，效果如图 7-130 所示。

图7-128　文字放置的位置

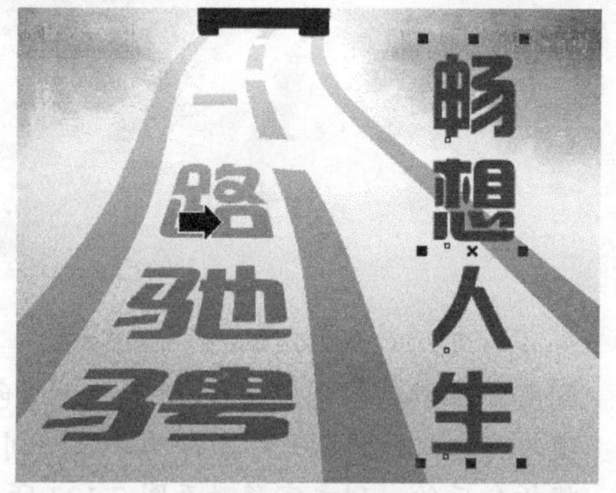

图7-129　单击的位置

29. 利用工具，将复制封套效果后的文字调整至图 7-131 所示的形态。

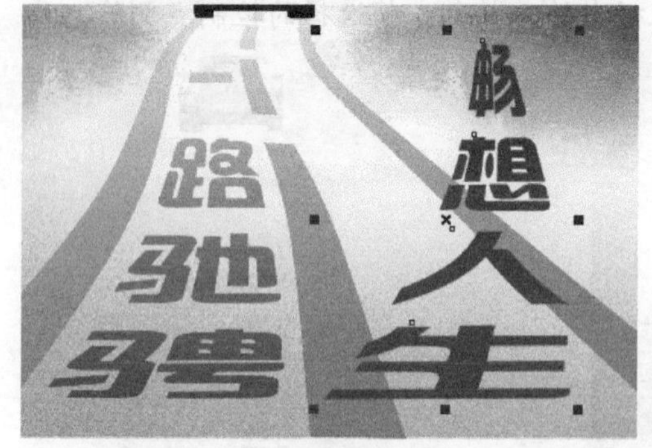

图7-130　复制封套效果后的文字形态

图7-131　调整后的文字形态

30. 执行【效果】/【复制效果】/【透镜自】命令，然后将鼠标指针移动至图 7-132 所示的文字上单击，将所单击文字的透镜效果复制到选择的文字上，如图 7-133 所示。

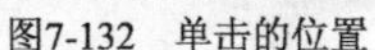

图7-132　单击的位置　　图7-133　复制透镜后的文字效果

31. 利用字工具在画面的上方依次输入图 7-134 所示的白色文字。

远离都市的繁华，尽享那处好风景！
江南好，风景旧曾谙。
日出江花红胜火，
春来江水绿如蓝，能不忆江南。

图7-134　输入的文字

至此，汽车海报设计完成，但可以看出海报下边缘的图形参差不齐，下面利用【效果】/【图框精确剪裁】命令来进行编辑。

32. 利用□工具根据设计的海报绘制出图 7-135 所示的矩形。
33. 双击工具，将绘图窗口中的图形全部选择，然后按住 Shift 键单击刚绘制的矩形，将除矩形外的所有图形同时选择。
34. 执行【效果】/【图框精确剪裁】/【置于图文框内部】命令，然后将鼠标指针移动到矩形上单击，将选择的图形置于矩形中，效果如图 7-136 所示。
35. 执行【效果】/【图框精确剪裁】/【编辑 Power Clip】命令，切换到内容的编辑模式，然后将所有图形同时选择，调整至图 7-137 所示的位置。

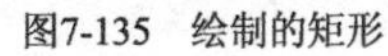

图7-135　绘制的矩形　　图7-136　置于矩形中的效果　　图7-137　图形调整后的位置

36. 单击矩形框下方的按钮，完成内容的编辑，然后将矩形的外轮廓去除。
37. 按 Ctrl+S 组合键，将此文件命名为“汽车海报.cdr”保存。

7.6 课后作业

1. 灵活运用各种工具及本章中介绍的【图框精确剪裁】命令来设计牛初乳口嚼片包装盒的平面展开图，最终效果如图 7-138 所示。

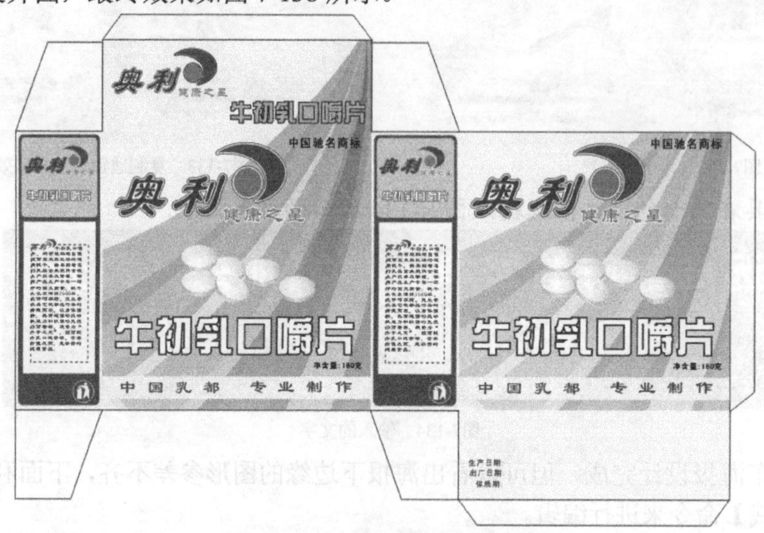

图7-138　设计完成的包装盒平面展开图

2. 灵活运用【添加透视】命令及第 7.4 节制作立体包装相同的方法，制作出图 7-139 所示的包装立体效果。

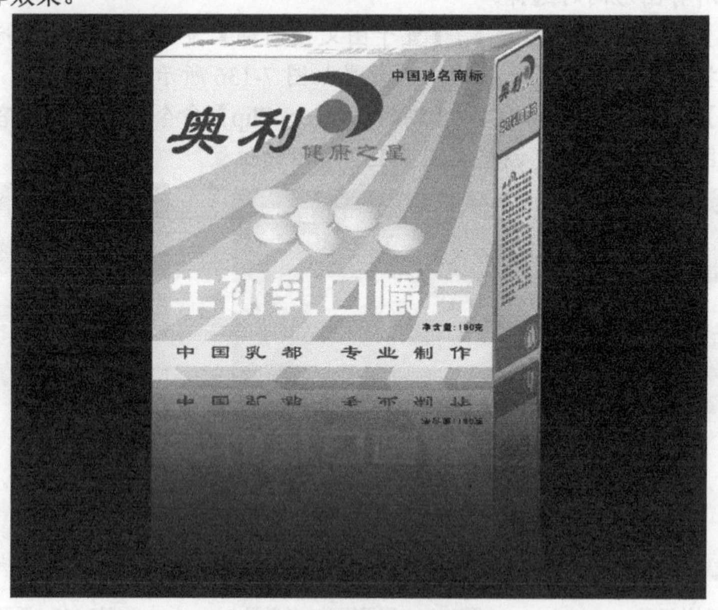

图7-139　制作的包装立体效果

第8章 处理位图

位图图像的处理是 CorelDRAW 中非常精彩的一部分内容，利用其中的命令制作出的图像艺术效果可以与 Photoshop 中的【滤镜】命令相媲美。本章就来介绍有关位图的菜单命令，并通过给出的效果来说明每一个命令的作用和功能。需要注意的是，位图菜单下面的大多数命令只能应用于位图，要想应用于矢量图形，需要先将矢量图形转换成位图。

【学习目标】

- 了解各种图像颜色调整命令。
- 了解调整图像颜色的方法。
- 掌握矢量图与位图相互转换的方法。
- 了解各种位图效果命令的功能。
- 熟悉位图命令的运用。

8.1 功能讲解——图像颜色调整

利用【效果】/【调整】菜单下的相应命令可以对图形或图像调整颜色。

8.1.1 颜色调整命令

本节介绍【效果】菜单栏中的【调整】命令。注意，当选择矢量图形时，【调整】命令的子菜单中只有【亮度/对比度/强度】、【颜色平衡】、【伽玛值】和【色度/饱和度/亮度】命令可用。

一、【高反差】命令

【高反差】命令可以将图像的颜色从最暗区到最亮区重新分布，以此来调整图像的阴影、中间色和高光区域的明度对比。图像原图和执行【效果】/【调整】/【高反差】命令后的效果如图 8-1 所示。

图8-1 原图和执行【高反差】命令后的效果

二、【局部平衡】命令

【局部平衡】命令可以提高图像边缘颜色的对比度，使图像产生高亮对比的线描效果。

图像原图和执行【效果】/【调整】/【局部平衡】命令后的效果如图 8-2 所示。

图8-2　原图和执行【局部平衡】命令后的效果

三、【取样/目标平衡】命令

【取样/目标平衡】命令可以用提取的颜色样本来重新调整图像中的颜色值。图像原图和执行【效果】/【调整】/【取样/目标平衡】命令后的效果如图 8-3 所示。

图8-3　原图和执行【取样/目标平衡】命令后的效果

四、【调合曲线】命令

【调合曲线】命令可以改变图像中单个像素的值，以此来精确修改图像局部的颜色。图像原图和执行【效果】/【调整】/【调合曲线】命令后的效果如图 8-4 所示。

图8-4　原图和执行【调合曲线】命令后的效果

五、【亮度/对比度/强度】命令

【亮度/对比度/强度】命令可以均等地调整选择图形或图像中的所有颜色。图像原图和执行【效果】/【调整】/【亮度/对比度/强度】命令后的效果如图 8-5 所示。

图8-5　原图和执行【亮度/对比度/强度】命令后的效果

六、【颜色平衡】命令

【颜色平衡】命令可以改变多个图形或图像的总体平衡。当图形或图像上有太多的颜色时，使用此命令可以校正图形或图像的色彩浓度及色彩平衡，是从整体上快速改变颜色的一种方法。图像原图和执行【效果】/【调整】/【颜色平衡】命令后的效果如图 8-6 所示。

图8-6　原图和执行【颜色平衡】命令后的效果

七、【伽玛值】命令

【伽玛值】命令可以在对图形或图像阴影、高光等区域影响不太明显的情况下，改变对比度较低的图像细节。图像原图与执行【效果】/【调整】/【伽玛值】命令后的效果如图 8-7 所示。

图8-7　原图和执行【伽玛值】命令后的效果

八、【色度/饱和度/亮度】命令

【色度/饱和度/亮度】命令，可以通过改变所选图形或图像的色度、饱和度和亮度值，来改变图形或图像的色调、饱和度和亮度。图像原图和执行【效果】/【调整】/【色度/饱和度/亮度】命令后的效果如图 8-8 所示。

图8-8　原图和执行【色度/饱和度/亮度】命令后的效果

九、【所选颜色】命令

选择【所选颜色】命令，可以在色谱范围内按照选定的颜色来调整组成图像颜色的百分比，从而改变图像的颜色。图像原图和执行【效果】/【调整】/【所选颜色】命令后的效果如图 8-9 所示。

图8-9　原图和执行【所选颜色】命令后的效果

十、【替换颜色】命令

【替换颜色】命令可以用一种新的颜色替换图像中所选的颜色，对于选择的新颜色还可以通过【色度】、【饱和度】和【亮度】选项进行进一步的设置。图像原图和执行【效果】/【调整】/【替换颜色】命令后的效果如图 8-10 所示。

图8-10　原图和执行【替换颜色】命令后的效果

十一、【取消饱和】命令

【取消饱和】命令可以自动去除图像的颜色，转成灰度效果。图像原图和执行【效果】/【调整】/【取消饱和】命令后的效果如图 8-11 所示。

图8-11　原图和执行【取消饱和】命令后的效果

十二、【通道混合器】命令

【通道混合器】命令可以通过改变不同颜色通道的数值来改变图像的色调。图像原图和执行【效果】/【调整】/【通道混合器】命令后的效果如图 8-12 所示。

图8-12　原图和执行【通道混合器】命令后的效果

8.1.2 图像颜色的变换与校正

本节介绍【效果】菜单栏中的【变换】和【校正】命令。在【变换】命令的子菜单中包括【去交错】、【反显】和【极色化】命令，【校正】命令的子菜单中包括【尘埃与刮痕】命令。

一、【去交错】命令

利用【去交错】命令可以把利用扫描仪在扫描图像过程中产生的网点消除，从而使图像更加清晰。图像原图和执行【效果】/【变换】/【去交错】命令后的效果如图 8-13 所示。

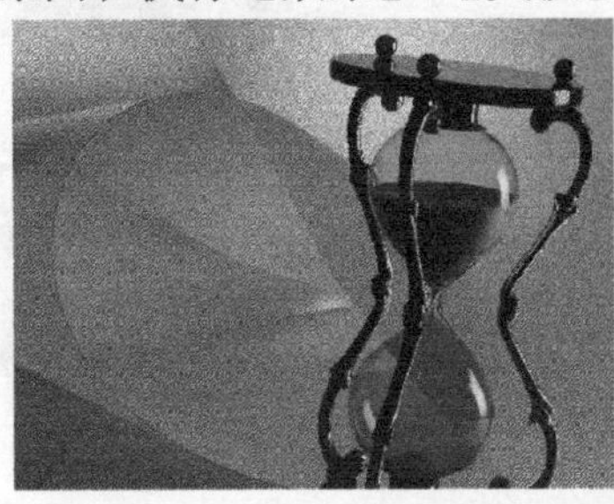
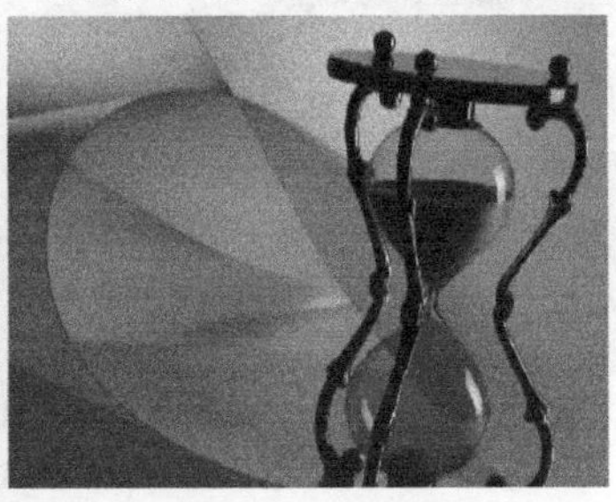

图8-13　原图和执行【去交错】命令后的效果

二、【反显】命令

利用【反显】命令可以把图像的颜色转换为与其相对的颜色，从而生成图像的负片效果。图像原图和执行【效果】/【变换】/【反显】命令后的效果如图 8-14 所示。

图8-14　原图和执行【反显】命令后的效果

三、【极色化】命令

利用【极色化】命令可以把图像颜色简单化处理，得到色块化效果。图像原图和执行【效果】/【变换】/【极色化】命令后的效果如图 8-15 所示。

图8-15　原图和执行【极色化】命令后的效果

四、【尘埃与刮痕】命令

利用【尘埃与刮痕】命令可以通过更改图像中相异像素的差异来减少杂色。

8.2　范例解析——调整图像色调

利用菜单栏中的【效果】/【调整】/【通道混合器】命令将导入素材图片的绿色调整为黄色，原图及调整后的效果如图 8-16 所示。

图8-16　原图与调整后的效果对比

【步骤解析】

1. 新建一个图形文件，然后将附盘中“图库\第 08 章”目录下名为“田园风光.jpg”的图片导入。
2. 执行【效果】/【调整】/【通道混合器】命令，在弹出的【通道混合器】对话框中单击🔒按钮将其激活，即可在窗口中随时观察位图图像调整后的颜色效果，而不必每次单击 预览 按钮，设置各选项参数如图 8-17 所示。

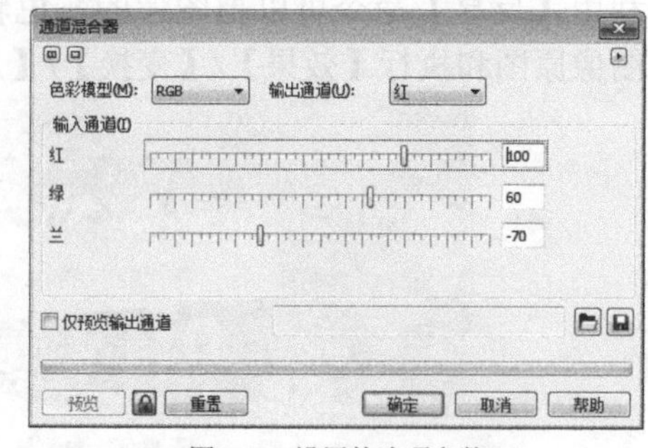

图8-17　设置的选项参数

3. 单击 确定 按钮，即可完成位图图像色调的调整，按 Ctrl+S 组合键，将此文件命名为“调整色调.cdr”保存。

8.3　课堂实训——调整曝光不足的照片

灵活运用【调合曲线】命令对曝光不足的照片进行处理，调整前后的对比效果如图 8-18 所示。

图8-18　曝光不足照片调整前后的对比效果

【步骤解析】

1. 新建图形文件后，将附盘中“图库\第 08 章”目录下名为“广场.jpg”的图片导入，然后利用【效果】/【调整】/【调合曲线】命令对其进行调整。
2. 在弹出的【调合曲线】对话框中调整曲线的形态如图 8-19 所示。

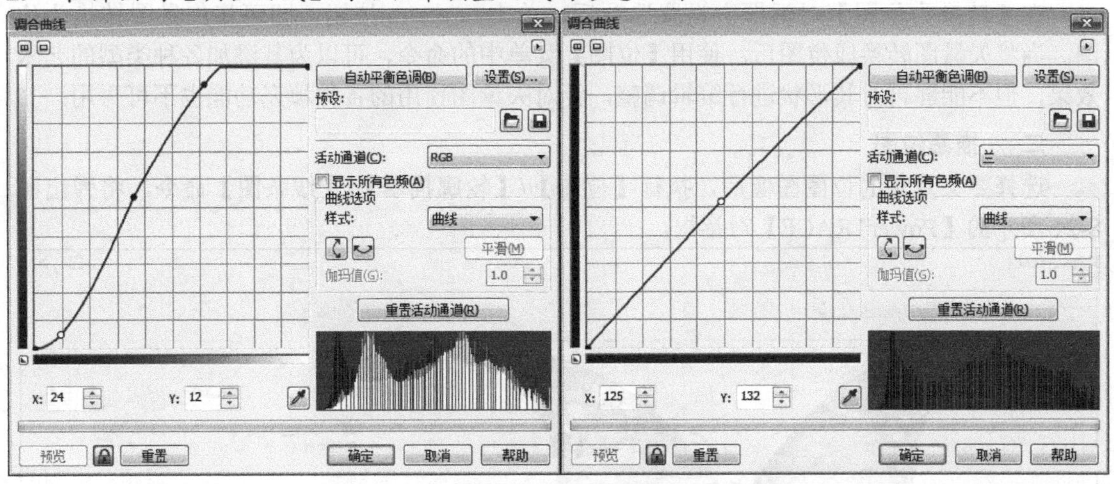

图8-19 调整的曲线形态

8.4 功能讲解——位图效果应用

本节介绍各种位图效果命令，灵活运用这些命令，可以使用户的创作如虎添翼。

8.4.1 矢量图与位图相互转换

在 CorelDRAW 中可以将矢量图形与位图图像互相转换。通过把含有图样填充背景的矢量图转化为位图，图像的复杂程度就会显著降低，且可以运用各种位图效果；通过将位图图像转化为矢量图，就可以对其进行所有矢量性质的形状调整和颜色填充。

一、 转换位图

选择需要转换为位图的矢量图形，然后执行【位图】/【转换为位图】命令，弹出的【转换为位图】对话框如图 8-20 所示。

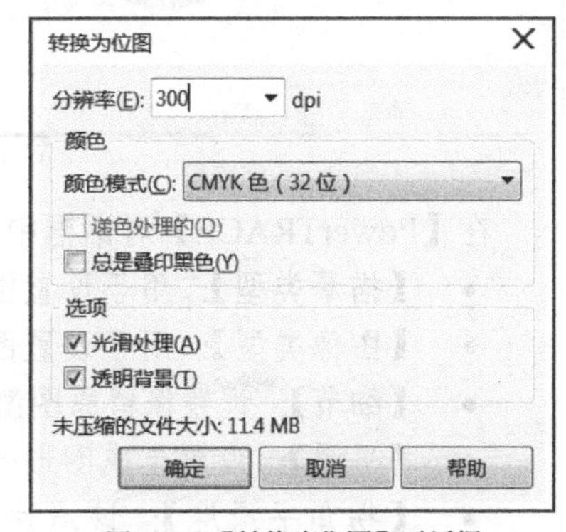

图8-20 【转换为位图】对话框

- 【分辨率】：设置矢量图转换为位图后的清晰程度。在此下拉列表中选择转换成位图的分辨率，也可直接输入。
- 【颜色模式】：设置矢量图转换成位图后的颜色模式。
- 【递色处理的】选项：模拟数目比可用颜色更多的颜色。此选项可用于使用 256 色或更少颜色的图像。
- 【总是叠印黑色】：选择此复选项，矢量图中的黑色转换成位图后，黑色就被设置了叠印。

当印刷输出后，图像或文字的边缘就不会因为套版不准而出现露白或显露其他颜色的现象发生。

- 【光滑处理】：可以去除图像边缘的锯齿，使图像边缘变得平滑。
- 【透明背景】：选择此复选项，可以使转换为位图后的图像背景透明。

在【转换为位图】对话框中设置选项后，单击 确定 按钮，即可将矢量图转换为位图。当将矢量图转换成位图后，使用【位图】菜单中的命令，可以为其添加各种类型的艺术效果，但不能够再对其形状进行编辑调整，针对矢量图使用的各种填充功能也不可再用。

二、 描摹位图

选择要矢量化的位图图像后，执行【位图】/【轮廓描摹】/【线条图】命令，将弹出图 8-21 所示的【PowerTRACE】对话框。

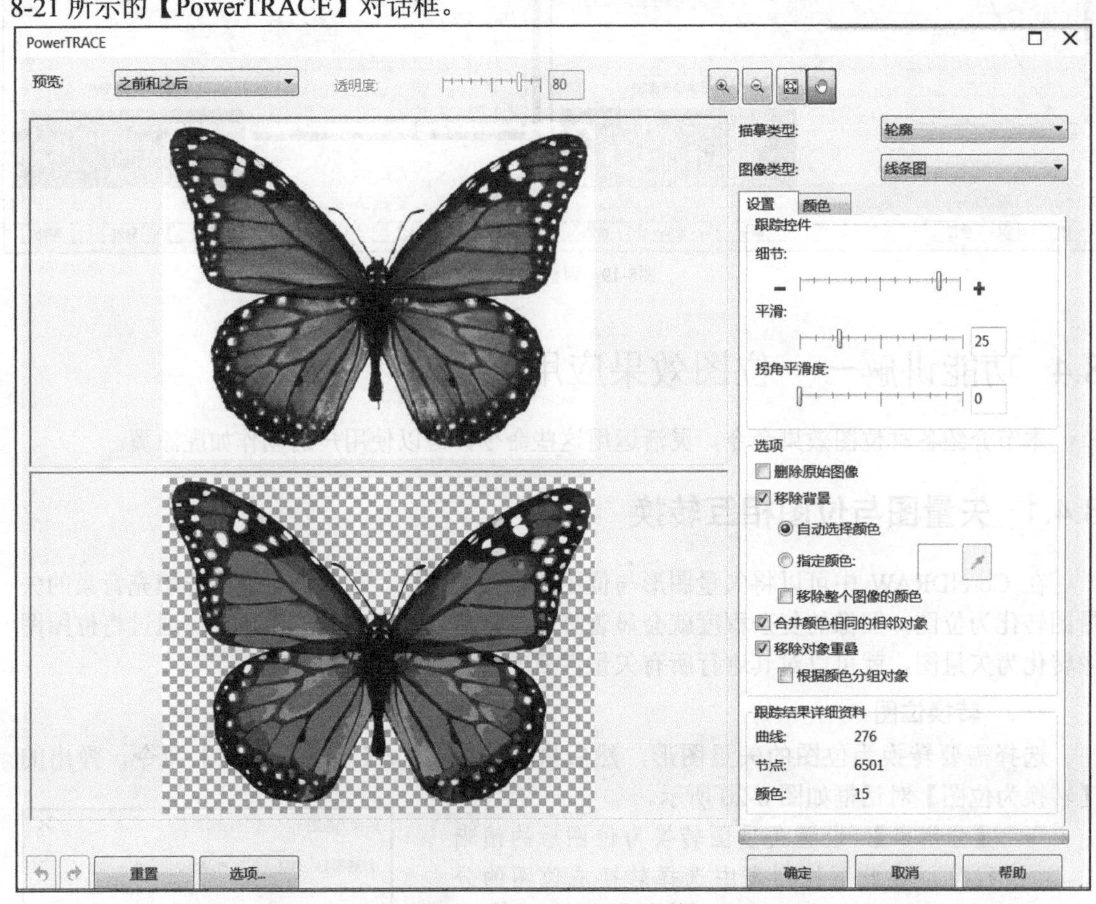

图8-21　【Power TRACE】对话框

在【PowerTRACE】对话框中，左边是效果预览区，右边是选项及参数设置区。

- 【描摹类型】：用于设置图像的描摹方式。
- 【图像类型】：用于设置图像的描摹品质。
- 【细节】：设置保留原图像细节的程度。数值越大，图形失真越小，质量越高。
- 【平滑】：设置生成图形的平滑程度。数值越大，图形边缘越光滑。
- 【拐角平滑度】：该滑块与平滑滑块一起使用并可以控制拐角的外观。值越小，则保留拐角外观；值越大，则平滑拐角。

- 【删除原始图像】：选择此复选项，系统会将原始图像矢量化；反之会将原始图像复制然后进行矢量化。
- 【移除背景】：用于设置移除背景颜色的方式和设置移除的背景颜色。
- 【移除整个图像的颜色】：从整个图像中移除背景颜色。
- 【合并颜色相同的相邻对象】：选择此复选项，将合并颜色相同的相邻像素。
- 【移除对象重叠】：选择此复选项，将保留通过重叠对象隐藏的对象区域。
- 【根据颜色分组对象】：当【移除对象重叠】复选项处于选择状态时，该复选项才可用，可根据颜色分组对象。
- 【跟踪结果详细资料】：显示描绘成矢量图形后的细节报告。
- 【颜色】选项卡：其下显示矢量化后图形的所有颜色及颜色值。其中的【颜色模式】选项，用于设置生成图形的颜色模式，包括"CMYK""RGB""灰度"和"黑白"等模式；【颜色数】选项，用于设置生成图形的颜色数量，数值越大，图形越细腻。

将位图矢量化后，图像即具有矢量图的所有特性，可以对其形状进行调整，或填充渐变色、图案及添加透视点等。

8.4.2 位图效果

利用【位图】命令可对位图图像进行特效艺术化处理。CorelDRAW X7 的【位图】菜单中共有 70 多种（分为 10 类）位图命令，每个命令都可以使图像产生不同的艺术效果，下面以列表的形式来介绍每一个命令的功能。

一、【三维效果】命令

【三维效果】命令可以使选择的位图产生不同类型的立体效果。其下包括 7 个菜单命令，每一种滤镜所产生的效果如图 8-22 所示。

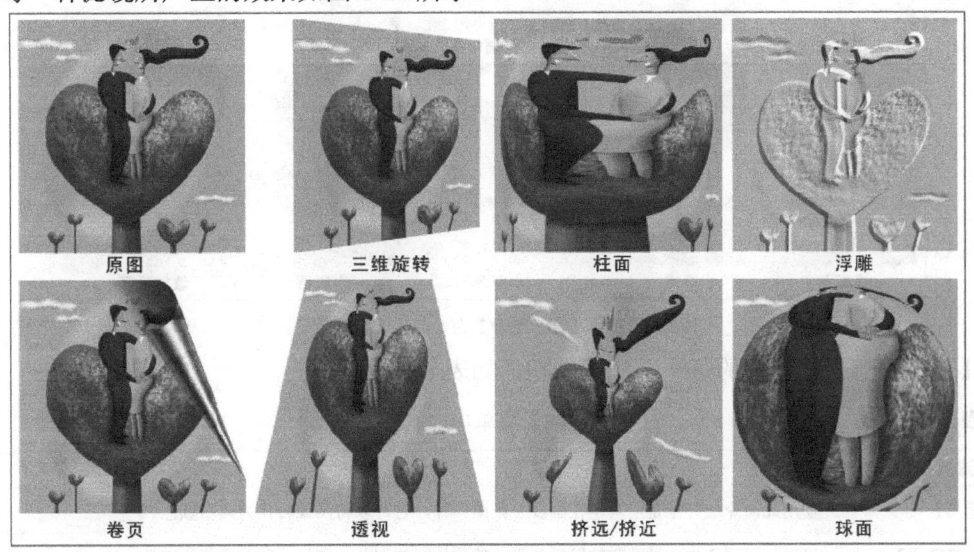

图8-22 执行【三维效果】命令产生的各种效果

【三维效果】菜单中的每一种滤镜的功能如表 8-1 所示。

表 8-1　【三维效果】菜单中的滤镜功能

滤镜名称	功　能
【三维旋转】	可以使图像产生一种景深效果
【柱面】	可以使图像产生一种好像环绕在圆柱体上的突出效果，或贴附在一个凹陷曲面中的凹陷效果
【浮雕】	可以使图像产生一种浮雕效果。通过控制光源的方向和浮雕的深度还可以控制图像的光照区和阴影区
【卷页】	可以使图像产生有一角卷起的卷页效果
【透视】	可以使图像产生三维的透视效果
【挤远/挤近】	可以以图像的中心为起点弯曲整个图像，而不改变位图的整体大小和边缘形状
【球面】	可以使图像产生一种环绕球体的效果

二、【艺术笔触】命令

【艺术笔触】命令是一种模仿传统绘画效果的特效滤镜，可以使图像产生类似于画笔绘制的艺术特效。其下包括 14 个菜单命令，每一种滤镜所产生的效果如图 8-23 所示。

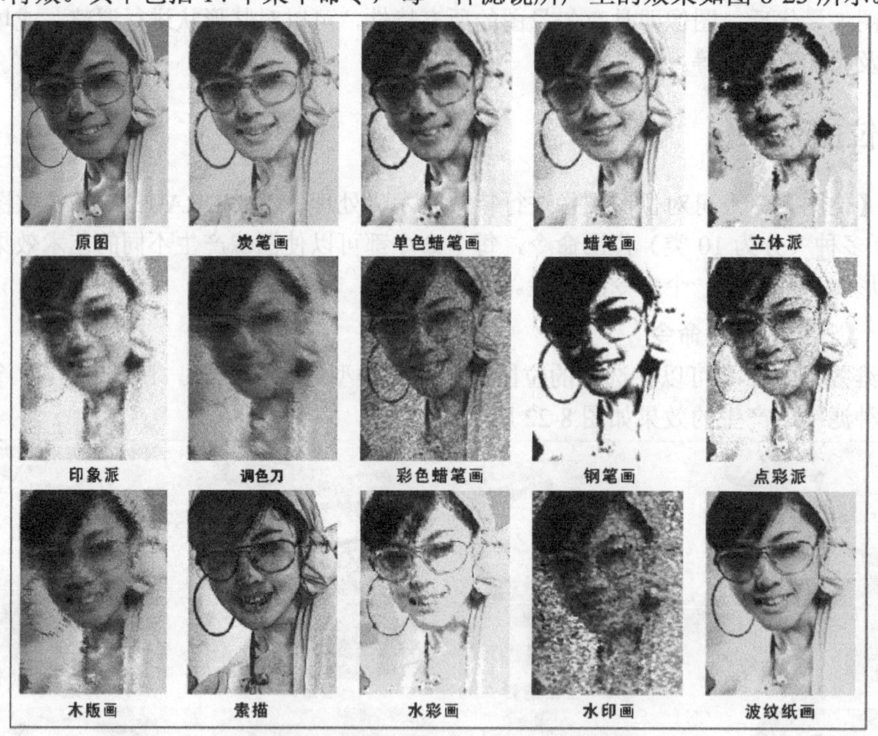

图8-23　执行【艺术笔触】命令产生的各种效果

【艺术笔触】菜单中的每一种滤镜的功能如表 8-2 所示。

表 8-2　【艺术笔触】菜单中的滤镜功能

滤镜名称	功　能
【炭笔画】	使用此命令就好像是用炭笔在画板上画图一样，它可以将图像转化为黑白颜色
【单色蜡笔画】	可以使图像产生一种柔和的发散效果，软化位图的细节，产生一种雾蒙蒙的感觉
【蜡笔画】	可以使图像产生一种熔化效果。通过调整画笔的大小和图像轮廓线的粗细来反映蜡笔效果的强烈程度，轮廓线设置得越大，效果表现越强烈，在细节不多的位图上效果最明显

续 表

滤镜名称	功 能
【立体派】	可以分裂图像，使其产生网印和压印的效果
【印象派】	可以使图像产生一种类似于绘画中的印象派画法绘制的彩画效果
【调色刀】	可以为图像添加类似于使用油画调色刀绘制的画面效果
【彩色蜡笔画】	可以使图像产生类似于粉性蜡笔绘制出的斑点艺术效果
【钢笔画】	可以产生类似使用墨水绘制的图像效果，此命令比较适合图像内部与边缘对比比较强烈的图像
【点彩派】	可以使图像产生看起来好像由大量的色点组成的效果
【木版画】	可以在图像的彩色或黑白色之间生成一个明显的对照点，使图像产生刮涂绘画的效果
【素描】	可以使图像生成一种类似于素描的效果
【水彩画】	此命令类似于【彩色蜡笔画】命令，可以为图像添加发散效果
【水印画】	可以使图像产生斑点效果，使图像中的微小细节隐藏
【波纹纸画】	可以为图像添加细微的颗粒效果

三、【模糊】命令

【模糊】命令示通过不同的方式柔化图像中的像素，使图像得到平滑的模糊效果。其下包括 10 个菜单命令，图 8-24 所示为部分模糊命令制作的模糊效果。

图8-24 执行【模糊】命令产生的各种效果

【模糊】菜单中的每一种滤镜的功能如表 8-3 所示。

表 8-3 【模糊】菜单中的滤镜功能

滤镜名称	功 能
【定向平滑】	可以为图像添加少量的模糊，使图像产生非常细微的变化，主要适合于平滑人物皮肤和校正图像中细微粗糙的部位
【高斯式模糊】	此命令是经常使用的一种命令，主要通过高斯分布来操作位图的像素信息，从而为图像添加模糊变形的效果
【锯齿状模糊】	可以为图像添加模糊效果，从而减少经过调整或重新取样后生成的参差不齐的边缘，还可以最大限度地减少扫描图像时的蒙尘和刮痕
【低通滤波器】	可以抵消由于调整图像的大小而产生的细微狭缝，从而使图像柔化
【动态模糊】	可以使图像产生动态速度的幻觉效果，还可以使图像产生风雷般的动感
【放射式模糊】	可以使图像产生向四周发散的放射效果，离放射中心越远放射模糊效果越明显
【平滑】	可以使图像中每个像素之间的色调变得平滑，从而产生一种柔软的效果

续　表

滤镜名称	功　能
【柔和】	此命令对图像的作用很微小，几乎看不出变化，但是使用【柔和】命令可以在不改变原图像的情况下再给图像添加轻微的模糊效果
【缩放】	此命令与【放射式模糊】命令有些相似，都是从图形的中心开始向外扩散放射。但使用【缩放】命令可以给图像添加逐渐增强的模糊效果，并且可以突出图像中的某个部分
【智能模糊】	此命令可以光滑图像表面，同时又保留鲜明的边缘

四、【相机】命令

【相机】命令可以模拟各种相机镜头产生的效果。包括彩色、相片过滤器、棕褐色色调和时间机器效果，可以让相片回到历史，展示过去流行的摄影风格。其下包括 5 个菜单命令，每一种滤镜所产生的效果如图 8-25 所示。

图8-25　执行【相机】命令产生的各种效果

【相机】菜单中的每一种滤镜的功能如表 8-4 所示。

表 8-4　【相机】菜单中的滤镜功能

滤镜名称	功　能
【着色】	可为图像填充上色，转换为一种单色调的效果
【扩散】	通过扩散图像的像素来填充空白区域消除杂点，类似于给图像添加模糊的效果，但效果不太明显
【照片过滤器】	相当于在相机镜头上添加一块颜色蒙版拍摄出来的效果
【棕褐色色调】	可将图像转换为棕褐色色调
【延时】	可将图像转换为纸质照片效果

五、【颜色转换】命令

【颜色转换】命令类似于位图的色彩转换器，可以给图像转换不同的色彩效果。其下包括 4 个菜单命令，每一种滤镜所产生的效果如图 8-26 所示。

图8-26 执行【颜色转换】命令产生的各种效果

【颜色变换】菜单中的每一种滤镜的功能如表 8-5 所示。

表 8-5 【颜色变换】菜单中的滤镜功能

滤镜名称	功 能
【位平面】	可以将图像中的色彩变为基本的 RGB 色彩，并使用纯色将图像显示出来
【半色调】	可以使图像变得粗糙，生成半色调网屏效果
【梦幻色调】	可以将图像中的色彩转换为明亮的色彩
【曝光】	可以将图像的色彩转化为近似于照片底色的色彩

六、【轮廓图】命令

【轮廓图】命令是在图像中按照图像的亮区或暗区边缘来探测、寻找勾画轮廓线。其下包括 3 个菜单命令，每一种滤镜所产生的效果如图 8-27 所示。

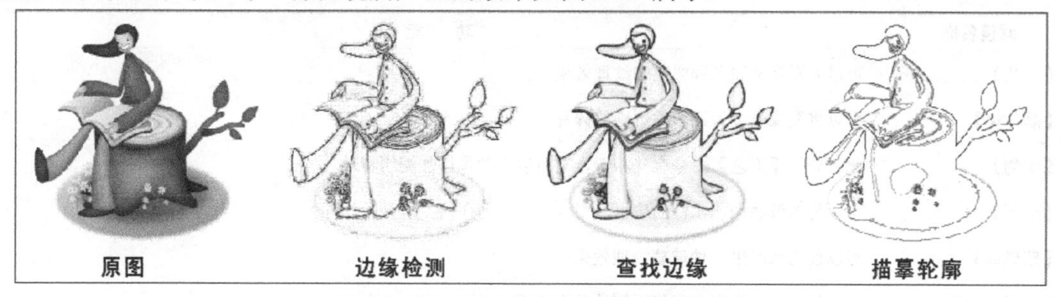

图8-27 执行【轮廓图】命令产生的各种效果

【轮廓图】菜单中的每一种滤镜的功能如表 8-6 所示。

表 8-6 【轮廓图】菜单中的滤镜功能

滤镜名称	功 能
【边缘检测】	可以对图像的边缘进行检测显示
【查找边缘】	可以使图像中的边缘彻底地显现出来
【描摹轮廓】	可以对图像的轮廓进行描绘

七、【创造性】命令

【创造性】命令可以给位图图像添加各种各样的创造性底纹艺术效果。其下包括 14 个菜单命令，每一种滤镜所产生的效果如图 8-28 所示。

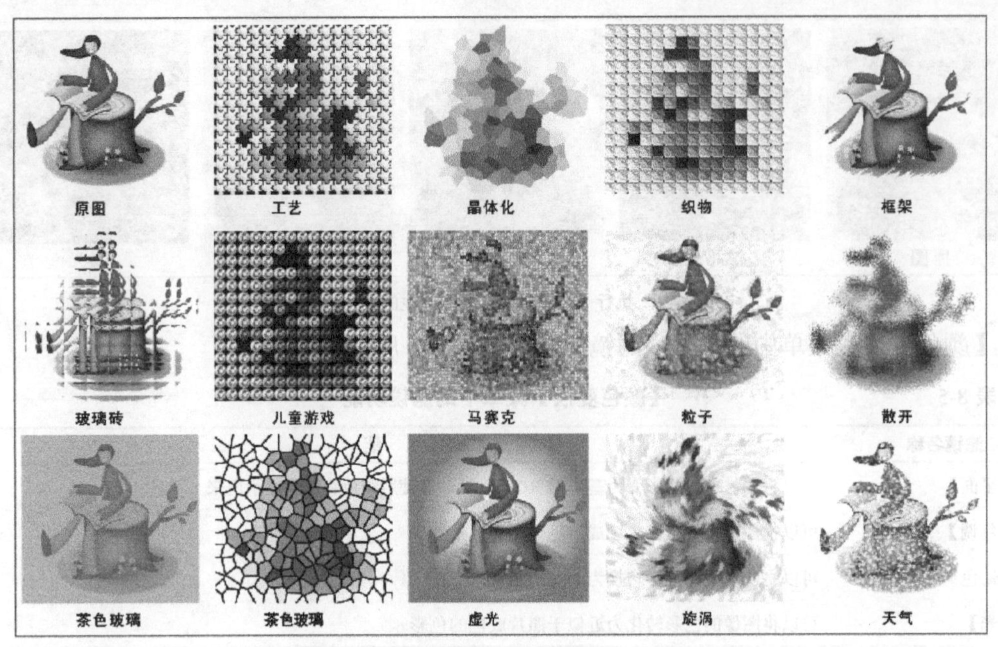

图8-28　执行【创造性】命令产生的各种效果

【创造性】菜单中的每一种滤镜的功能如表 8-7 所示。

表 8-7　【创造性】菜单中的滤镜功能

滤镜名称	功　能
【工艺】	可以为图像添加多种样式的纹理效果
【晶体化】	可以将图像分裂为许多不规则的碎片
【织物】	此命令与【工艺】命令有些相似，它可以为图像添加编织特效
【框架】	可以为图像添加艺术性的边框
【玻璃砖】	可以使图像产生一种玻璃纹理效果
【儿童游戏】	可以使图像产生很多意想不到的艺术效果
【马赛克】	可以将图像分割成类似于陶瓷碎片的效果
【粒子】	可以为图像添加星状或泡沫效果
【散开】	可以使图像在水平和垂直方向上扩散像素，使图像产生一种变形的特殊效果
【茶色玻璃】	可以使图像产生一种透过雾玻璃或有色玻璃看图像的效果
【彩色玻璃】	可以使图像产生彩色玻璃效果，类似于用彩色的碎玻璃拼贴在一起的艺术效果
【虚光】	可以使图像产生一种边框效果，还可以改变边框的形状、颜色、大小等内容
【旋涡】	可以使图像产生旋涡效果
【天气】	可以给图像添加如下雪、下雨或雾等天气效果

八、　【自定义】命令

【自定义】命令可以通过应用笔刷笔触（Alchemy 效果）将图像转换为艺术笔绘画，或者添加底纹和图案到图像。其下包括 2 个菜单命令，每一种滤镜所产生的效果如图 8-29 所示。

图8-29 执行【自定义】命令产生的各种效果

【自定义】菜单中的每一种滤镜的功能如表 8-8 所示。

表 8-8 【自定义】菜单中的滤镜功能

滤镜名称	功能
【Alchemy】	可以通过应用笔刷笔触，将图像转换为艺术笔绘画效果
【凹凸贴图】	可以对图像制作凹凸不平的浮雕效果

九、【扭曲】命令

【扭曲】命令可以对图像进行扭曲变形，从而改变图像的外观，但在改变的同时不会增加图像的深度。其下包括 11 个菜单命令，部分滤镜所产生的效果如图 8-30 所示。

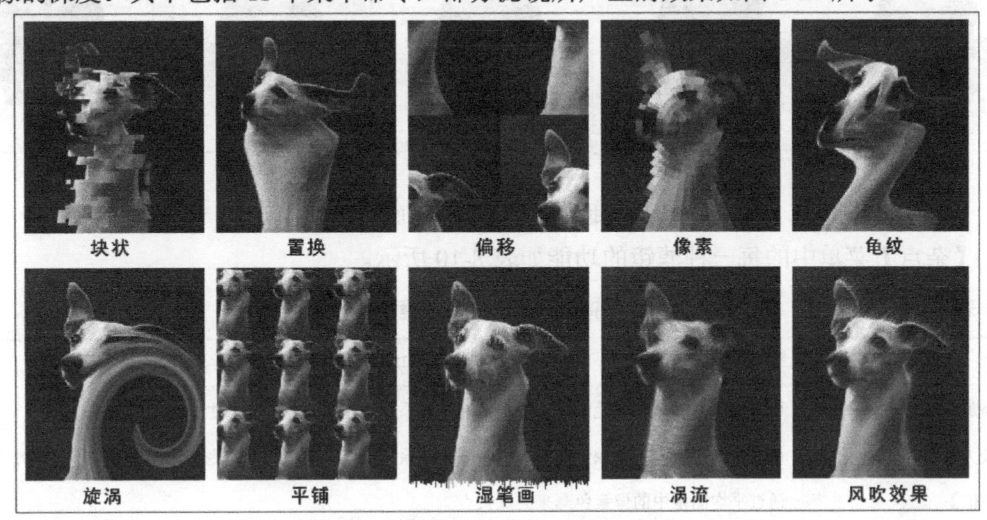

图8-30 执行【扭曲】命令产生的各种效果

【扭曲】菜单中的每一种滤镜的功能如表 8-9 所示。

表 8-9 【扭曲】菜单中的滤镜功能

滤镜名称	功能
【块状】	可以将图像分为多个区域，并且可以调节各区域的大小及偏移量
【置换】	可以将预设的图样均匀置换到图像上
【网孔扭曲】	可以在图像上添加网格，通过调整网格点的位置，可调整图像的扭曲效果
【偏移】	可以按照设置的数值偏移整个图像，并按照指定的方法填充偏移后留下的空白区域
【像素】	可以按照像素模式使图像像素化，并产生一种放大的位图效果

续　表

滤镜名称	功　能
【龟纹】	可以使图像产生扭曲的波浪变形效果，还可以对波浪的大小、幅度、频率等进行调节
【旋涡】	可以使图像按照设置的方向和角度产生变形，生成按顺时针或逆时针旋转的旋涡效果
【平铺】	可以将原图像作为单个元素，在整个图像范围内按照设置的个数进行平铺排列
【湿笔画】	可以使图像生成一种尚未干透的水彩画效果
【涡流】	此命令类似于【旋涡】命令，可以为图像添加流动的旋涡图案
【风吹效果】	可以使图像产生起风的效果，还可以调节风的大小及风的方向

十、【杂点】命令

【杂点】命令不仅可以给图像添加杂点效果，而且还可以校正图像在扫描或过渡混合时所产生的缝隙。其下包括 6 个菜单命令，部分滤镜所产生的效果如图 8-31 所示。

原图

添加杂点

最大值

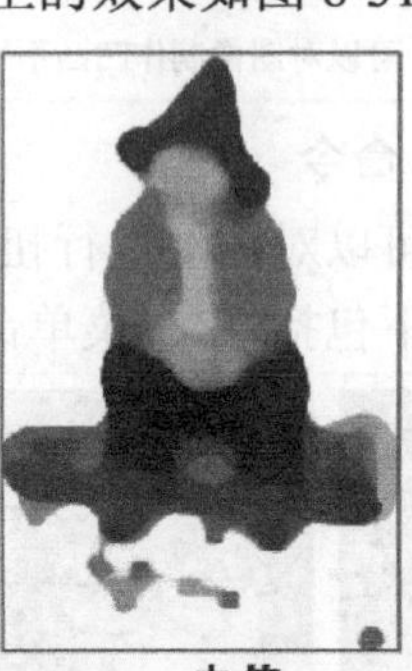
中值

最小

图8-31　执行【杂色】命令产生的各种效果

【杂点】菜单中的每一种滤镜的功能如表 8-10 所示。

表 8-10　【杂点】菜单中的滤镜功能

滤镜名称	功　能
【添加杂点】	可以将不同类型和颜色的杂点以随机的方式添加到图像中，使其产生粗糙的效果
【最大值】	可以根据图像中相临像素的最大色彩值来去除杂点，多次使用此命令会使图像产生一种模糊效果
【中值】	通过平均图像中的像素色彩来去除杂点
【最小】	通过使图像中的像素变暗来去除杂点，此命令主要用于亮度较大和过度曝光的图像
【去除龟纹】	可以将图像扫描过程中产生的网纹去除
【去除杂点】	可以降低图像扫描时产生的网纹和斑纹强度

十一、【鲜明化】命令

【鲜明化】命令可以使图像的边缘变得更清晰。其下包括 5 个菜单命令，部分滤镜所产生的效果如图 8-32 所示。

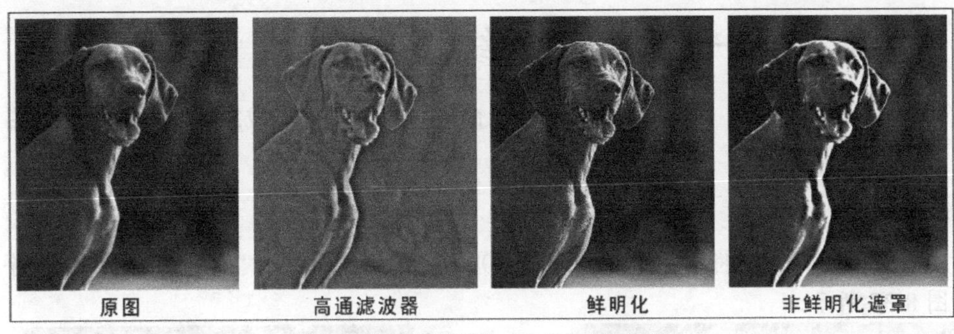

图8-32　执行【鲜明化】命令产生的各种效果

【鲜明化】菜单中的每一种滤镜的功能如表 8-11 所示。

表 8-11　【鲜明化】菜单中的滤镜功能

滤镜名称	功　能
【适应非鲜明化】	可以通过分析图像中相临像素的值来加强位图中的细节，但图像的变化极小
【定向柔化】	可以根据图像边缘像素的发光度来使图像变得更清晰
【高通滤波器】	通过改变图像的高光区和发光区的亮度及色彩度，从而去除图像中的某些细节
【鲜明化】	可以使图像中各像素的边缘对比度增强
【非鲜明化遮罩】	通过提高图像的清晰度来加强图像的边缘

十二、【底纹】命令

【底纹】命令可以通过模拟各种表面，如鹅卵石、折皱、塑料和浮雕，添加底纹到图像。其下包括 6 个菜单命令，部分滤镜所产生的效果如图 8-33 所示。

鹅卵石

塑料

浮雕

图8-33　执行【底纹】命令产生的各种效果

【底纹】菜单中的每一种滤镜的功能如表 8-12 所示。

表 8-12　【底纹】菜单中的滤镜功能

滤镜名称	功　能
【鹅卵石】	可以为图像添加鹅卵石的纹理效果
【折皱】	可以使图像产生折皱效果
【蚀刻】	产生的效果与浮雕效果相似，只是该效果没有浮雕的质感，显得细腻、平淡
【塑料】	可以给图像涂一层光亮的颜色以强调表面细节，从而使图像产生质感很强的塑料包装效果
【浮雕】	可以使图像产生一种凸起或压低的浮雕效果
【石头】	可以为图像添加石头颗粒效果

8.5　范例解析——制作发射光线效果

下面主要利用【位图】/【模糊】/【缩放】命令，将图像制作成发射光线效果，如图 8-34 所示。

【步骤解析】

1. 新建一个图形文件，将附盘中“图库\第 08 章”目录下名为“树叶.jpg”的文件导入，如图 8-35 所示。

图8-34　制作的发射光线效果

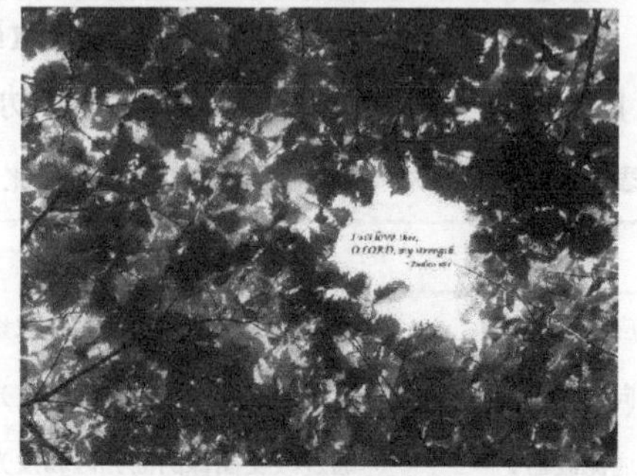

图8-35　导入的图像

2. 执行【位图】/【模糊】/【缩放】命令，在弹出的【缩放】对话框中设置图 8-36 所示的参数。
3. 激活按钮，然后将鼠标指针移动到图 8-37 所示的位置单击，重新拾取发射光线的源点。

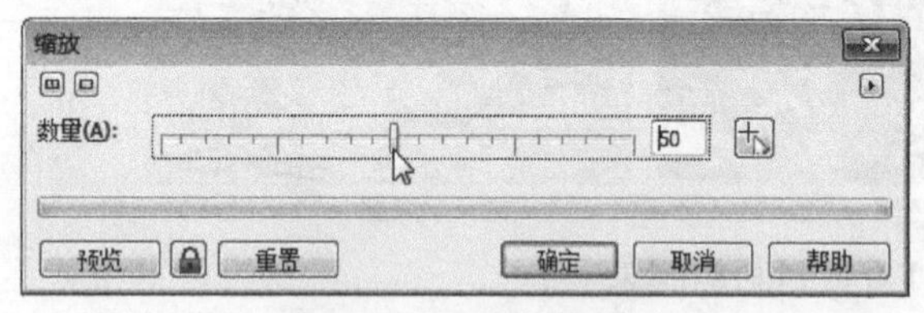

图8-36　设置的缩放参数

图8-37　鼠标指针放置的位置

4. 单击 确定 按钮，即可完成发射光线效果的制作。按 Ctrl+S 组合键，将此文件命名为“发射光线效果.cdr”保存。

8.6　课堂实训——制作各种天气效果

下面主要利用【位图】/【创造性】/【天气】命令来制作下雪、下雨和雾天气效果。

【步骤解析】

1. 新建一个图形文件，然后按 Ctrl+I 组合键，将“图库\第 08 章”目录下名为“冬日.jpg”“城市.jpg”和“风景.jpg”的图片文件导入，如图 8-38 所示。

图8-38　导入的图片

2. 将“冬日”图片选择，然后执行【位图】/【创造性】/【天气】命令，弹出【天气】对话框，设置各项参数如图 8-39 所示。
3. 单击 确定 按钮，完成雪天气制作，效果如图 8-40 所示。

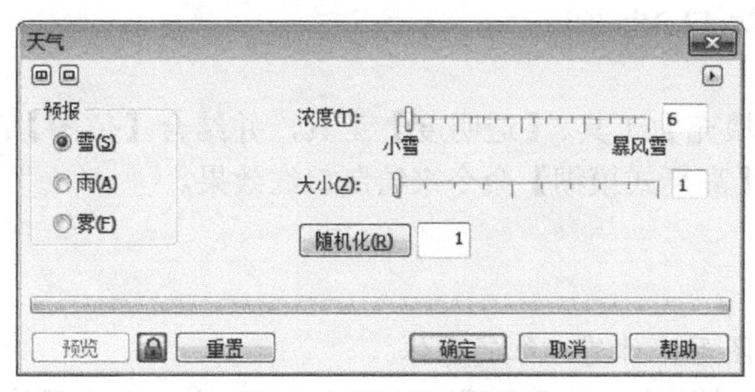

图8-39　【天气】对话框

图8-40　制作的雪天气

4. 将“城市”图片选择，然后执行【位图】/【创造性】/【天气】命令，弹出【天气】对话框，设置各项参数如图 8-41 所示。
5. 单击 确定 按钮，完成雾天气制作，效果如图 8-42 所示。

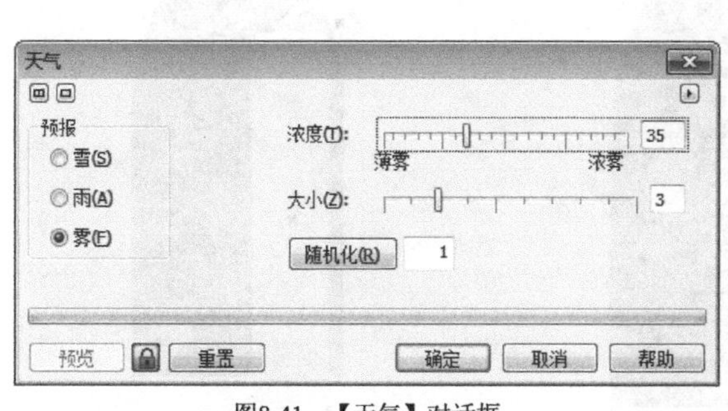

图8-41　【天气】对话框

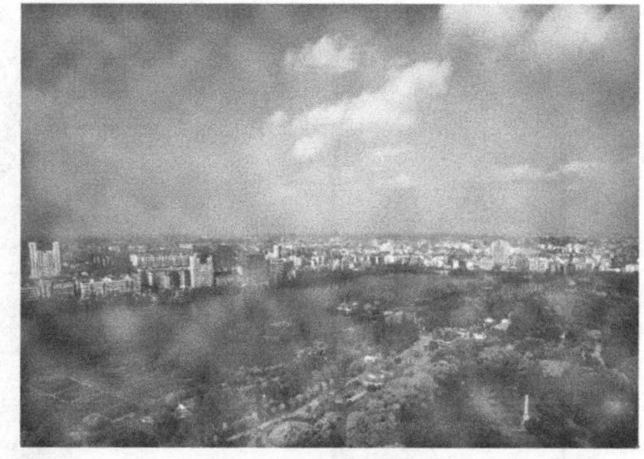

图8-42　制作的雾天气

6. 将“风景”图片选择，然后执行【位图】/【创造性】/【天气】命令，弹出【天气】对话框，设置各项参数如图 8-43 所示。
7. 单击 确定 按钮，完成雨天气制作，效果如图 8-44 所示。

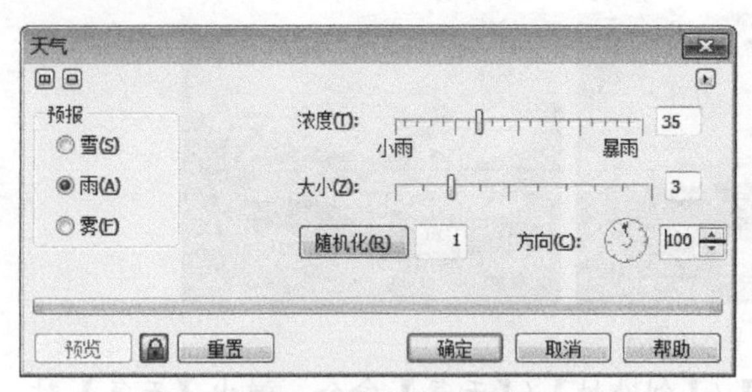

图8-43　【天气】对话框

图8-44　制作的下雨效果

8. 按Ctrl+S组合键，将文件命名为“天气效果.cdr”保存。

要点提示　以上运用【位图】命令制作了两个案例，希望能够起到抛砖引玉的作用，同时也希望通过本章的学习，读者能够熟练运用这些命令，以便在将来的实际工作中灵活运用。

8.7 综合案例——绘制口红产品造型

下面灵活运用各种绘图工具、【交互式填充】工具、【透明度】工具，并结合【位图】/【转换为位图】命令和【位图】/【模糊】/【高斯式模糊】命令来绘制口红效果。

【步骤解析】

1. 新建一个图形文件。
2. 利用□和工具绘制出图 8-45 所示的图形，作为口红的膏体。
3. 利用工具为图形填充渐变色，并去除外轮廓，效果如图 8-46 所示，渐变颜色设置请参见作品。
4. 继续利用□工具，绘制出图 8-47 所示的白色无外轮廓线的矩形。

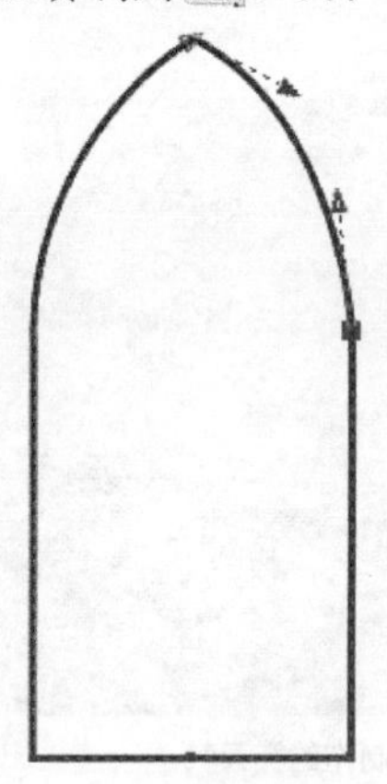

图8-45　绘制的图形

图8-46　填充渐变色后的效果

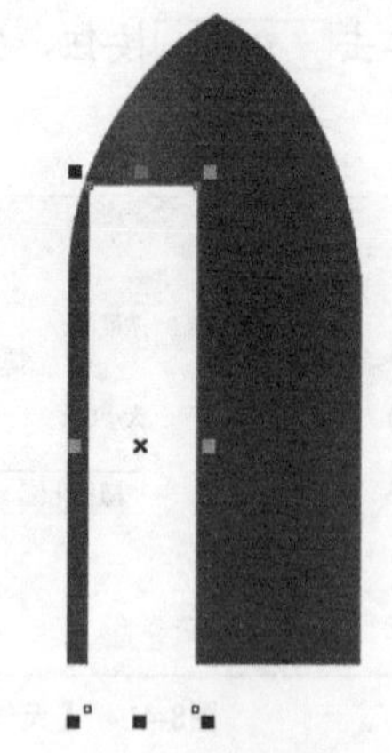

图8-47　绘制的白色矩形

5. 选择工具，为矩形由下至上添加透明效果，如图 8-48 所示。
6. 将添加透明效果的矩形复制，并将复制出的图形调整至图 8-49 所示的形态及位置，然后将其填充色修改为粉红色（C:5,M:85,Y:15），效果如图 8-50 所示。

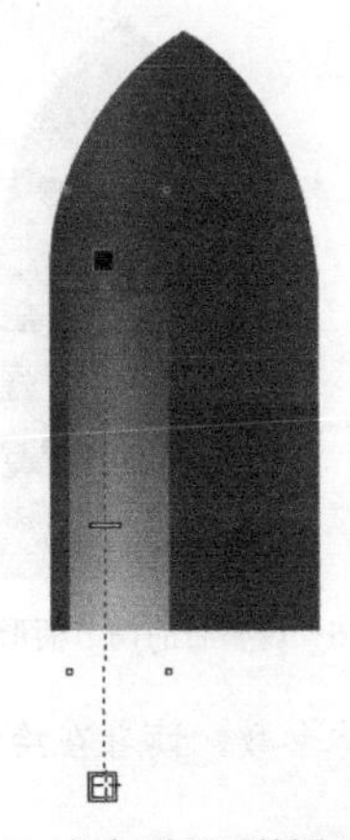

图8-48 添加透明后的图形效果

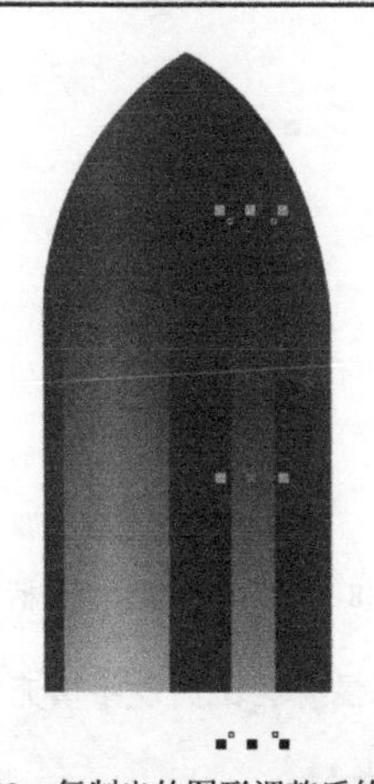

图8-49 复制出的图形调整后的形态

图8-50 修改填充色后的图形效果

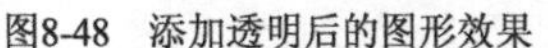

要点提示 在下面的操作过程中，如果给出的图形是无轮廓的图形，希望读者能够自己把轮廓线去除，届时将不再提示。

7. 执行【位图】/【转换为位图】命令，在弹出的【转换为位图】对话框中将【分辨率】选项的参数设置为“150 dpi”，然后单击 确定 按钮。
8. 执行【位图】/【模糊】/【高斯式模糊】命令，在弹出的【高斯式模糊】对话框中将【半径】选项的参数设置为“5”像素，单击 确定 按钮，模糊后的图像效果如图 8-51 所示。
9. 将模糊后的图形在垂直方向上缩小，使其下方与口红膏体的下方对齐。
10. 用与步骤 7～步骤 9 相同的方法，将左侧的白色矩形转换为位图后为其添加模糊效果，如图 8-52 所示。
11. 选择工具，绘制出图 8-53 所示的倾斜椭圆形，然后将其与下方的口红膏体图形同时选择。

图8-51 模糊后的图像效果

图8-52 模糊后的图像效果

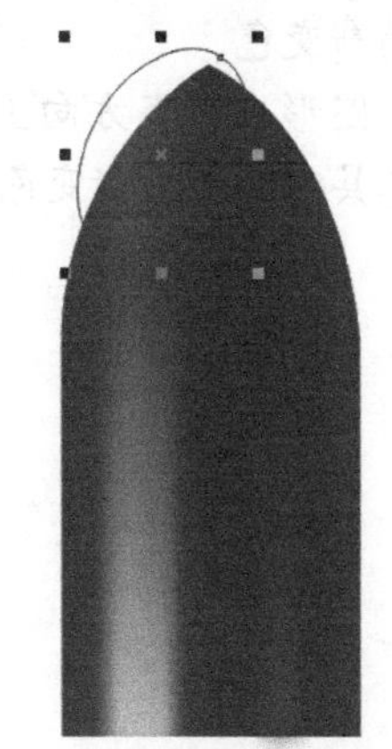

图8-53 绘制的倾斜椭圆形

12. 单击属性栏中的按钮，将选择的图形进行相交运算，相交后的图形形态如图 8-54 所示，然后将椭圆形删除。
13. 选择工具，在选择的填充图形中将出现图 8-55 所示的填充调节柄，通过拖动调节柄来改变图形的填充效果，调整后的调节柄形态及填充效果如图 8-56 所示。

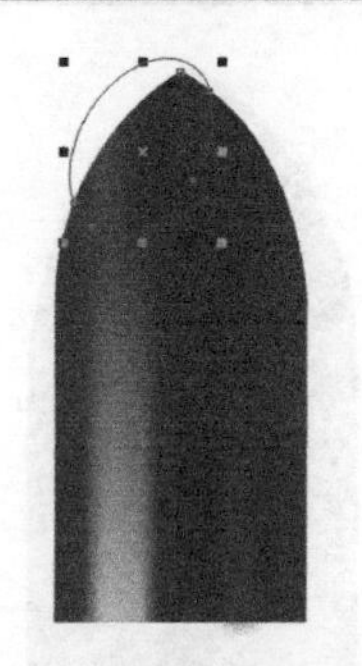

图8-54　相交后的图形形态

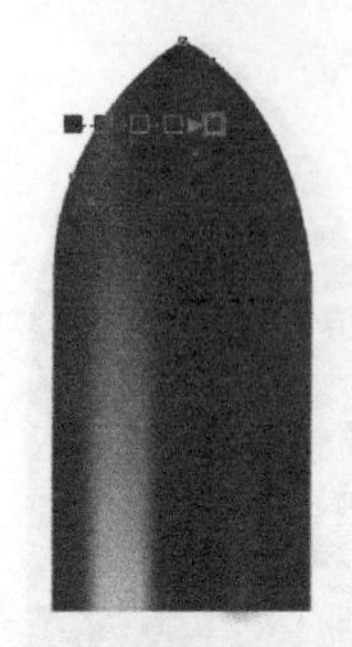

图8-55　出现的填充调节柄

图8-56　调整后的调节柄形态

要点提示　由于本书篇幅有限，为了节省篇幅有些图例没给填充色或渐变色的具体参数，读者在绘制时可参照作品中的相关参数进行设置。

14. 利用 和 工具，绘制并调整出图 8-57 所示的白色无外轮廓线的不规则图形。
15. 利用【位图】/【转换为位图】命令及【高斯式模糊】命令，将白色不规则图形转换为位图并进行模糊处理，效果如图 8-58 所示。
16. 利用 工具为白色位图图像由左下角至右上角添加透明效果，如图 8-59 所示。

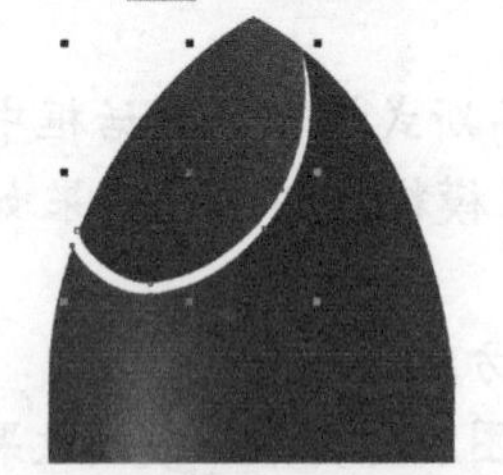

图8-57　绘制的白色不规则图形

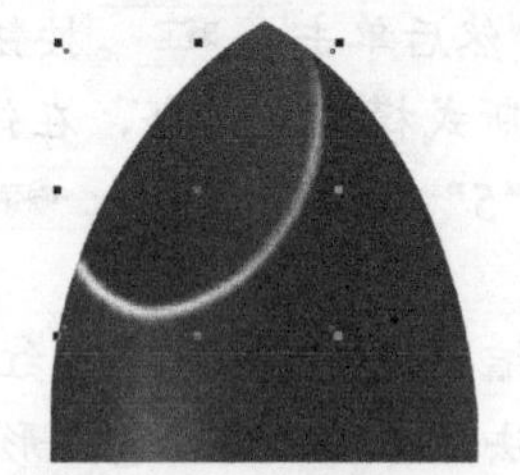

图8-58　转换为位图后的效果

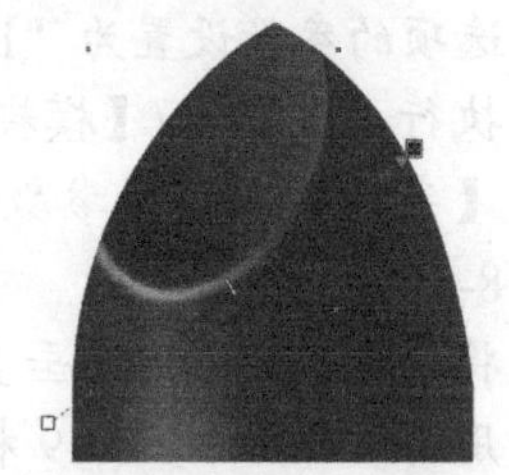

图8-59　添加透明后的效果

接下来来绘制口红的金属管。

17. 利用 工具，绘制出图 8-60 所示的矩形图形，然后利用 工具为其添加图 8-61 所示的渐变色。
18. 将图形在垂直方向上缩小并复制，然后将复制出的图形水平对称放大调整，再利用 工具对图形的渐变色进行修改，效果如图 8-62 所示。

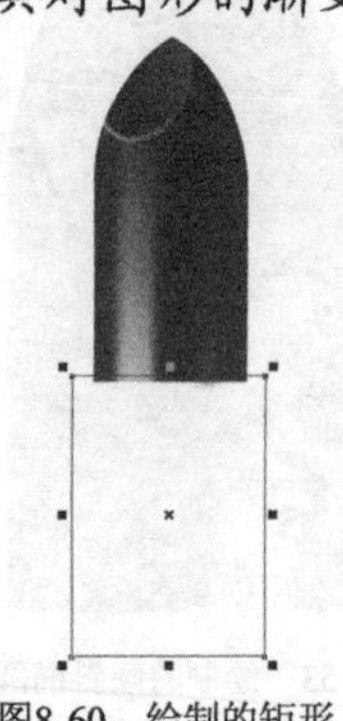

图8-60　绘制的矩形

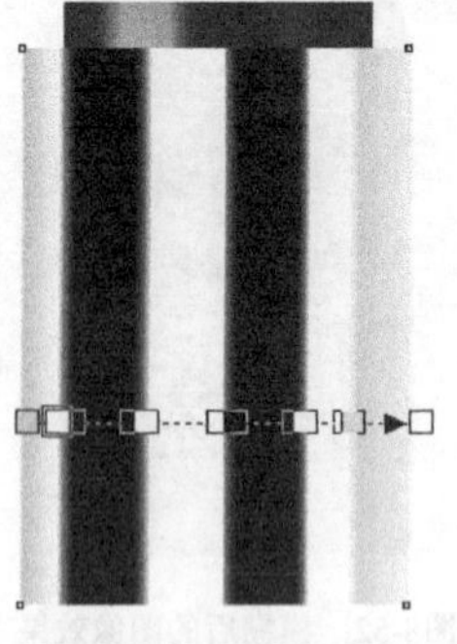

图8-61　填充的渐变色

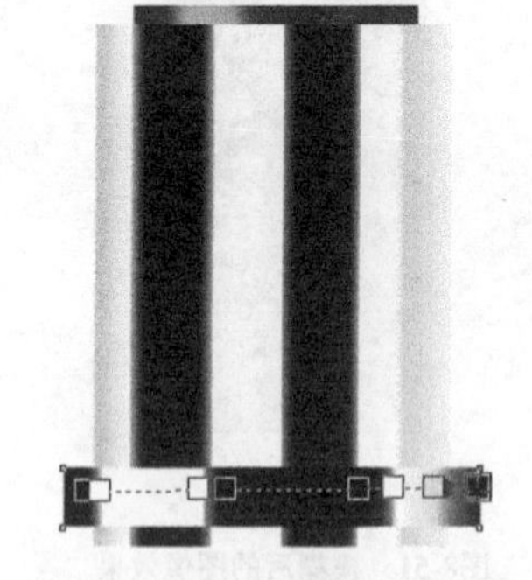

图8-62　调整后的图形填充效果

19. 利用 工具，将矩形调整至圆角矩形，然后添加黑色的外轮廓，效果如图 8-63 所示。
20. 用移动复制图形的方法，将圆角矩形复制，并将复制出的图形调整至图 8-64 所示的形态。

图8-63 调整后的图形效果

图8-64 复制出的图形调整后的效果

21. 利用和工具，绘制并调整出图 8-65 所示的圆角矩形，然后利用工具为其填充图 8-66 所示的交互式线性渐变色。

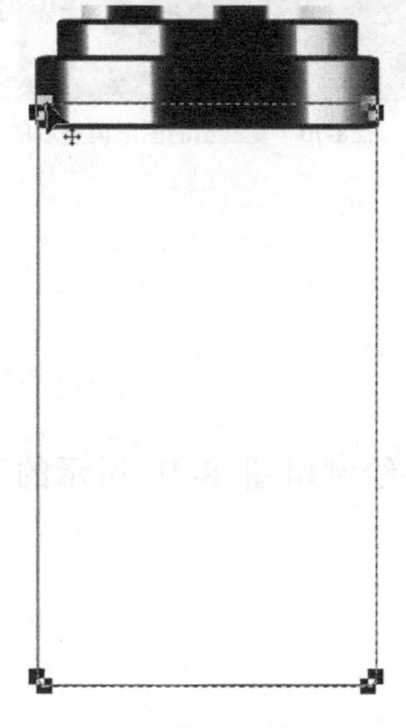
图8-65 制作的圆角矩形

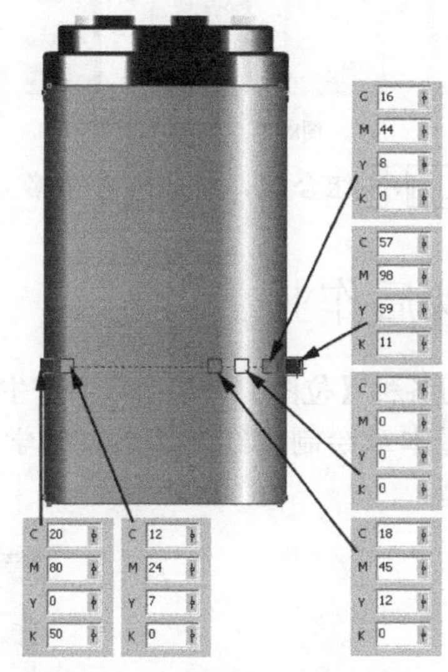

图8-66 填充渐变色后的图形效果

22. 利用工具，绘制出图 8-67 所示的矩形，然后将其与下方的圆角矩形同时选择。
23. 单击属性栏中的按钮，将选择的图形进行相交运算，然后将矩形删除。
24. 将相交后生成的图形选择，然后选择工具，在选择的填充图形中将出现填充调节柄，通过拖动调节柄来改变图形的填充效果，调整后的调节柄形态及填充效果如图 8-68 所示。

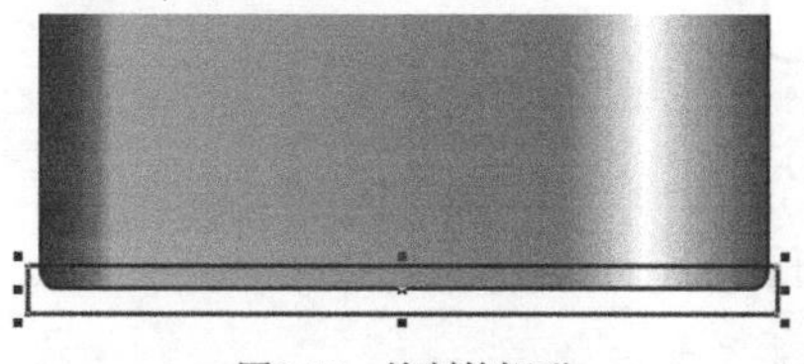
图8-67 绘制的矩形

图8-68 调整后的调节柄形态

25. 至此口红效果绘制完成，然后用相同的方法，依次绘制出图 8-69 所示的口红图形。
26. 按 Ctrl+I 组合键，将附盘中“图库\第 08 章”目录下名为“蓝色背景.psd”的图片导入，然后按 Ctrl+U 组合键，将导入图片的群组取消。
27. 将绘制的口红图形放置到图片的右下角位置，再用移动复制和旋转图形的方法，依次将口红图形复制并旋转，然后依次按 Ctrl+PageDown 组合键，将复制出的图形调整至星形图形的下方位置，效果如图 8-70 所示。

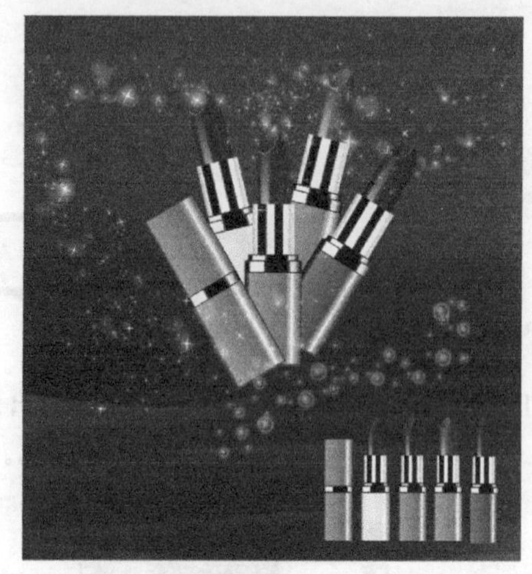

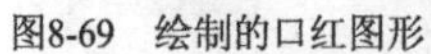

图8-69　绘制的口红图形

图8-70　复制出的图形调整后的效果

28. 按Ctrl+S组合键，将此文件命名为“口红.cdr”保存。

8.8 课后作业

1. 练习各种【位图】效果命令所产生的效果。
2. 通过本章绘制口红产品造型的学习，读者自己动手绘制出图 8-71 所示的手机产品造型。

图8-71　绘制的手机产品造型

第9章 综合案例——企业VI设计

通过前面几章的学习，相信读者已经掌握了 CorelDRAW X7 大部分工具按钮和菜单命令的应用方法，为了使读者更加牢固地掌握这些工具和命令，并学习和了解一些在实际工作中常见广告作品的设计方法，在本书的最后一章中来设计一个企业的 VI 作品，以使读者真正达到学以致用的目的。

VI，即企业形象识别系统，作为企业树立整体形象、拓展市场和提升竞争力的有效工具，它的价值已被诸多企业所认同。VI 设计包括基础部分和应用部分。基础部分主要是企业标志、标准字及企业色彩设计等；应用部分主要是办公用品、礼品、指示牌、标牌、挂旗、服装和交通工具的设计等。

【学习目标】

- 了解企业 VI 设计的组成部分。
- 掌握部分 VI 设计的方法。
- 掌握标志在各作品中的灵活运用。
- 熟悉网站主页的设计方法。

9.1 标志设计

下面灵活运用椭圆形工具、矩形工具及选择工具和各种复制操作来设计标志图形。

【步骤解析】

1. 新建一个图形文件。
2. 利用椭圆形工具绘制一个椭圆形，然后单击属性栏中的锁定比率按钮，将锁定比率功能关闭，再将 90.0 mm / 40.0 mm 的参数分别设置为“90 mm”和“40 mm”，调整椭圆形的大小。
3. 按住 Ctrl 键，在椭圆形上按住鼠标左键并向下拖曳，至合适的位置后在不释放鼠标左键的情况下单击鼠标右键，将其垂直向下移动复制，状态如图 9-1 所示。
4. 将属性栏中 90.0 mm / 30.0 mm 的参数分别设置为“90 mm”和“30 mm”，调整复制出椭圆形的大小，然后将其垂直向上移动至图 9-2 所示的位置。

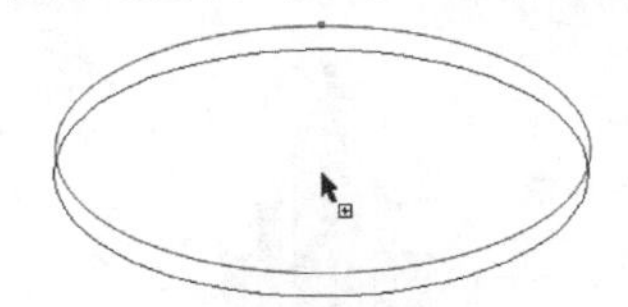
图9-1 移动复制图形时的状态

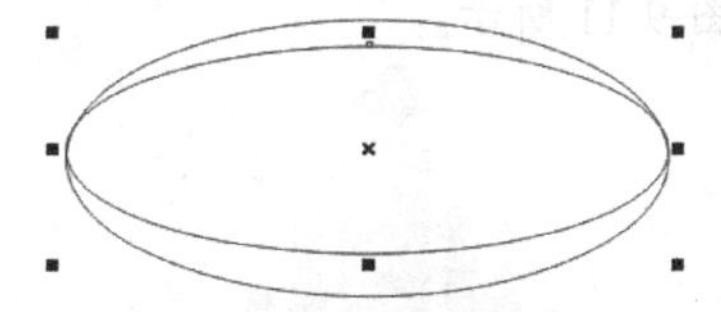
图9-2 图形放置的位置

5. 利用选择工具将两个椭圆形框选，然后单击属性栏中的【移除前面对象】按钮，将选择的图形进行修剪，修剪后的图形形态如图 9-3 所示。
6. 执行【对象】/【拆分曲线】命令，将修剪后的图形拆分，然后取消图形的选择状态，

再利用工具将下方的图形选择并按 Delete 键删除，剩余的图形形态如图 9-4 所示。

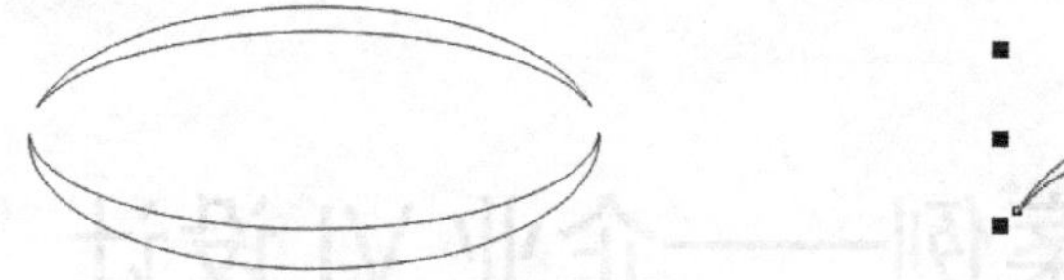

图9-3　修剪后的图形形态

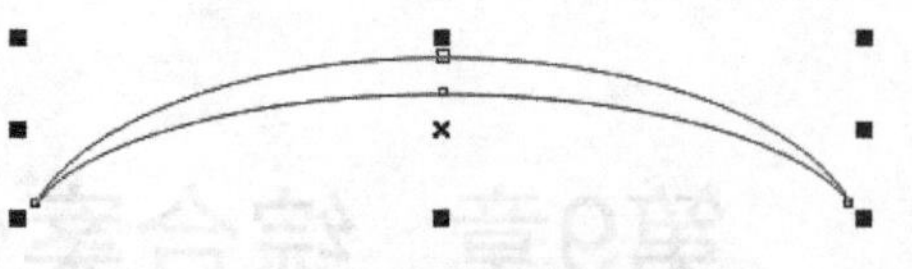

图9-4　剩余的图形形态

7. 利用工具绘制出图 9-5 所示的矩形，然后单击属性栏中的按钮，将其转换为曲线图形。
8. 利用工具，将矩形图形的上方放大显示，然后选择工具，在图 9-6 所示的位置双击，添加一个节点，再将图形右上角的节点向下调整至图 9-7 所示的位置。

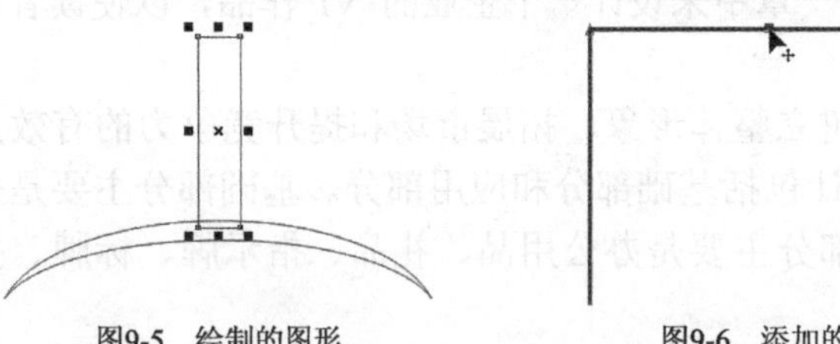

图9-5　绘制的图形

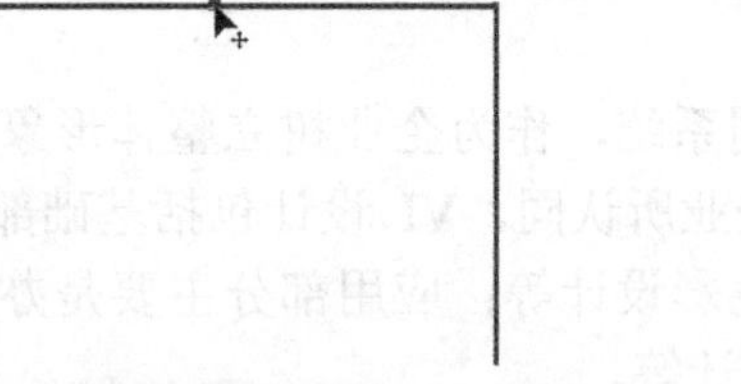

图9-6　添加的节点

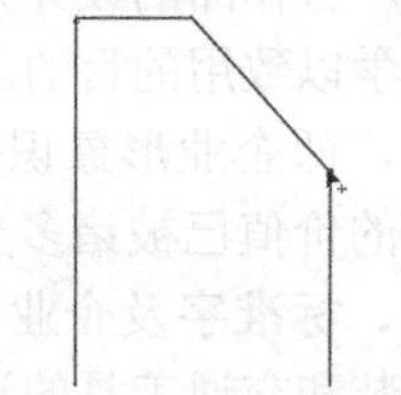

图9-7　调整后的节点位置

9. 将图形全部选择，然后将鼠标指针移动到【调色板】中的“橘红”颜色上单击，为选择的图形填充橘红色。
10. 单击属性栏中的按钮，在弹出的【对齐与分布】面板中单击【水平居中对齐】按钮，将选择的图形在水平方向上居中对齐。
11. 单击属性栏中的按钮，将对齐后的图形合并为一个整体，效果如图 9-8 所示，然后利用工具和工具，依次绘制并调整出图 9-9 所示的橘红色图形。

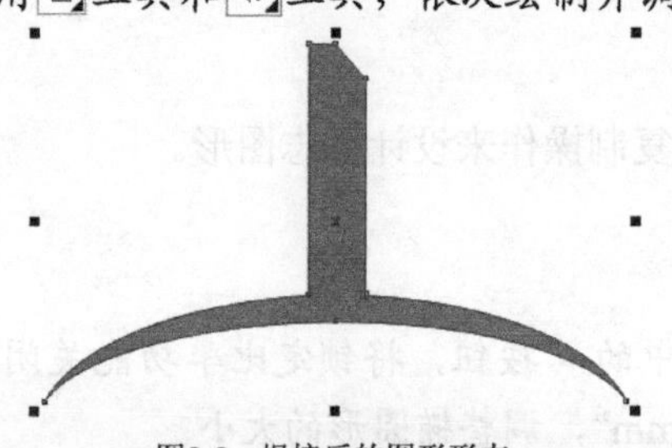

图9-8　焊接后的图形形态

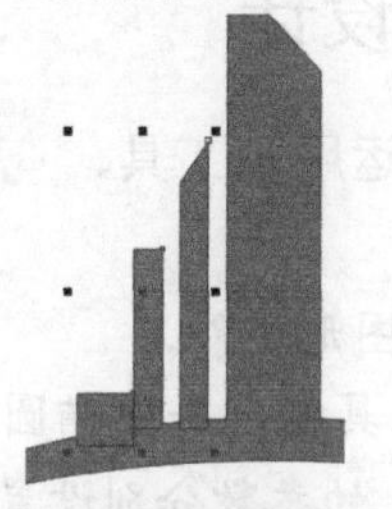

图9-9　绘制的图形

12. 利用工具将步骤 11 中绘制的图形全部选择，然后按住 Ctrl 键，将其在水平方向上向右镜像复制，并将复制出的图形水平向右移动至图 9-10 所示的位置。
13. 将图形全部选择，然后单击属性栏中的按钮，将选择的图形合并为一个整体，效果如图 9-11 所示。

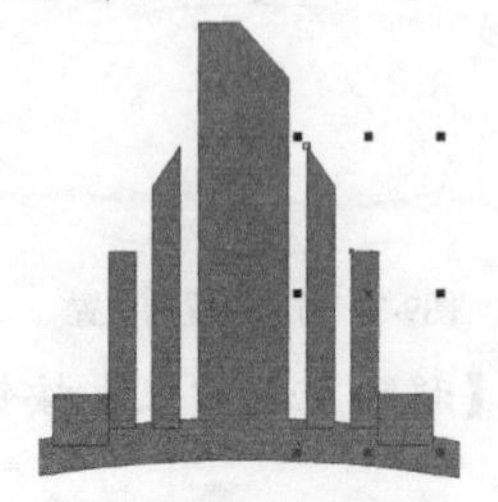

图9-10　图形放置的位置

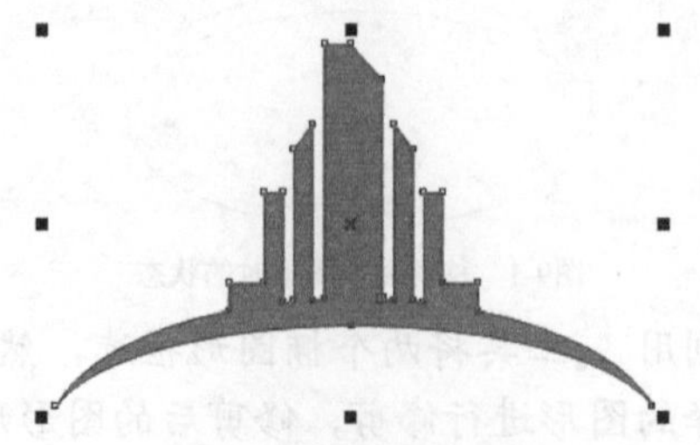

图9-11　焊接后的图形形态

14. 在【调色板】上方的☒图标上单击鼠标右键，将图形的外轮廓线去除。
15. 选择☆工具，按住 Ctrl 键，绘制出图 9-12 所示的五角星图形，并为其填充绿色（C:100,Y:100）。
16. 在【调色板】中的“淡黄”色块上单击鼠标右键，将图形的外轮廓线颜色设置为淡黄色，然后将其在水平方向上依次复制，效果如图 9-13 所示。

图9-12 绘制的图形　　图9-13 重复复制出的图形

17. 将五角星全部选择，按 Ctrl+G 组合键群组，然后调整至合适的大小后放置到橘红色图形的下方位置。
18. 按住 Shift 键单击橘红色图形，将其与星形图形同时选择，然后单击【对齐和分布】面板中的按钮，将选择的图形在水平方向上居中对齐，对齐后的图形形态如图 9-14 所示。
19. 利用字工具在五角星图形的下方依次输入图 9-15 所示的英文字母和文字，即可完成标志的设计。

图9-14 对齐后的图形形态　　图9-15 设计完成的标志图形

20. 按 Ctrl+S 组合键，将此文件命名为“标志.cdr”保存。

9.2 办公用品设计

日常生活中常见的办公用品多种多样，不同的人群使用的类型也不相同。作为企业或集团，可以根据其自身的性质来设计制作企业专用的办公用品。本节将详细介绍企业办公用品中的名片与工作证的设计与制作方法。

9.2.1 名片设计

下面主要利用【矩形】工具和【文本】工具及菜单栏中的【对象】/【图框精确剪裁】命令来设计名片。

【步骤解析】

1. 新建一个图形文件。
2. 利用□工具绘制一个矩形，然后将属性栏中的锁定比率取消，再将 90.0 mm / 55.0 mm 的参数分别设置为“90 mm”和“55 mm”，设置名片的大小。

3. 继续利用□工具在图形的下方绘制绿色（C:100,Y:100）的矩形，然后将其外轮廓去除，效果如图 9-16 所示。
4. 打开第 9.1 节设计的“标志.cdr”文件，双击工具将图形及文字全部选择，然后按 Ctrl+C 组合键，将其复制。
5. 切换到新建的图形文件中，然后按 Ctrl+V 组合键，将复制的标志粘贴到当前文件中，然后调整合适的大小后放置到图 9-17 所示的位置。

图9-16　绘制的图形

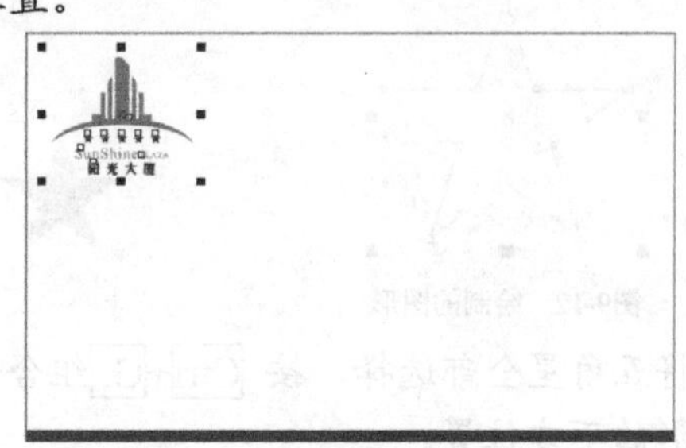

图9-17　图形放置的位置

6. 将标志图形中除文字外的所有图形选择，然后用移动复制操作再复制一组，并为复制出的图形填充绿色（C:100,Y:100），如图 9-18 所示。
7. 按 Ctrl+G 组合键，将复制出的图形组合为一个整体。
8. 执行【对象】/【图框精确剪裁】/【置于图文框内部】命令，此时鼠标指针将显示为➡图标。
9. 将鼠标指针移动到图 9-19 所示的矩形上并单击，将标志图形置于矩形中。

图9-18　复制出的图形

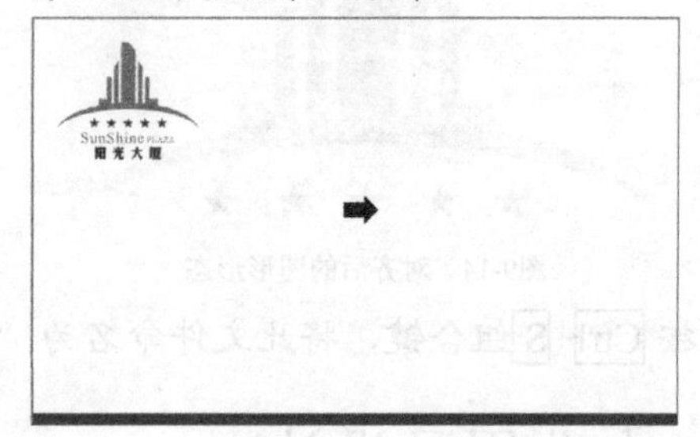

图9-19　单击的位置

10. 执行【对象】/【图框精确剪裁】/【编辑 PowerClip】命令，此时系统会把容器之外的所有内容在绘图窗口中隐藏，而只显示容器中的内容。
11. 选择工具，单击属性栏中的【均匀透明度】按钮，设置“标准”透明样式，图形设置透明后的效果如图 9-20 所示。
12. 利用工具将图形调整至图 9-21 所示的大小及位置。

图9-20　添加的透明效果

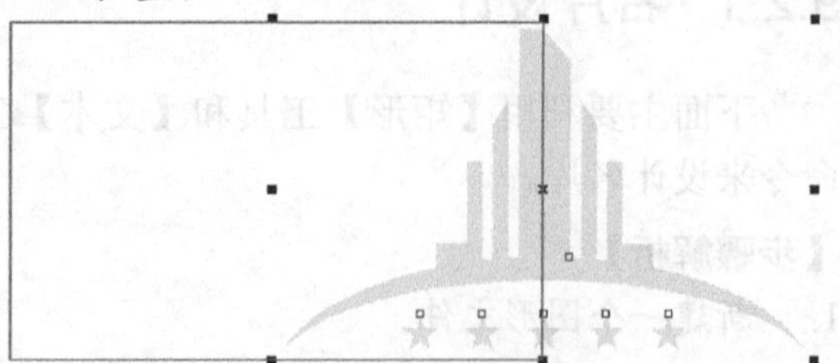

图9-21　图形调整后的大小及位置

13. 单击图形下方的【停止编辑内容】按钮，完成对图片的编辑，效果如图 9-22 所示。

14. 利用□工具，依次绘制出如图 9-23 所示的绿色（C:100,Y:100）矩形。

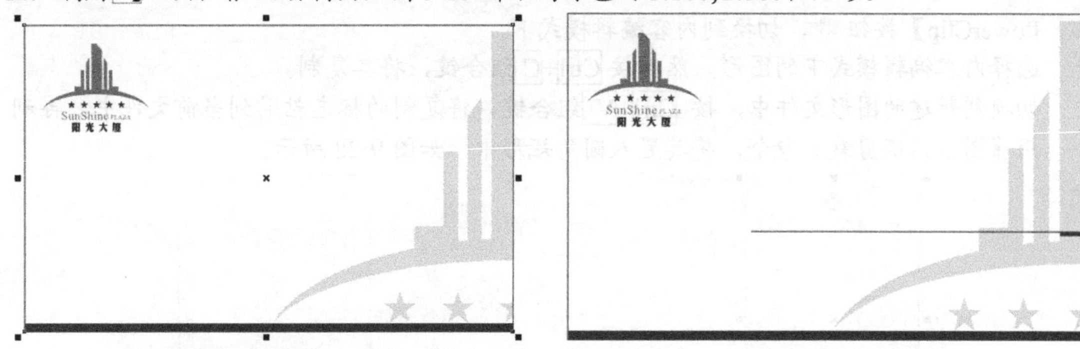

图9-22　编辑内容后的效果　　　　图9-23　绘制的矩形

15. 选择字工具，依次输入如图 9-24 所示的黑色文字，即可完成名片的设计。

图9-24　输入的文字

16. 按 Ctrl+S 组合键，将此文件命名为“名片.cdr”保存。

9.2.2 工作证设计

本例主要运用【矩形】工具、【手绘】工具和【轮廓笔】工具及属性栏中的【移除前面对象】按钮来设计工作证。

【步骤解析】

1. 新建一个图形文件。
2. 利用□工具绘制出图 9-25 所示的圆角矩形图形。
3. 选择○工具，按住 Ctrl 键绘制出图 9-26 所示的圆形，然后将其与圆角矩形同时选择。

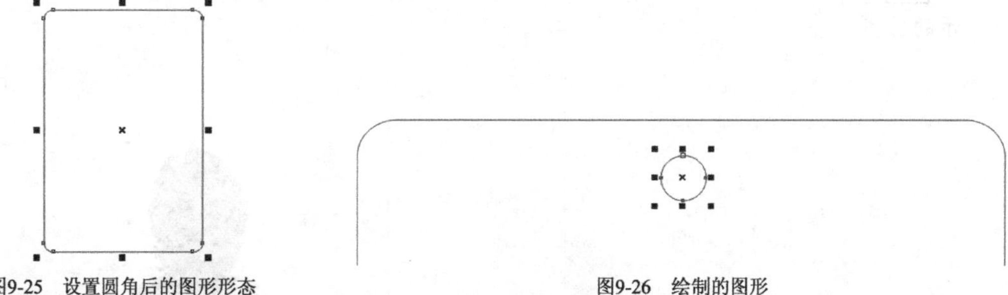

图9-25　设置圆角后的图形形态　　　　图9-26　绘制的图形

4. 单击属性栏中的按钮，用小圆形在大的圆角矩形上修剪一个小圆孔，如图 9-27 所示。

5. 打开上一节设计的“名片.cdr”文件，选择置入标志的矩形图形，单击下方的【编辑PowerClip】按钮，切换到内容编辑模式下。
6. 选择内容编辑模式下的图形，然后按 Ctrl+C 组合键，将其复制。
7. 切换到新建的图形文件中，按 Ctrl+V 组合键，将复制的标志粘贴到当前文件中，再利用【图框精确剪裁】命令，将其置入圆角矩形中，如图 9-28 所示。

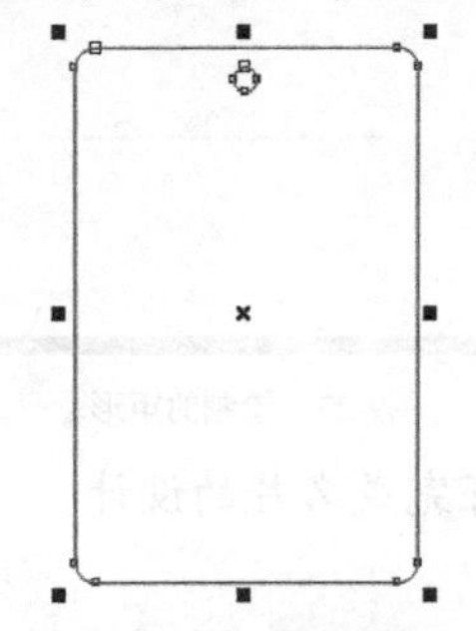

图9-27　修剪后的图形形态

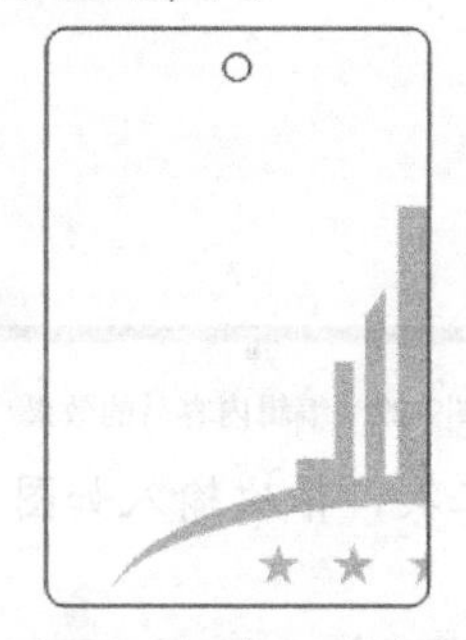

图9-28　置于容器后的标志

8. 利用工具绘制出图 9-29 所示的矩形，然后单击按钮，在弹出的下拉列表中选择【轮廓笔】工具，弹出【轮廓笔】对话框，设置轮廓颜色及样式如图 9-30 所示。

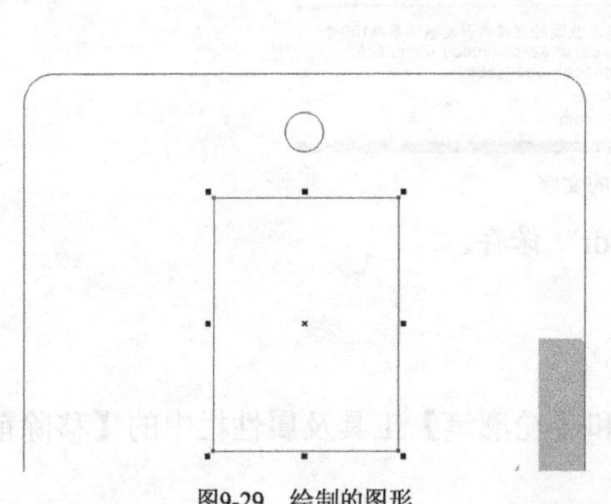

图9-29　绘制的图形

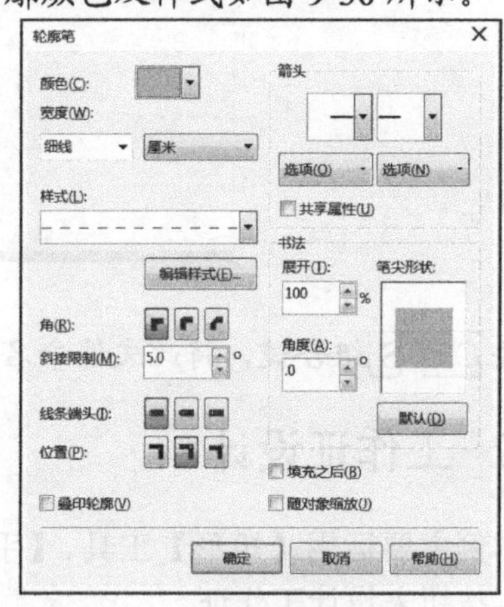

图9-30　【轮廓笔】对话框

9. 单击确定按钮，设置轮廓属性后的图形如图 9-31 所示。
10. 按 Ctrl+I 组合键，将附盘中“图库\第 09 章”目录下名为“人像.cdr”的图像导入到当前绘图窗口中。
11. 按 Ctrl+U 组合键将其群组取消，然后将女士头像调整至合适的大小后放置到图 9-32 所示的位置。

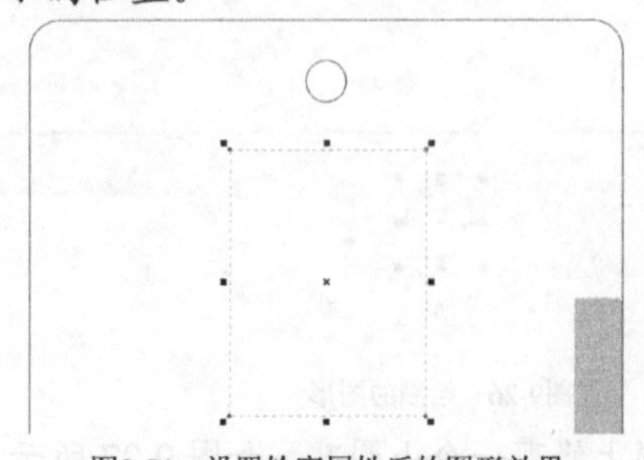

图9-31　设置轮廓属性后的图形效果

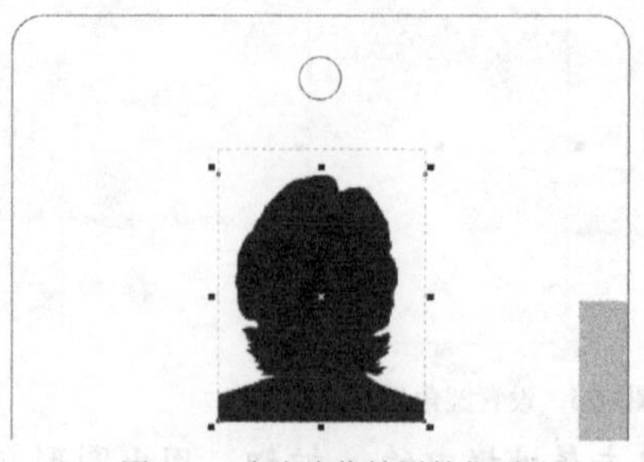

图9-32　女士头像放置的位置

12. 利用工具及移动复制操作，在人物下方绘制出图 9-33 所示的线形。
13. 利用字工具依次输入图 9-34 所示的黑色文字，即可完成工作证的正面设计。
14. 选择圆角图形及下方的企业名称文字，然后利用移动复制操作，将其向右移动复制一组。
15. 选择复制出的圆角图形，然后单击其下方的按钮，切换到编辑模式下，再将标志图形调整至图 9-35 所示的位置。

图9-33　复制的直线

图9-34　输入的文字

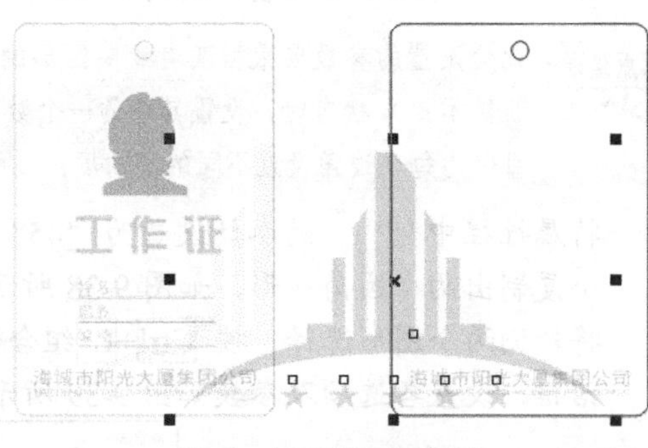

图9-35　图形调整后的位置

16. 单击按钮，完成图形的编辑操作。
17. 按 Ctrl+I 组合键，将设计的“标志.cdr”文件导入，调整大小后放置到图 9-36 所示的位置，即可完成工作证的背面设计。
18. 将工作证的正面和背面图形向下移动复制，然后将复制出的图形中的女士头像替换为男士头像，效果如图 9-37 所示。

图9-36　图形放置的位置

图9-37　设计完成的工作证

19. 至此，工作证设计完成，按 Ctrl+S 组合键，将此文件命名为“工作证.cdr”保存。

9.3 礼品设计

礼品是企业向顾客赠送的一种宣传品，以宣传商品、促进交易为目的，既服务于企业内部的人员，又可以在客户的心目中树立良好的企业形象。因此，赠送礼品是很多商家扩大产品影响的有效手段。本节将详细介绍企业礼品中的钥匙扣和文化伞的设计与制作方法。

9.3.1　钥匙扣设计

下面灵活运用【编辑填充】工具来制作金属钥匙扣图形。

【步骤解析】

1. 新建一个图形文件。
2. 选择工具，按住 Ctrl 键绘制正方形，然后将属性栏中 4.0 mm 4.0 mm 4.0 mm 4.0 mm 的参数都设置为“4”，将正方形调整为圆角矩形。

此处设置的参数要根据读者绘制图形的大小来设置。注意，当中间的【同时编辑所有角】按钮显示为状态时，设置其中的一个数值，其他 3 个数值也会随之改变。如显示为状态，可以为每个边角设置不同的圆滑度。

3. 将属性栏中 45.0 ° 的参数设置为“45° ”，然后用等比例缩小复制图形的方法，依次缩小复制出两个圆角矩形，如图 9-38 所示。
4. 将外侧两个图形选择，按 Ctrl+L 组合键结合，然后选取工具，弹出【渐变填充】对话框，设置各选项及参数如图 9-39 所示。

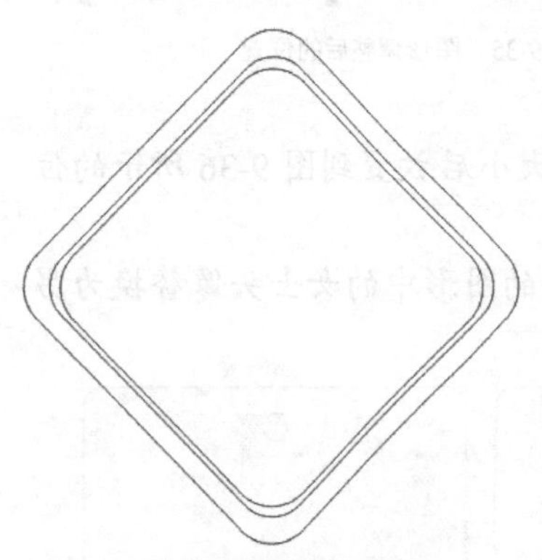

图9-38　依次缩小复制出的图形

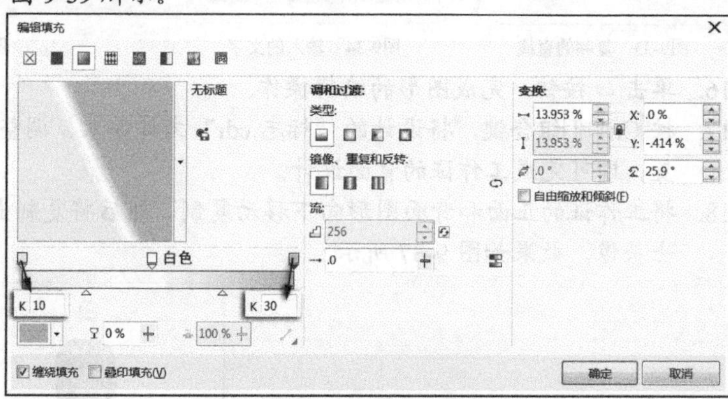

图9-39　设置的渐变颜色

5. 单击 确定 按钮，填充渐变色后的图形效果如图 9-40 所示。
6. 用与上面相同的方法，制作出图 9-41 所示的圆环图形，然后将其与外侧的结合图形同时选择，单击属性栏中的按钮将选择的两个图形合并，合并后的图形形态如图 9-42 所示。

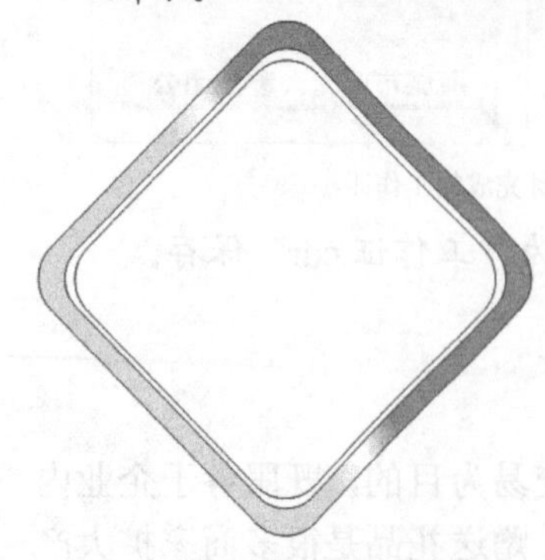

图9-40　填充渐变色后的图形效果

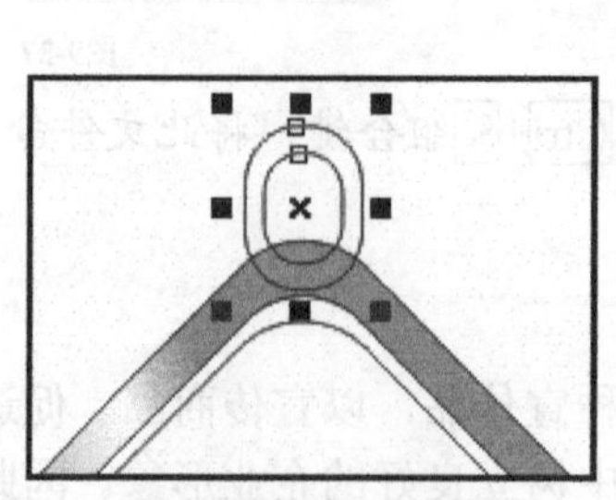

图9-41　绘制的圆环图形

图9-42　合并后的效果

7. 利用工具及缩小复制操作绘制一个圆环，然后为其填充渐变色，再利用工具在图

9-43 所示的位置绘制圆角矩形。

8. 将圆角矩形与圆环图形同时选择，单击属性栏中的【修剪】按钮进行修剪操作，然后将圆角矩形移动到图 9-44 所示的位置。
9. 将圆角矩形与圆环图形同时选择，单击属性栏中的【合并】按钮将其焊接，然后利用工具对焊接后的图形形态进行调整，调整后的图形形态如图 9-45 所示。

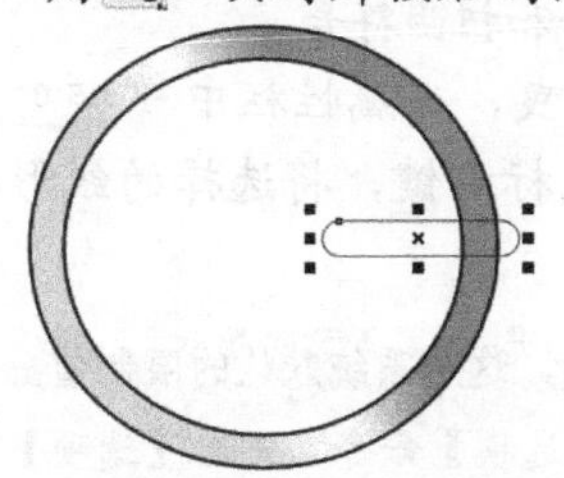
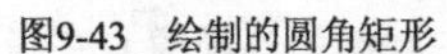
图9-43 绘制的圆角矩形

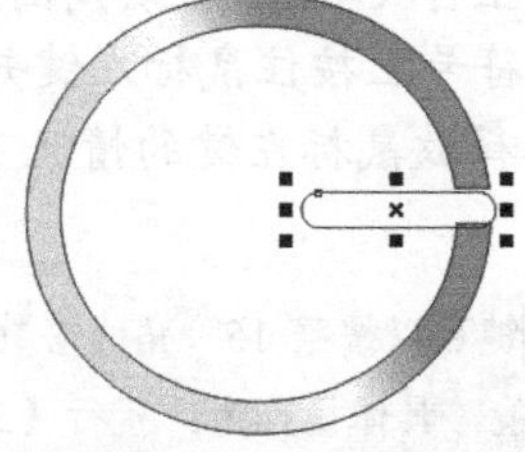
图9-44 图形调整后的位置

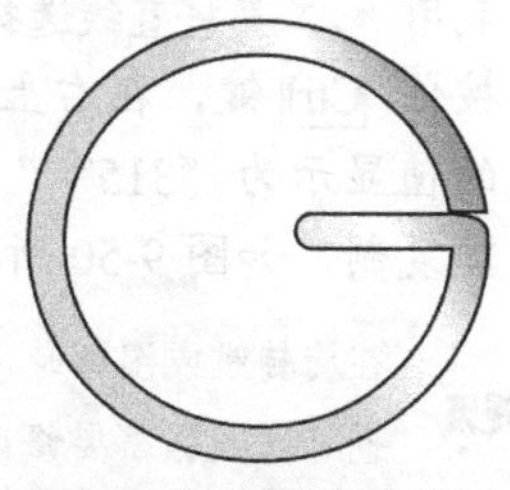
图9-45 调整后的图形形态

10. 用与以上相同的绘制方法及移动复制操作，制作出图 9-46 所示的金属链图形。
11. 按 Ctrl+I 组合键，将设计的“标志.cdr”文件导入，调整大小后放置到图 9-47 所示的位置，即可完成钥匙扣的制作。

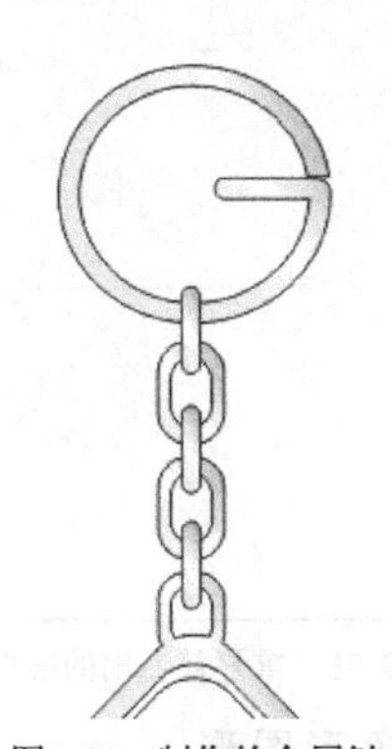
图9-46 制作的金属链

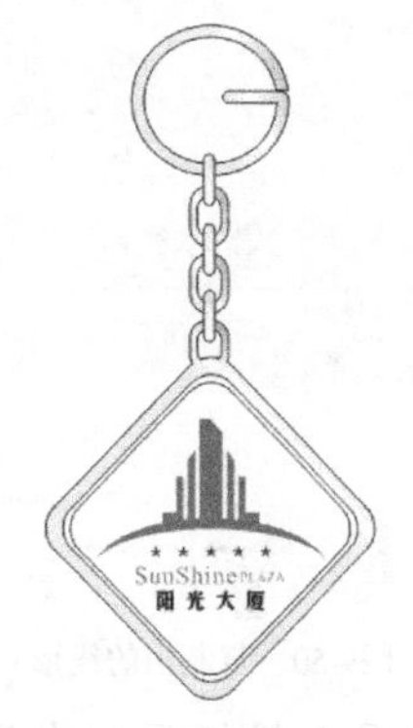

图9-47 标志组合放置的位置

12. 按 Ctrl+S 组合键，将此文件命名为“钥匙扣.cdr”保存。

9.3.2 文化伞设计

文化伞是企业 VI 系统中必不可少的设计内容，下面来学习文化伞的绘制方法。

【步骤解析】

1. 新建一个图形文件。
2. 选择工具，然后按住 Ctrl 键绘制一条直线。
3. 依次单击属性栏中的【起始箭头】按钮和【终止箭头】按钮，在弹出的【选择器】面板中分别选择图 9-48 所示的箭头。

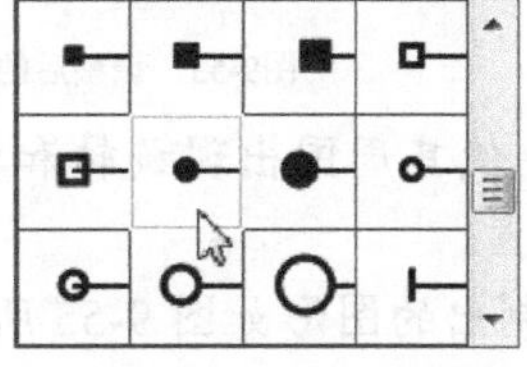
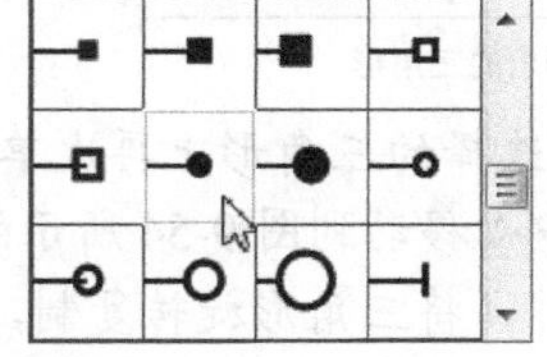
图9-48 选择的箭头

在直线两端添加圆点后的效果如图 9-49 所示。

图9-49　在直线两端添加圆点后的效果

4. 利用 工具将直线选择，并在其上再次单击，使其周围出现旋转和扭曲符号。
5. 按住 Ctrl 键，在右上角的旋转符号上按住鼠标左键并向下拖曳，当属性栏中 315.0 ° 的值显示为“315° ”时，在不释放鼠标左键的情况下单击鼠标右键，将选择的线形旋转复制，如图 9-50 所示。

在旋转线或图形时，按住 Ctrl 键可以按照 15° 角的倍数进行旋转，这是系统默认的限制值。也可以根据需要修改这一限制值，具体操作为：执行【工具】/【选项】命令，弹出【选项】对话框，在左侧窗口中依次选择【工作区】/【编辑】选项，然后在右侧的选项窗口中设置【限制角度】选项的参数即可。

6. 连续两次按 Ctrl+R 组合键，将线形重复复制，效果如图 9-51 所示。

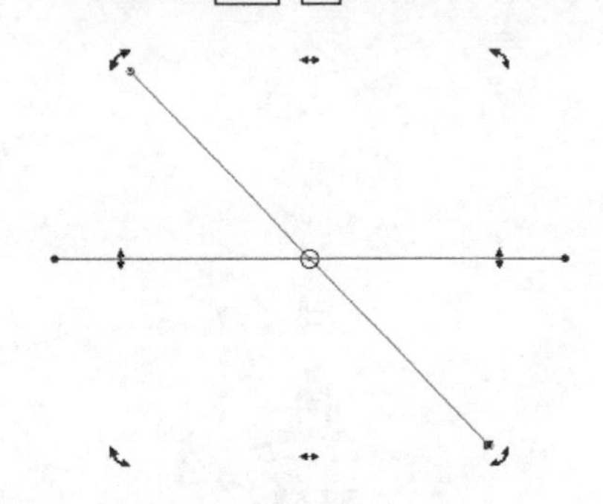

图9-50　复制出的线形

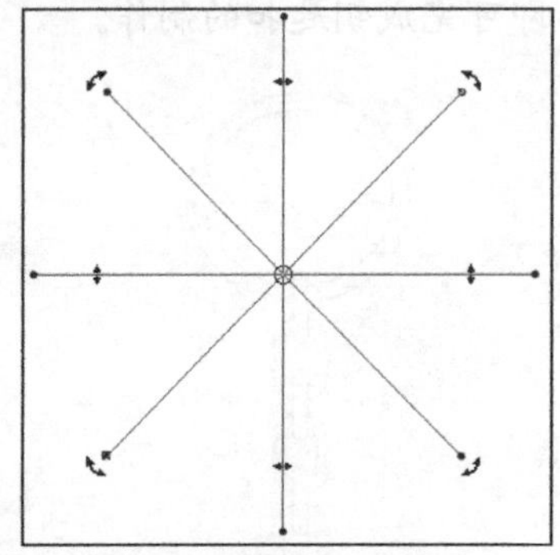

图9-51　重复复制出的线形

7. 选择 工具，根据复制出的线形绘制出图 9-52 所示的三角形图形。
8. 选择 工具，将三角形中的节点全部选择，然后单击属性栏中的 按钮，将图形中的线段转换为曲线段，并将其调整至图 9-53 所示的形态。

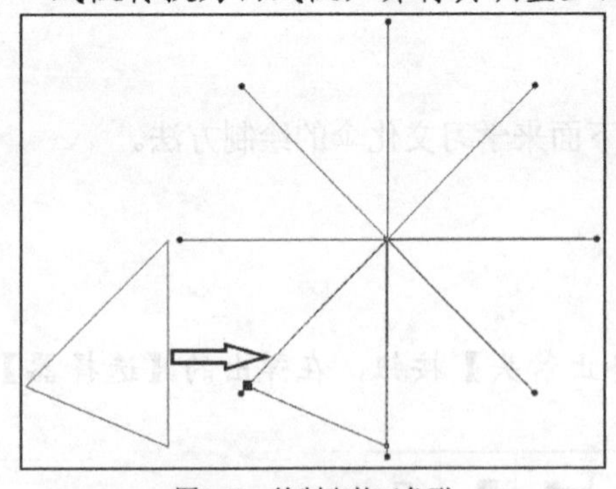

图9-52　绘制出的三角形

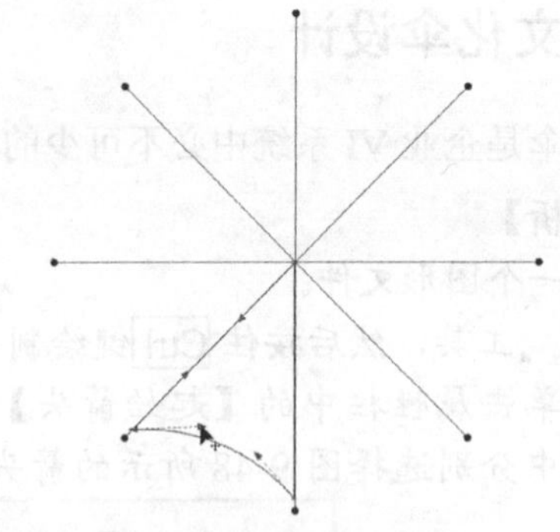

图9-53　调整后的图形形态

9. 利用 工具，在选择的三角形上再次单击，使其周围出现旋转和扭曲符号，然后按住 Ctrl 键，将旋转中心移动到图 9-54 所示的位置。
10. 利用旋转复制操作，将三角形旋转复制，复制出的图形如图 9-55 所示。

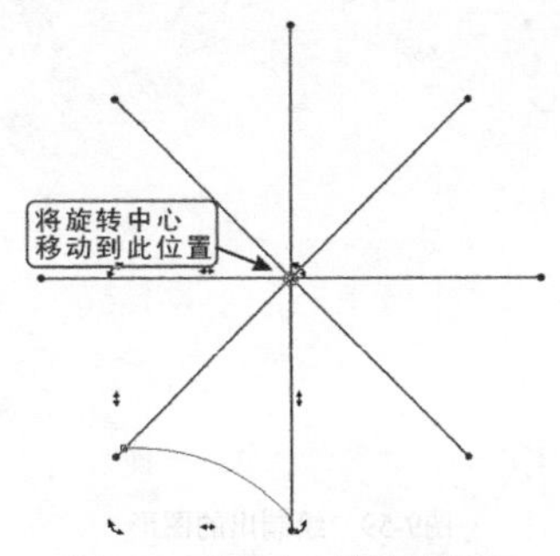

图9-54　旋转中心放置的位置

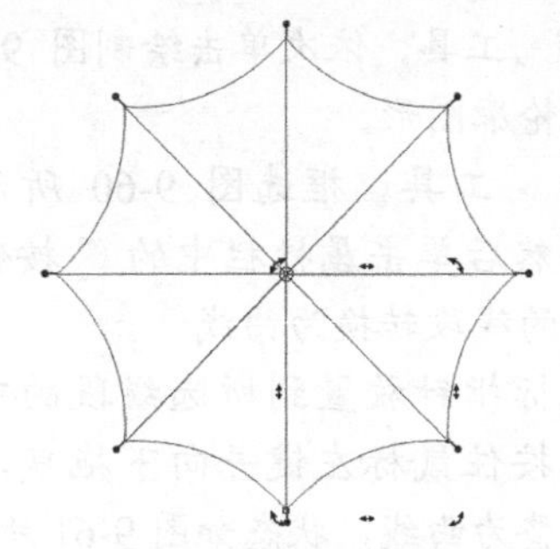
图9-55　重复复制出的图形

11. 选择工具，按住Shift键将第2个、第4个、第6个和第8个三角图形同时选择，然后为其填充绿色（C:100,Y:100），如图9-56所示。
12. 按Ctrl+I组合键，将"标志.cdr"文件导入，调整大小及角度后放置到图9-57所示的位置。
13. 用前面所学的旋转复制方法，将标志图形旋转复制3组，即可完成文件伞的绘制，最终效果如图9-58所示。

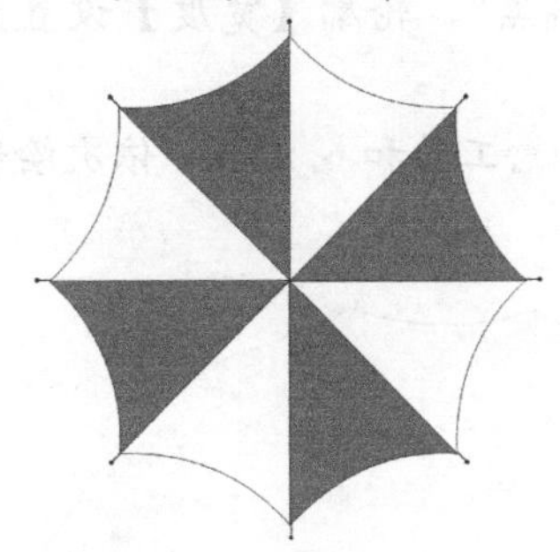
图9-56　填充颜色后的图形

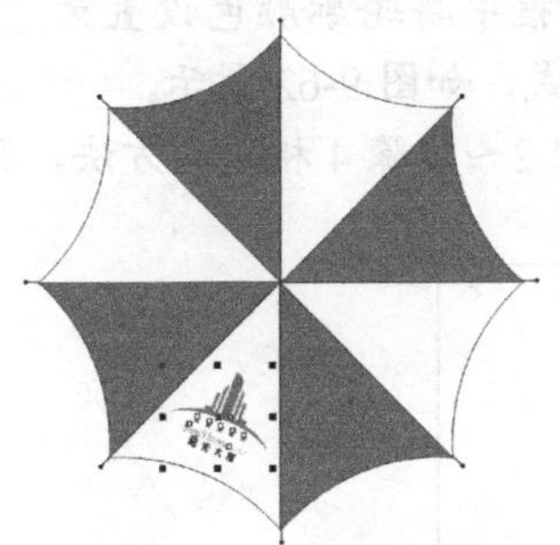
图9-57　标志放置的位置

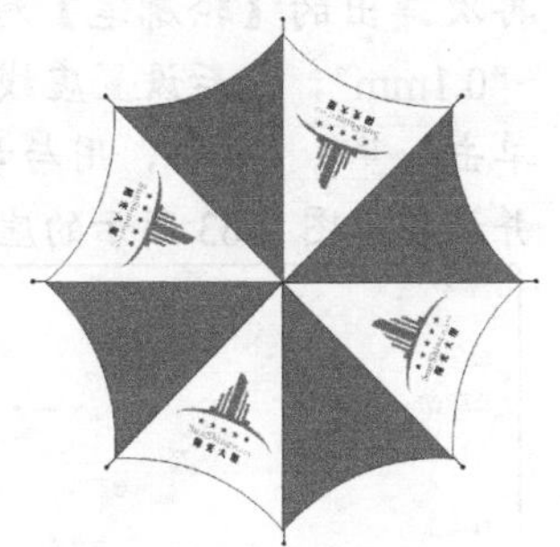
图9-58　旋转复制出的标志

14. 按Ctrl+S组合键，将此文件命名为"文化伞.cdr"保存。

9.4 企业服装设计

在CIS活动中，企业服装的视觉宣传作用是不可忽视的。企业服装对内有激发员工注意自己的整体形象，塑造本企业在CIS活动中统一的参与意识，对外则是宣传企业形象的重要工具。本节将设计两款企业夏服效果图。

9.4.1 企业夏装设计

下面灵活运用【贝塞尔】工具和【形状】工具来绘制企业夏季服装。

【步骤解析】

1. 新建一个图形文件，然后选择工具，在属性栏中设置 .176 mm 选项的参数为"0.176 mm"，在弹出的【轮廓笔】对话框中单击 确定 按钮，将轮廓笔的默认宽度设置为"0.176 mm"。

2. 利用工具，依次单击绘制图 9-59 所示的轮廓图形。
3. 选择工具，框选图 9-60 所示的节点，然后单击属性栏中的按钮，将选择的线段转换为曲线。
4. 将鼠标指针放置到所选线段的中间位置，按住鼠标左键并向下拖曳，将线段调整为曲线，状态如图 9-61 所示。

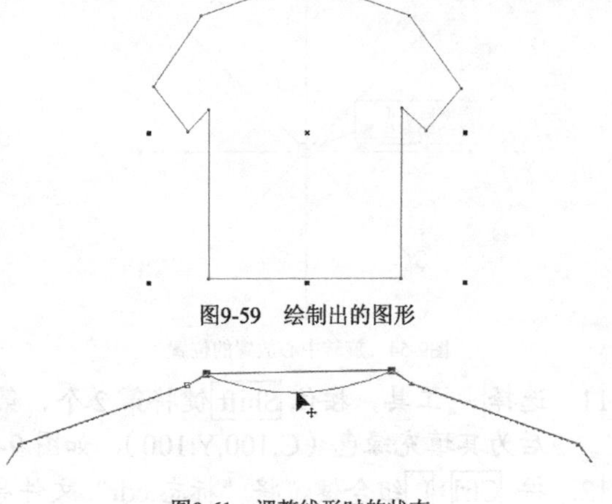

图9-59　绘制出的图形

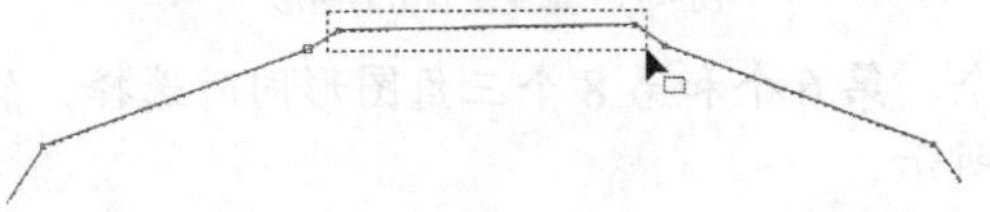

图9-60　框选的节点

图9-61　调整线形时的状态

5. 为调整后的图形填充白色，然后按 Esc 键，取消对图形的选择。
6. 选择【轮廓笔】工具，在弹出的【更改文档默认值】对话框中单击 确定 按钮，在再次弹出的【轮廓笔】对话框中将轮廓颜色设置为“40%黑”，轮廓【宽度】设置为“0.1mm”，然后设置虚线样式，如图 9-62 所示。
7. 单击 确定 按钮，用与步骤 2～步骤 4 相同的方法，利用工具和工具，依次绘制并调整出图 9-63 所示的虚线。

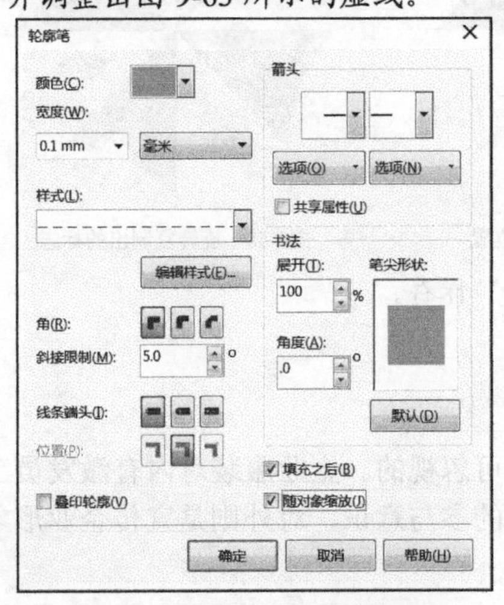

图9-62　【轮廓笔】对话框参数设置

图9-63　绘制并调整出的虚线

8. 按 Ctrl+I 组合键，将“标志.cdr”文件导入，然后按 Ctrl+U 组合键取消群组，重新调整标志图形与文字的组合，使文字位于图形的右侧，
9. 选择调整后的标志组合，按 Ctrl+G 组合键进行群组，然后调整大小后放置到图 9-64 所示的位置，即可完成衣服的设计。
10. 将绘制的衣服图形全部选择并向右移动复制，然后对衣领处的线形进行调整，绘制出衣服的背面图形。
11. 再次将“标志.cdr”文件导入，调整大小后放置到图 9-65 所示的位置。

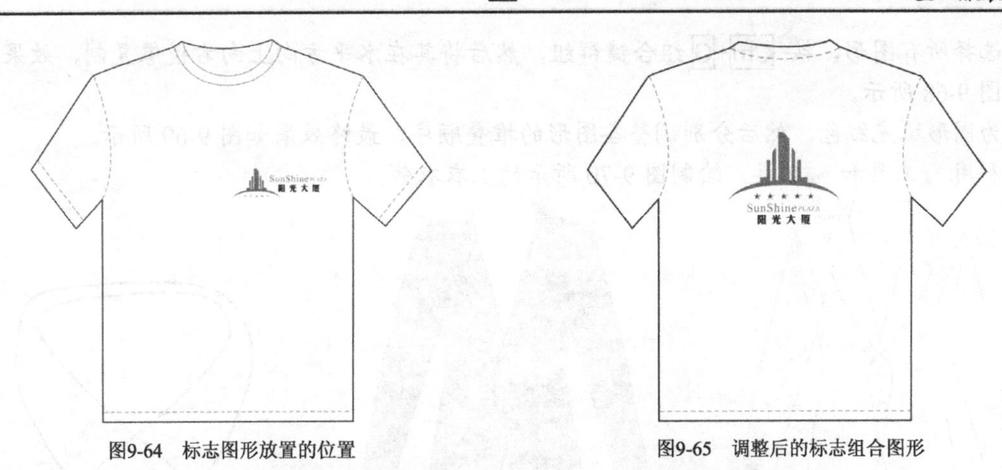

图9-64　标志图形放置的位置　　　　图9-65　调整后的标志组合图形

12. 用相同的绘制方法，绘制出另一款夏装图形，效果如图 9-66 所示。

图9-66　绘制的另一款服装效果图

13. 按Ctrl+S组合键，将此文件命名为“服装设计 01.cdr”保存。

9.4.2 女员工制服设计

下面灵活运用【贝塞尔】工具和【形状】工具来绘制女员工制服效果。

【步骤解析】

1. 新建一个图形文件。
2. 利用工具和工具，依次绘制出制服上衣的基本图形，示意图如图 9-67 所示。

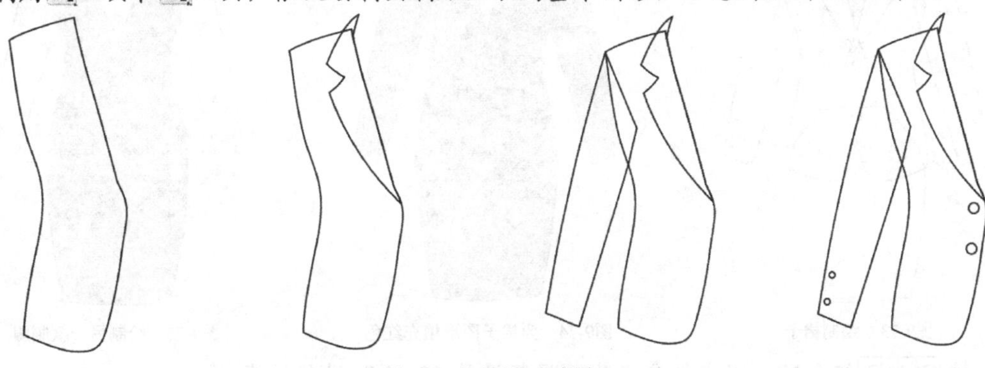

图9-67　绘制上衣示意图

3. 选择所有图形，按 Ctrl+G 组合键群组，然后将其在水平方向上向右镜像复制，效果如图 9-68 所示。
4. 为图形填充红色，然后分别调整各图形的堆叠顺序，最终效果如图 9-69 所示。
5. 利用工具和工具，绘制图 9-70 所示的上衣衣领。

图9-68　镜像并复制出的图形

图9-69　外套形态

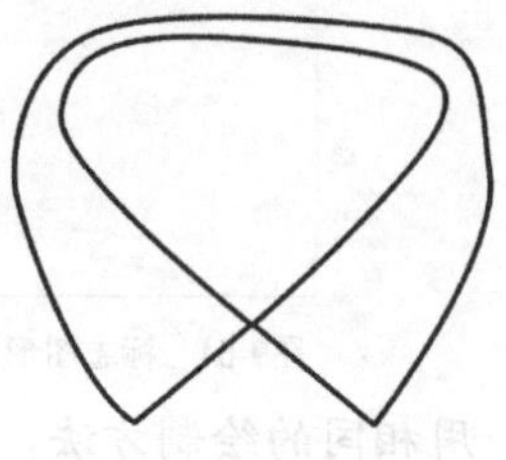

图9-70　绘制衣领

6. 调整衣领的位置与大小，如图 9-71 所示。
7. 继续绘制领结等其他细节部分，如图 9-72 所示。

图9-71　调整领口位置与大小

图9-72　绘制其他细节部分

8. 绘制制服的裙子，如图 9-73 所示，然后按 Shift+PageDown 组合键，将其调整到所有图形的最下方，并填充红色，效果如图 9-74 所示。
9. 以相同的方式绘制出另一款制服，效果如图 9-75 所示。

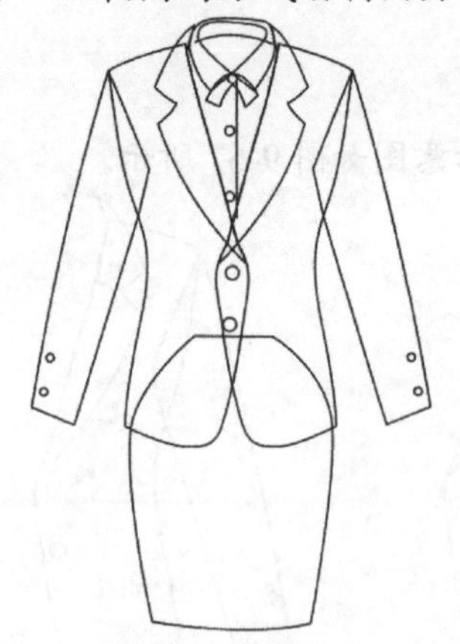

图9-73　绘制裙子

图9-74　为裙子图形填充红色

图9-75　绘制另一款制服

10. 按 Ctrl+S 组合键，将文件命名为“服装设计 02.cdr”进行保存。

9.5 企业标牌设计

企业标牌是指引性和标识性的企业符号，一般安置在企业的大门旁、路口、店面或展示厅的门前等地方，因而是第一个能使大众接触到的企业形象。本节将详细介绍企业标牌中的指示牌和导向牌的设计与制作方法。

9.5.1 指示牌设计

下面主要利用【矩形】工具、【编辑填充】工具和【插入字符】命令，来制作指示牌。

【步骤解析】

1. 新建一个横向的图形文件，然后利用工具依次绘制出图 9-76 所示的矩形。
2. 将绘制的两个矩形同时选中，然后选择工具，在弹出的【编辑填充】对话框中设置渐变颜色，如图 9-77 所示。
3. 单击 确定 按钮，为选择的图形填充设置的渐变色，然后去除图形的外轮廓线，效果如图 9-78 所示。

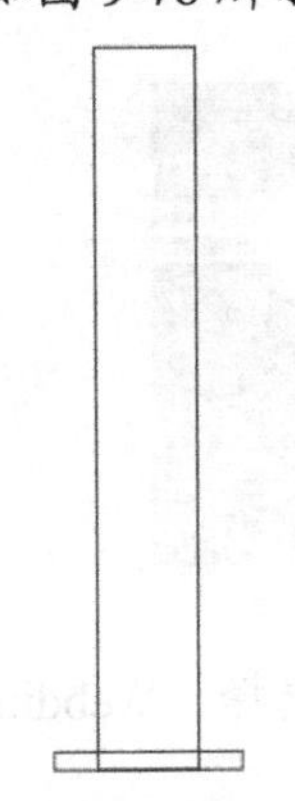

图9-76　绘制的矩形

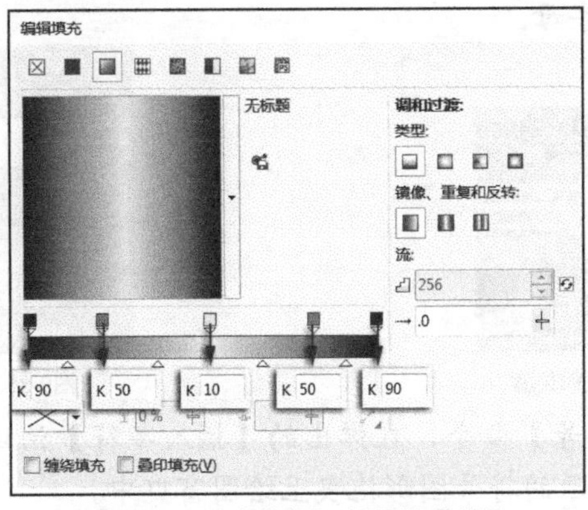

图9-77　【渐变填充】对话框参数设置

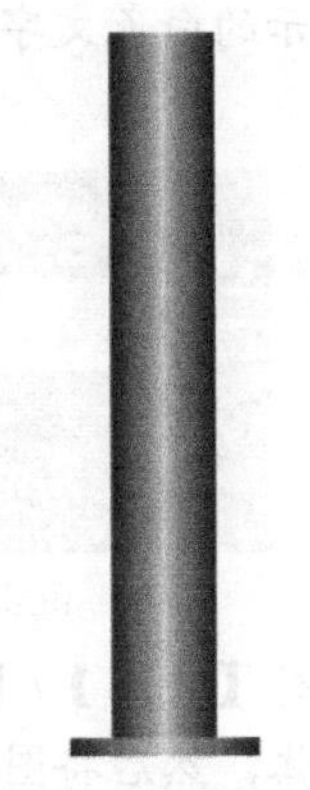

图9-78　填充渐变色后的效果

4. 继续利用工具，绘制出图 9-79 所示的天蓝色（C:100,M:20）、无轮廓的矩形，然后在矩形的上方位置绘制出图 9-80 所示的填充色为桃黄色（M:60,Y:100），轮廓为白色的正方形。
5. 再利用工具及移动复制操作，依次绘制并复制出图 9-81 所示的白色、无外轮廓的矩形。

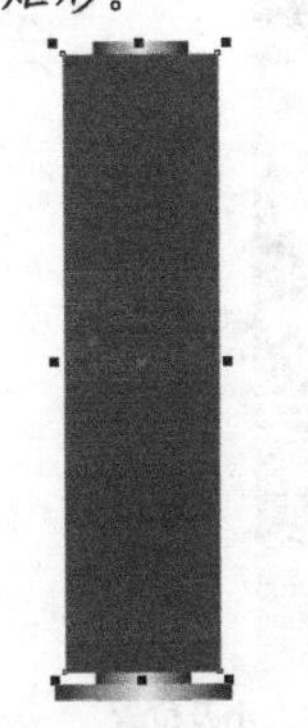

图9-79　绘制的矩形

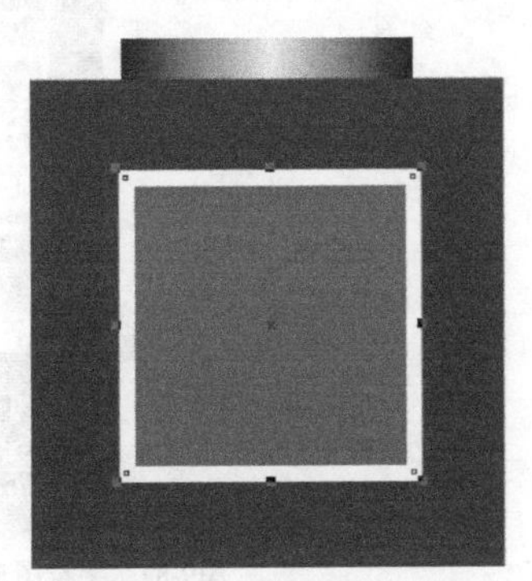

图9-80　绘制的正方形图形

图9-81　绘制的矩形

6. 将 3 条线形上面的矩形选中，然后选择工具，将鼠标指针移动到右上角的选择控制点上按下并向左拖曳，可将矩形图形快速调整为圆角矩形，形态如图 9-82 所示。

将直角矩形调整为圆角矩形的方法，除了利用属性栏的【圆角半径】选项外，还可利用工具。在实际工作过程中，如矩形的圆角没有具体的数值要求，可利用此方法来快速调整。

7. 将调整后的图形复制，并将复制的图形缩小调整至图 9-83 所示的大小。

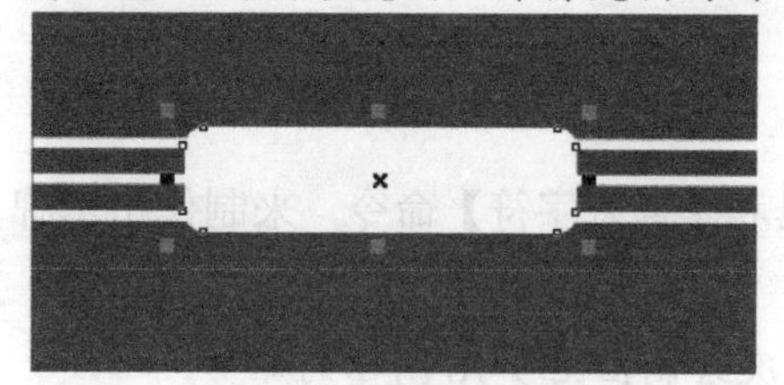

图9-82　调整后的图形形态

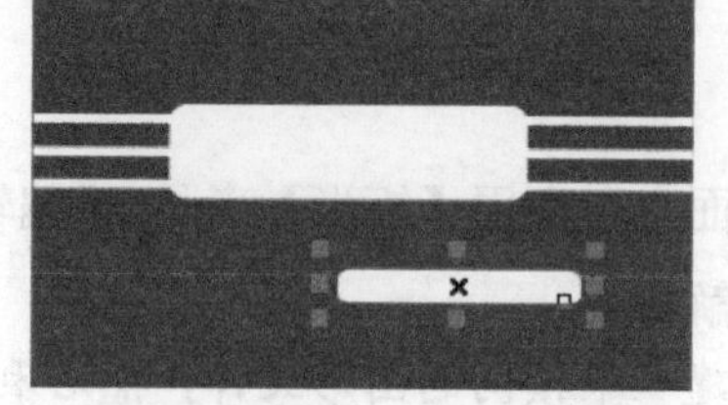

图9-83　复制图形缩小后的形态

8. 将属性栏中 45.0 ° 选项的参数设置为“45”，并将旋转后的图形调整至图 9-84 所示的位置。

9. 将旋转后的图形在垂直方向上向上镜像复制，然后利用工具，在其下方输入图 9-85 所示的白色文字及拼音字母。

图9-84　图形旋转后放置的位置

图9-85　输入的文字

10. 执行【文本】/【插入符号】命令，在弹出的【插入字符】泊坞窗中选择“Webdings”字体，然后将图 9-86 所示的符号图形拖曳至绘图窗口中。

在弹出的【插入字符】泊坞窗中，要先选择【字体】选项才能选择需要的字符。

11. 为插入的符号图形填充白色并去除外轮廓，然后缩小至合适的大小后移动到图 9-87 所示的位置。

图9-86　【插入字符】面板

图9-87　字符图形调整后的大小及位置

12. 按Ctrl+I组合键，将“标志.cdr”文件导入，然后将其颜色修改为白色，调整大小后放置到图9-88所示的位置。
13. 至此，会所指示牌就设计完成了，用与绘制会所指示牌相同的方法，依次绘制出餐厅和停车场的指示牌，如图9-89所示。

图9-88 设计完成的会所指示牌

图9-89 设计完成的指示牌

14. 按Ctrl+S组合键，将此文件命名为“指示牌.cdr”保存。

9.5.2 导向牌设计

利用【贝塞尔】工具、【形状】工具、【矩形】工具、【箭头形状】工具及各种复制图形的操作方法和【添加透视】命令，设计制作立体导向牌。

【步骤解析】

1. 新建一个图形文件。
2. 利用工具依次绘制出导向牌的底座图形，如图9-90所示。

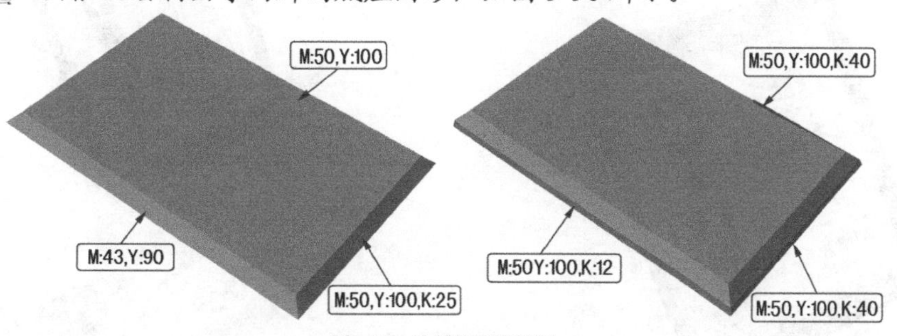

图9-90 绘制的底座图形

3. 继续利用工具在底座图形上依次绘制出图9-91所示的图形。
4. 仍利用工具在底座图形上绘制出图9-92所示的图形，作为指示牌的投影，颜色为黄灰色（M:50,Y:100,K:20）。

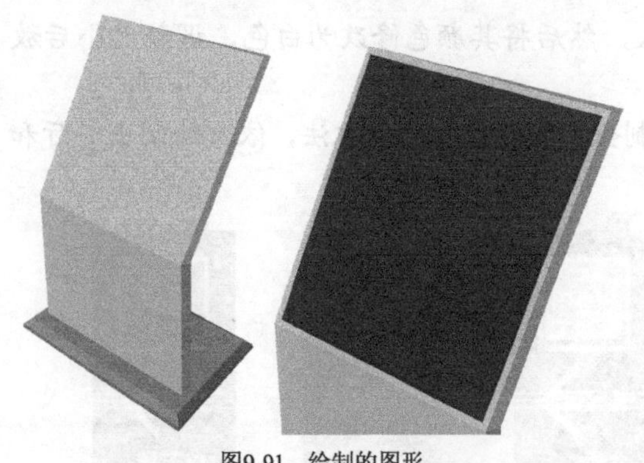

图9-91　绘制的图形

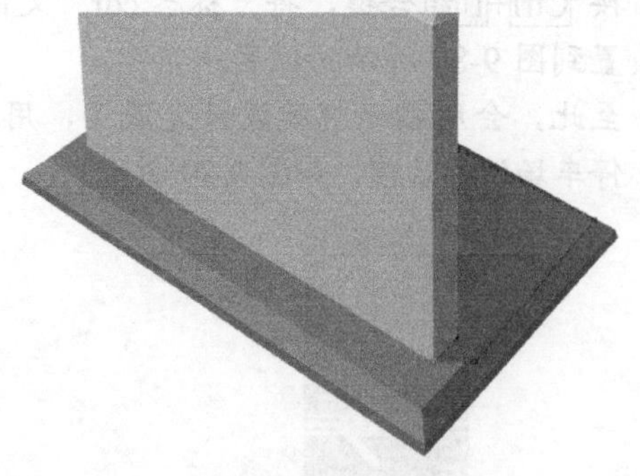

图9-92　绘制的阴影

5. 利用□工具及复制图形的方法，依次绘制并复制出图 9-93 所示的矩形。
6. 利用和字工具依次绘制并输入图 9-94 所示的直线和文字。
7. 利用工具及复制和旋转操作，依次绘制出图 9-95 所示的箭头图形。

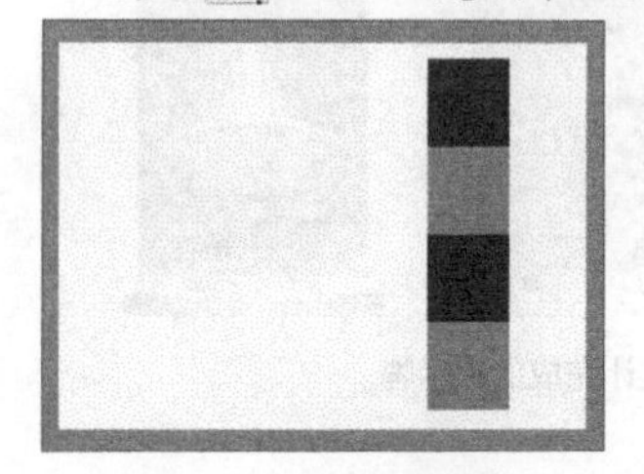

图9-93　绘制的矩形图形

图9-94　绘制的线形及输入的文字

图9-95　绘制的箭头图形

8. 将步骤 7 中的图形及文字全部选择，利用【效果】/【添加透视】命令将其调整至图 9-96 所示的形态。
9. 按 Ctrl+I 组合键，将“标志.cdr”文件导入，然后将其调整至图 9-97 所示的透视形态，即可完成导向牌的制作。

图9-96　标志组合放置的位置

图9-97　透视变形后的形态

10. 按 Ctrl+S 组合键，将此文件命名为“导向牌.cdr”保存。

9.6 课堂实训——设计报纸广告

本节我们来设计阳光酒店的报纸广告，在设计之前，先在第 9.1 节设计标志的基础上改进标志，然后设计贵宾卡并制作报纸广告

9.6.1 制作贵宾卡

下面首先来设计酒店标志，然后制作贵宾卡图形。

【步骤解析】

1. 新建一个图形文件。
2. 利用□和▸工具绘制图形，然后将图形全部选择并单击属性栏中的□按钮进行结合，制作出图 9-98 所示的酒绿色（C:40,Y:100）无外轮廓图形。
3. 利用○工具绘制出图 9-99 所示的圆形图形，注意图形的大小及位置。

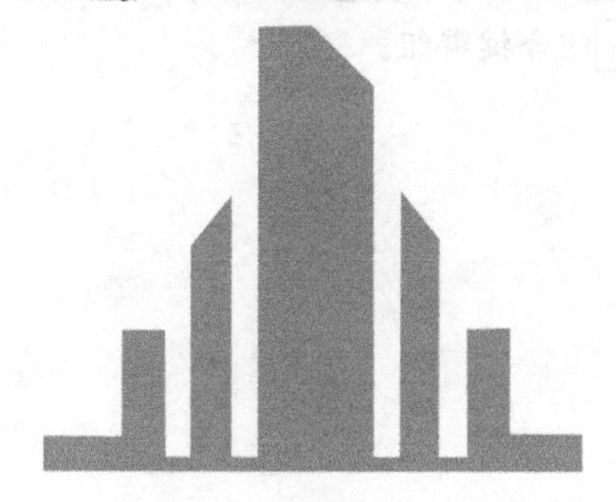

图9-98　合并后的图形形态

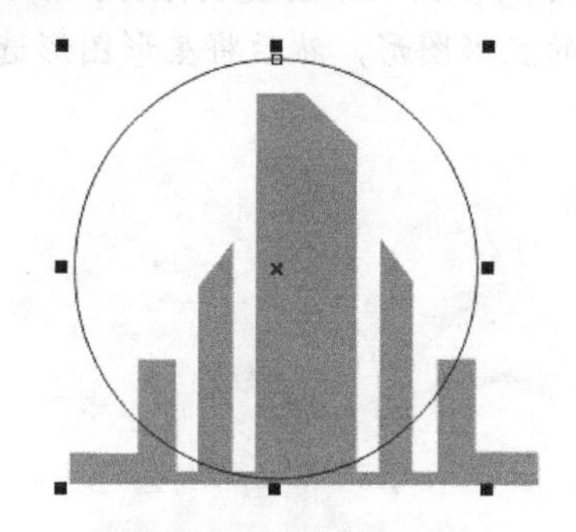

图9-99　绘制的圆形图形

4. 利用▸和▸工具绘制深黄色（M:20,Y:100）的无外轮廓图形，然后将其调整至图 9-100 所示的位置。
5. 选择圆形图形，根据圆形图形的中心点添加图 9-101 所示的辅助线。

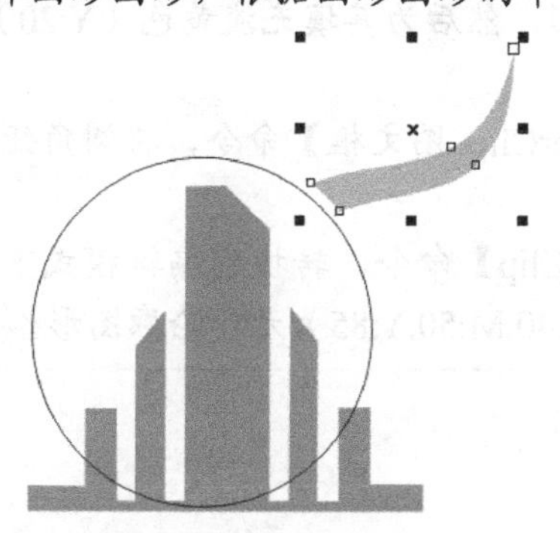

图9-100　绘制的图形

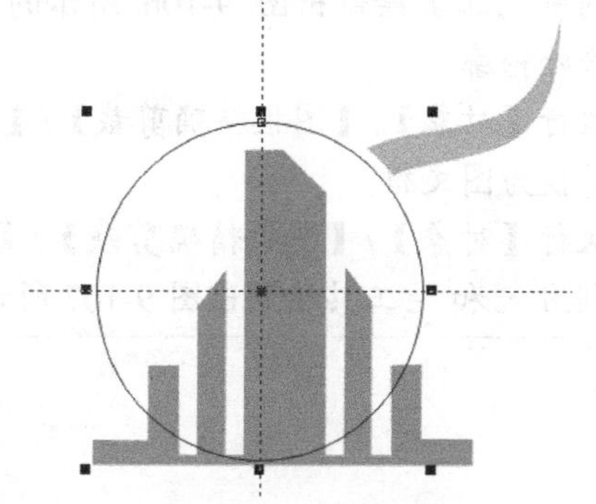

图9-101　添加的辅助线

6. 选择黄色图形，并在其上再次单击，然后将显示的旋转中心调整至图 9-102 所示的辅助线交点位置。
7. 将鼠标指针放置到黄色图形右上角的旋转符号上按下并向左上方拖曳，至合适位置后在不释放鼠标左键的情况下单击鼠标右键，旋转复制图形。
8. 依次按 Ctrl+R 组合键，将图形重复旋转复制，效果如图 9-103 所示。

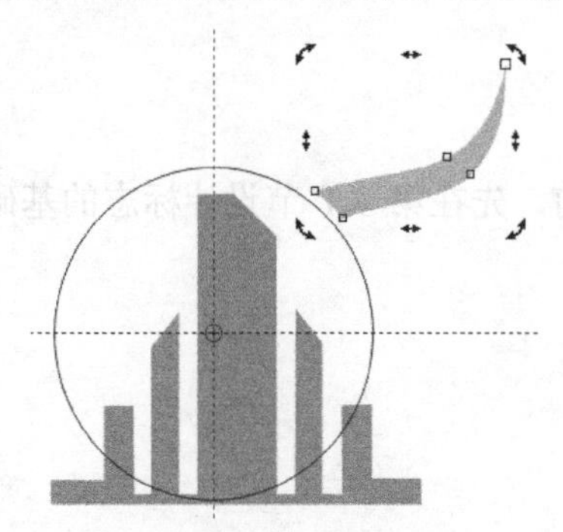

图9-102　旋转中心调整后的位置

图9-103　旋转复制出的图形

9. 选择圆形图形，单击属性栏中的按钮，将圆形修改为弧线，然后设置属性栏中的参数为 40.0 215.0 °。
10. 将弧线的颜色设置为酒绿色（C:40,Y:100），然后设置图9-104所示的轮廓宽度。
11. 利用工具及移动复制操作，依次绘制出图9-105所示的深黄色（M:20,Y:100）无外轮廓的星形图形，然后将星形图形选择并按Ctrl+G组合键群组。

图9-104　设置后的弧线效果

图9-105　复制出的星形图形

12. 至此，标志设计完成，按Ctrl+S组合键，将此文件命名为“酒店标志.cdr”保存。
    接下来，制作贵宾卡效果。
13. 利用工具绘制出图9-106所示的圆角矩形图形，然后为其填充淡黄色（Y:20），并去除外轮廓。
14. 执行【对象】/【图框精确剪裁】/【创建空PowerClip图文框】命令，将圆角矩形图形转换为图文框。
15. 执行【对象】/【图框精确剪裁】/【编辑PowerClip】命令，转换到编辑模式下，然后利用和工具绘制出图9-107所示的褐色（C:40,M:50,Y:85）无外轮廓图形。

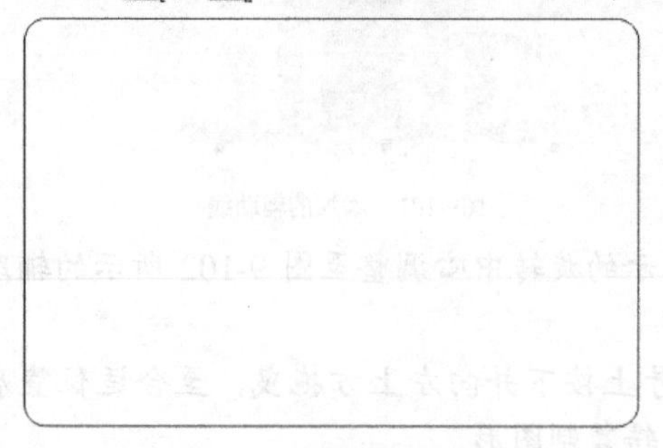

图9-106　绘制的圆角矩形

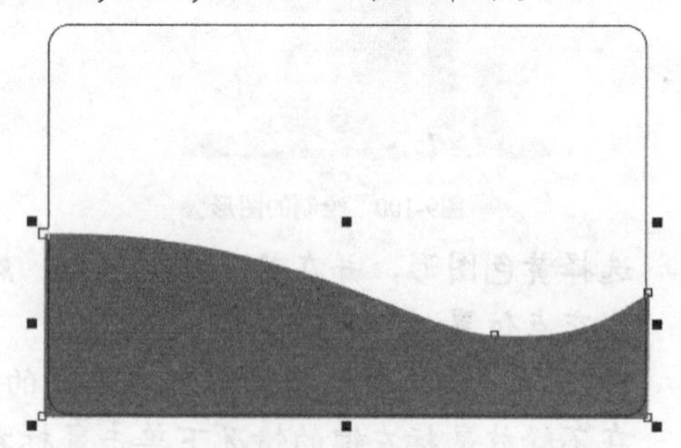

图9-107　绘制的图形

16. 单击按钮，完成内容编辑操作，然后执行【对象】/【顺序】/【到图层后面】命令，将圆角矩形图形调整至标志图形的后面。
17. 将标志图形全部选择并群组，然后调整至合适的大小后放置到图 9-108 所示的位置。
18. 利用□和字工具绘制长条矩形，并输入图 9-109 所示的字母，填充颜色都为褐色（C:40,M:50,Y:85）。

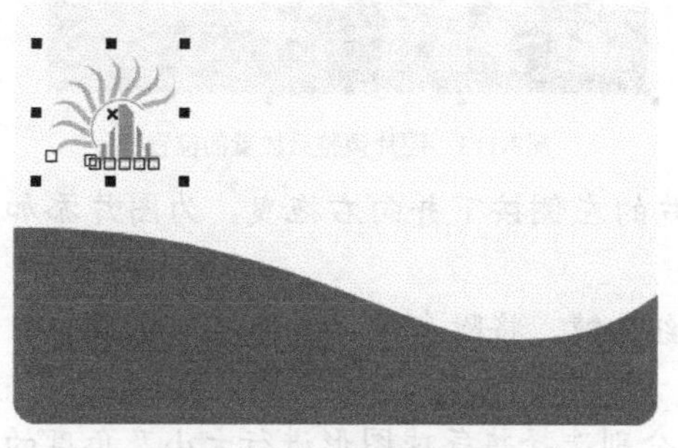
图9-108 标志图形放置的位置

图9-109 绘制的图形及输入的字母

19. 继续利用字工具，依次输入图 9-110 所示的文字。
20. 选择工具，按住 Ctrl 键单击标志群组中的星形图形将其选择，然后利用移动复制操作将其复制一组，调整大小后放置到酒店名称的下方。
21. 利用○工具，在“贵宾卡”文字下方的中间位置绘制出图 9-111 所示的小圆形图形。

图9-110 输入的文字

图9-111 制作的贵宾卡效果

22. 执行【文件】/【另存为】命令，将此文件另命名为“贵宾卡.cdr”保存。

9.6.2 设计报纸广告

下面来设计整体的报纸广告。

【步骤解析】

1. 新建一个图形文件。
2. 绘制矩形图形，利用【对象】/【图框精确剪裁】/【创建空 PowerClip 图文框】命令将其转换为图文框。
3. 单击按钮进入编辑模式，然后按 Ctrl+I 组合键，将附盘中“图库\第 09 章”目录下名为“蓝天背景.jpg”的图片导入，调整大小后放置到图 9-112 所示的位置。
4. 再次按 Ctrl+I 组合键，将附盘中“图库\第 09 章”目录下名为“酒店.psd”的图片导入，调整大小后放置到图 9-113 所示的位置。

图9-112　矩形图形形态及调整的图片位置

图9-113　图片调整后放置的位置

5. 选择工具，将鼠标指针移动到“酒店”图片的左侧按下并向右拖曳，为图片添加图 9-114 所示的透明效果。
6. 单击按钮完成内容的编辑，然后按 Ctrl+I 组合键，将附盘中“图库\第 09 章”目录下名为“热气球.psd”的图片导入。
7. 按 Ctrl+U 组合键，将图形的群组取消，然后分别选择热气球图形进行大小及角度的调整，最终效果如图 9-115 所示。

图9-114　添加的透明效果

图9-115　图片调整后的形态

8. 打开上一节保存的“贵宾卡.cdr”文件，双击工具将图形全部选择，然后按 Ctrl+C 组合键复制图形。
9. 切换到新建的图形文件中，按 Ctrl+V 组合键将复制的贵宾卡图形粘贴至当前页面中，然后按 Ctrl+G 组合键将其群组。
10. 调整贵宾卡图形的大小及角度，然后依次复制两个，分别调整其大小和角度后放置到图 9-116 所示的位置。
11. 利用工具，在每张贵宾卡的下方输入图 9-117 所示的数字。

图9-116　贵宾卡图形调整后的大小及位置

图9-117　输入的数字

12. 用与以上复制图形的相同方法，将“贵宾卡”中的标志及右上角的酒店名称复制到当前页面中，然后利用□工具分别为其添加图 9-118 所示的阴影效果。

图9-118　添加的阴影效果

13. 灵活运用字工具依次输入图 9-119 所示的报纸广告文字。
14. 继续利用字工具在画面的右下角输入白色的“世纪阳光集团大酒店拥有此活动最终解释权”文字，即可完成报纸广告的设计，如图 9-120 所示。

图9-119　输入的文字　　图9-120　制作的报纸广告效果

15. 按Ctrl+S组合键，将此文件命名为“报纸广告.cdr”保存。

9.7 综合案例——网站主页设计

本节综合运用基本绘图工具、各种效果工具、【文本】工具、【导入】命令和【图框精确剪裁】命令，设计“世纪阳光大酒店”的网站主页。

9.7.1 制作导航条

首先来制作网站主页上面的导航条。

【步骤解析】

1. 新建一个图形文件。
2. 利用□工具绘制矩形图形，然后为其自上向下填充由青色（C:100）到浅蓝色（C:10）的线性渐变色，并去除外轮廓。
3. 按Ctrl+O组合键，将第 9.6 节中设计的“报纸广告.cdr”文件打开。
4. 利用工具将右上方的标志组合选择并复制，然后切换到新建的文件中，粘贴复制的标志图形，调整大小后放置到画面的左上角位置。
5. 继续利用□工具绘制出图 9-121 所示的淡蓝色（C:40），无外轮廓的矩形图形。

6. 按住 Shift 键，将鼠标指针放置到选择图形上方中间的控制点上按住鼠标左键并向下拖曳至图 9-122 所示的状态时，在不释放鼠标左键的情况下单击鼠标右键，缩小并复制一个矩形图形。

图9-121　绘制的矩形图形

图9-122　缩小复制图形形态

7. 将复制出图形的颜色修改为蓝色（C:100,M:20），然后利用字工具在其上方依次输入图 9-123 所示的白色文字。

首页 | 酒店简介 | 客房介绍 | 餐饮服务 | 娱乐休闲 | 在线留言 | 联系我们

图9-123　输入的文字

要点提示 图 9-123 所示两组文字相邻之间的竖线也是利用字工具输入上去的，即按住 Shift 键单击键盘中的\键即可。

8. 按 Ctrl+I 组合键，将附盘中“图库\第 09 章”目录下名为“花草.psd”的图片导入，按 Ctrl+U 组合键，取消图形的群组，然后分别选择图形将其调整大小后放置到图 9-124 所示的位置。

注意，剩余的图形可放在页面的空白处，以便在下面的操作过程中调用。

9. 选择“小花”图形，将其依次向左复制两组，效果如图 9-125 所示。

图9-124　各图片调整后的大小及位置

图9-125　复制出的图形

10. 将复制出的小花图形全部选择，按键盘数字区中的+键再次进行复制，然后单击属性栏中的按钮，将复制出的花形在水平方向上镜像，得到图 9-126 所示的花效果。

图9-126　复制出的花图形

11. 利用字工具在花图形上方依次输入图 9-127 所示的黑色文字。

12. 利用○工具根据输入文字的范围绘制出图 9-128 所示的椭圆形。

图9-127　输入的文字

图9-128　绘制的椭圆形

13. 为椭圆形图形填充黑色，然后利用工具为其添加阴影效果，并将阴影颜色设置为白色，再设置属性栏中的其他选项参数如图 9-129 所示。

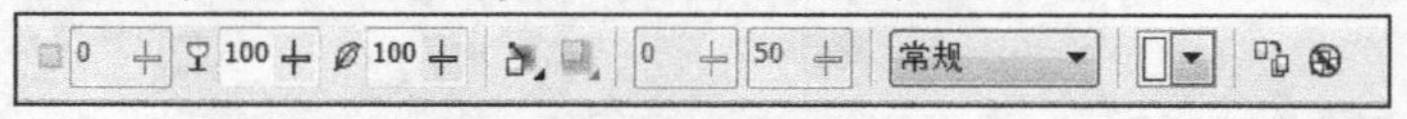

图9-129 设置的属性参数

14. 按 Ctrl+K 组合键，将添加的阴影与黑色椭圆形拆分，然后利用工具选择黑色图形并按 Delete 键删除，得到的阴影效果如图 9-130 所示。
15. 执行【排列】/【顺序】/【置于此对象前】命令，然后将鼠标指针放置到步骤 2 中绘制的矩形图形上单击，将阴影效果调整至文字的下方。
16. 调整阴影图形的大小，使其发光区域布满输入文字的范围，如图 9-131 所示。

图9-130 得到的阴影效果

图9-131 调整后的效果

17. 至此，导航条绘制完成，按 Ctrl+S 组合键，将此文件命名为“酒店网站.cdr”保存。

9.7.2 制作网站主页内容

接下来制作网站主页中的内容。

【步骤解析】

1. 接上例。按 Ctrl+O 组合键，将第 9.6 节中设计的“报纸广告.cdr”文件打开。如之前打开的没有关闭，此步操作可将该文件设置为工作状态。
2. 利用工具选择最下方的矩形图形，然后将其复制并粘贴至“酒店网站”文件。
3. 利用工具，将矩形图形调整为圆角矩形，然后为其添加白色的外轮廓。
4. 单击属性栏中的按钮，将矩形图形转换为曲线，然后利用工具将其调整至图 9-132 所示的形态。

图9-132 调整后的图形形态

在调整图形的大小时，千万不能直接利用工具进行垂直压缩。要利用工具分别选择圆角矩形上方的节点向下调整，然后选择下方的节点向上调整，这样才能确保中间的图像不发生变形，希望读者注意。

5. 切换到“报纸广告.cdr”文件，然后依次将热气球、贵宾卡和主要文字复制到“酒店网站”文件中，各图形及文字调整后的大小及位置如图 9-133 所示。

图9-133　复制的图形及文字

6. 利用工具在主图像的下方依次绘制出图 9-134 所示的圆角矩形图形。
7. 将上面导入“花草.psd”文件时剩下的向日葵图形选择，然后将其置入左侧的圆角矩形中，效果如图 9-135 所示。

图9-134　绘制的圆角矩形图形

图9-135　置入的图片

8. 利用、、和工具，在两个圆角矩形图形中依次输入文字并绘制图形，效果如图 9-136 所示。

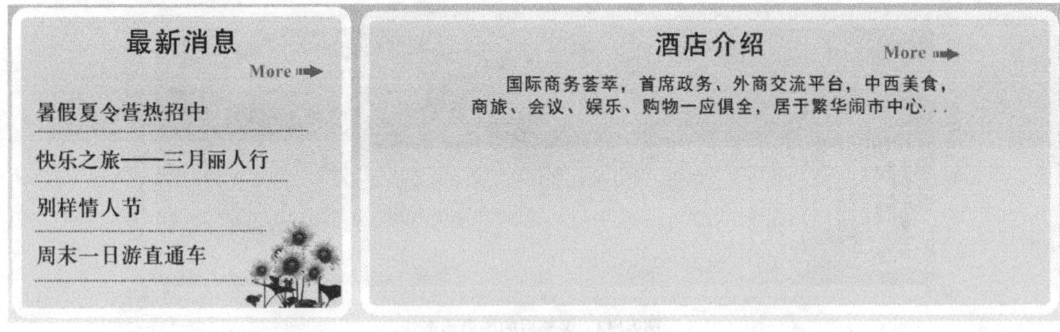

图9-136　输入的文字及绘制的图形

9. 利用工具及移动复制操作，在右侧圆形矩形图形中，再绘制出图 9-137 所示的圆角矩形图形。
10. 导入附盘中“图库\第 09 章”目录下名为“房间.jpg”“餐厅.jpg”和“风景.jpg”的图片，然后利用【图框精确剪裁】命令，将其分别置入绘制的圆角矩形中，如图 9-138 所示。

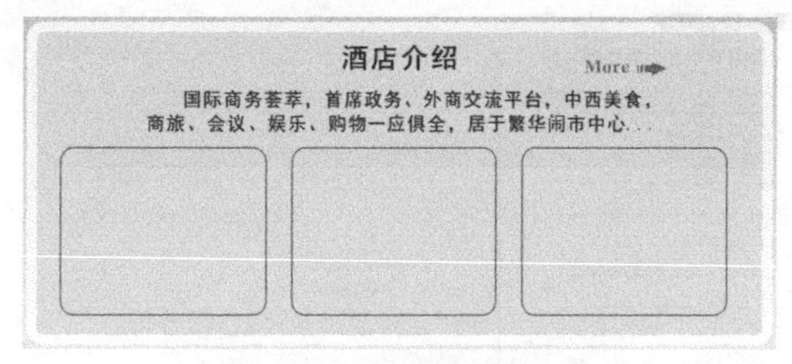

图9-137 绘制的圆角矩形图形

图9-138 置入图像后的效果

11. 将上面导入"花草.psd"文件时，剩下的单独小花图形选择，调整大小后放置到"酒店介绍"文字的左侧，然后复制一组，在水平方向上镜像后移动到"酒店介绍"文字的右侧。
12. 利用字和⊿工具在整个画面的下方输入版权声明文字，再绘制图 9-139 所示的直线，即可完成网站的设计。

图9-139 输入的版权声明文字

13. 按Ctrl+S组合键，将此文件保存。

9.8 课后作业

1. 灵活运用各种绘图工具及本章学习的内容，设计出图 9-140 所示的信封效果和图 9-141 所示的信纸效果。

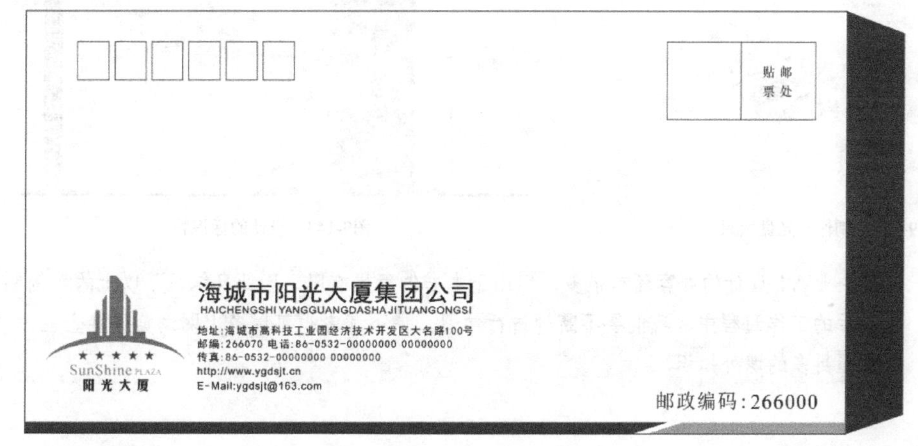

图9-140 设计的信封

图9-141　设计的信纸

2. 灵活运用【椭圆】工具、图形的缩小复制操作及【图框精确剪裁】命令，制作出图 9-142 所示的企业光盘效果。
3. 灵活运用本章学习的工具按钮及第 9.5 节设计企业标牌的方法，设计出图 9-143 所示的标识牌。

图9-142　制作的光盘效果

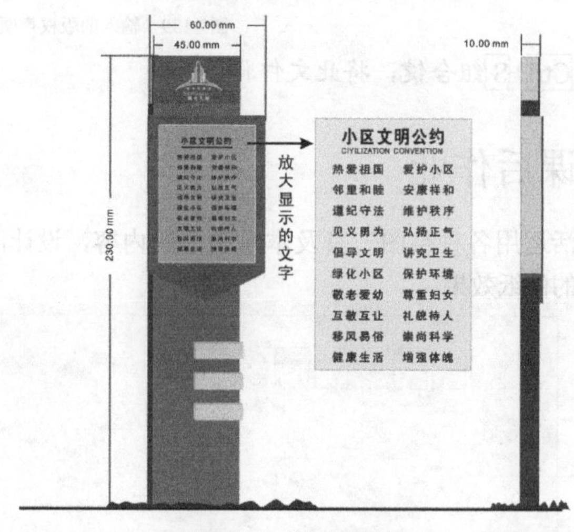

图9-143　设计的标识牌

对于企业 VI 设计的内容还有很多，但由于本书的篇幅有限，因此只练习了以上的案例制作。在以后的工作过程中，我们要不断地进行学习。课下读者也可以多上网浏览一些企业的 VI，以掌握更多的课外知识。